HIIT

ENTRENAMIENTO DE INTERVALOS DE ALTA INTENSIDAD

MEJORA TU TÉCNICA, EVITA LESIONES, PERFECCIONA TU ENTRENAMIENTO

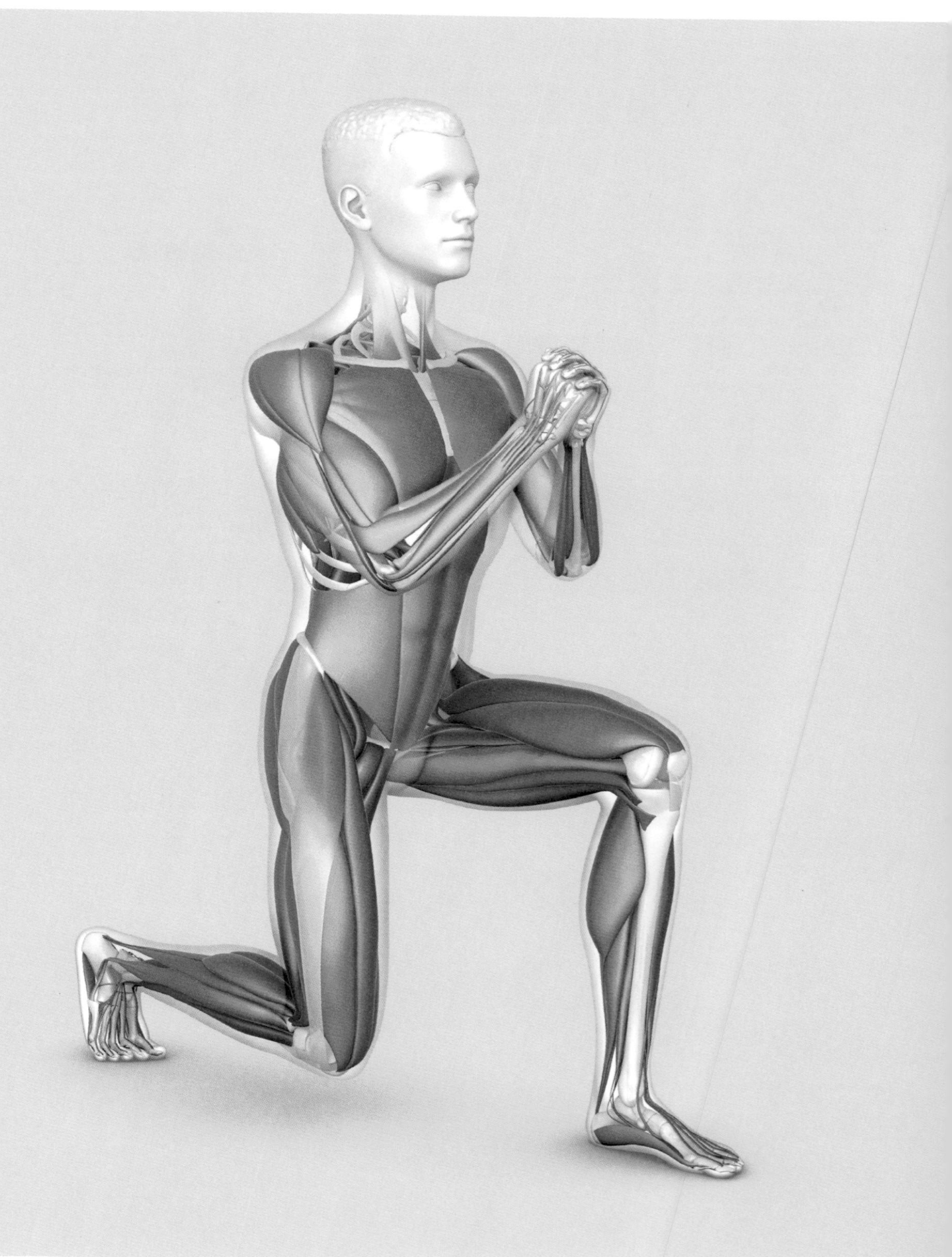

HIIT

ENTRENAMIENTO DE INTERVALOS DE ALTA INTENSIDAD

MEJORA TU TÉCNICA, EVITA LESIONES, PERFECCIONA TU ENTRENAMIENTO

Ingrid S. Clay

Diseño de proyecto Amy Child
Edición de proyecto Susan McKeever
Diseño Alison Gardner
Edición sénior Alastair Laing
Diseño sénior Barbara Zuniga
Diseño de cubierta Amy Cox
Coordinación de cubierta Jasmin Lennie
Producción David Almond
Producción sénior Luca Bazzoli
Responsable editorial Dawn Henderson
Diseño sénior Marianne Markham
Dirección de arte Maxine Pedliham
Dirección editorial Katie Cowan

Ilustraciones Arran Lewis

Publicado originalmente en Gran Bretaña en 2021 por Dorling Kindersley Limited DK, One Embassy Gardens, 8 Viaduct Gardens, London, SW11 7BW

Título original: *HIIT*
Primera edición 2023

Servicios editoriales: Moonbook
Traducción: Inmaculada Sanz Hidalgo

ISBN: 978-0-7440-7911-1

Impreso en China

Para mentes curiosas
www.dkespañol.com

Este libro se ha impreso con papel certificado por el Forest Stewardship Council™ como parte del compromiso de DK por un futuro sostenible. Para más información, visita www.dk.com/our-green-pledge

CONTENIDO

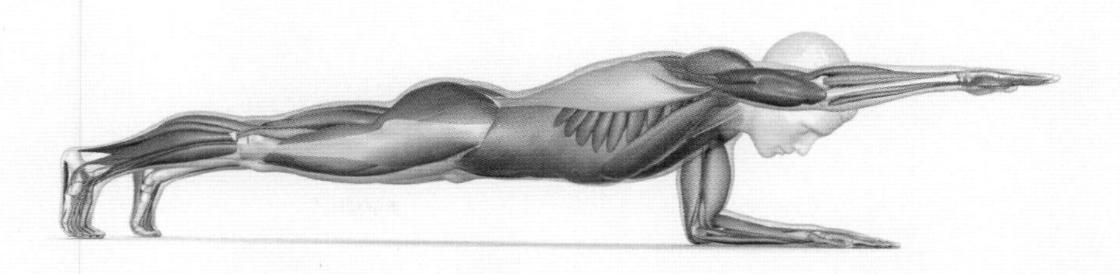

INTRODUCCIÓN

Cuando se trata de quemar grasa y tonificar, el entrenamiento de intervalos de alta intensidad, más conocido como HIIT, siempre ha estado a la vanguardia de las rutinas deportivas. Es fácil comprobar por qué: el HIIT combina periodos dinámicos de actividad cardiovascular con ejercicios para mejorar la fuerza a través de la resistencia, y la rutina puede hacerse en tan solo 20 minutos. El HIIT alterna periodos cortos de ejercicios anaeróbicos intensos con otros menos intensos para recuperarte. Este libro pretende explicar por qué el HIIT es eficaz, según los datos científicos en los que se basan los ejercicios. También enseña, mediante instrucciones y detalladas ilustraciones anatómicas, a realizar correctamente los ejercicios, tanto si se es principiante como si se es fanático del *fitness*. Lo mejor del HIIT es que se puede añadir a un plan de entrenamiento, practicarse en casa o en el gimnasio, y no exige mucho tiempo. La información contenida en este libro te ayudará a preparar una rutina a medida y reforzará tus conocimientos y confianza para una correcta ejecución.

¿Por qué el HIIT?

Los ejercicios de este libro se centran principalmente en el desarrollo de la fuerza y la resistencia cardiovasculares, pero el entrenamiento basado en el HIIT aporta muchos más beneficios. La naturaleza del HIIT –rachas intensas de ejercicio en poco tiempo– eleva la tasa metabólica hasta 24 horas después de la sesión, lo que te convierte en una máquina de quemar grasa. Nos adentraremos en los muchos beneficios del HIIT en las pp. 10-11, pero a continuación se esbozan algunas:

- **quema más rápida de calorías** por el enfoque corto e intenso comparado con otros ejercicios
- **mejora la salud cardiovascular** y reduce la presión arterial
- **ayuda a reducir la ansiedad y la depresión**
- **mejora el rendimiento** al aumentar la eficacia anaeróbica, elevando la VO_2max y construyendo y manteniendo músculo (pp. 20-21).

Estructura del libro

La primera parte del libro se centra en la fisiología humana, aportando datos de cómo mejora el HIIT la salud cardiovascular, cómo eleva el metabolismo y la tasa de quema de grasa, además de construir y tonificar los músculos. También es una guía sobre qué macronutrientes –proteínas, grasas e hidratos de carbono– necesitas no solo para entrenar con eficacia, sino también para alcanzar los objetivos deseados.

La sección principal del libro incluye una completa selección de ejercicios HIIT para diferentes partes del

“ ”

Los ejercicios de HIIT son cortos, *se pueden practicar* ***en cualquier lugar*** *y* ***quemarás más*** *grasa en menos tiempo que con cualquier otra rutina.*

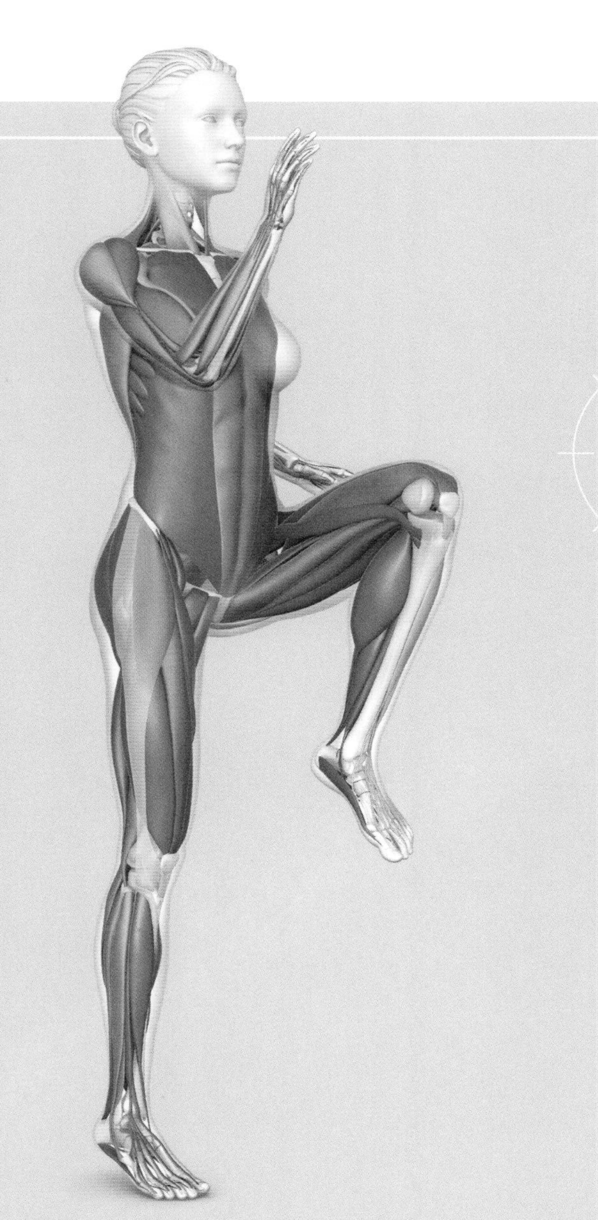

cuerpo, junto con modificaciones y variaciones en función de la forma física. Estos ejercicios se acompañan de comentarios detallados sobre la técnica adecuada, errores habituales y consejos para evitar lesiones. Cada ilustración con los distintos pasos de un ejercicio se acompaña de instrucciones claras sobre la postura. El libro termina con una selección de rutinas fáciles orientadas al practicante principiante, intermedio o avanzado.

Este libro es un estupendo punto de partida para cualquier persona que se inicie en el *fitness,* que llegue nueva al HIIT o para aquellos deportistas que quieran dar un impulso a su rutina de entrenamiento. Tanto si el objetivo es crear un programa de entrenamiento completo y personalizado, como si se quiere comprender mejor la mecánica de los ejercicios HIIT, o simplemente perder peso y tonificar, este libro lo abarca todo y se convertirá en tu mejor amigo. A medida que progreses en los ejercicios y te adaptes, se puede ir aumentando la intensidad y la duración, lo que convierte este libro en una biblia para los años venideros.

Ingrid S. Clay
www.ingridsclay.com

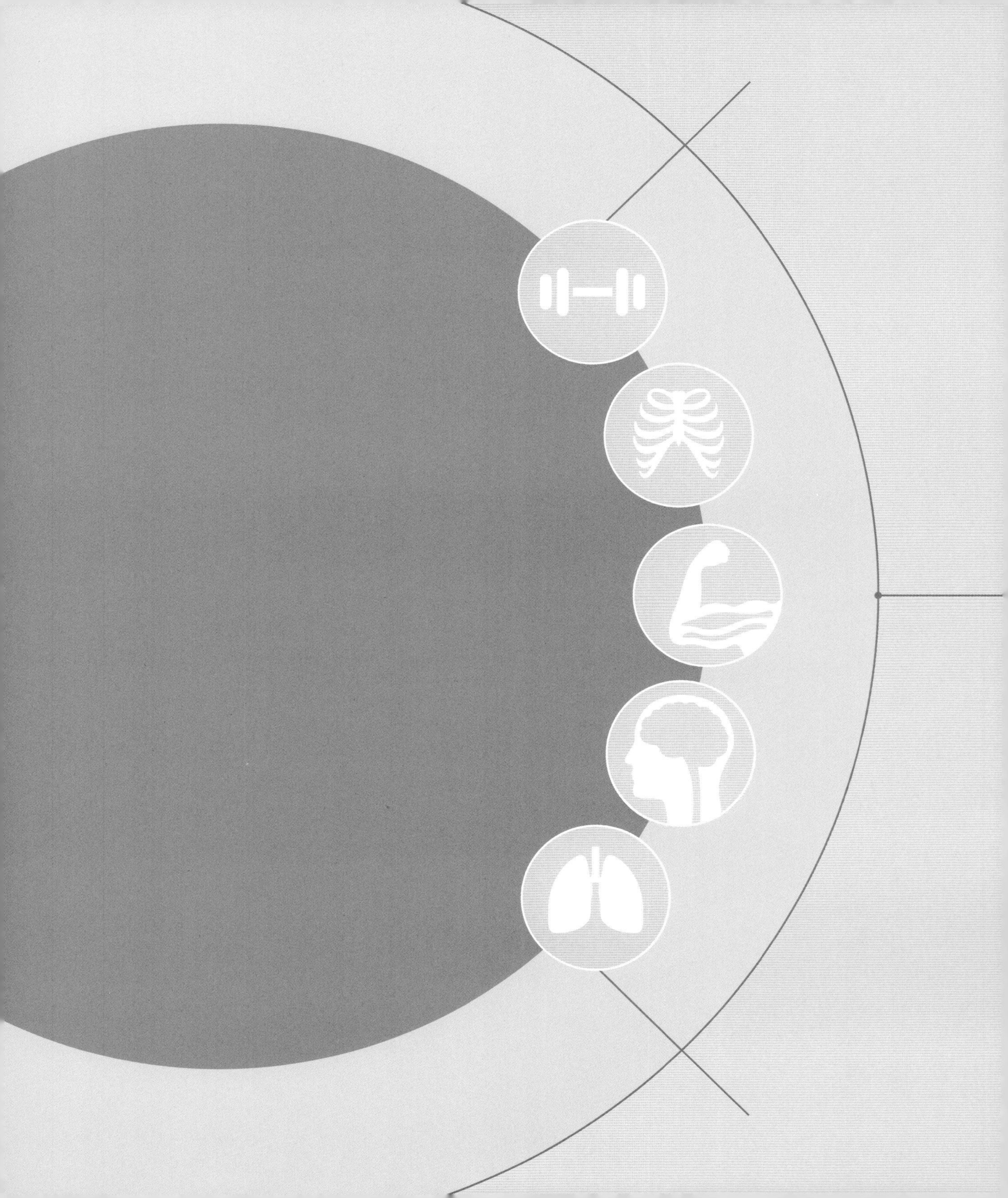

FISIOLOGÍA DEL HIIT

El entrenamiento HIIT exige que te esfuerces al máximo durante los intervalos de «trabajo», mientras que los periodos de descanso permiten una breve recuperación. Averigua cómo afecta esta dinámica a tu fisiología, músculos, sistemas corporales y a la forma en que procesas los nutrientes. También aprenderás cómo beneficia el HIIT a la función cerebral.

LOS BENEFICIOS DEL HIIT

Durante una rutina de HIIT, el cuerpo intercala periodos de actividad física intensa, con una mezcla de ejercicios de fuerza y cardio, con breves lapsos de recuperación. ¿Qué beneficios aporta este tipo de entrenamiento a la salud y a la forma física?

LA DIFERENCIA DEL HIIT

El entrenamiento HIIT es rápido e intenso si se compara con una carrera por el parque; si se realiza con el esfuerzo máximo, basta con 10 minutos. Los estudios sugieren, sin embargo, que esos minutos de HIIT son mucho más eficaces para quemar calorías y grasa que horas de cardio constante a intensidad moderada o baja. La razón es que el cuerpo se mantiene alerta. Si realiza periodos prolongados de cardio al mismo ritmo y con el mismo esfuerzo, el cuerpo es capaz de adaptarse y llegar a un estado metabólico en el que conservar energía. Por el contrario, dado que el HIIT hace fluctuar el ritmo cardiaco y la energía a lo largo de una sesión de entrenamiento, el cuerpo no logra encontrar la estabilidad y las necesidades de quema de calorías se mantienen a un nivel más alto. Además, este estado metabólico elevado continúa durante mucho más tiempo en la fase de recuperación del ejercicio (pp. 16-17).

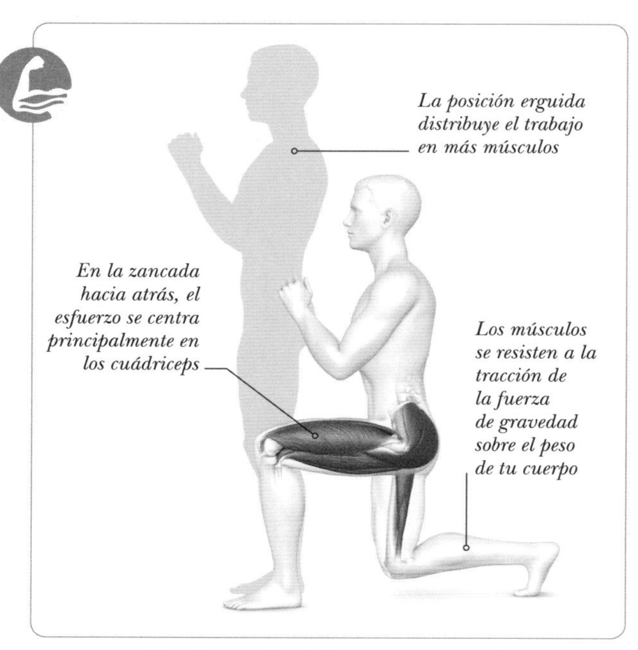

Resistencia del peso corporal

El foco principal del esfuerzo físico en casi todos los ejercicios HIIT reside en la resistencia del cuerpo, que obliga a los músculos a actuar contra la fuerza de la gravedad. Como consecuencia, el HIIT requiere muy poco material y puede realizarse en cualquier momento y casi en cualquier lugar, excepto quizás, en la luna.

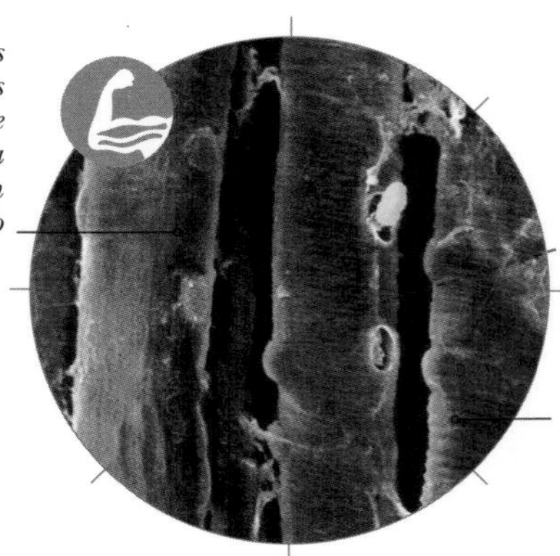

Metabolismo elevado

Durante el HIIT, el sistema metabólico proporciona la energía necesaria para las contracciones musculares. La naturaleza del HITT de darlo todo y de frenar y empezar ayuda a mantener el metabolismo elevado más tiempo que el ejercicio continuado de baja intensidad (pp. 12-17).

Refuerzo inmunitario

El ejercicio contribuye a la salud general, lo que en última instancia beneficia al sistema inmunitario. Varias teorías científicas establecen una relación más directa, pero hasta ahora las investigaciones no son concluyentes. Una teoría determina que el aumento del flujo sanguíneo y linfático por el ejercicio mejora la circulación de las células inmunitarias por el cuerpo. Otra plantea que, al reducir la inflamación, el ejercicio favorece la función inmunitaria comprometida por los estados de inflamación crónica. También se ha demostrado que el ejercicio reduce el estrés mental, perjudicial para el sistema inmunitario.

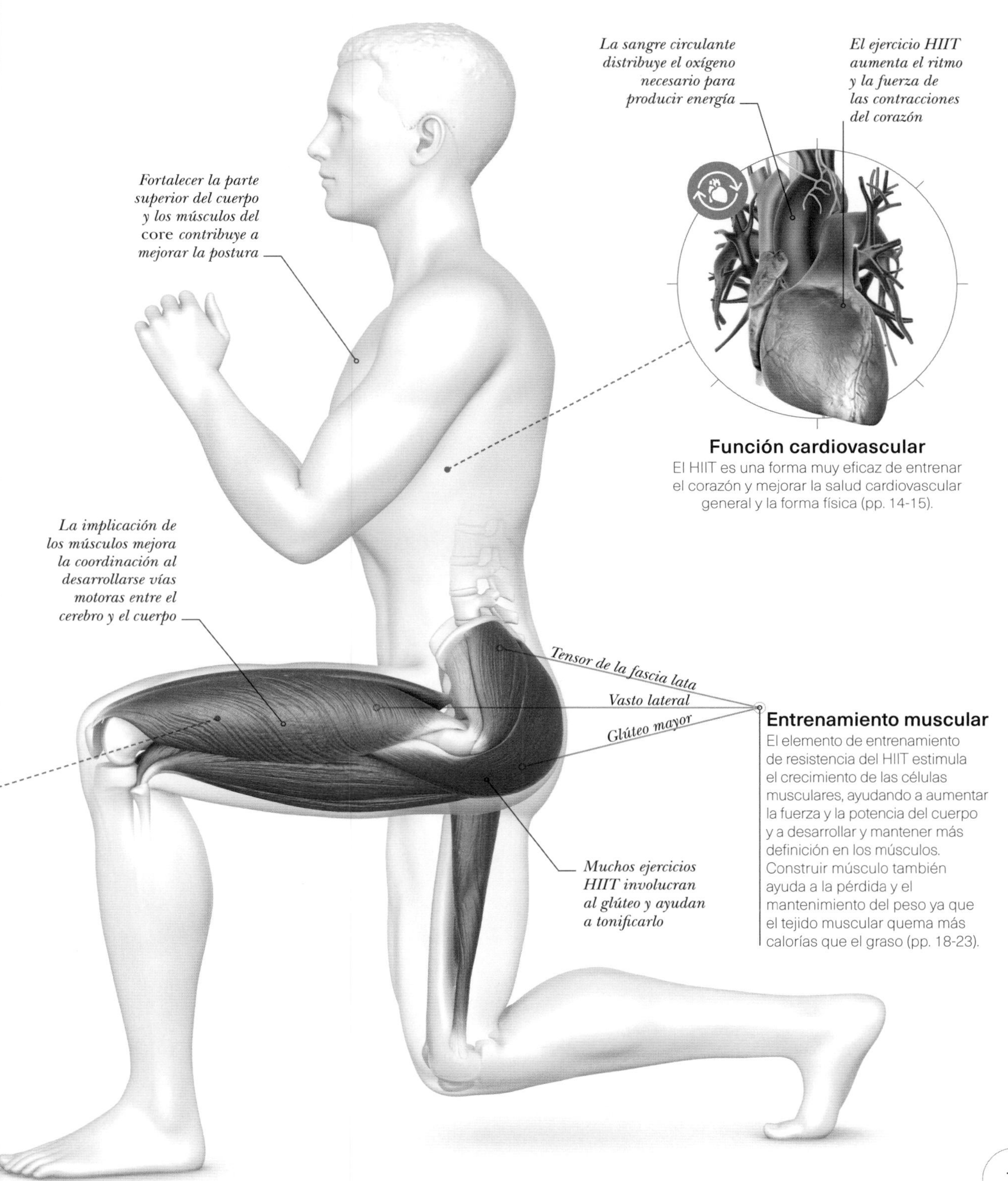

Función cardiovascular

El HIIT es una forma muy eficaz de entrenar el corazón y mejorar la salud cardiovascular general y la forma física (pp. 14-15).

Entrenamiento muscular

El elemento de entrenamiento de resistencia del HIIT estimula el crecimiento de las células musculares, ayudando a aumentar la fuerza y la potencia del cuerpo y a desarrollar y mantener más definición en los músculos. Construir músculo también ayuda a la pérdida y el mantenimiento del peso ya que el tejido muscular quema más calorías que el graso (pp. 18-23).

POTENCIAR EL ENTRENAMIENTO HIIT

Tu cuerpo hace más de lo que crees. Reacciona voluntariamente e involuntariamente. Te permite correr, saltar, levantar peso, montar en bicicleta, nadar y mucho más. Para poder hacer todas estas cosas de manera eficaz, necesita energía. El cuerpo es capaz de ingerir un alimento y, sin que seamos conscientes, convertirlo en energía.

CONVERSIÓN DE ENERGÍA

El cuerpo toma el combustible que le damos –carbohidratos, proteínas y grasas– y lo convierte en energía a través de un proceso llamado respiración. La velocidad a la que el cuerpo utiliza la energía de los alimentos para mantenerse vivo y realizar diversas actividades se denomina tasa metabólica. La tasa total de conversión de energía de una persona en reposo se denomina tasa metabólica basal (TMB). La TMB varía en función de la edad, el sexo, el peso corporal total y la cantidad de masa muscular (que quema más calorías que la grasa corporal); los deportistas tienen una TMB mayor debido a este último factor. El consumo de energía puede determinarse midiendo el uso de oxígeno (VO_2) de cada persona durante diversas actividades, porque la mayor parte de la energía liberada por la respiración requiere la presencia de oxígeno para la reacción química. El principal medio a través del cual las células acceden, transfieren y almacenan energía es a través de la molécula adenosín trifosfato (ATP).

ACCESO AL ATP

El cuerpo puede recurrir a tres sistemas diferentes para acceder a la energía del ATP: la respiración aeróbica, la glicólisis anaeróbica y el fosfágeno. Todos estos procesos están conectados y trabajan conjuntamente para nuestra supervivencia. Sin el metabolismo aeróbico, careceríamos de las fuentes de energía necesarias para llevar a cabo actividades diarias continuas. Sin el metabolismo anaeróbico, nuestra capacidad para entrar en acción en una situación de lucha o huida se vería gravemente comprometida.

SISTEMAS ENERGÉTICOS

La respiración aeróbica es el principal sistema para proporcionar combustible al cuerpo y conlleva una reacción química en presencia de oxígeno para convertir la energía de los alimentos, normalmente glucosa, en moléculas de ATP. La respiración anaeróbica crea energía sin oxígeno, y hay dos tipos: el fosfágeno y la glicólisis. El sistema de fosfágenos activa el ATP almacenado en las células para su uso rápido e inmediato. El sistema de glicólisis interviene para suministrar energía a corto plazo antes de que haya suficiente oxígeno, y también si la intensidad del ejercicio supera la capacidad del sistema cardiovascular para proporcionar oxígeno (VO_2max; pp. 14-17).

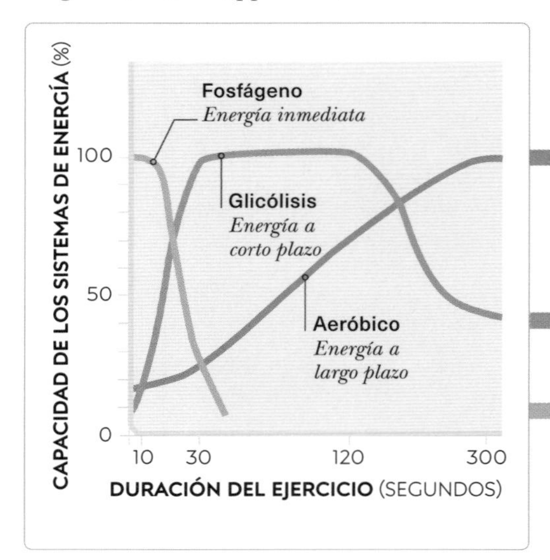

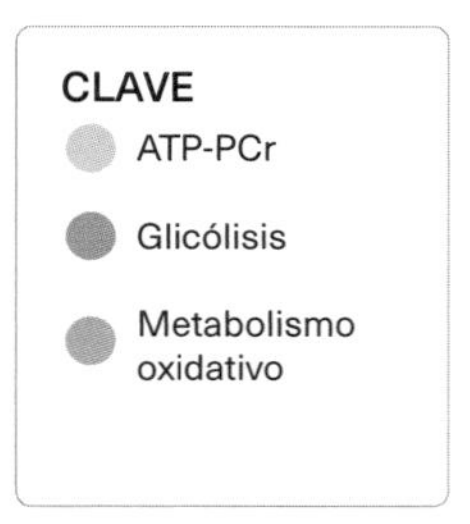

Respiración aeróbica

La respiración aeróbica, que se produce principalmente en la mitocondria de las células (p. 15), requiere oxígeno para convertir la glucosa en ATP, produciendo dióxido de carbono y agua como residuo. Es el más lento de los sistemas energéticos del cuerpo, pero produce bastante más energía que el metabolismo anaeróbico: unas 38 moléculas de ATP frente a un máximo de tres moléculas a través de la glicólisis. De ahí que el metabolismo aeróbico sea tan esencial para nuestro cuerpo y fuente de energía para mantener el ejercicio continuado de baja a moderada intensidad. En el HIIT, la respiración aeróbica acciona la actividad cardiovascular y ayuda a recuperar energía después de los movimientos de fuerza de alta intensidad.

ENERGÍA PARA CADA ACTIVIDAD
La contribución de cada uno de los tres sistemas energéticos a cada actividad varía. El sistema ATP-PCr impulsa el trabajo de fuerza pero otros ayudan a reponer el ATP entre series.

Respiración anaeróbica: glicólisis

La glicólisis anaeróbica suministra energía para las actividades de alta intensidad y duración moderada (como una rutina HIIT) cuando el corazón bombea sangre tan rápido como puede, pero no suficiente ni a tiempo para satisfacer las necesidades de oxígeno de los músculos. La glicólisis, que se produce en el citoplasma de la célula en ausencia de oxígeno, utiliza la glucosa, a través de un proceso que incluye la fermentación, para liberar solo 2 o 3 moléculas de ATP y crear un subproducto de lactato. Si el lactato se acumula en la sangre y la respiración aeróbica no puede eliminarlo, se produce una acidosis láctica con síntomas que incluyen dolor y ardor muscular, fatiga, respiración acelerada, dolor de estómago e incluso náuseas. Si aún no has sentido esos síntomas en un entrenamiento HIIT intenso, ¡lo harás! Por suerte, son temporales y reversibles. Una vez que el suministro de oxígeno se adapta de nuevo a la demanda, el lactato se puede metabolizar en ácido pirúvico (o piruvato) para reutilizarlo en la respiración aeróbica.

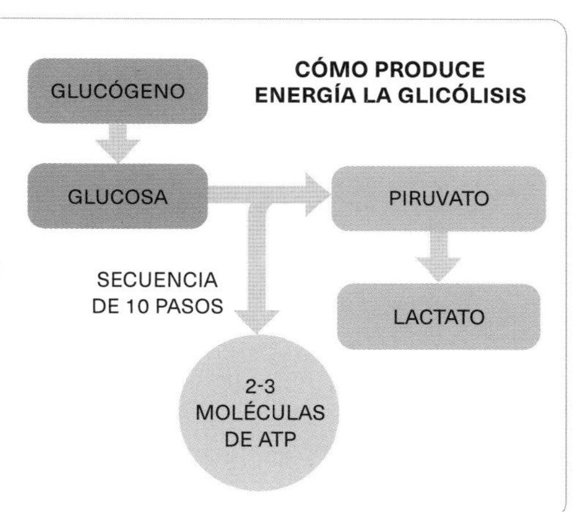

CÓMO PRODUCE ENERGÍA LA GLICÓLISIS

Respiración anaeróbica: fosfágeno

Este proceso utiliza la fosfocreatina (PCr) y tiene una tasa muy rápida de producción de ATP. La fosfocreatina se emplea para restablecer el ATP después de que este se descomponga para liberar energía. La cantidad total de PCr y ATP almacenada en los músculos es pequeña, por lo que la energía disponible para la contracción muscular es limitada. Sin embargo, está disponible de forma instantánea y es esencial al inicio de la actividad, así como durante otras de alta intensidad a corto plazo que duran de 1 a 30 segundos, como el esprint o los ejercicios HIIT.

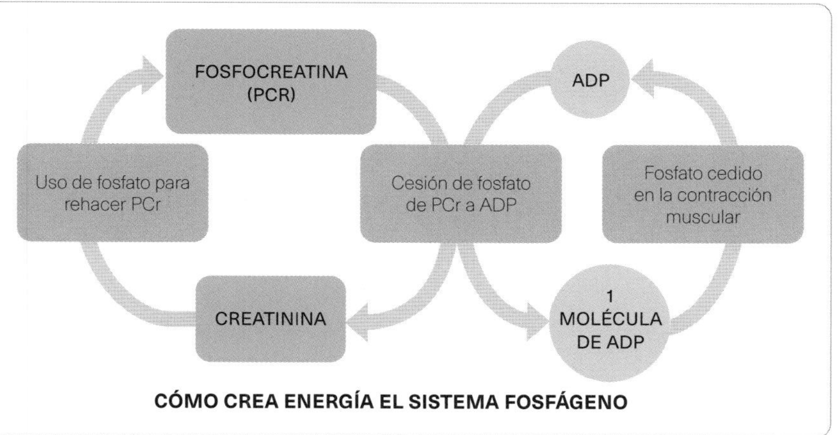

CÓMO CREA ENERGÍA EL SISTEMA FOSFÁGENO

MEJORA DE LA CONDICIÓN CARDIOVASCULAR

Un indicador clave de la forma física es la eficacia con la que el cuerpo, a través del sistema cardiovascular, transporta oxígeno a los músculos para liberar la energía necesaria para la actividad física. Embarcarse en un programa de HIIT es una manera excelente de mejorar la salud cardiovascular.

CIRCULACIÓN SANGUÍNEA

La respiración aeróbica es la forma principal con la que el cuerpo genera energía. En este proceso, el oxígeno llega, a través de la sangre, a las células, donde se emplea en reacciones químicas que convierten los depósitos de energía en combustible para realizar funciones corporales, como las contracciones musculares en el HIIT. El bombeo del corazón permite el flujo sanguíneo por el cuerpo, llevando sangre rica en oxígeno a través de las arterias y retornando, a través de las venas, con sangre desoxigenada con desechos de CO_2, que se expulsarán a través de los pulmones.

Adaptaciones del entrenamiento

Los ejercicios de HIIT mejoran la eficiencia cardiovascular de varias maneras: entrenando al corazón para que trabaje a un ritmo más rápido y bombee más con cada latido; aumentando el volumen sanguíneo y la cantidad de hemoglobina (que transporta oxígeno); e incrementando la densidad y mejorando la función de los capilares de alrededor de los músculos.

CLAVE
Arterias
Venas

SISTEMA CARDIOVASCULAR

El entrenamiento puede aumentar la capacidad de volumen sanguíneo del corazón

Capilares
El tejido muscular recibe el oxígeno y los nutrientes a través de la sangre, mientras que la eliminación de productos de desecho como el dióxido de carbono tiene lugar a través de pequeños vasos sanguíneos conocidos como capilares.

Los glóbulos rojos transportan oxígeno

Sangre
La sangre transporta oxígeno desde los pulmones y nutrientes desde el aparato digestivo, facilitando así la llegada de energía a las células, mientras que la sangre desoxigenada retira el dióxido de carbono que luego expulsamos a través de la respiración.

Medir la capacidad cardiovascular

Una forma de medir la capacidad aeróbica es calcular la puntuación de «VO_2max». Esa cifra indica el volumen (V) máximo (max) de oxígeno (O_2) que el cuerpo puede consumir –y por tanto, la cantidad de oxígeno disponible en los músculos para la respiración celular aeróbica– durante un esfuerzo físico completo. Conocer el VO_2max puede ayudarte a decidir el nivel de las rutinas HIIT con que empezar. A medida que se avanza, volver a comprobar la puntuación ofrece una referencia del progreso.

El test de Cooper

Creado por el doctor Ken Cooper en 1968, el test de Cooper es una forma sencilla de medir el VO_2max. Para completarlo, hay que correr todo lo que se pueda en 12 minutos y utilizar la distancia total recorrida para calcular la puntuación de VO_2, siguiendo la siguiente fórmula matemática.

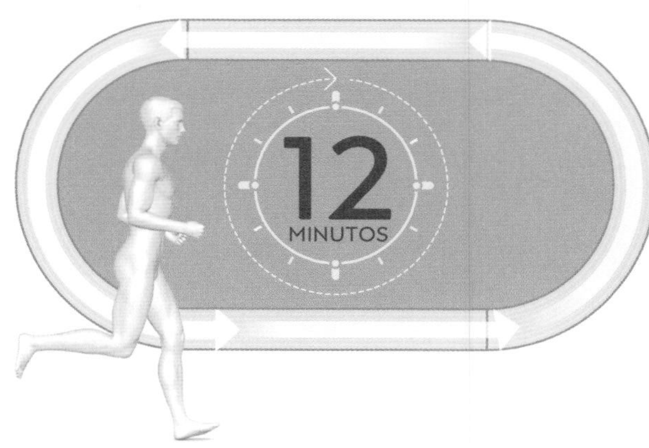

$$(22{,}35 \times \text{DISTANCIA TOTAL EN KM}) - 11{,}29$$

REALIZACIÓN DE LA PRUEBA

Para lograr un resultado preciso, hay que correr sobre una superficie lo más plana posible; una pista de atletismo es ideal. Cronometrando 12 minutos en cuenta atrás, correr lo más lejos posible y registrar la distancia total.

FUNCIÓN MITOCONDRIAL

Las mitocondrias son orgánulos de la célula que regulan la actividad metabólica y generan energía química; están presentes en las fibras musculares y son cruciales en la actividad física. Numerosos estudios demuestran que la función mitocondrial mejora en respuesta al ejercicio de resistencia, y algunas investigaciones indican que la rutina de alta intensidad puede proporcionar un mayor estímulo que la moderada. En resumen, un programa HIIT mejora la capacidad de generar energía a nivel celular.

Efecto antienvejecimiento

Se sabe que la función mitocondrial disminuye con la edad y está asociada a la diabetes, las enfermedades cardiovasculares y el alzhéimer. Estimular la síntesis de las mitocondrias mediante el ejercicio puede ayudar a mantenerse sano en la vejez.

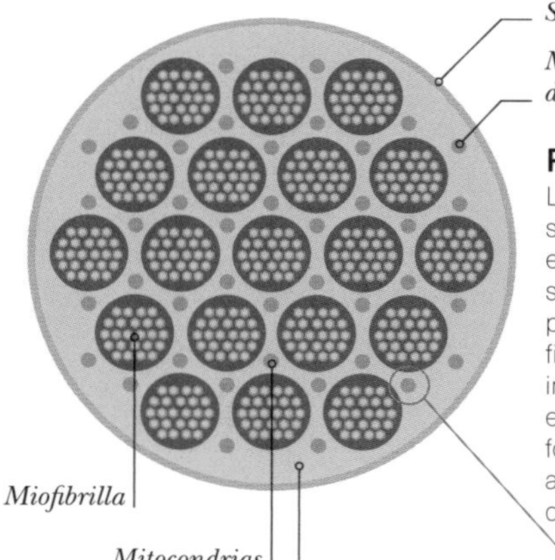

Fibra muscular

Las mitocondrias del subsarcolema se encuentran debajo del sarcolema, la membrana plasmática que rodea una fibra. Las mitocondrias intermiofibrilares se hallan entre las miofibrillas en forma de varillas que albergan los filamentos de contracción del músculo.

Generación de energía

La primera etapa de la liberación de energía tiene lugar en el sarcoplasma, donde la glucosa se convierte en ácido pirúvico. Este ácido se desplaza a continuación a las mitocondrias, donde, a través de reacciones químicas en presencia de oxígeno, se convierte en ATP (p. 12).

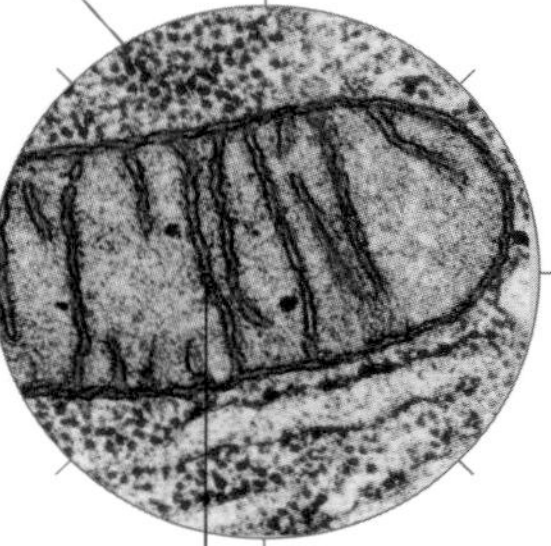

Los pliegues de las crestas aumentan la superficie para la síntesis aeróbica de ATP

«POSCOMBUSTIÓN» DEL HIIT

Aunque los entrenamientos HIIT son cortos, son mucho más eficaces para quemar calorías que, por ejemplo, una carrera larga y constante. La razón principal es que la combinación de lapsos de esfuerzo máximo con descansos cortos frecuentes provoca un periodo de recuperación prolongado que los científicos llaman Exceso de Consumo de Oxígeno Posejercicio (ECOP), también conocido como «poscombustión».

Alimentar la recuperación

Con el HIIT, el periodo de aumento del metabolismo puede continuar más allá del ECOP hasta 24 horas después del entrenamiento. Para mantener la eficiencia metabólica, es importante tener en cuenta qué se come y cuándo. Saltarse comidas o comer a intervalos muy espaciados, con una carga excesiva hacia el final del día, puede hacer que el metabolismo se ralentice y que los niveles de azúcar en sangre disminuyan, llevando a una falta de energía. La mala alimentación también puede impedir las adaptaciones físicas que promueve el ejercicio, como el crecimiento muscular y el aumento de las reservas de glucógeno. Mi recomendación es comer de cuatro a cinco comidas pequeñas equilibradas, con los macronutrientes adecuados (pp. 26-27), y espaciadas de manera uniforme a lo largo de la jornada de entrenamiento.

¿QUÉ ES EL ECOP?

Como hemos visto, para potenciar las contracciones musculares necesarias para realizar los movimientos en los ejercicios del HIIT, el cuerpo convierte la glucosa almacenada en moléculas de ATP (pp. 12-15). El principal modo de conversión en esta reacción química requiere la presencia de oxígeno, que suministra el sistema cardiovascular. Sin embargo, incluso después del ejercicio, el cuerpo tiene una elevada necesidad de energía (y, por lo tanto, de oxígeno) para alimentar los procesos con los que reponer las reservas de glucógeno perdidas y recuperar el equilibrio homeostático. En este periodo de recuperación es cuando se produce el Exceso de Consumo de Oxígeno Posejercicio, para facilitar que el metabolismo vuelva a un estado de reposo. Como muestran los gráficos de la página siguiente, la duración del ECOP tras un entrenamiento HIIT corto es mucho más larga que después de una sesión prolongada de ejercicio aeróbico continuo.

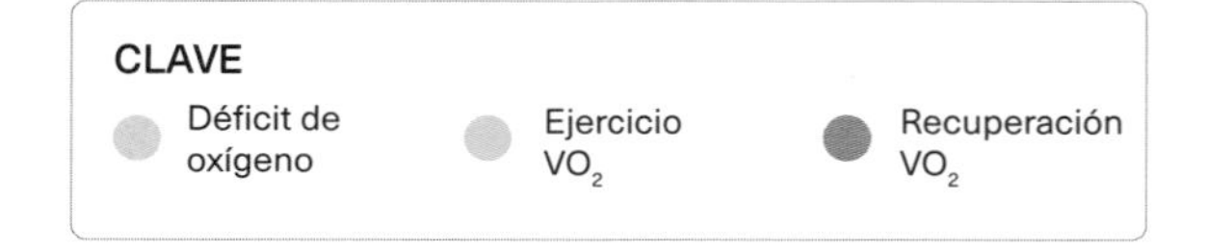

PROCESOS DURANTE EL ECOP

Durante la recuperación ECOP, se activan varios procesos fisiológicos que devuelven al cuerpo a un estado de reposo en el que la tasa metabólica basal es suficiente para cubrir las necesidades energéticas. Para reducir el ritmo cardiaco, disminuir la frecuencia respiratoria y recuperar una temperatura corporal de 37 °C se necesitan mayores niveles de oxígeno y un aumento del metabolismo. Además, el ECOP es básico para reponer los depósitos de energía y comenzar el trabajo de adaptación fisiológica al estímulo del ejercicio, incluyendo el crecimiento muscular y la mejora de la eficiencia respiratoria.

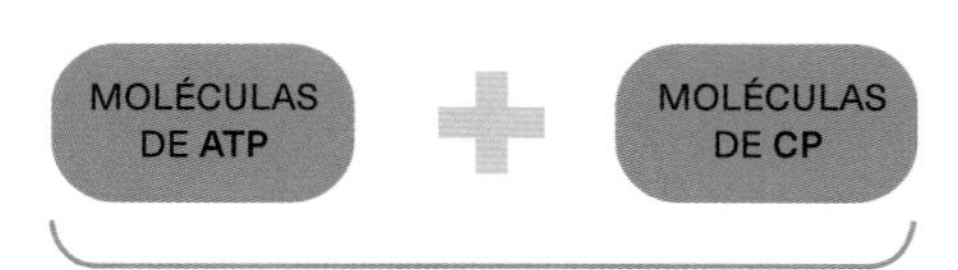

DEPÓSITOS DE ENERGÍA EN LAS CÉLULAS MUSCULARES
Las células musculares contienen pequeños depósitos de moléculas de ATP y CP, que suministran energía química para pequeñas rachas de esfuerzo físico y se reponen durante el ECOP.

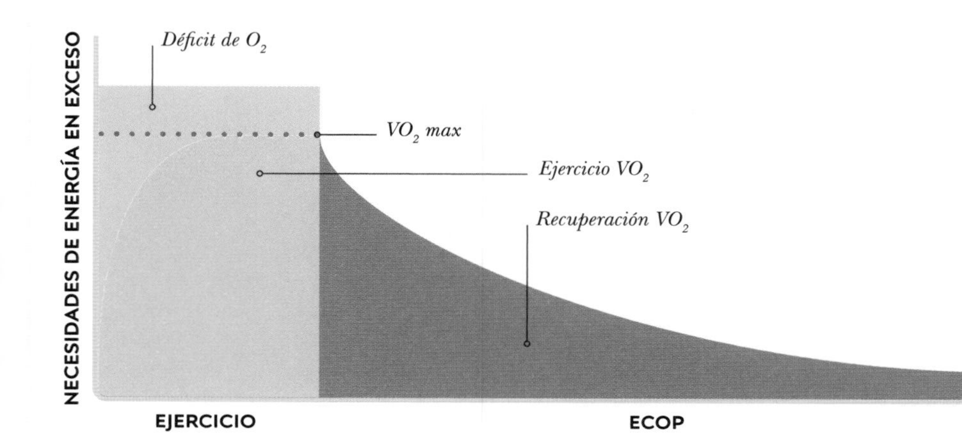

CONSUMO DE OXÍGENO EN EL HIIT
El periodo de recuperación ECOP dura dos veces más que el del ejercicio. El motivo es que el cuerpo no tiene tiempo para realizar ajustes metabólicos durante el entrenamiento y el elemento de trabajo de la fuerza anaeróbica del HIIT causa un déficit de oxígeno y una acumulación de lactato que supera la capacidad del VO_2 max (p. 15) para eliminarlo.

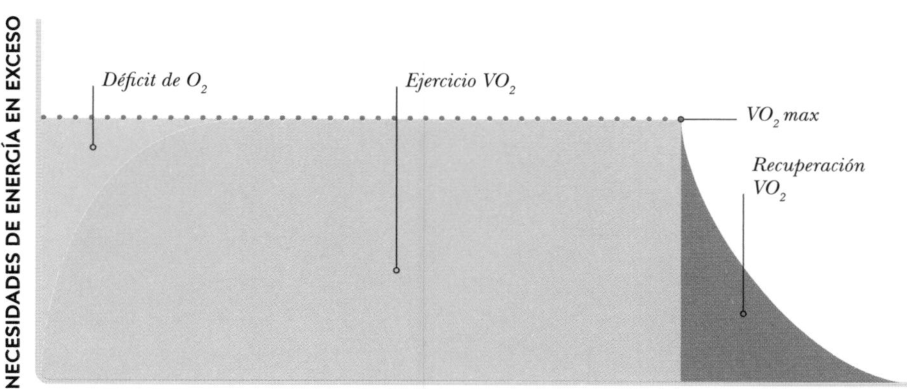

CONSUMO DE OXÍGENO EN EL EJERCICIO CONSTANTE
Ejercitarse durante un periodo prolongado, en el que el consumo de oxígeno (VO_2) se adecúa a las necesidades energéticas, permite al cuerpo adaptarse y conseguir la eficiencia metabólica durante el ejercicio, lo que conlleva una recuperación ECOP más corta.

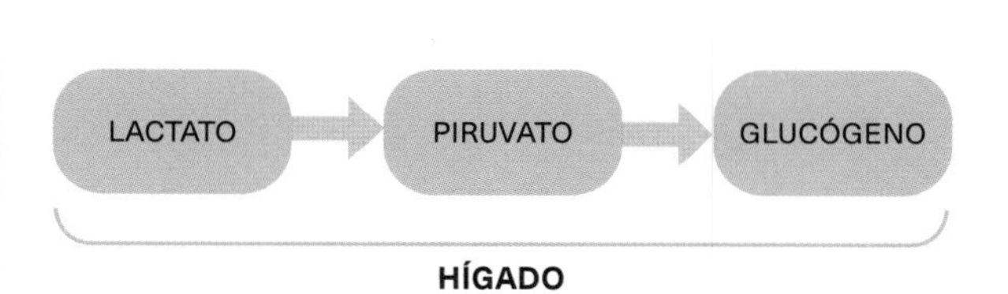

EL LACTATO SE CONVIERTE EN GLUCÓGENO
Una vez hay suficiente oxígeno, el lactato resultado de la respiración anaeróbica se convierte primero en piruvato y luego en gránulos de glucógeno que se almacenan en el hígado.

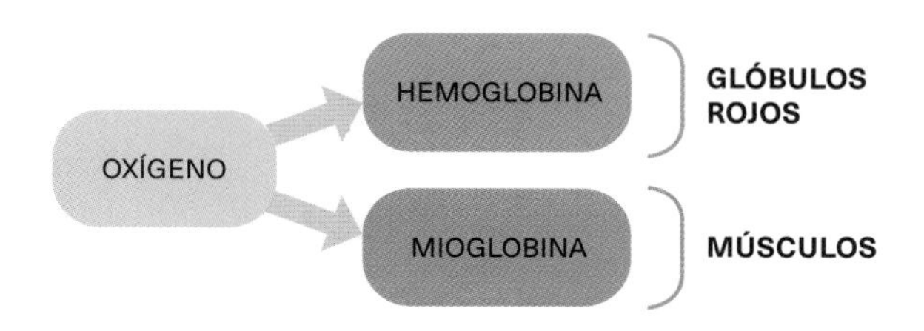

REOXIGENACIÓN DE LAS «GLOBINAS»
Durante el ECOP, las proteínas hemoglobina (en la sangre) y mioglobina (en músculos), ambas vitales para el transporte y la captación de oxígeno, se reabastecen de oxígeno.

CÓMO TRABAJAN LOS MÚSCULOS

Los músculos controlan el movimiento y nos permiten hacer todo, desde saltar hasta masticar. Están unidos a los huesos por los tendones, secciones de tejido conectivo que pueden resistir altos niveles de tensión. Los músculos trabajan en pares antagónicos, acortándose y alargándose de forma cíclica.

CONTRACCIÓN MUSCULAR

Mientras están en tensión, los músculos pueden cambiar de longitud (lo que se conoce como contracción isotónica) o permanecer igual (contracción isométrica). Las contracciones isotónicas pueden ser concéntricas o excéntricas. En las concéntricas, como un *curl* de bíceps, el músculo se acorta al generar fuerza o superar una resistencia. En las excéntricas, como el descenso del cuerpo en una dominada, el músculo se alarga al tiempo que genera fuerza. Las contracciones excéntricas pueden ser voluntarias o involuntarias.

Antagonista
El bíceps braquial permite la extensión del brazo

Agonista
El tríceps braquial acciona la extensión del brazo

Extensión
Aumenta el ángulo de la articulación

Sinergista
Los músculos braquial y braquiorradial ayudan en las dos fases del movimiento del brazo

CONTRACCIÓN EXCÉNTRICA
En la contracción excéntrica, el músculo se alarga y genera fuerza. Se trata de un estiramiento bajo tensión que «frena» o ralentiza el movimiento. En este caso, el bíceps braquial trabaja excéntricamente para «frenar» el movimiento hacia abajo de la mancuerna.

ACCIÓN MUSCULAR CONJUNTA

En las parejas de músculos antagonistas, un músculo se contrae mientras el otro se relaja o alarga. El agonista es el que se contrae y el antagonista, el que se relaja o alarga. Por ejemplo, en un *curl* de bíceps, el agonista es el bíceps dado que se contrae para producir el movimiento, mientras que el tríceps hace de antagonista al relajarse para permitir que se produzca la acción.

Perfeccionar los movimientos

La coactivación muscular es una respuesta neuromuscular que se produce cuando los músculos agonista y antagonista se activan a la vez. Este tipo de coactivación se da cuando uno empieza a entrenar, ya que el cuerpo intenta mejorar la estabilidad articular y la precisión del movimiento. Por ello, puede que los ejercicios no sean muy coordinados o fluidos al principio. Con la práctica, se puede ganar coordinación.

CONTRACCIÓN CONCÉNTRICA
En la contracción concéntrica, el músculo se tensa al acortarse sus fibras musculares. A medida que se acorta, genera la fuerza suficiente para mover un objeto o peso. Aquí, el bíceps braquial se contrae concéntricamente para flexionar el codo y levantar la mancuerna.

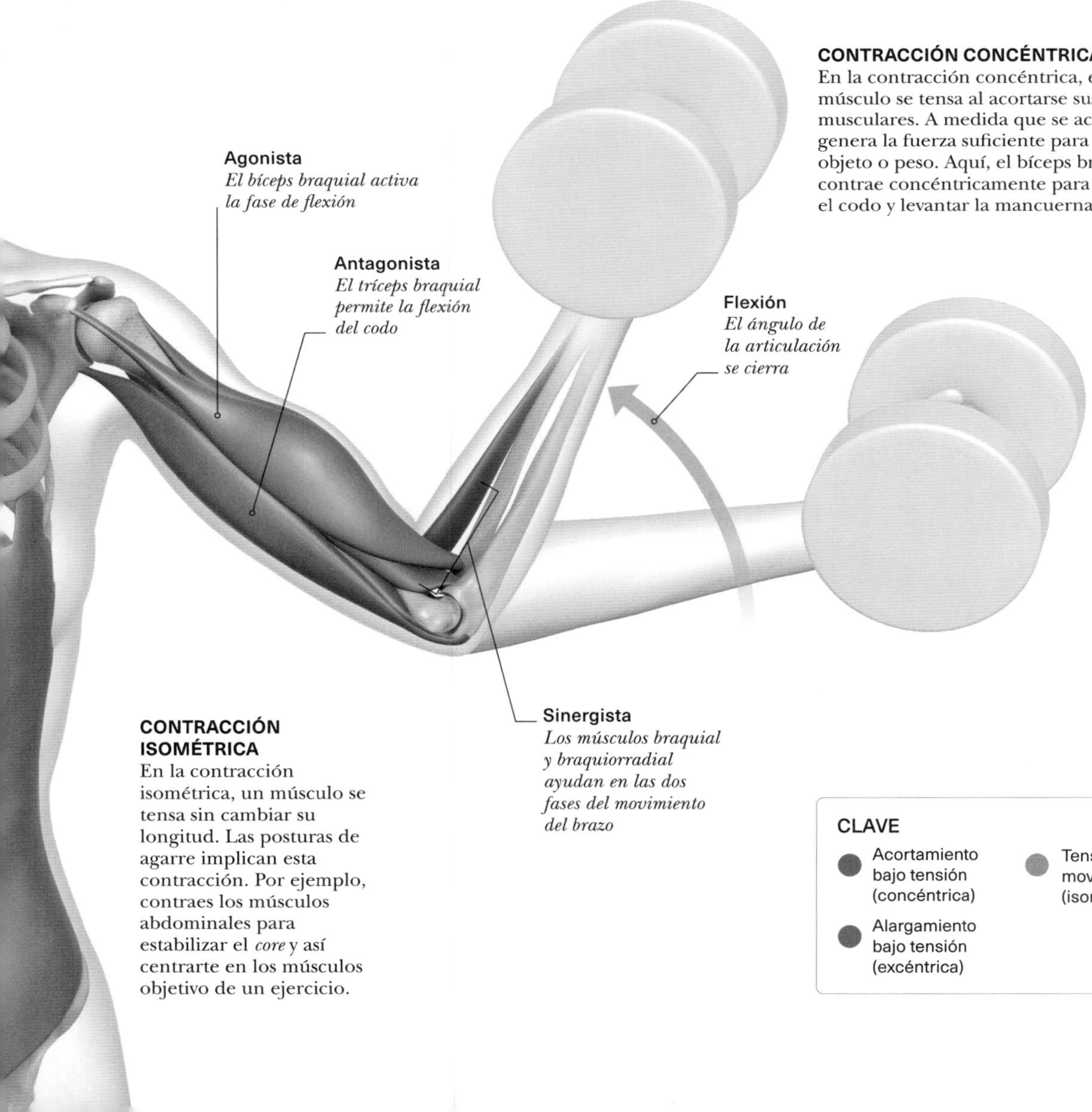

Agonista
El bíceps braquial activa la fase de flexión

Antagonista
El tríceps braquial permite la flexión del codo

Flexión
El ángulo de la articulación se cierra

Sinergista
Los músculos braquial y braquiorradial ayudan en las dos fases del movimiento del brazo

CONTRACCIÓN ISOMÉTRICA
En la contracción isométrica, un músculo se tensa sin cambiar su longitud. Las posturas de agarre implican esta contracción. Por ejemplo, contraes los músculos abdominales para estabilizar el *core* y así centrarte en los músculos objetivo de un ejercicio.

CLAVE
- Acortamiento bajo tensión (concéntrica)
- Alargamiento bajo tensión (excéntrica)
- Tensión sin movimiento (isométrica)

HIIT Y GANANCIA MUSCULAR

Un entrenamiento HIIT puede desarrollar la musculatura, tonificar y ayudar a conservar la masa muscular magra, así como aumentar la proporción de fibras musculares de contracción rápida frente a las de contracción lenta. Para el crecimiento muscular, conviene optar principalmente por el entrenamiento de fuerza en lugar de por las rutinas de cardio.

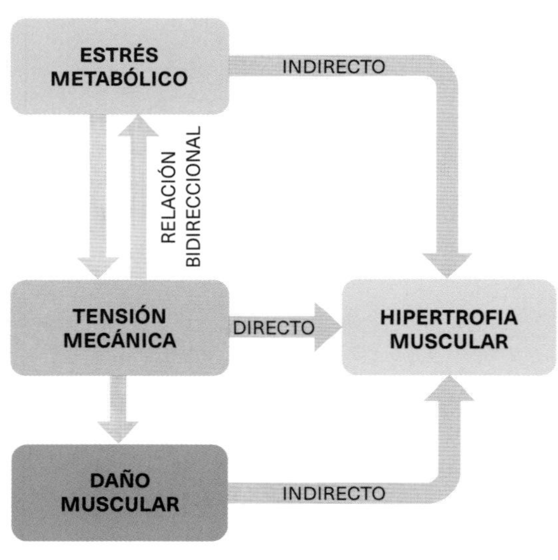

MECANISMOS DE LA HIPERTROFIA MUSCULAR

ESTÍMULO DEL CRECIMIENTO

Los principales impulsores del crecimiento muscular son la tensión mecánica, la fatiga muscular y el daño muscular. Cuando levantas peso, las proteínas contráctiles de los músculos generan fuerza y aplican tensión para superar la resistencia. Esta tensión mecánica es la principal causante de la hipertrofia (o crecimiento muscular). La tensión puede ocasionar un daño estructural en el músculo, lo que estimula una respuesta de reparación. Las fibras dañadas en las proteínas del músculo hacen que este aumente de tamaño. La fatiga mecánica se produce cuando las fibras musculares agotan el suministro disponible de ATP (adenosín trifosfato; pp. 12-13), la molécula de energía que ayuda a la contracción muscular. No son capaces de continuar generando contracciones musculares o ya no pueden levantar el peso de forma adecuada. Este estrés metabólico puede llevar también a la ganancia de músculo.

CÓMO AUMENTA EL MÚSCULO

La proteína del músculo esquelético pasa a diario por periodos de síntesis y degradación. El crecimiento muscular se da siempre que la tasa de síntesis de proteínas musculares es mayor que la de degradación. Se cree que la hipertrofia muscular es un conjunto de adaptaciones a diferentes componentes: las miofibrillas, el líquido sarcoplasmástico y el tejido conectivo.

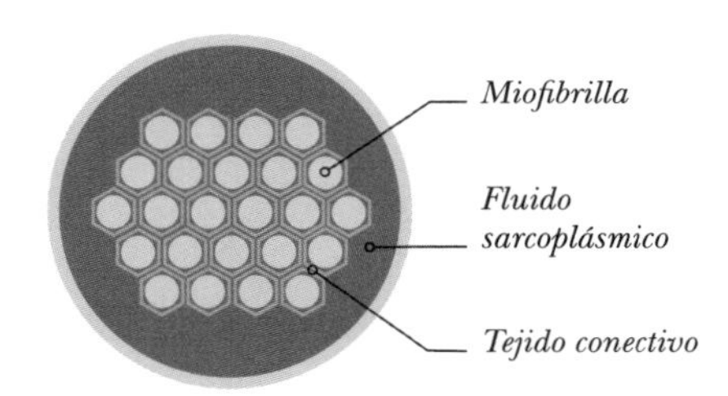

FIBRA MUSCULAR ANTES DE CRECER
El círculo muestra una fibra muscular en sección transversal con su haz de fascículos. En su interior hay muchas miofibrillas y, alrededor de ellas, líquido sarcoplasmástico y una capa de tejido conectivo.

CÉLULAS SATÉLITE

Las células satélite son claves para el mantenimiento, regeneración y remodelación de las fibras musculares. Estas células mononucleares están «encajadas» entre la membrana base y la membrana plasmática de la fibra muscular. Actúan como células madre y son responsables del crecimiento y desarrollo de los músculos. Las células satélite caen en un estado de inactividad cuando hay sedentarismo.

Envejecimiento y pérdida de masa muscular

Si no se usan, se atrofian o inactivan. Nuestras células satélite se reducen con la edad, pero el ejercicio contrarresta ese declive. Es importante activar los músculos de forma habitual al llegar a los 30 años; de lo contrario, se puede perder la capacidad de regenerar masa muscular con el envejecimiento.

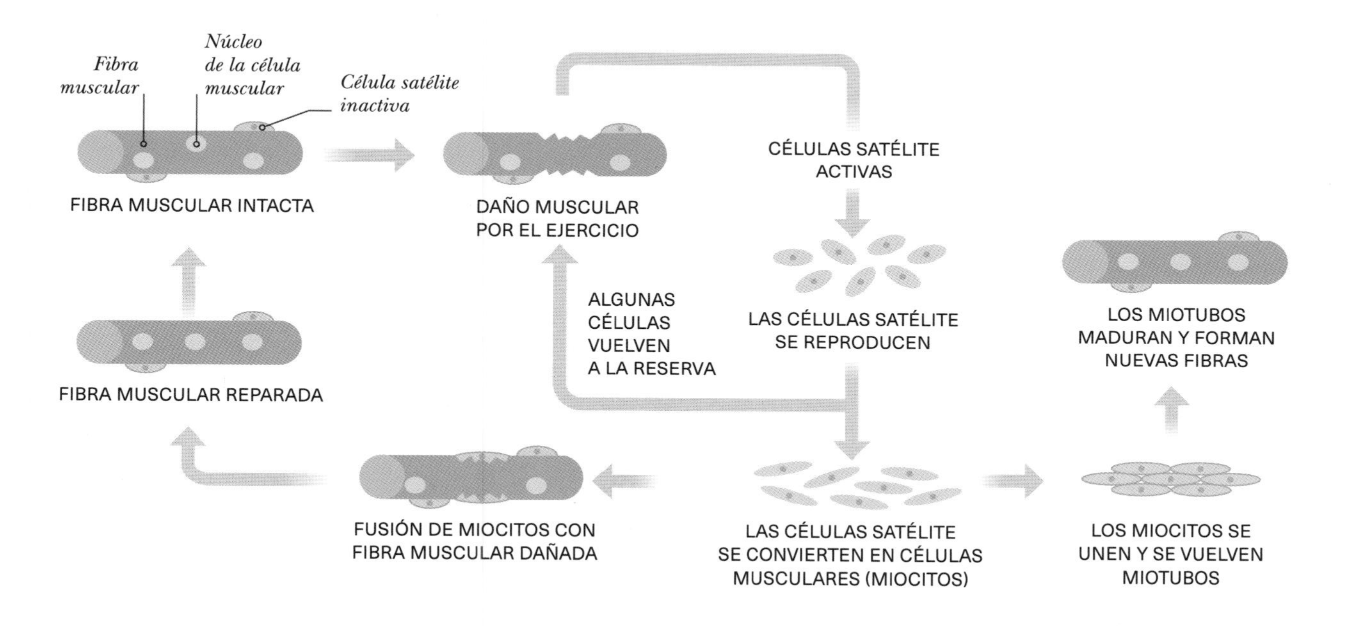

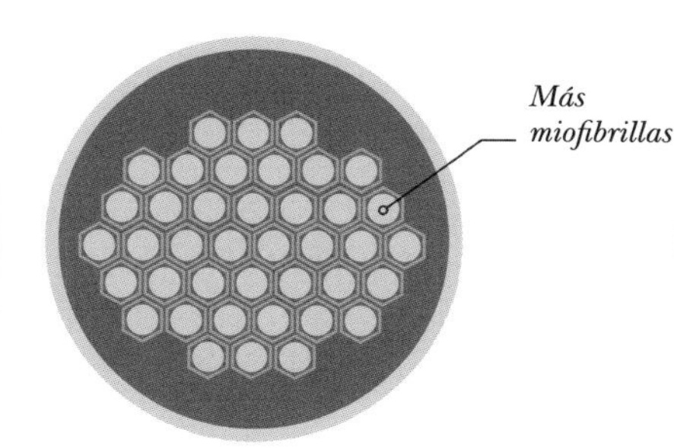

HIPERTROFIA MIOFIBRILAR
La proteína miofibrilar constituye el 60-70 % de las proteínas de la célula muscular. La hipertrofia miofibrilar es el aumento en número y/o tamaño de las miofibrillas por la suma de sarcómeros.

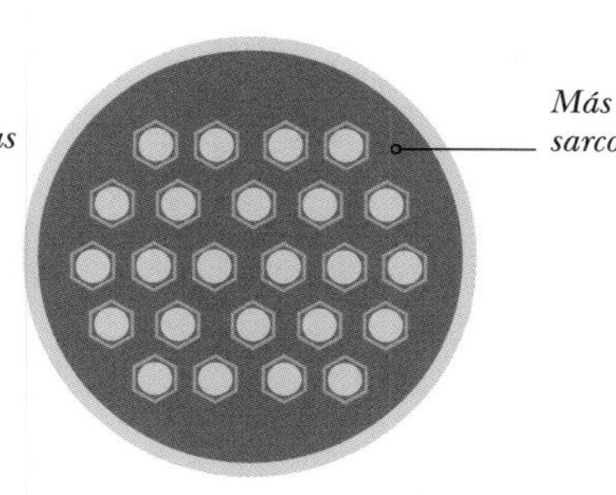

HIPERTROFIA SARCOPLÁSMICA
El aumento del volumen del sarcoplasma (que incluye mitocondrias, retículo sarcoplásmico, túbulos T, enzimas y sustratos como el glucógeno) también aumenta la fibra muscular.

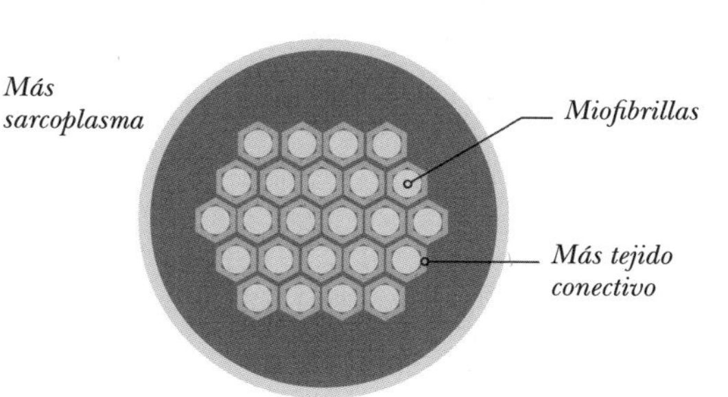

HIPERTROFIA DEL TEJIDO CONECTIVO
La matriz extracelular de la fibra muscular es un andamiaje tridimensional de tejido conectivo. El aumento del contenido de minerales y proteínas hace que los músculos aumenten de tamaño.

ANATOMÍA MUSCULAR

En el cuerpo hay alrededor de 600 músculos, que se pueden dividir en tres tipos: músculo cardiaco, músculos de órganos y músculo esquelético.

MÚSCULO ESQUELÉTICO

El cuerpo crea el movimiento mediante contracciones coordinadas de los músculos esqueléticos, que están unidos a los huesos y articulaciones a través de los tendones. El estudio de los músculos y cómo actúan mejora la conexión mente-cuerpo y permite visualizar su funcionamiento correcto.

Imagen ampliada de miofibrillas alineadas unas con otras

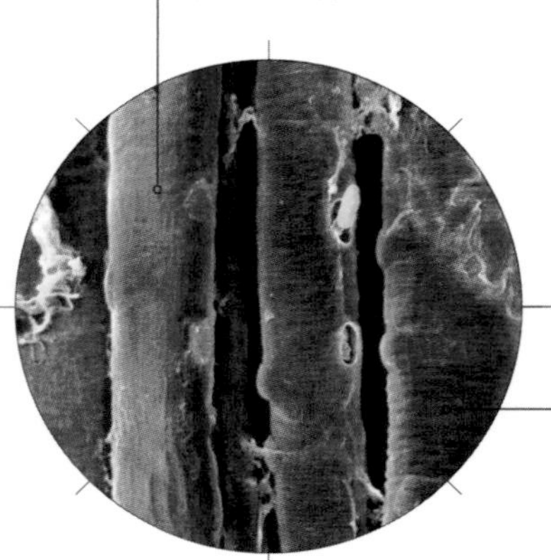

Las estrías visibles muestran la ubicación de las proteínas musculares

Las fibras del músculo esquelético

Al igual que otros tejidos, las fibras del músculo esqueletico son frágiles y blandas. El tejido conectivo las protege, permitiendo que resistan las fuerzas de la contracción muscular.

Pectorales
Pectoral mayor
Pectoral menor

Músculos intercostales

Braquial

Abdominales
Recto abdominal
Oblicuo externo abdominal
Oblicuo interno abdominal (profundo, no se muestra)
Transverso abdominal

Flexores de la cadera
Iliopsoas (ilíaco y psoas mayor)
Recto femoral (véase cuádricep
Sartorio
Aductores (más abajo)

Flexores del codo
Bíceps braquial
Braquial (profundo)
Braquiorradial

Aductores
Aductor largo
Aductor corto
Aductor mayor
Pectíneo
Grácil

Cuádriceps
Recto femoral
Vasto medial
Vasto lateral
Vasto intermedio (profundo, no se muestra)

Dorsiflexores del tobillo
Tibial anterior
Extensor largo de los dedos
Extensor largo del dedo gordo

SUPERFICIALES **PROFUNDOS**

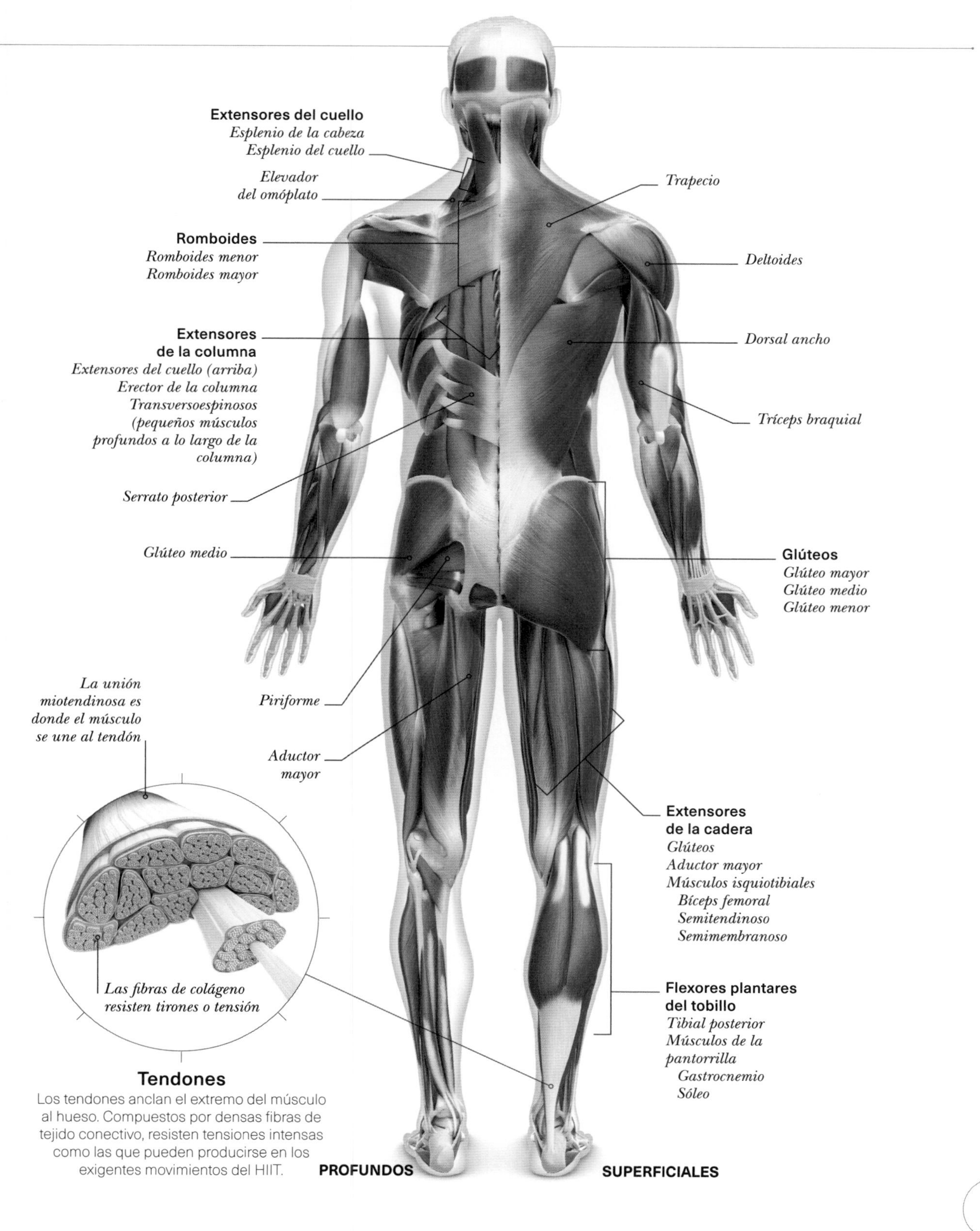

Tendones

Los tendones anclan el extremo del músculo al hueso. Compuestos por densas fibras de tejido conectivo, resisten tensiones intensas como las que pueden producirse en los exigentes movimientos del HIIT.

HIIT Y CEREBRO

Apenas hemos empezado a descubrir las muchas maneras en que el ejercicio afecta positivamente al cerebro. El ejercicio bombea oxígeno al cerebro, libera endorfinas y hormonas que promueven el crecimiento de las células cerebrales y favorece la plasticidad cerebral. Además, mejora la función cognitiva, la salud mental, la memoria, y reduce la depresión y el estrés.

MEJORA DE LA CONEXIÓN CEREBRO-CUERPO

El ejercicio repercute de forma positiva en cómo pensamos y sentimos. El aumento del flujo sanguíneo hace que el cerebro esté expuesto a más oxígeno y energía que antes del ejercicio. A nivel emocional, mejora nuestro estado de ánimo al elevar las hormonas relacionadas con la felicidad. Según el *Harvard Medical School Journal,* el ejercicio también libera neurotrofinas, que mantienen sanas las células cerebrales y promueven el crecimiento de otras nuevas.

Reduce el estrés: se sabe que el ejercicio alivia el estrés a largo plazo y las endorfinas generadas durante la práctica causan un subidón instantáneo.

Mejora el sueño: el ejercicio ayuda a mejorar la calidad del sueño, aumentando la cantidad de sueño de «ondas lentas» rejuvenecedoras. Un sueño de calidad mejora la creatividad y estimula la función cerebral.

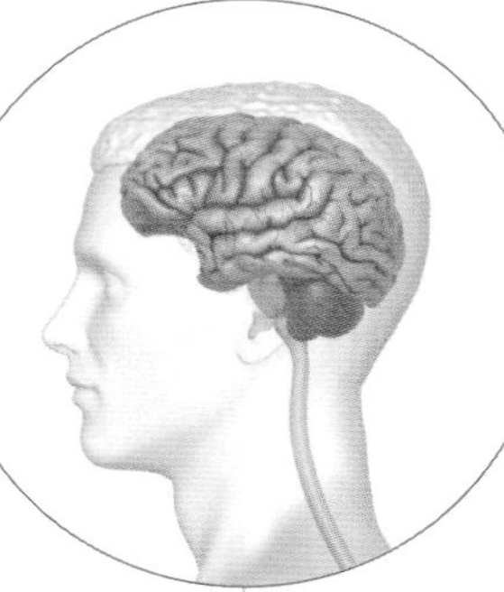

Ayuda a proteger contra la demencia: el aumento de las neurotrofinas disminuye el daño al tejido cerebral relacionado con la demencia.

Mejora las capacidades cognitivas: según algunas investigaciones, el aumento del flujo sanguíneo en el cerebro a través del ejercicio puede elevar los niveles de neurotrofinas, que mejoran la capacidad de adaptación y regeneración cerebral, reforzando el pensamiento racional, el rendimiento intelectual y la memoria.

Aumenta el volumen cerebral: hay estudios que muestran que el ejercicio agranda el hipocampo, el área del cerebro asociada a la memoria y el aprendizaje.

BENEFICIOS CEREBRALES DEL HIIT

Al ejercitarnos, suben los niveles de oxígeno y la angiogénesis (crecimiento de los vasos sanguíneos) en el cerebro, en particular en las zonas responsables del pensamiento racional y otras capacidades intelectuales, físicas y sociales. El ejercicio también disminuye los niveles del cortisol, la hormona del estrés, lo que permite un incremento del número de neurotransmisores, como la serotonina o la norepinefrina.

Neurogénesis

Los científicos solían creer que se nacía con un número determinado de neuronas, unos 86 000 millones. Los estudios han demostrado que se pueden crear nuevas neuronas (neurogénesis) en zonas como el hipocampo, importante para la memoria y el aprendizaje. Y lo que es más, el ejercicio tiene el poder de estimular los niveles de neurotrofinas, que ayudan a promover la neurogénesis y la neuroplasticidad (ver abajo).

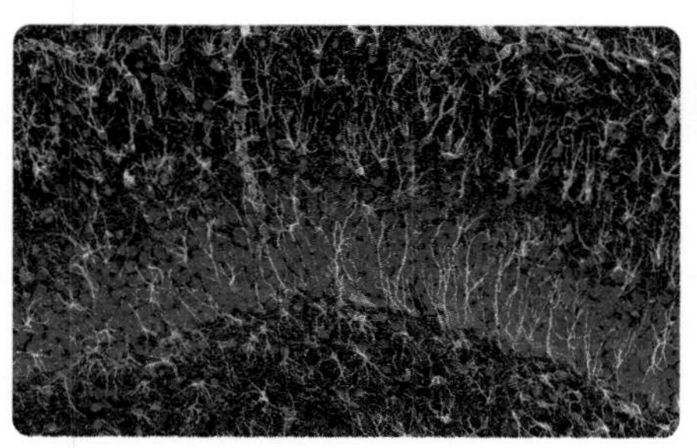

NUEVAS NEURONAS
Imagen microscópica del hipocampo, con los cuerpos celulares de las neuronas en rosa. El ejercicio HIIT favorece la formación de neuronas nuevas.

Conexión mente-cuerpo

Cuando se entrena, es bueno trabajar sin distracciones. Una forma de hacerlo es mejorando la conexión mente-cuerpo, pensando consciente y deliberadamente en el músculo que se está ejercitando. Las investigaciones muestran que esa acción puede aumentar la fuerza y el crecimiento del músculo ejercitado. Se trata de un enfoque consciente del entrenamiento de resistencia.

Neuroplasticidad

El ejercicio se ha relacionado con un aumento de la neuroplasticidad, o capacidad del cerebro para adaptarse, dominar nuevas competencias y almacenar recuerdos e información. Las vías cerebrales se hacen más permanentes cuanto más se usan; la repetición de una nueva habilidad refuerza la red neuronal. Ejercitar el cuerpo también beneficia a la mente.

Neuroquímica

El espacio en el que una neurona se encuentra con otra se conoce como sinapsis. Para transmitir una señal eléctrica, el cerebro emplea los neurotransmisores, unas moléculas que se difunden a través de las sinapsis y envían el mensaje a la siguiente neurona. El HIIT aumenta los niveles de ciertos neurotransmisores, como la dopamina y la serotonina, que mejoran el estado de ánimo y desestresan.

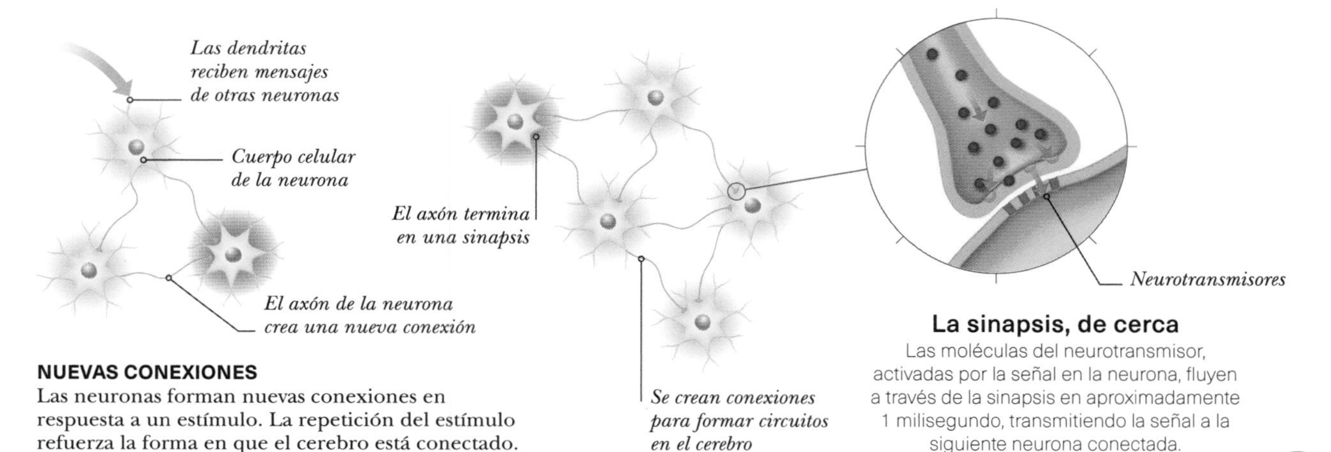

NUEVAS CONEXIONES
Las neuronas forman nuevas conexiones en respuesta a un estímulo. La repetición del estímulo refuerza la forma en que el cerebro está conectado.

La sinapsis, de cerca
Las moléculas del neurotransmisor, activadas por la señal en la neurona, fluyen a través de la sinapsis en aproximadamente 1 milisegundo, transmitiendo la señal a la siguiente neurona conectada.

DIETA Y HIIT

Aunque la pérdida de peso sea el principal objetivo al iniciar un programa de HIIT, es fundamental comer bien y suficiente, para tener energía en cada entrenamiento y obtener los beneficios a largo plazo de la transformación física. Conviene llevar una dieta variada, basada en alimentos integrales y en un equilibrio de carbohidratos, proteínas y grasas.

LOS ELEMENTOS DE LA NUTRICIÓN

Los macronutrientes son las tres grandes categorías de la nutrición: hidratos de carbono, proteínas y grasas. Los hidratos de carbono aportan sacáridos (azúcares) de diferente complejidad, que el organismo convierte en glucosa y almacena como glucógeno, nuestra principal fuente de energía. Las proteínas están formadas por aminoácidos, que el cuerpo utiliza para construir y reparar tejidos, incluidos los órganos y los músculos, y mantener el funcionamiento de los procesos corporales. Las grasas son una importante fuente de energía y son cruciales para la producción de hormonas.

Micronutrientes

Aunque consumidos en cantidades ínfimas, las vitaminas y los minerales son vitales para casi todos los procesos corporales, desde la inmunidad hasta la regeneración celular y la producción de energía. Se absorben y utilizan mejor si se ingieren con los alimentos en lugar de en suplementos.

El equilibrio adecuado

Los hidratos de carbono deben constituir la mayor parte de nuestra ingesta. Procura comer alimentos integrales que tardan más en descomponerse y liberar energía, y que aportan fibra y micronutrientes: cereales integrales, verduras, fruta (aunque no en exceso por su alto contenido en azúcar) y especias. Las proteínas deben constituir alrededor del 20 por ciento de la ingesta diaria, ya sea de fuentes vegetales como legumbres, frutos secos y soja, o de carne, pescado y lácteos. No hay que evitar las grasas, pero hay que optar por las mono y polinsaturadas.

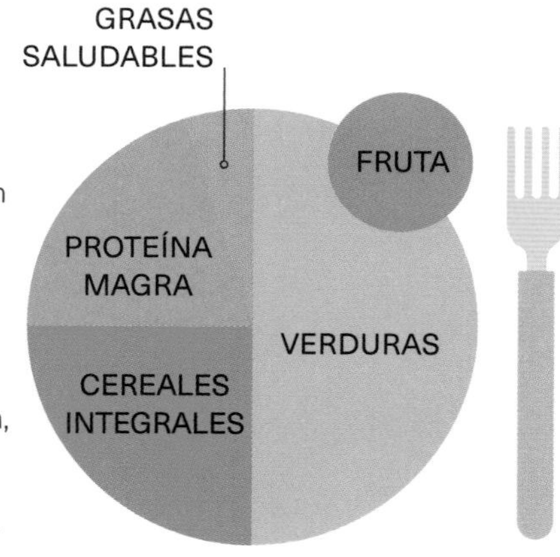

PLATO SALUDABLE
A la izquierda se muestran las proporciones adecuadas y la mezcla de nutrientes recomendables en cada comida.

PROPORCIONES ADECUADAS
Abajo se muestran las recomendaciones sobre el tamaño máximo de las raciones de las principales comidas, tomando como referencia las manos.

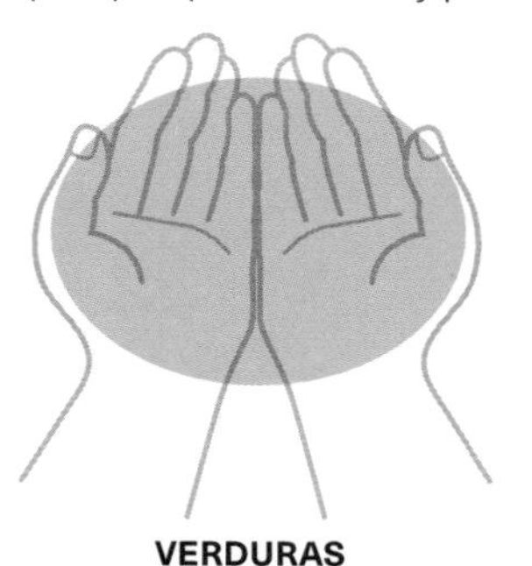

VERDURAS
(HUECO DE DOS MANOS)

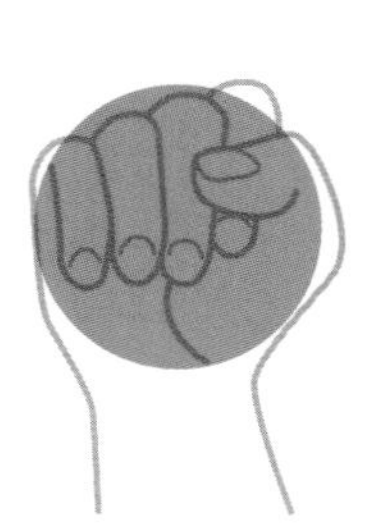

CEREALES INTEGRALES
(UN PUÑO)

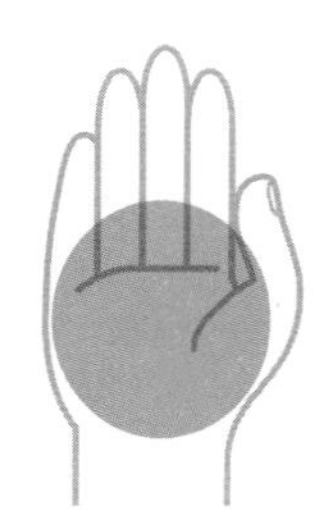

FRUTA
(UN PUÑO)

PROTEÍNAS
(LA PALMA DE LA MANO)

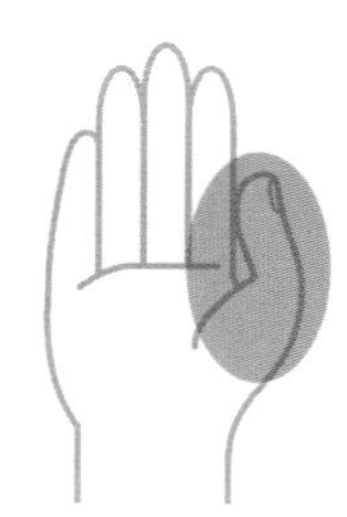

GRASAS
(15-30 ML/1-2 CUCHARADAS)

NUTRICIÓN ANTES Y DESPUÉS DE ENTRENAR

En los días de entrenamiento, es especialmente importante nutrirse bien y de forma regular, para mantener el metabolismo elevado, maximizar la «poscombustión» tras el entrenamiento (pp. 16-17) y promover una recuperación efectiva que asegure adaptaciones físicas, como el aumento de la masa muscular y mayores reservas de glucógeno. Cada persona es diferente, pero es recomendable evitar comer justo antes o durante el entrenamiento. Es mejor tomar un tentempié poco después de entrenar.

QUÉ COMER Y CUÁNDO
Ha habido mucho debate sobre si es necesario consumir proteínas poco después de entrenar para evitar la destrucción en exceso de músculo. Hay evidencia, sin embargo, de que tal ingesta ayuda a la síntesis del músculo, y se recomienda si se ha entrenado en ayunas.

ANTES DEL EJERCICIO

Comer antes de entrenar puede ayudar a reponer las reservas de energía y prepararte para la recuperación muscular. Sin embargo, para que la digestión se haya completado y no interfiera con el ejercicio, hay que dejar pasar 2 o 3 horas desde la última comida completa o una hora desde la ingesta de un tentempié.

EJERCICIO EN AYUNAS

Algunas personas consideran que hacer ejercicio en ayunas, por ejemplo, al despertarse, ayuda a quemar más grasa, ya que el cuerpo tiene reservas limitadas de glucógeno y recurre a las reservas de grasa. Se trata de una preferencia personal (yo lo prefiero), porque hay quien necesita comer antes de ejercitarse.

DESPUÉS DEL EJERCICIO

Después de entrenar, necesitas carbohidratos para reponer las reservas de energía y proteínas para favorecer la adaptación muscular. Cuánto tiempo después depende de cada uno, pero conviene no dejar pasar demasiado tiempo y optar por un equilibrio saludable en la ingesta.

ANTES DEL ENTRENAMIENTO — ENTRENAMIENTO — DESPUÉS DEL ENTRENAMIENTO

3 HORAS — 2 — 1 — 30 MIN — 1 — 2 — 3

Última ingesta al menos una hora antes del entrenamiento

Algunos apuestan por tomar vinagre de manzana o café para aumentar el rendimiento

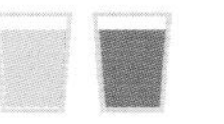

Batido de proteínas justo después de entrenar

Comida equilibrada alrededor de 1 o 2 horas después del ejercicio

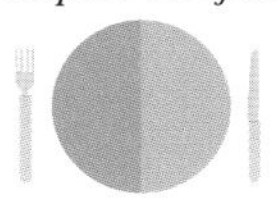

BALANCE HÍDRICO

Dado que el agua constituye el 60 % del cuerpo humano, la hidratación tiene funciones cruciales que pueden afectar al rendimiento deportivo. El agua regula la temperatura corporal a través del sudor, transporta nutrientes, retira los productos de desecho del metabolismo y mantiene el flujo y el volumen sanguíneo y el volumen para que los músculos tengan sangre rica en oxígeno para la respiración aeróbica (pp. 12-15). Es vital mantenerse bien hidratado, pero también vigilar la hiperhidratacion después de haber sudado en exceso con el ejercicio, para no perder demasiado sodio.

CUÁNTA AGUA HAY QUE BEBER AL DÍA
La recomendación actual es de 30-40 ml/kg de peso corporal, pero es fundamental adaptar la ingesta diaria en función de la transpiración, el nivel de actividad y los factores ambientales.

50KG	70KG	100KG
=	=	=
1,5-2 LITROS	2,1-2,8 LITROS	3-4 LITROS
=	=	=
6-8 VASOS AL DÍA	8-11 VASOS AL DÍA	12-16 VASOS AL DÍA

CORE

TREN SUPERIOR

TREN INFERIOR

PLIOMÉTRICOS

CUERPO ENTERO

EJERCICIOS HIIT

Esta sección cuenta con 95 ejercicios, que incluyen 46 principales y 49 variaciones que añaden dificultad o una modificación. Al realizarlos, hay que alternar periodos de 30 a 60 segundos de ejercicio intenso con 30-60 segundos de recuperación. Cambiar la intensidad y/o la duración del ejercicio y la recuperación permite un infinito número de variaciones. Las rutinas se centran en varios grupos musculares, por lo que cada uno puede elegir en qué concentrarse.

INTRODUCCIÓN A LOS EJERCICIOS

La realización de los ejercicios de esta sección ayudará a desarrollar la fuerza y la resistencia cardiovascular y muscular. Cada ejercicio se dirige a grupos musculares específicos que se identifican en las ilustraciones, junto con descripciones claras de la ejecución y las técnicas de respiración adecuadas. Se recomienda seguir las instrucciones para realizar los movimientos de manera segura.

EJERCICIOS Y VARIACIONES

Los ejercicios se organizan por zonas corporales y luego en pliométricos (para la velocidad y potencia) y movimientos de todo el cuerpo (para la agilidad y el cardio). En cada uno de ellos hay ejercicios «principales» y «variaciones». Cada uno de los principales trabaja uno o varios grupos musculares. Las variaciones son una forma de modificar el ejercicio principal, para que sea más o menos exigente o se centre en músculos diferentes.

Errores comunes

En todos los ejercicios hay un recuadro con los errores más comunes. Es importante empezar adaptándose a la forma y capacidad inicial, con poco peso y duración hasta perfeccionar la técnica. No hay que sacrificar la ejecución por una mayor carga.

UNA EJECUCIÓN CORRECTA

La ejecución correcta es vital en cada ejercicio. Una técnica adecuada ayuda a tensar el músculo objetivo, tonificándolo y aumentando la fuerza muscular. Además, previene lesiones.

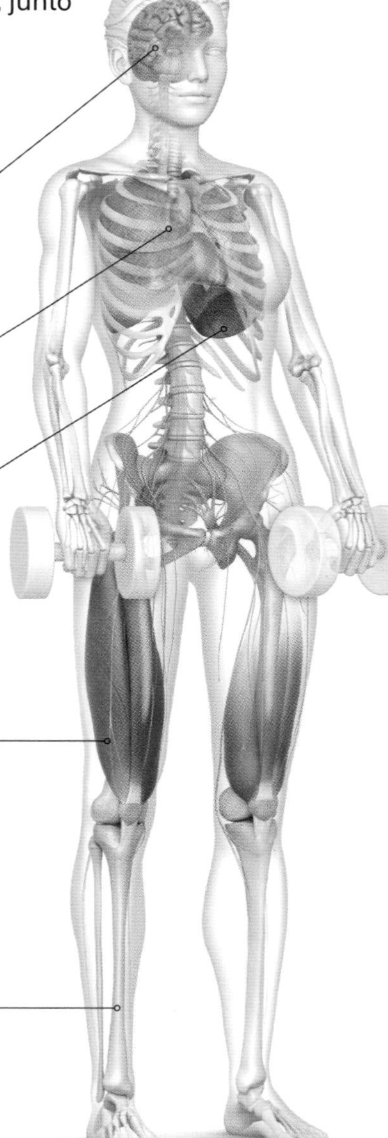

Cerebro y sistema nervioso
La conexión mente-cuerpo ayuda a centrarse en los músculos que se pretende trabajar y a mejorar la coordinación.

Sistema cardiovascular
Bombea sangre con oxígeno para nutrir el cuerpo y activar los músculos.

Sistema respiratorio
Una respiración adecuada aumenta la oxigenación; conviene acompasar el ritmo de la respiración con el movimiento.

Sistema muscular
Realizar los ejercicios de forma correcta ayuda a poner más tensión y estrés en el músculo deseado.

Sistema esquelético
Los músculos están unidos al hueso y tiran de ellos al contraerse y relajarse, lo que origina el movimiento. Una ejecución correcta pone tensión en las zonas adecuadas, lo que ayuda a prevenir lesiones.

Terminología de los ejercicios

A continuación algunos de los términos más utilizados en el libro.

REPETICIÓN (REP)

Una repetición es la realización de un solo ejercicio. Puede especificarse el número de repeticiones, pero lo más habitual es que se basen en el tiempo; es decir, tantas como puedan hacerse en 30, 45 o 60 segundos.

SERIE

Grupo de ejercicios, normalmente 4 o 5, realizados secuencialmente con una duración específica y con o sin pausas entre medias. Tras finalizar una serie, normalmente hay un periodo de descanso antes de abordar la siguiente serie.

RUTINA

La rutina describe el entrenamiento completo: el número, la selección y el orden de los ejercicios; el número de series; la duración de los movimientos, las pausas y los descansos.

LA IMPORTANCIA DE RESPIRAR

El sistema respiratorio proporciona al cuerpo el oxígeno para la mayor parte de sus necesidades energéticas y elimina el dióxido de carbono creado en la conversión de energía (pp. 12-17). La respiración también favorece la conexión mente-cuerpo, ayudando a mantener el control y activando los músculos del *core*, especialmente los abdominales.

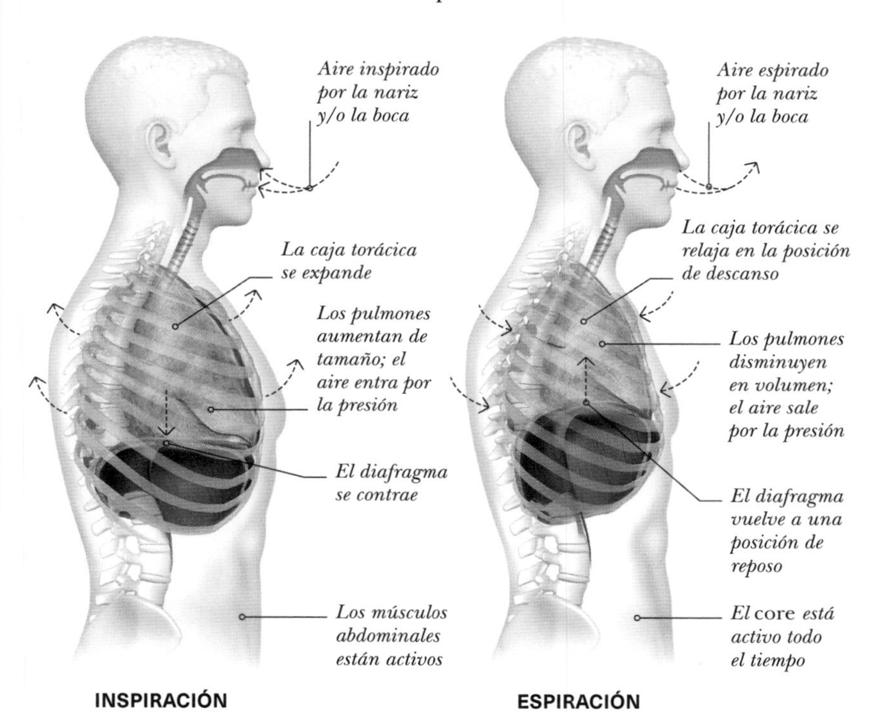

MATERIAL

Para la mayoría de los ejercicios no se necesita ningún material, por lo que se pueden hacer tanto en casa como en el gimnasio. La esterilla hace más cómodo el trabajo en el suelo; una pelota da inestabilidad y activa los diferentes músculos, haciéndolos trabajar más; las bandas elásticas y las mancuernas aumentan la carga y el esfuerzo.

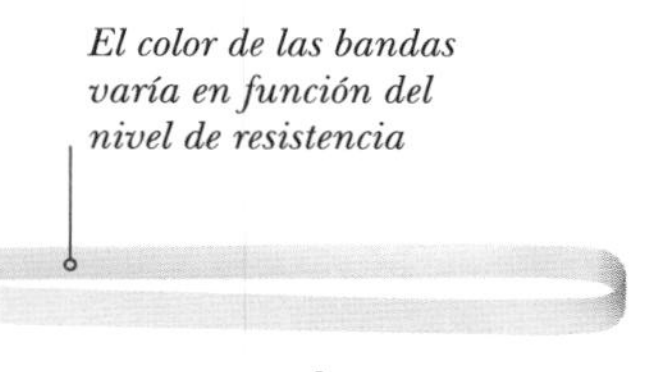

GUÍA DE TÉRMINOS

Las articulaciones facilitan una amplia gama de movimientos, descritos en las ilustraciones de estas páginas. Muchos de estos términos se emplean en la descripción de los ejercicios, por lo que es buena idea marcar esta página para usarla de referencia.

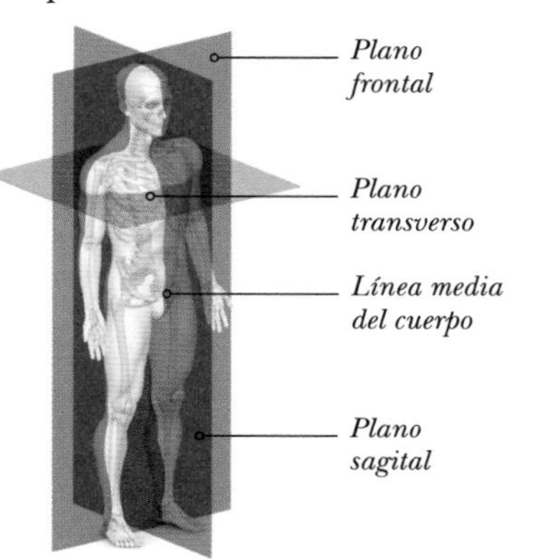

PLANOS DE MOVIMIENTO
Tres líneas imaginarias dividen los planos de movimiento del cuerpo. La acción hacia delante y atrás se produce en el plano sagital, que separa la mitad izquierda de la derecha. El frontal, que disocia la parte delantera de la trasera, es el que sirve de referencia en los movimientos laterales, mientras que el plano transverso corta en horizontal, donde se produce la rotación.

Columna

Ademas de dar apoyo estructural a la parte superior del cuerpo, la columna ayuda a repartir la carga entre las partes inferior y superior. Puede extenderse, flexionarse, rotar y girar lateralmente o combinar estos movimientos.

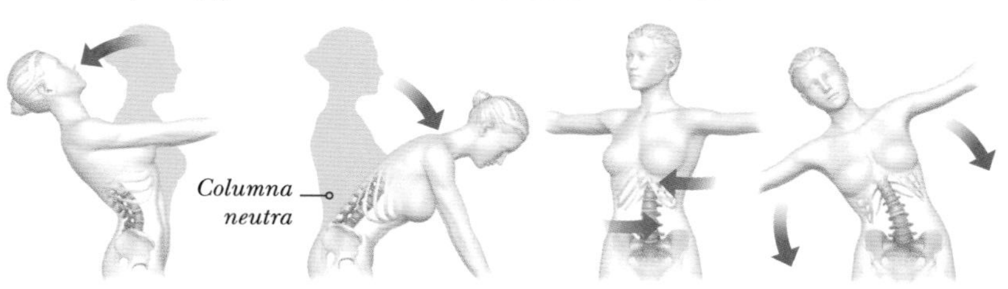

EXTENSIÓN
Doblando la cintura para mover el torso hacia atrás.

FLEXIÓN
Doblando la cintura para mover el torso hacia delante.

ROTACIÓN
Girando el tronco a derecha o izquierda sobre la línea media.

FLEXIÓN LATERAL
Doblando el tronco a derecha o izquierda desde la línea media.

Codo

El codo interviene en cualquier ejercicio que use la resistencia de la mano y en los específicos del brazo.

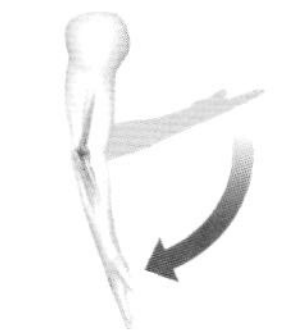

EXTENSIÓN
Estirando el brazo, aumentando el ángulo articular.

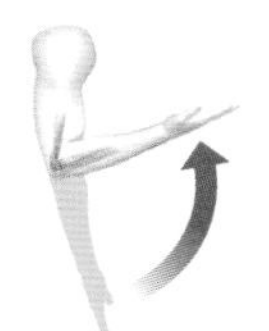

FLEXIÓN
Doblando el brazo, reduciendo el ángulo articular.

Muñeca

La muñeca debe permanecer neutra (en línea con el antebrazo), a menos que se indique lo contrario.

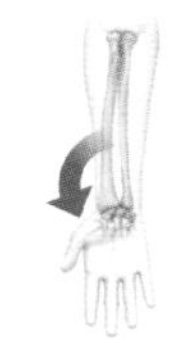

SUPINACIÓN
Palma hacia arriba al rotar el antebrazo.

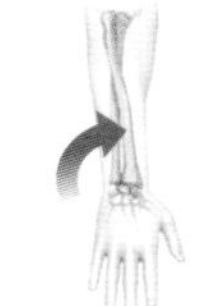

PRONACIÓN
Palma hacia abajo al rotar el antebrazo.

Cadera

La articulación de la cadera permite variedad de movimientos en múltiples planos, siempre con la pierna estirada, como aquí.

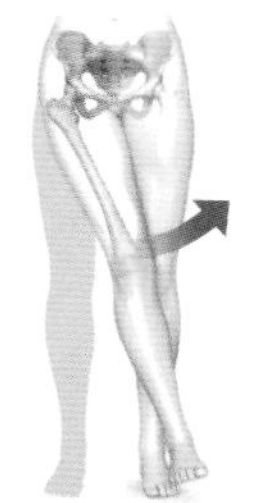

ADUCCIÓN
Acercar el muslo hacia la línea media.

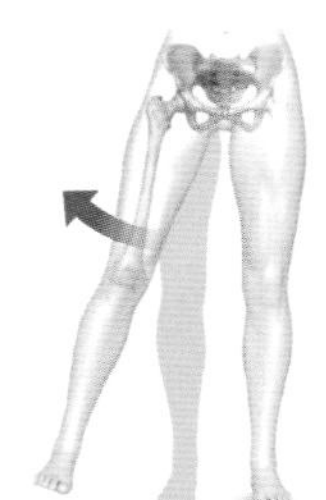

ABDUCCIÓN
Alejar el muslo de la línea media.

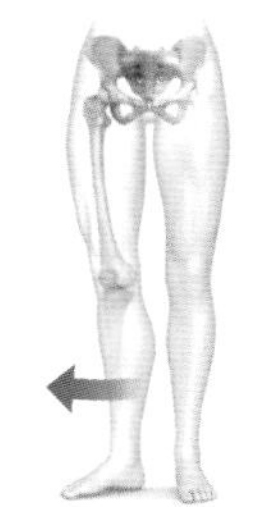

ROTACIÓN EXTERNA
Rotación del muslo hacia fuera.

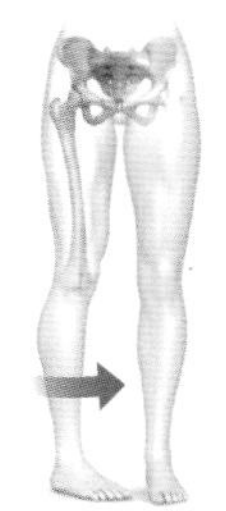

ROTACIÓN INTERNA
Rotación del muslo hacia dentro.

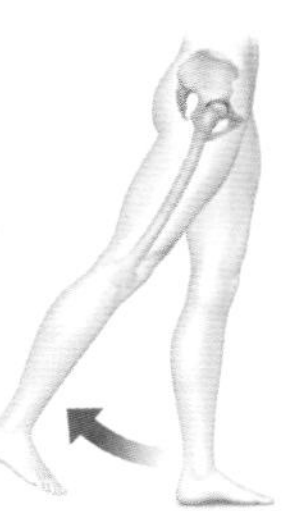

EXTENSION
Estirar el muslo hacia atrás, enderezando el cuerpo por la cadera.

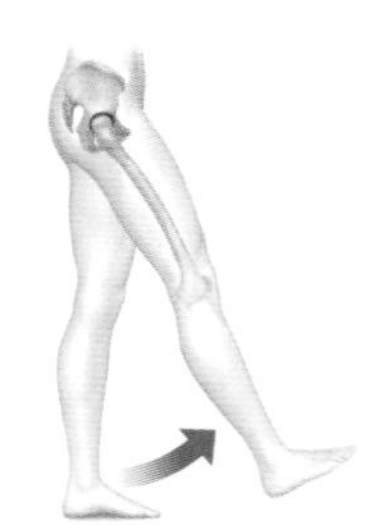

FLEXIÓN
Estirar el muslo hacia delante, doblando el cuerpo por la cadera.

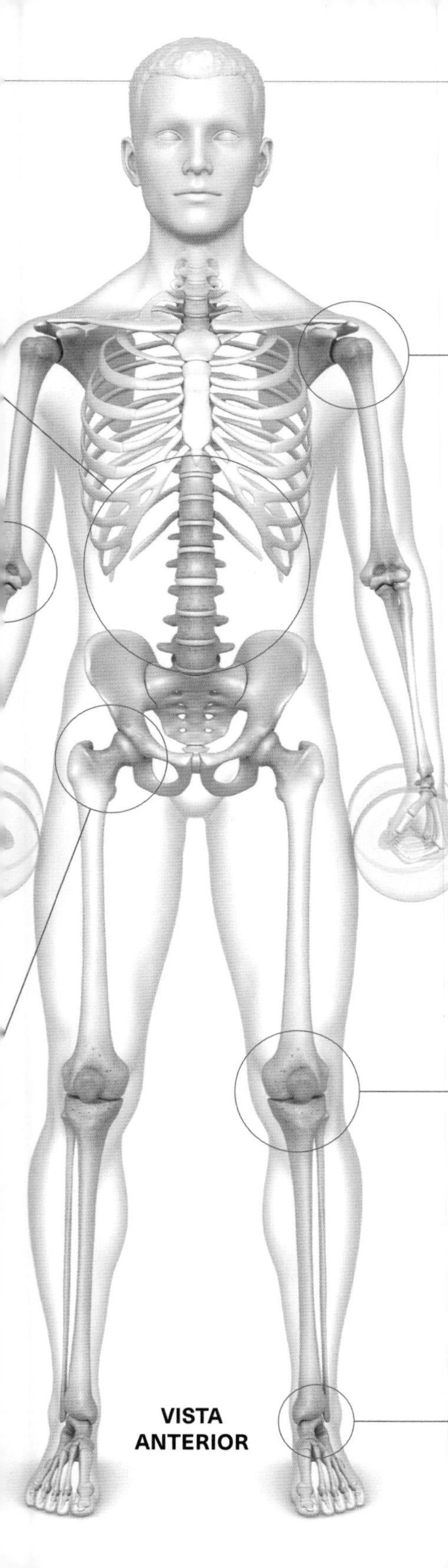

Hombro

Esta compleja articulación tiene variedad de movimientos en múltiples planos. Mueve el brazo hacia delante y atrás, arriba y abajo en el lateral y rota en la propia articulación del hombro.

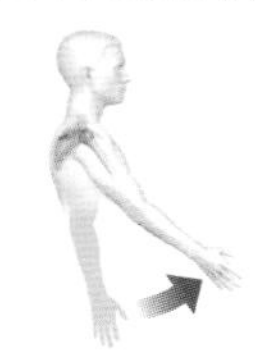

FLEXIÓN
Mover el brazo hacia delante desde el hombro.

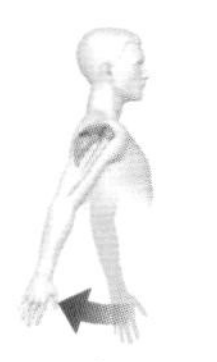

EXTENSIÓN
Mover el brazo hacia atrás desde el hombro.

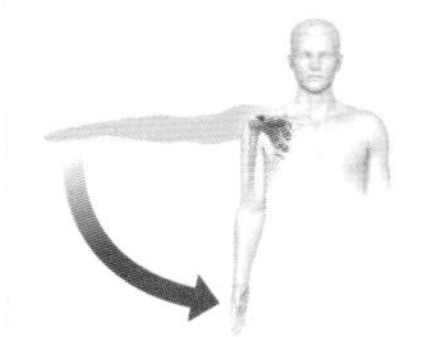

ADUCCIÓN
Acercar el brazo al cuerpo.

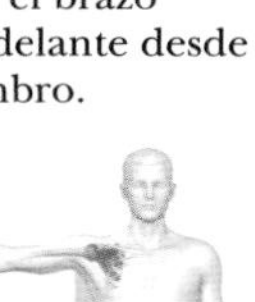

ABDUCCIÓN
Alejar el brazo del cuerpo.

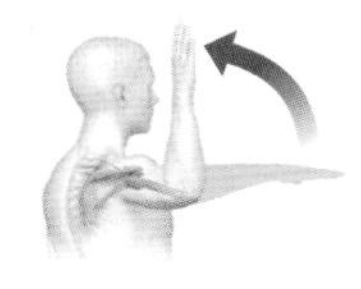

ROTACIÓN EXTERNA
Rotar el brazo en el hombro elevando la mano.

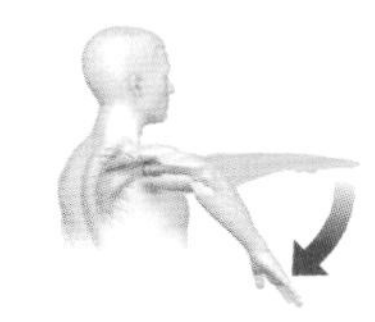

ROTACIÓN INTERNA
Rotar el brazo en el hombro bajando la mano.

Rodilla

La rodilla tiene que poder soportar cargas de hasta 10 veces el peso del cuerpo. Sus movimientos principales son flexionar y extender.

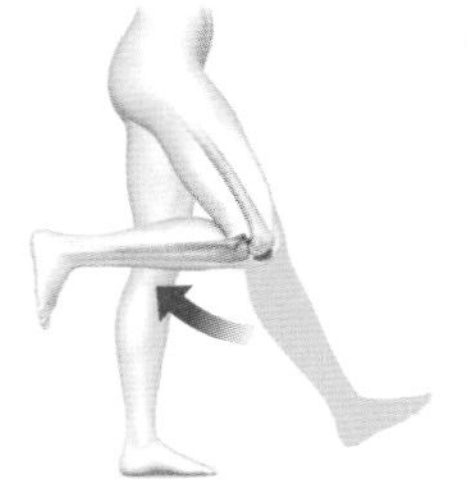

FLEXIÓN
Doblar la rodilla, reduciendo el ángulo de la articulación.

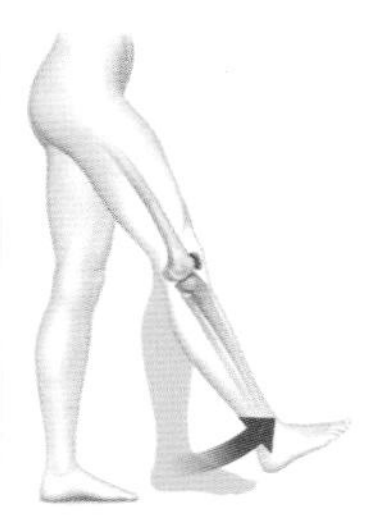

EXTENSIÓN
Estirar la rodilla, aumentando el ángulo de la articulación.

Tobillo

En el trabajo de HIIT, los movimientos importantes del tobillo implican la flexión dorsal y la plantar.

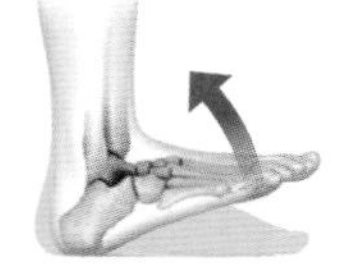

FLEXIÓN DORSAL
Doblar el tobillo para que los dedos del pie apunten hacia arriba.

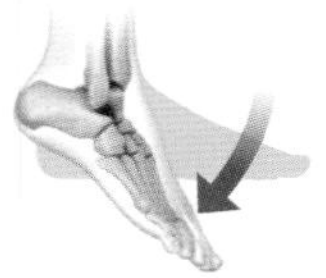

FLEXIÓN PLANTAR
Doblar el tobillo para que los dedos del pie apunten hacia abajo.

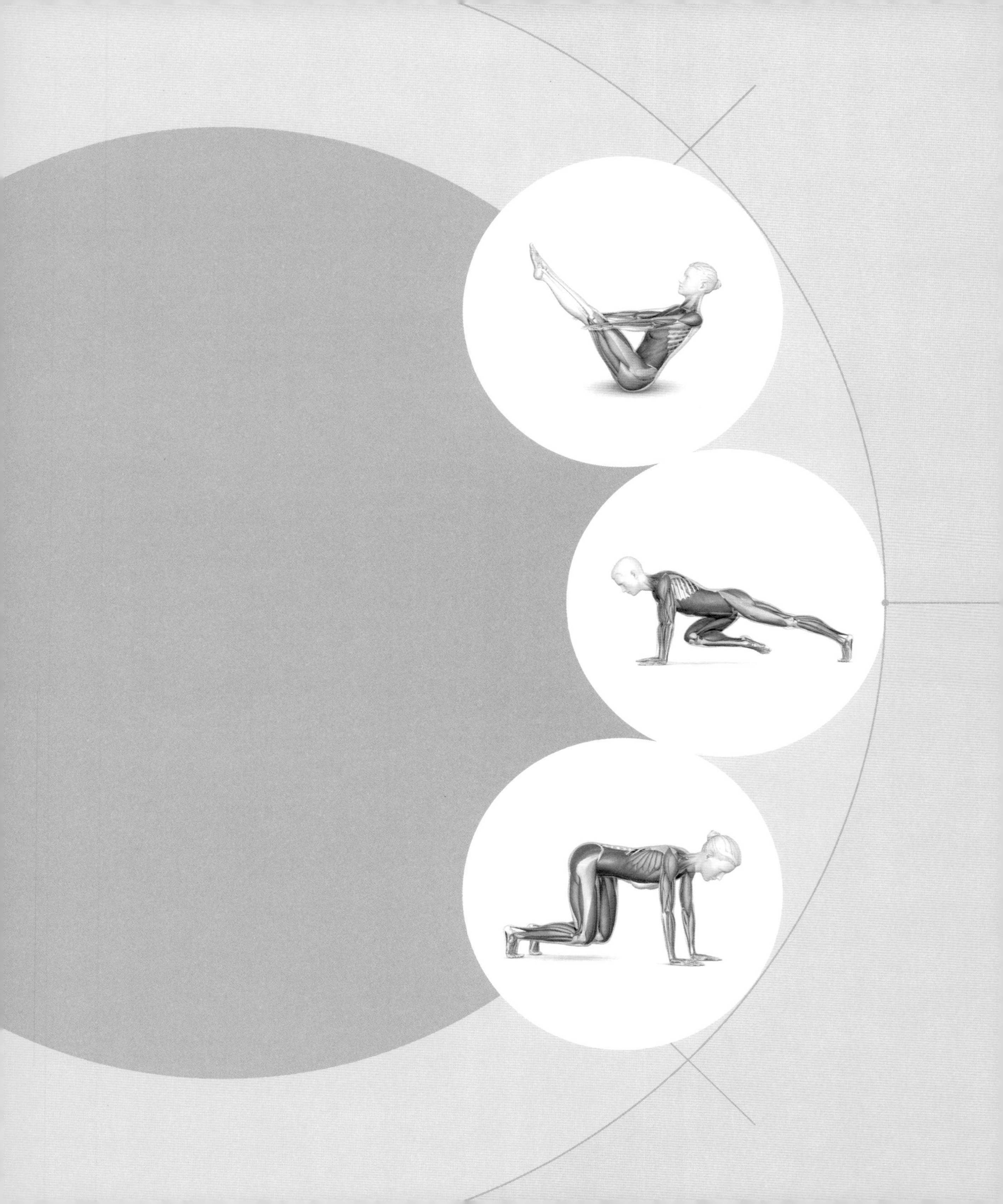

EJERCICIOS DE *CORE*

Los ejercicios de esta sección se centran en los músculos abdominales: el transverso, el recto y los oblicuos internos y externos. Además de instrucciones claras sobre cómo ejecutar cada movimiento para trabajar al máximo y reducir el riesgo de lesiones, muchos de los ejercicios incluyen variaciones y modificaciones.

DE PLANCHA ALTA A BAJA

Este ejercicio fortalece los músculos abdominales, la espalda, los glúteos, los cuádriceps y el pecho. Lo más importante es que, debido al movimiento de subida y bajada, el paso de plancha baja a alta también aísla los tríceps. Este tipo de transición en la plancha obliga a activar el *core* para sujetar la espalda.

INDICACIONES

Para este ejercicio, todo lo que se necesita es una esterilla. Durante todo el movimiento, hay que asegurarse de activar el *core:* llevar el ombligo hacia la columna y mantener la cabeza y el cuello alineados al subir y bajar. Comienza realizando el ejercicio en intervalos de 30 segundos, con un descanso de 30 segundos. Aumenta lentamente el tiempo a 45 segundos y, finalmente, a 60 segundos.

CLAVE

- *Articulaciones*
- *Músculos*
- Se acorta con tensión
- Se alarga con tensión
- Se alarga sin tensión
- En tensión sin movimiento

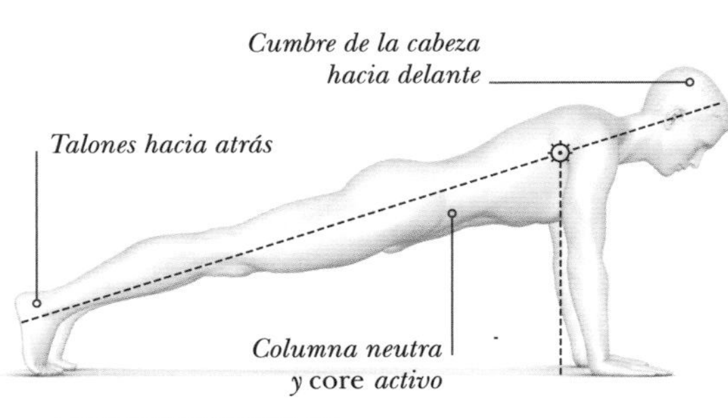

FASE PREPARATORIA

Partiendo de la posición de plancha alta, con los brazos separados a la anchura de los hombros y los pies a la de las caderas, alinea cabeza, cuello y columna. Los dedos de las manos empujan el suelo y los de los pies se doblan. Mete la cadera para aplanar la curva lumbar.

Piernas

Los **isquiotibiales** trabajan contra la gravedad para mantener el cuerpo alineado. Al activarse, ayudan al cuerpo a mantenerse alineado. Los **glúteos, aductores** y **abductores** se mantienen tensos y activos. Mantén la parte interior de los muslos en contacto, junto con los glúteos, para que la pelvis esté en retroversión.

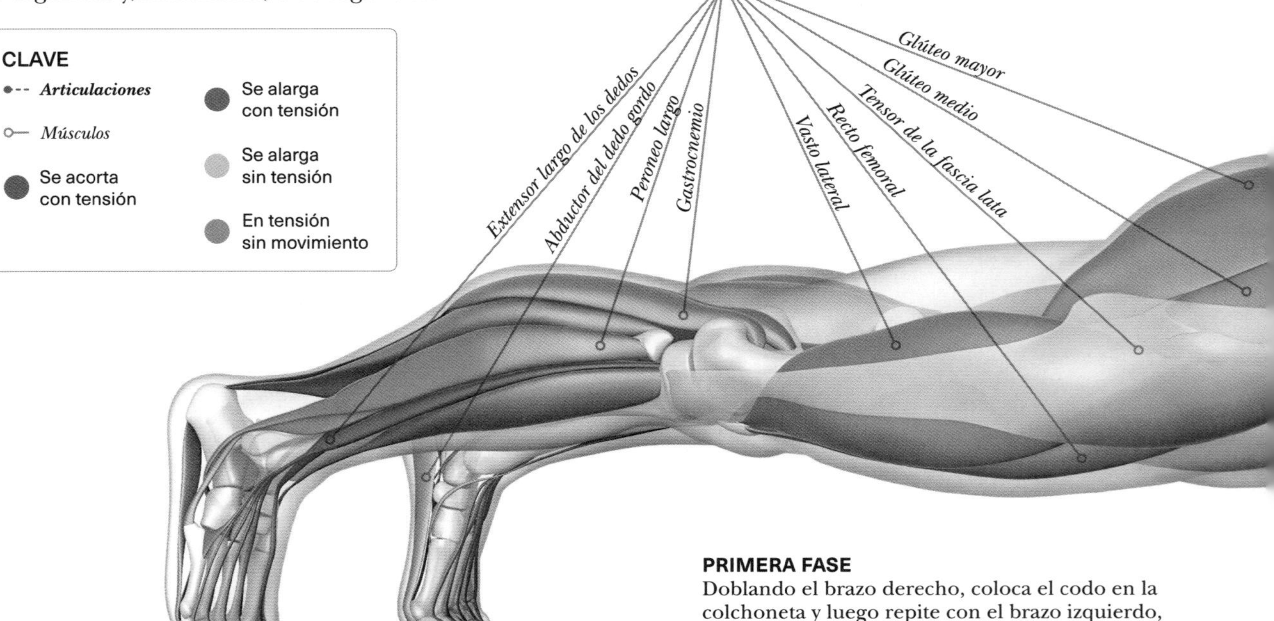

PRIMERA FASE

Doblando el brazo derecho, coloca el codo en la colchoneta y luego repite con el brazo izquierdo, dejando el peso sobre los codos. Activa el *core* (llevando el ombligo hacia la columna) para que la cadera se balancee lo mínimo.

Precaución

Si no se realiza de forma correcta puede ocasionar lesiones de muñeca y de la zona lumbar. Hay que mantener el *core* activo.

Tren superior

Con este ejercicio abdominal isométrico también trabajan el **trapecio,** el **romboides mayor** y el menor, los **pectorales,** el **serrato anterior,** el **deltoides,** el **bíceps** y el **tríceps.** Los **oblicuos** internos y externos, junto con los **extensores de la columna,** estabilizan las caderas.

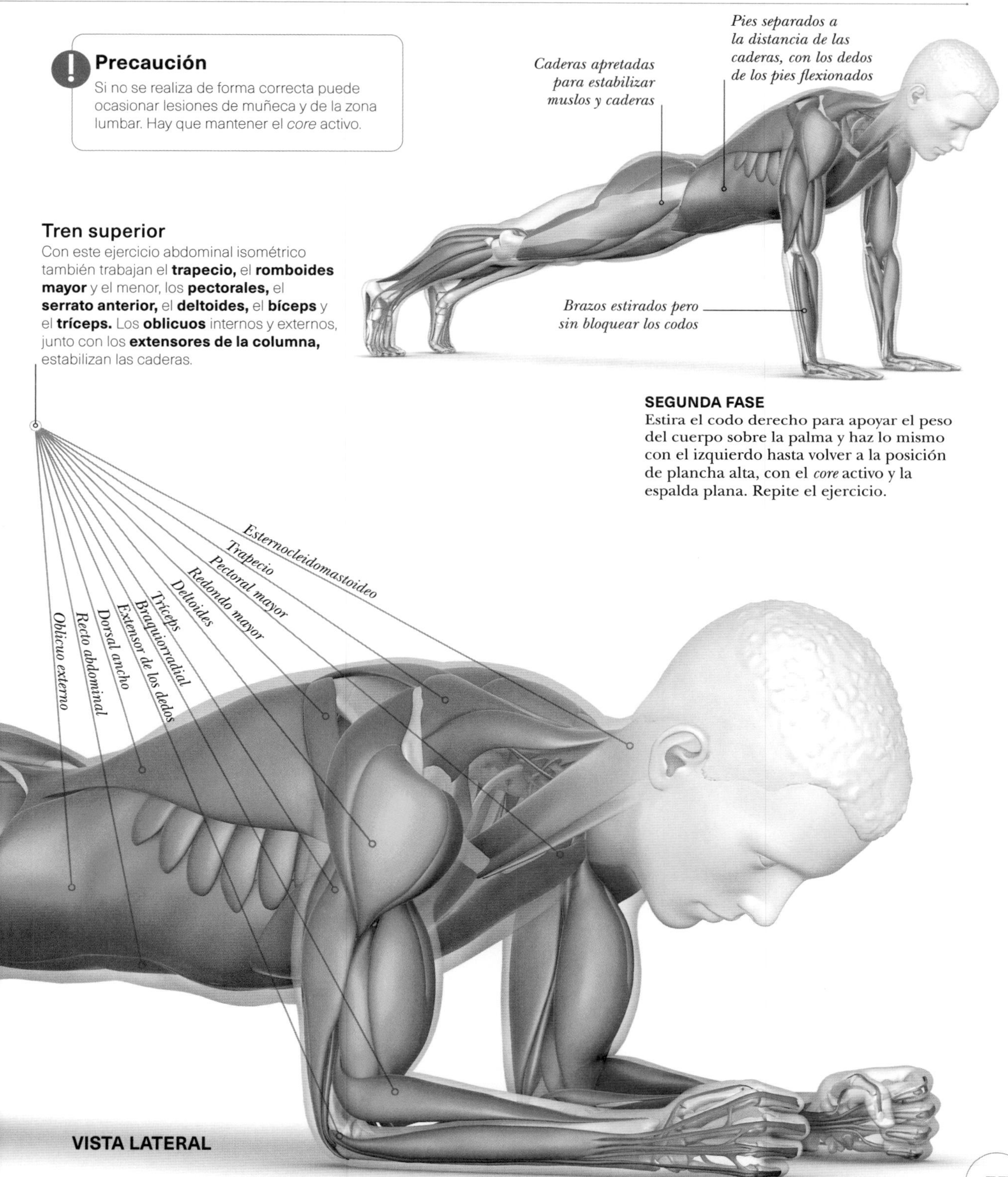

SEGUNDA FASE
Estira el codo derecho para apoyar el peso del cuerpo sobre la palma y haz lo mismo con el izquierdo hasta volver a la posición de plancha alta, con el *core* activo y la espalda plana. Repite el ejercicio.

» VARIACIONES

Las variaciones de la plancha incluyen modificaciones como la plancha baja, la plancha de bajo impacto y una versión más avanzada, la plancha del delfín. Todas ellas fortalecen el transverso y el recto abdominal. El transverso debe entrenarse primero para poder desarrollar el recto abdominal o «tableta».

Las variaciones de la plancha fortalecen el core, ***mejoran la flexibilidad*** *y mitigan el dolor de espalda.*

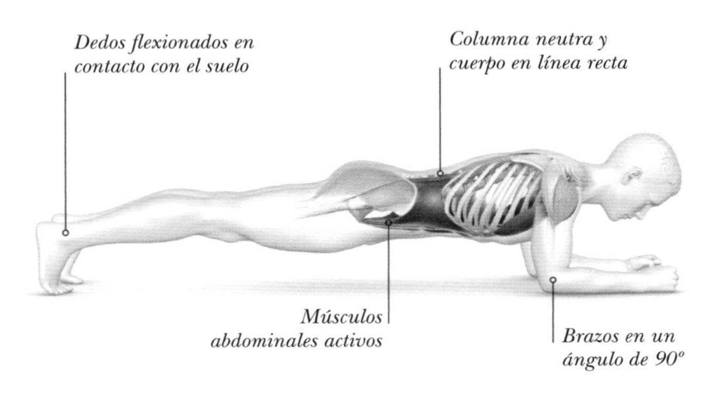

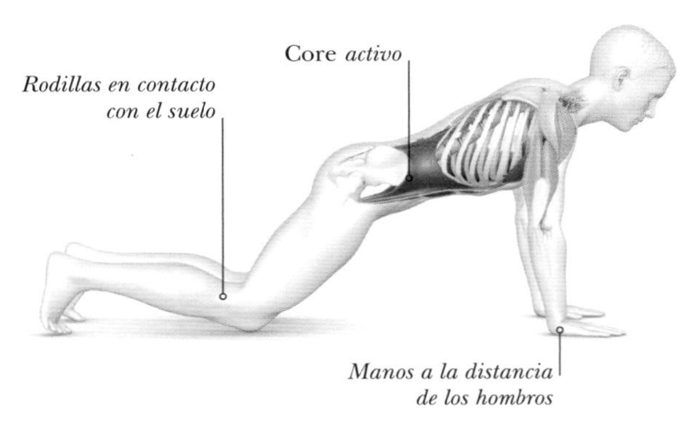

PLANCHA BAJA

Esta variación consiste en mantener la plancha baja. Para evitar hacerse daño en la zona lumbar, los hombros, el cuello o las caderas, hay que mantener activos el abdomen, las piernas y los hombros.

FASE PREPARATORIA/PRIMERA FASE

Colócate en posición de plancha baja mirando el suelo y mantén la cabeza en posición neutra, con los antebrazos y los dedos de los pies en contacto con el suelo, las piernas estiradas y la espalda plana. Los codos están justo debajo de los hombros y los antebrazos dirigidos hacia delante. La cabeza permanece relajada y la mirada va hacia el suelo. Sujeta la cadera y aprieta los glúteos. Mantén la plancha baja durante 30 segundos.

PLANCHA DE BAJO IMPACTO

Este ejercicio es la mejor opción cuando hay problemas lumbares o si se es nuevo en el entrenamiento HIIT porque aporta los beneficios del trabajo abdominal sin añadir presión a la columna.

FASE PREPARATORIA

Partiendo de la posición de plancha alta, con las manos separadas a la distancia de los hombros y los pies a la de las caderas, la cabeza, el cuello y la columna se alinean.

PRIMERA FASE

Con la espalda plana y las caderas sujetas, deja caer las rodillas, sin que la espalda se hunda, y mantén durante 30 segundos.

CLAVE

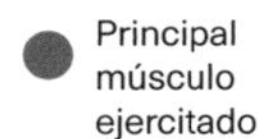 Principal músculo ejercitado

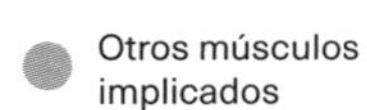 Otros músculos implicados

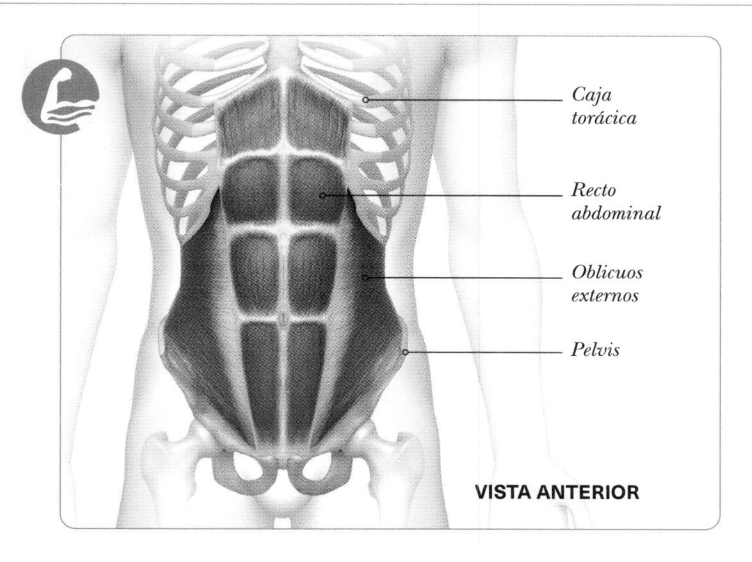

Músculos del *core*

Al realizar un *sit up* se produce una contracción concéntrica. Los músculos abdominales se acortan, reduciéndose la distancia entre la caja torácica y la pelvis. Sin embargo, cuando estás arriba y empiezas a llevar el cuerpo hacia el suelo, los abdominales se contraen de forma excéntrica, estirándose con tensión.

PLANCHA DEL DELFÍN

Este ejercicio, en el que trabaja todo el cuerpo, fortalece los brazos y los hombros e implica también a los abdominales y el *core* para estabilizar el torso. Los isquiotibiales y los gemelos se estiran pero sin tensión. Recuerda mantener la espalda recta, en especial en la fase de elevación.

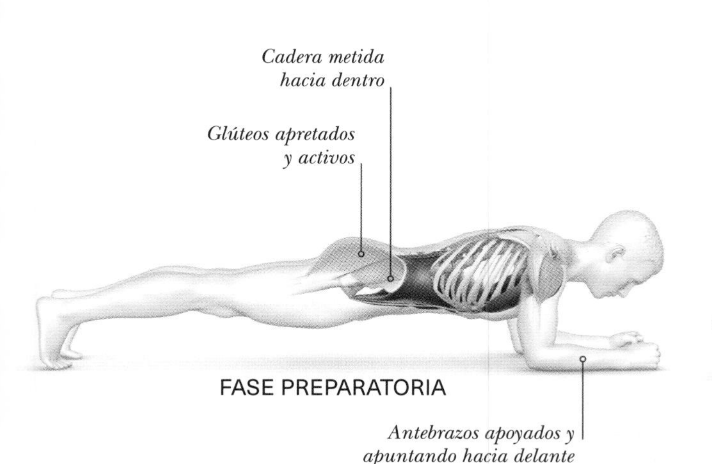

Cuerpo en forma de V invertida

PRIMERA FASE

Desplazamiento hacia atrás y hacia delante sobre los dedos

Mirada dirigida hacia las piernas desde el hueco de los brazos

FASE PREPARATORIA
Comienza con la posición de plancha baja, apoyando antebrazos y dedos de los pies en el suelo mientras la cabeza se mantiene neutra y la mirada dirigida al suelo. Asegúrate de que los codos estén debajo de los hombros y los antebrazos se dirija hacia delante.

PRIMERA FASE
Exhala y dirige los pies hacia delante, manteniéndote sobre los dedos de los pies al tiempo que elevas las caderas y llevas el cuerpo a la posición de V invertida. Los antebrazos permanecen apoyados en el suelo.

SEGUNDA FASE
Aprieta los glúteos y lleva los pies con suavidad a la posición de partida (siempre sobre los dedos de los pies), volviendo a la plancha mientras inhalas. Este es el movimiento básico hacia atrás y hacia delante de la plancha del delfín.

PLANCHA DE NADADOR

Las caderas vuelven a colocarse en paralelo

La plancha de nadador es un ejercicio completo que implica a abdominales, espalda y hombros. Entre los músculos que trabajan en la plancha frontal están músculos primarios como los extensores de la columna y el recto y el transverso abdominales.

INDICACIONES

Este ejercicio no pone tanta presión sobre la espalda lumbar o el cuello como otros abdominales. El cambio a plancha lateral desarrolla el equilibrio y la coordinación. Al realizar el movimiento, inspira por la nariz y espira por la boca. Se empieza con 4 series de 8 repeticiones, asegurándose de hacer el mismo número de veces cada lado.

Core/piernas

Aunque los principales músculos implicados en este movimiento son los **abdominales,** el **glúteo medio** y el **glúteo mayor,** también se activan para estabilizar las caderas. A mitad del ejercicio, conviene asegurarse de llevar las caderas hacia delante para que la columna se mantenga neutra.

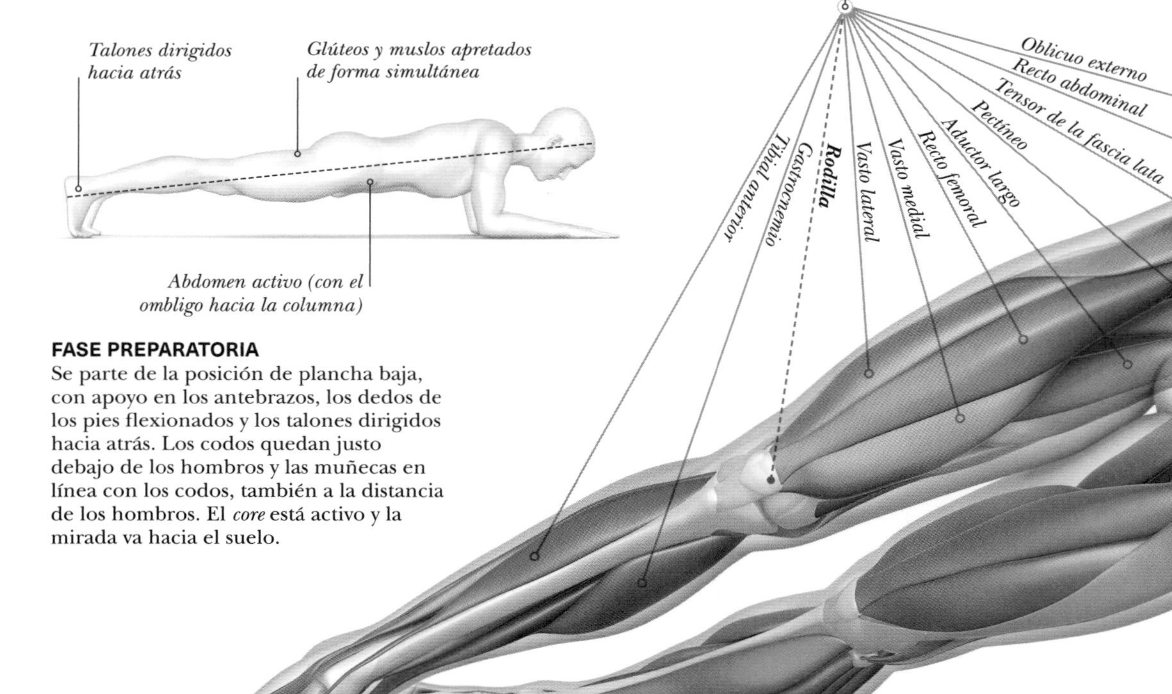

FASE PREPARATORIA

Se parte de la posición de plancha baja, con apoyo en los antebrazos, los dedos de los pies flexionados y los talones dirigidos hacia atrás. Los codos quedan justo debajo de los hombros y las muñecas en línea con los codos, también a la distancia de los hombros. El *core* está activo y la mirada va hacia el suelo.

VISTA LATERAL

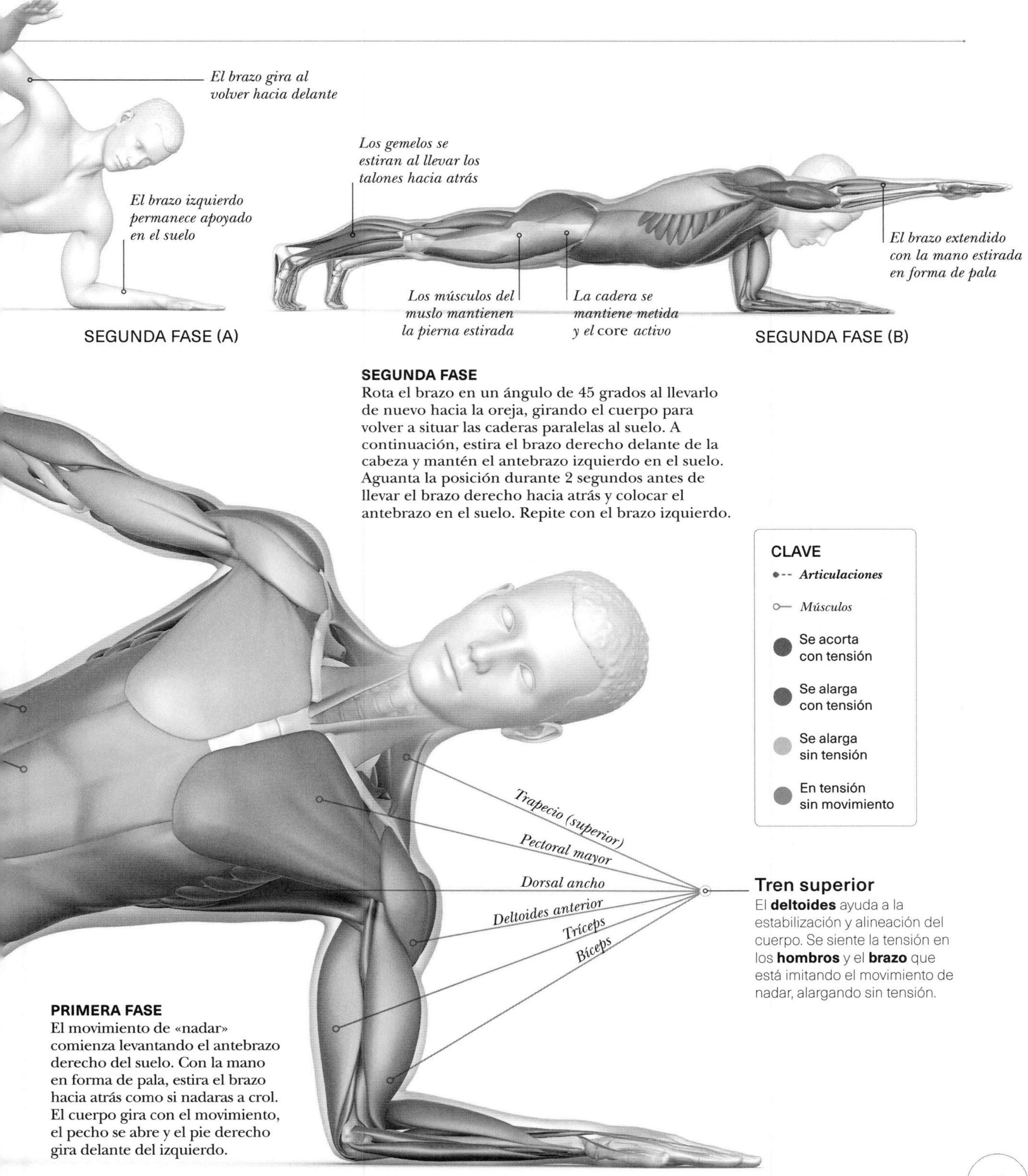

SEGUNDA FASE
Rota el brazo en un ángulo de 45 grados al llevarlo de nuevo hacia la oreja, girando el cuerpo para volver a situar las caderas paralelas al suelo. A continuación, estira el brazo derecho delante de la cabeza y mantén el antebrazo izquierdo en el suelo. Aguanta la posición durante 2 segundos antes de llevar el brazo derecho hacia atrás y colocar el antebrazo en el suelo. Repite con el brazo izquierdo.

CLAVE
- *Articulaciones*
- *Músculos*
- Se acorta con tensión
- Se alarga con tensión
- Se alarga sin tensión
- En tensión sin movimiento

Tren superior
El **deltoides** ayuda a la estabilización y alineación del cuerpo. Se siente la tensión en los **hombros** y el **brazo** que está imitando el movimiento de nadar, alargando sin tensión.

PRIMERA FASE
El movimiento de «nadar» comienza levantando el antebrazo derecho del suelo. Con la mano en forma de pala, estira el brazo hacia atrás como si nadaras a crol. El cuerpo gira con el movimiento, el pecho se abre y el pie derecho gira delante del izquierdo.

ESCALADOR

Este ejercicio, llamado también plancha frontal con rotación, implica a muchos músculos y articulaciones –de las piernas, los hombros, el *core* y los brazos– al mismo tiempo y eleva la frecuencia cardiaca, lo que ayuda a quemar más calorías. Es también un excelente trabajo para los cuádriceps.

INDICACIONES

Al realizar el movimiento, los hombros, brazos y pecho estabilizan el torso, mientras que el *core* hace lo propio con el resto del cuerpo. Una vez en posición de plancha, hay que mantener el cuerpo en línea recta al llevar la rodilla en diagonal y devolverla a la posición de partida. Si el ejercicio se hace difícil, se puede llevar la rodilla en línea recta hacia el pecho, en lugar de en diagonal. Hacer el mismo número de repeticiones en cada lado.

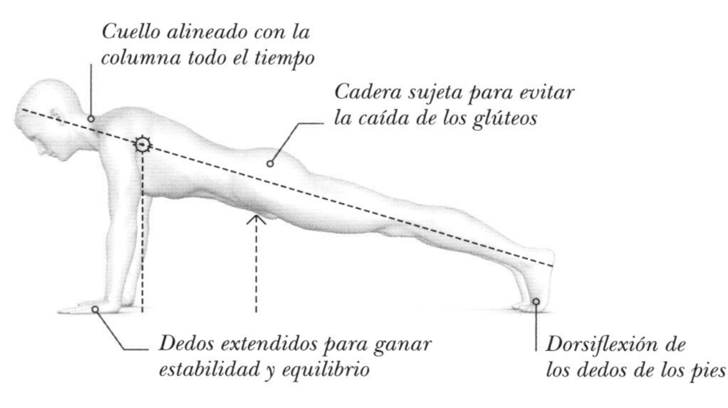

FASE PREPARATORIA

En posición de plancha alta, asegúrate de distribuir el peso por igual entre manos y pies. Las manos están separadas a la distancia de los hombros, con las muñecas en línea con los hombros, el cuello y la columna alineados, la cabeza en posición neutra, la espalda recta y el abdomen, activo. Sujeta la cadera para que los glúteos no se hundan.

Core y brazos

Los estabilizadores del *core* (**recto abdominal, transverso abdominal** y **oblicuos externos** e **internos**) protegen la columna. Los **brazos** y los **hombros** no se mueven, pero se tensan. El **tríceps braquial** bloquea los codos.

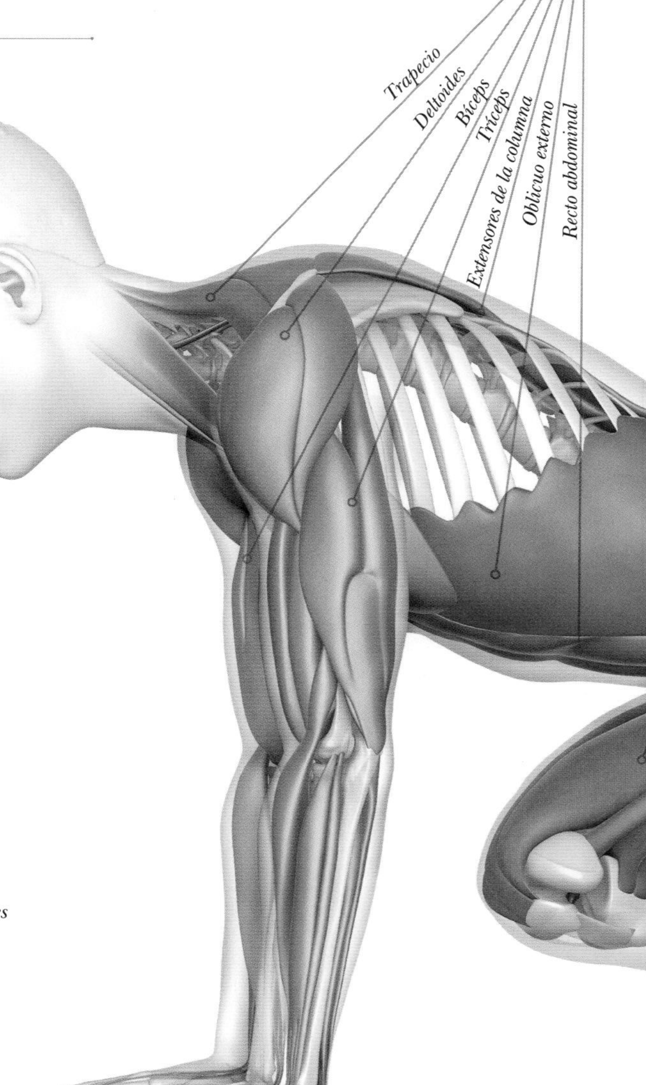

Piernas

El músculo del **cuádriceps** (el **recto femoral**) está en contracción isotónica y mantiene una tensión constante al desplazar las piernas hacia delante y hacia atrás. Este músculo también estabiliza el cuerpo. Para llevar la pierna hacia delante y doblar la rodilla intervienen los **flexores de la cadera** y los **isquiotibiales.**

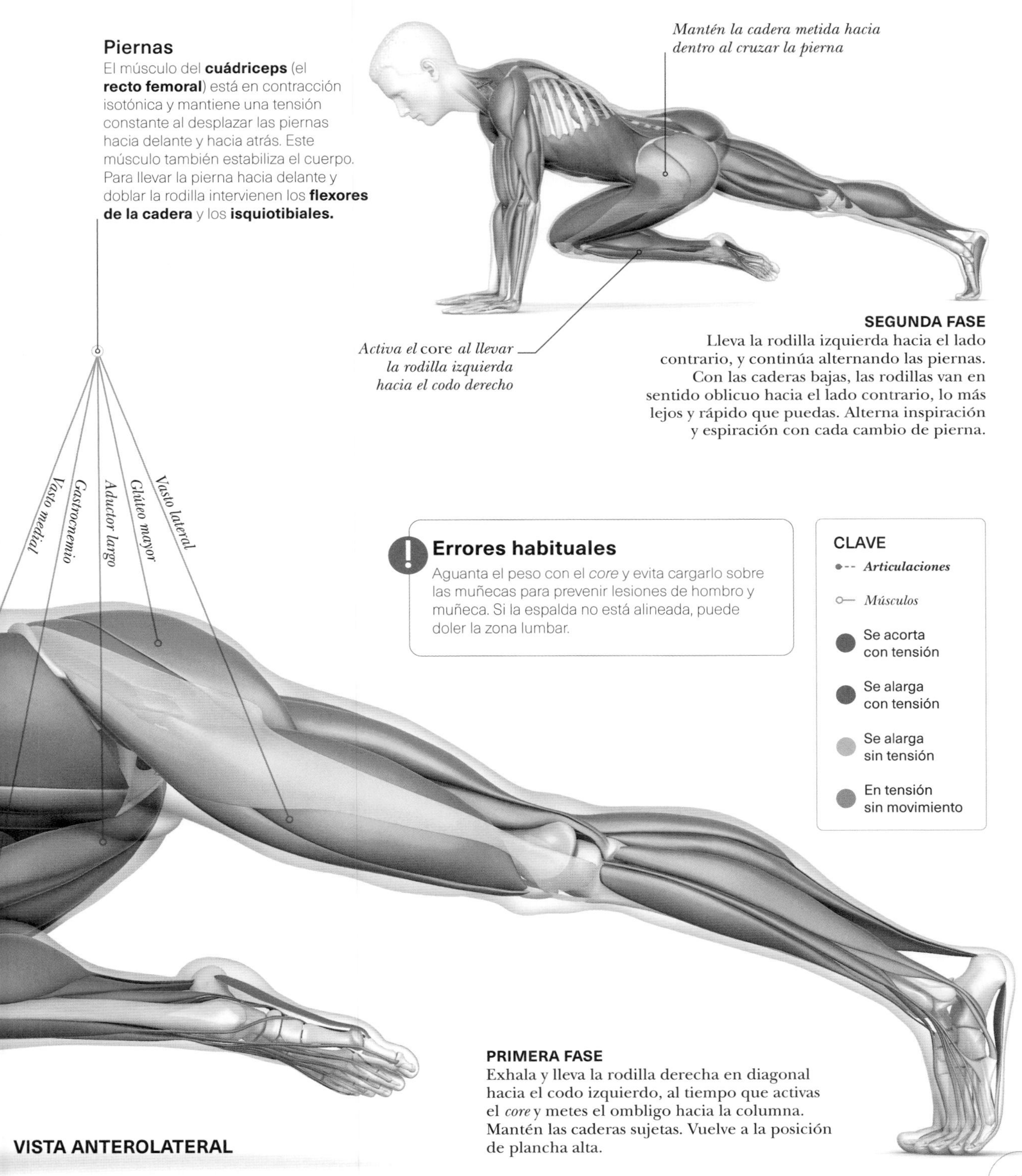

SEGUNDA FASE

Lleva la rodilla izquierda hacia el lado contrario, y continúa alternando las piernas. Con las caderas bajas, las rodillas van en sentido oblicuo hacia el lado contrario, lo más lejos y rápido que puedas. Alterna inspiración y espiración con cada cambio de pierna.

Errores habituales

Aguanta el peso con el *core* y evita cargarlo sobre las muñecas para prevenir lesiones de hombro y muñeca. Si la espalda no está alineada, puede doler la zona lumbar.

CLAVE

- *Articulaciones*
- *Músculos*
- Se acorta con tensión
- Se alarga con tensión
- Se alarga sin tensión
- En tensión sin movimiento

PRIMERA FASE

Exhala y lleva la rodilla derecha en diagonal hacia el codo izquierdo, al tiempo que activas el *core* y metes el ombligo hacia la columna. Mantén las caderas sujetas. Vuelve a la posición de plancha alta.

VISTA ANTEROLATERAL

» VARIACIONES

Las variaciones del escalador involucran a todos los músculos del *core,* incluidos el recto y el transverso abdominales y los oblicuos. También activan los músculos de las caderas y de la espalda y, si se hacen correctamente, fortalecen la zona lumbar.

ESCALADOR CON CAMBIO DE PIE

El cambio de pie rápido requiere una buena forma física y coordinación. La espalda ha de permanecer recta y plana, alineada con el cuello y la cabeza. Para que la cadera no se levante, la pelvis se mantiene metida hacia adentro al cambiar de pierna.

FASE PREPARATORIA
Partiendo de la posición de plancha alta (pp. 36-37), con las muñecas a la anchura de los hombros y los pies a la distancia de las caderas, alinea la cabeza, el cuello y la columna.

PRIMERA FASE
Activa el *core,* lleva el pie derecho hacia el lado derecho del cuerpo y, con la rodilla doblada, apóyalo en el suelo.

SEGUNDA FASE
Lleva el pie derecho a la posición de partida, junto al izquierdo, y casi de inmediato desplaza ese pie izquierdo hacia el lado izquierdo del cuerpo. Marca un ritmo y continúa cambiando de pie.

*Pon atención en las **muñecas** y la **espalda** al realizar las variaciones del escalador.*

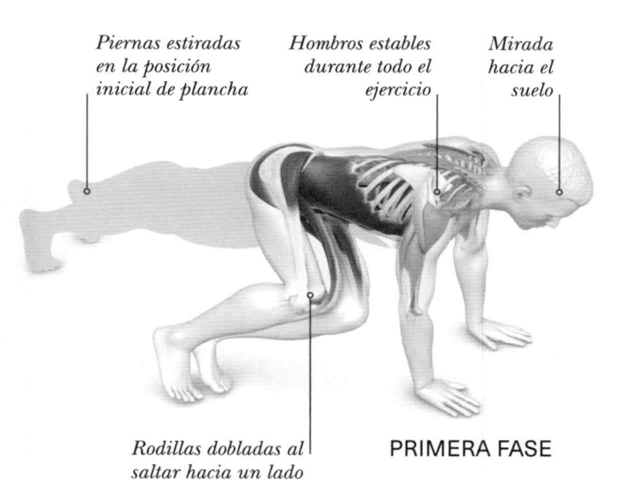

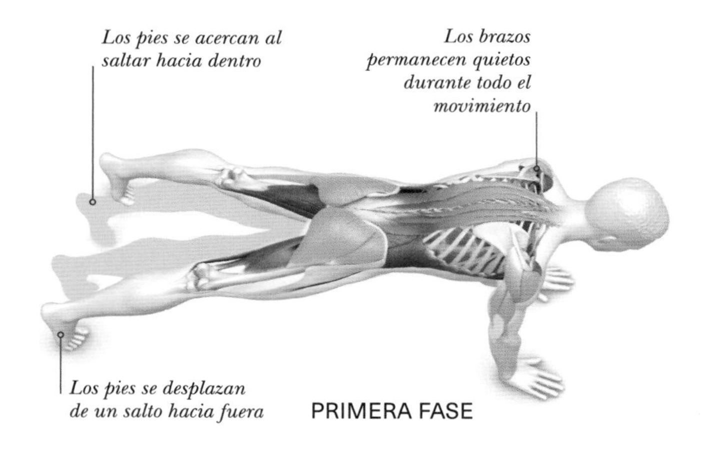

SALTOS LATERALES EN PLANCHA

Este ejercicio es una excelente variación cardiovascular del escalador. Además de fortalecer los abdominales superiores e inferiores y los oblicuos externos e internos, puede mejorar la estabilidad, quemar calorías y reducir la grasa.

FASE PREPARATORIA
Partiendo de la posición de plancha alta (pp. 36-37), con las muñecas en línea con los hombros y los pies a la anchura de las caderas, alinea cabeza, cuello y columna.

PRIMERA FASE
Dobla las rodillas y llévalas hacia delante, saltando hacia el lado derecho del cuerpo con un movimiento dinámico.

SEGUNDA FASE
Vuelve de un salto a la posición de partida. Dobla las rodillas y llévalas de un salto hacia el lado izquierdo. Repite durante 30-60 segundos, realizando el mismo número de saltos con cada lado.

SALTO EN PLANCHA

Este ejercicio, similar a los *jumping jacks* (salto para separar las piernas), pero en plancha, fortalece el pecho, la espalda, los brazos y los hombros. Hace trabajar también los músculos del *core.* Si duelen las muñecas, se puede realizar el ejercicio sobre los antebrazos.

FASE PREPARATORIA
Se parte de la posición de plancha alta (pp. 36-37), con los brazos estirados, las manos debajo de los hombros y los pies juntos. El cuerpo forma una línea recta de la cabeza a los talones.

PRIMERA FASE
Separa los pies de un salto como si estuvieras haciendo un *jumping jack* horizontal. Mantén la forma de plancha de la fase preparatoria.

SEGUNDA FASE
Permanece en posición de plancha al volver a juntar los pies de un salto, activando aún más el *core.* Continúa con los saltos. Mantén la espalda plana y sin dejar que las caderas caigan. Los brazos mantienen su posición. Empieza con 10-20 segundos y ve progresando hasta 60 segundos o con saltos a más velocidad para complicar el ejercicio.

PLANCHA DEL OSO

Este ejercicio fortalece los abdominales y los músculos del *core*, aliviando el dolor lumbar y previniendo lesiones. También ayuda a mantener el equilibrio. Además de los abdominales, en la plancha del oso trabajan el glúteo medio y mayor, el psoas, los cuádriceps, los hombros y los brazos.

Espalda plana y columna neutra todo el tiempo

Brazos estirados a la anchura de los hombros

FASE PREPARATORIA
En cuadrupedia y con la espalda plana, las manos deben estar separadas a la anchura de los hombros y las muñecas en línea con estos. Las rodillas, a la distancia de las caderas. Flexiona los pies, con los dedos apoyados en el suelo.

INDICACIONES

Al realizar la plancha del oso, hay que intentar mirar hacia el suelo para que el cuello esté en posición neutra. Mirar hacia el techo o al frente pone más tensión en el cuello. Evita desplazar las caderas hacia delante y atrás porque, al ser un ejercicio isométrico, es importante permanecer quieto. El *core* ha de estar activo en todo momento y el tiempo de ejecución puede ir en aumento a medida que se progresa.

CLAVE
- ●-- ***Articulaciones***
- ○— *Músculos*
- Se acorta con tensión
- Se alarga con tensión
- Se alarga sin tensión
- En tensión sin movimiento

Piernas

La plancha del oso activa los músculos de los **cuádriceps,** que permanecen en una contracción isométrica. Los cuádriceps estabilizan el cuerpo y soportan el peso de mantener las rodillas en el aire. La flexión de la rodilla activa los **flexores de la cadera** y los **isquiotibiales.**

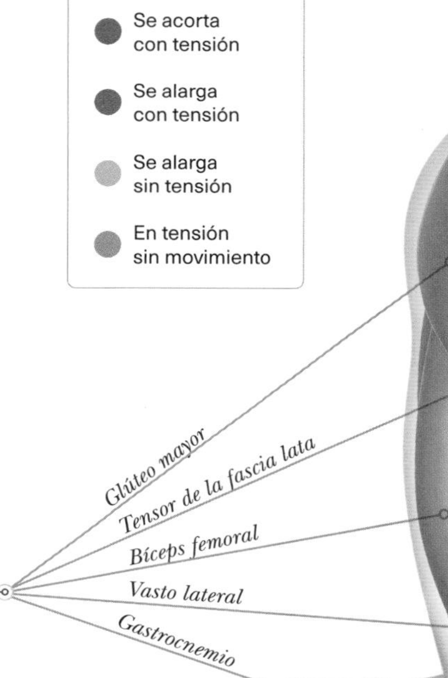

VISTA LATERAL

Precaución

En la plancha del oso hay que evitar que se hunda la parte baja de la espalda para no tensar la zona lumbar. Para ello, hay que activar los músculos del *core,* mantener la espalda plana y la columna neutra.

Tren superior

Es necesario que los **músculos abdominales –transverso abdominal, recto abdominal, oblicuos internos** y **externos**– estén activos para que la columna se mantenga neutra. El **erector de la columna,** en la espalda, y el **psoas mayor,** en las caderas, ayudan en esta postura isométrica.

Oblicuo externo
Recto abdominal
Serrato anterior
Pectoral mayor
Deltoides
Bíceps
Semiespinoso de la cabeza

> *La plancha del oso es un **ejercicio isométrico,** lo que significa que los músculos trabajan sin movimiento.*

PRIMERA FASE

Activa el *core,* llevando el ombligo hacia la columna, para mantener la espalda plana; exhala y empuja las palmas contra el suelo, elevando las rodillas 8-15 cm. Los dedos de los pies están flexionados y apoyados en el suelo. Las caderas están en línea con los hombros. Aguanta la posición 30-60 segundos, dependiendo del estado de forma.

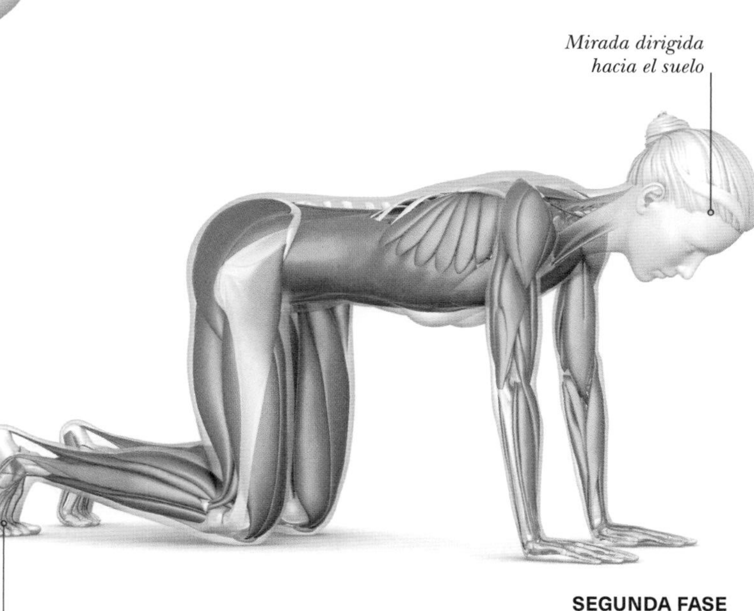

Dorsiflexión de los dedos y talones hacia atrás

SEGUNDA FASE

Las rodillas vuelven al suelo, como en la fase preparatoria.

» VARIACIONES

Las alternativas a la plancha del oso ofrecen mayor dificultad que el ejercicio básico. Al igual que la postura original, las modificaciones implican a varios grupos musculares, fortaleciendo el *core*, los glúteos, los isquiotibiales, los flexores de la cadera y los hombros.

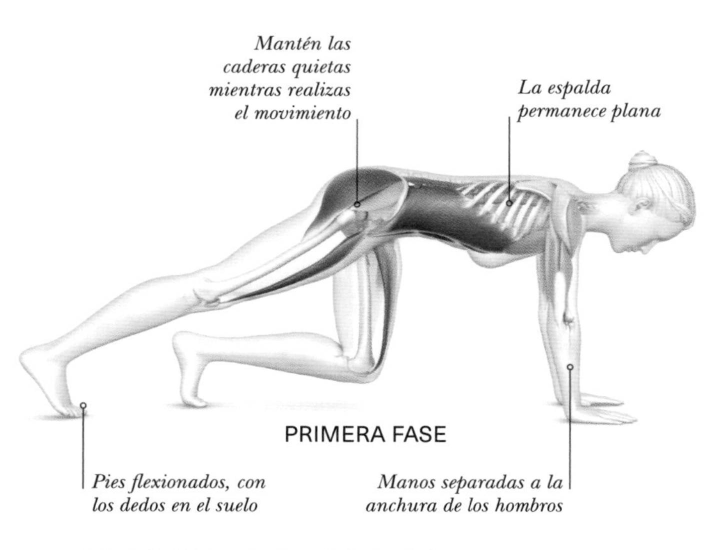

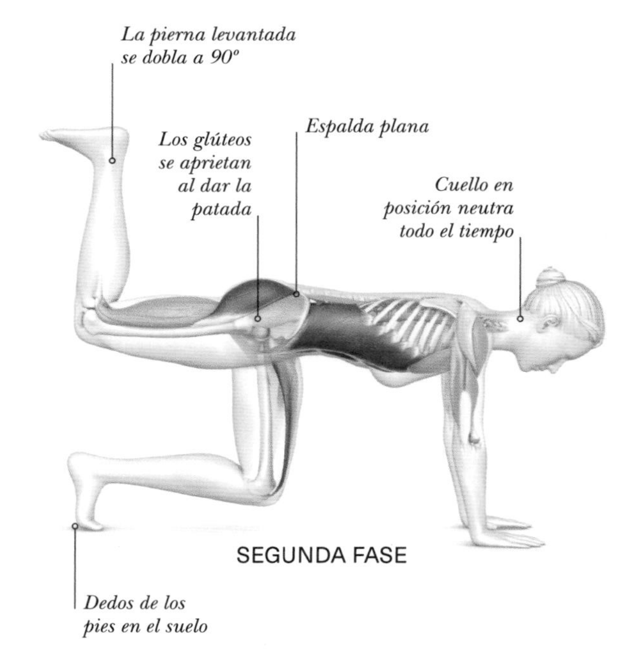

PLANCHA DEL OSO CON EXTENSIÓN DE PIERNA

Este ejercicio mejora la movilidad y la agilidad, fortalece los músculos del glúteo medio y el mayor, el psoas, el cuádriceps, los hombros y los brazos. También hace trabajar a los abdominales.

FASE PREPARATORIA
Comienza desde la posición de cuadrupedia (pp. 46-47), asegurándote de que la espalda esté plana, las manos a la anchura de los hombros y las muñecas en línea con estos últimos. Las rodillas permanecen a la distancia de las caderas. Flexiona el pie, con los dedos apoyados en el suelo.

PRIMERA FASE
Colócate en la plancha del oso, con las rodillas a unos 8-15 cm del suelo. Lleva un pie atrás, estira la pierna y toca el suelo con los dedos del pie.

SEGUNDA FASE
Vuelve con el pie a la posición de plancha del oso. Repite con el otro pie, asegurándote de que las caderas no se balancean de uno a otro lado. La pierna que no va hacia atrás se mantiene en la posición de plancha del oso, con la rodilla levantada del suelo. Continúa 30-60 segundos.

PATADA DE BURRO

La patada de burro involucra más a los glúteos. Una pierna va hacia atrás y hacia arriba, mientras que la otra permanece ligeramente levantada del suelo. Es importante mantener inmóvil la pierna que no da la patada, porque de este modo el *core* sigue activo. Las piernas se alternan lentamente para evitar que la cadera oscile de derecha a izquierda.

FASE PREPARATORIA
Partiendo de la posición de cuadrupedia (pp. 46-47), asegúrate de que la espalda esté plana. Las manos deben estar a la anchura de los hombros y, debajo de ellos, las muñecas; las rodillas se separan a la distancia de las caderas. El pie está flexionado y los dedos tocan el suelo.

PRIMERA FASE
Eleva las rodillas 8-15 cm del suelo, en posición de plancha del oso, con las caderas a la misma altura que los hombros. La mirada se dirige al suelo y el *core* ha de estar activo, la espalda plana y la columna, en posición neutra.

SEGUNDA FASE
Eleva la rodilla por detrás, realizando la patada de burro. Mantén la pierna que no da la patada en posición de plancha del oso, la rodilla en el aire. Repite 30-60 segundos, alternando piernas.

CLAVE

- Principal músculo ejercitado
- Otros músculos implicados

Al subir la mano o la pesa en el movimiento de remo, fíjate en que la ***cadera*** *no oscile y* ***permanezca lo más quieta*** *posible.*

REMO ALTERNO

El ejercicio de remo alterno aumenta la movilidad, la agilidad y se centra en la espalda al tiempo que mantiene la contracción isométrica y activa los abdominales. Se pueden añadir pesas, pero si eres principiante, empieza sin carga o con unas pesas muy ligeras. Repite durante 30-60 segundos.

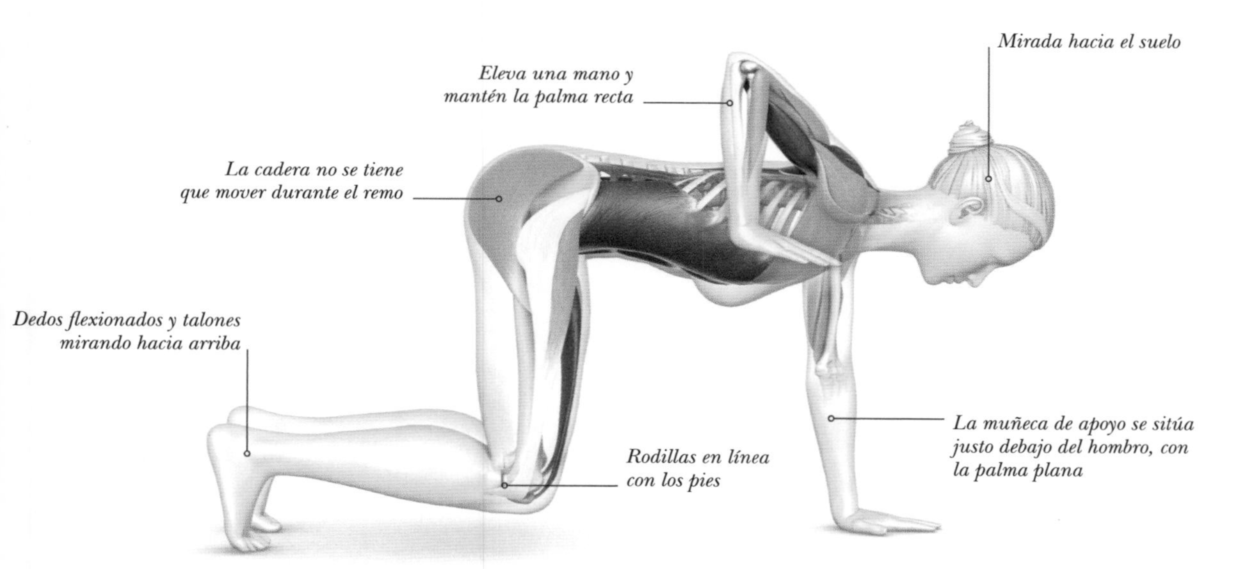

FASE PREPARATORIA
En cuadrupedia o posición de mesa (pp. 46-47), comprueba que la espalda esté recta. Las manos se apoyan en el suelo a la anchura de los hombros, salvo que estés sujetando una pesa. Las muñecas están debajo de los hombros, con las rodillas a la anchura de las caderas. El pie está flexionado y los dedos apoyados.

PRIMERA FASE
Eleva las rodillas 8-15 cm en posición de plancha del oso y lleva las caderas a la altura de los hombros. Los músculos del *core* han de estar activos, la espalda plana y la columna neutra, para que el cuello también lo esté. Las caderas permanecen quietas y las rodillas, en el aire.

SEGUNDA FASE
Inhala, activa el *core* y, mientras exhalas, lleva la mano derecha (o con la mancuerna) hacia la caja torácica, acercando los omóplatos como si remaras. Mantén las caderas y los hombros paralelos al suelo y no dejes que las caderas se muevan. Lleva de nuevo la mano (o la mancuerna) al suelo y repite con la mano izquierda.

SIT UP

Precaución

Es importante evitar la inclinación del cuello, para no tensarlo, y de la espalda. Además, el cuerpo debe bajar con control hacia el suelo, en lugar de dejarlo caer, para evitar dañar la columna.

Este ejercicio fortalece y tonifica los músculos abdominales que estabilizan el *core*. Trabaja específicamente el recto y el transverso abdominales, y los oblicuos, además de los flexores de la cadera, el pecho y el cuello. Favorece una buena postura al centrarse en la espalda lumbar y los músculos glúteos.

INDICACIONES

Para realizar estos ejercicios se utilizan los flexores de la cadera, pero es importante evitar que hagan todo el trabajo, ya que muchas veces se emplean en lugar de los abdominales para levantar el tronco del suelo. Es necesario mantener todo el tiempo el *core* activo (el ombligo hacia la columna). Los brazos pueden colocarse a ambos lados de la cabeza o estirados hacia delante. Se empieza con 3 series de 10 repeticiones.

Brazos levantados con las manos a la altura de las orejas, no detrás de la cabeza

Rodillas dobladas

No debe haber hueco entre la espalda y el suelo

FASE PREPARATORIA

Túmbate boca arriba. Dobla las rodillas con los pies apoyados con firmeza en el suelo. Si los abdominales son débiles, es mejor sujetar los pies con un banco o de otra forma. Si se entrena con un compañero o preparador, es preferible que ellos te agarren los pies.

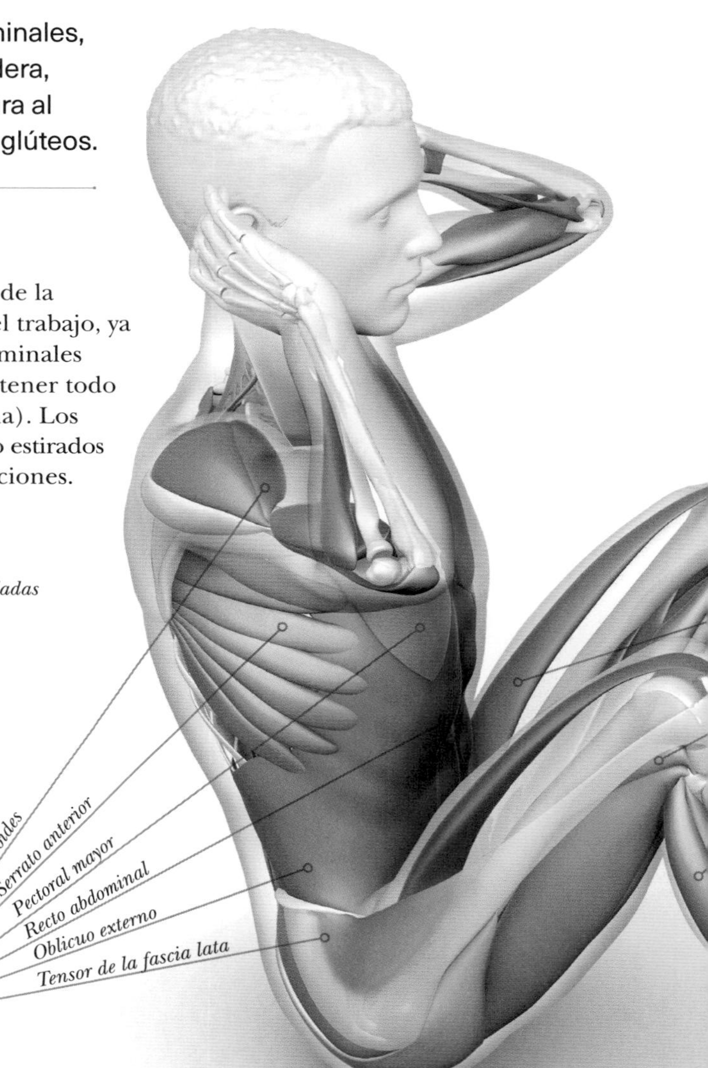

Tren superior y caderas

Los abdominales activan el **recto** y el **transverso abdominales,** los **oblicuos** y los **flexores de la cadera,** el pecho y el cuello. Un abdominal bien realizado implica mover todas las vértebras. El **iliopsoas** y el **recto femoral** se usan al plegar las caderas; el **tensor de la fascia lata** también se ve involucrado.

PRIMERA FASE

Emplea los músculos del abdomen para separar la espalda del suelo. El coxis y las caderas se mantienen estáticos presionando el suelo hasta que la incorporación sea completa. Piensa en levantar las vértebras una por una, en lugar de toda la espalda en bloque.

CLAVE

Articulaciones

Músculos

Se acorta con tensión

Se alarga con tensión

Se alarga sin tensión

En tensión sin movimiento

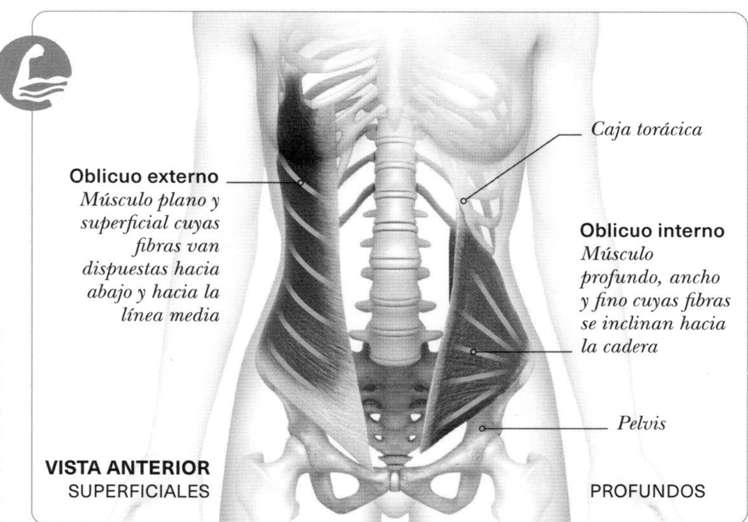

Los oblicuos

Los oblicuos internos y externos, con sus fibras musculares dispuestas en perpendicular, trabajan de forma sinérgica para rotar el tronco. En particular, el ejercicio del escalador (pp. 42.43) se basa en este movimiento de rotación.

Piernas

Dado que los **flexores de la cadera** están activos, también lo están el **recto femoral,** en el **cuádriceps,** y el **sartorio.** El **tibial anterior,** un músculo situado cerca de la espinilla que actúa para poner el pie en punta y flexionarlo, ayuda a estabilizar la parte inferior del cuerpo.

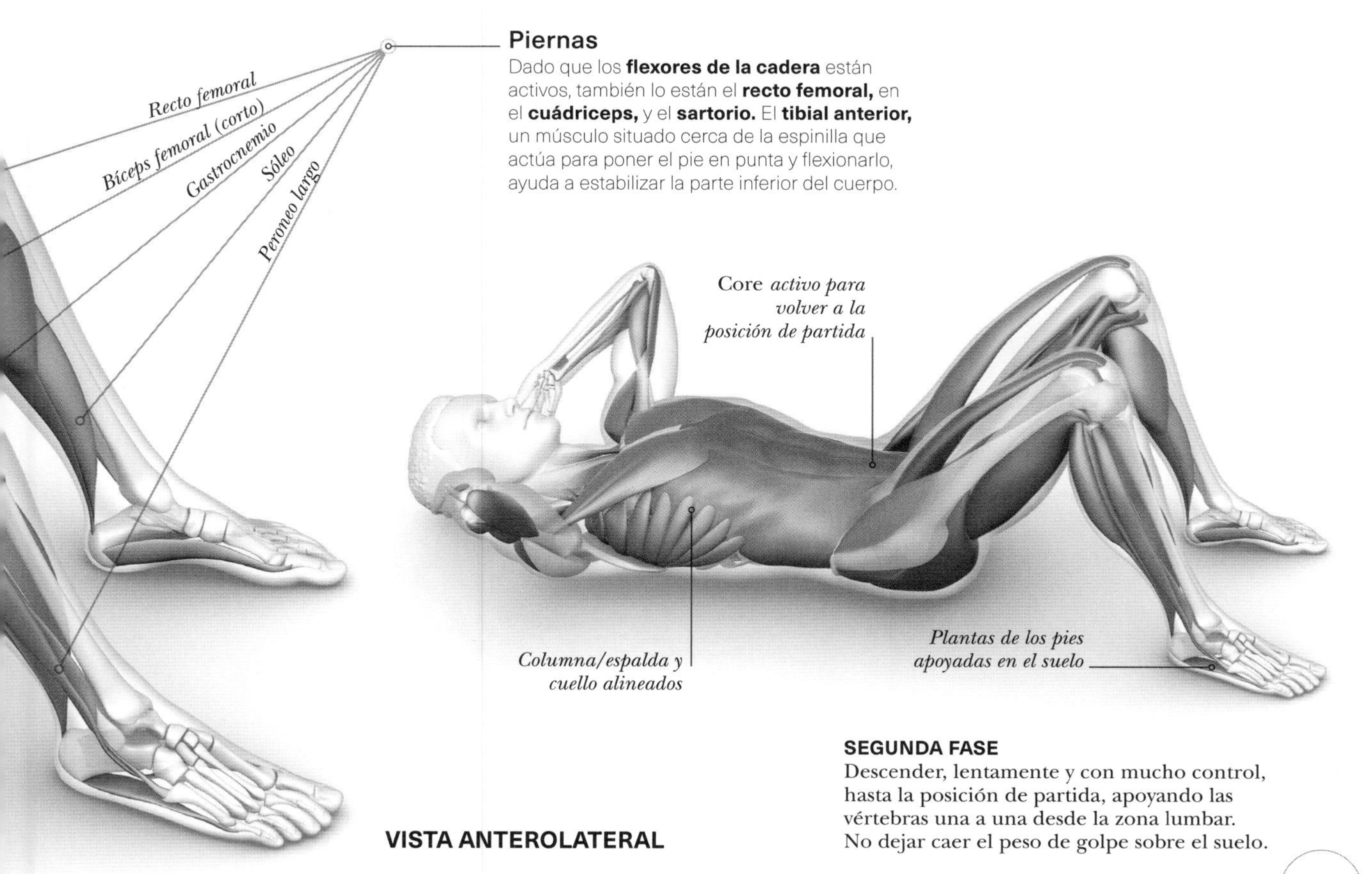

SEGUNDA FASE
Descender, lentamente y con mucho control, hasta la posición de partida, apoyando las vértebras una a una desde la zona lumbar. No dejar caer el peso de golpe sobre el suelo.

CRUNCH

El *crunch* es uno de los ejercicios abdominales más populares para trabajar el recto abdominal, la llamada «tableta» que se puede apreciar en troncos con poca grasa. Ejercitar este músculo fortalece los músculos del *core,* mejorando la estabilidad y el rendimiento.

Precaución

El error principal que comete mucha gente al cansarse es tirar del cuello. Ese movimiento de tracción impide centrarse en los abdominales y desalinea la columna y el cuello, que puede tensarse o lesionarse. El movimiento parte de los abdominales, no de la cabeza. Para evitar que el cuello se mueva, se puede colocar el puño debajo de la barbilla.

INDICACIONES

El control del cuerpo es importante en el *crunch* al subir, pero especialmente al bajar, para no dejar caer el peso de golpe. Es mucho más efectivo mantener los abdominales contraídos durante todo el movimiento. Mantén siempre la columna vertebral en una posición neutra, sin arquearla ni curvarla. La barbilla se proyecta todo el tiempo hacia los muslos, el *core* está activo y el cuello y la columna, alineados con la cabeza. Tómate tu tiempo y realiza el movimiento lentamente al principio, completando 3 series de 10 repeticiones. Aumenta las series/repeticiones a medida que vayas progresando.

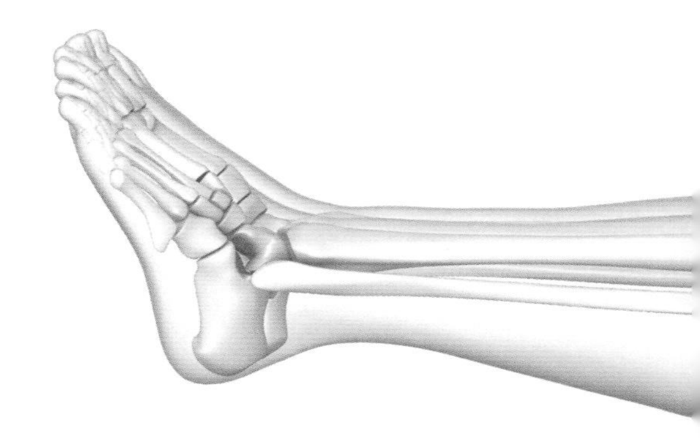

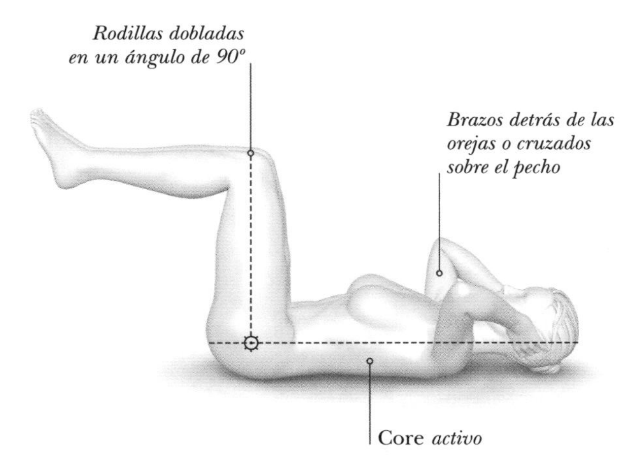

FASE PREPARATORIA

Túmbate boca arriba en el suelo y dobla las rodillas a 90°. Coloca las manos detrás de las orejas o crúzalas sobre el pecho. Si tiendes a tirar del cuello, es mejor ponerlas sobre el pecho o estiradas al frente. Mete el ombligo hacia la columna.

Tren inferior

El tren inferior está en posición de mesa y, para asegurarse de que la **zona lumbar** y los **músculos de la pelvis** están presionando el suelo, no debe haber tensión en la parte inferior del cuerpo. Si sientes rigidez en los **flexores de la cadera,** puede que te convenga estirarlos.

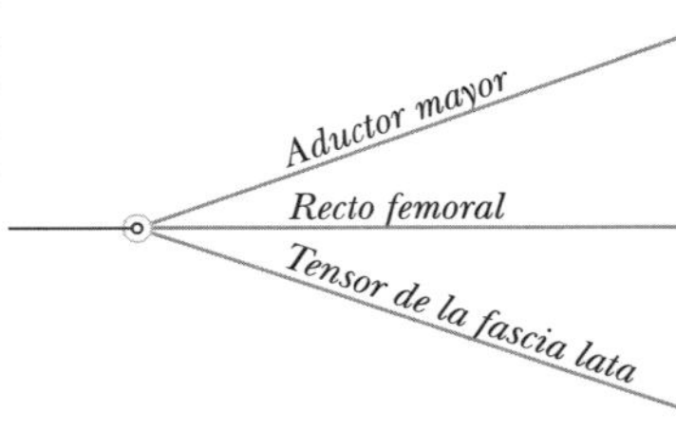

PRIMERA FASE

Exhala para activar los músculos abdominales, acercando la barbilla a los muslos y con los omóplatos a unos 3-5 cm del suelo. Mantén la barbilla paralela al pecho durante todo el movimiento, en un ángulo aproximado de 45°. Aguanta arriba unos segundos, respirando todo el tiempo.

CLAVE

- *Articulaciones*
- *Músculos*
- Se acorta con tensión
- Se alarga con tensión
- Se alarga sin tensión
- En tensión sin movimiento

SEGUNDA FASE
Baja los hombros con control, manteniendo contraídos los abdominales todo el tiempo. Relaja solo cuando todo el cuerpo esté apoyado en el suelo.

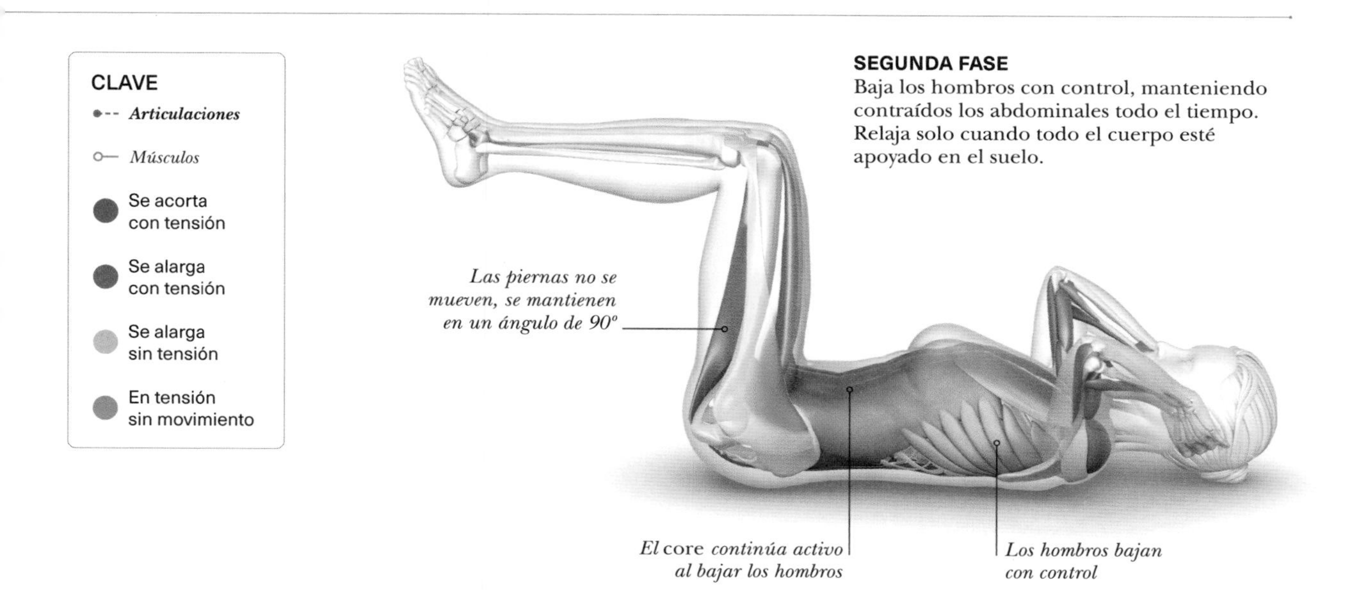

Core y tren superior

Al realizar esta contracción isotónica, lo que haces básicamente es una flexión de la musculatura. El **recto abdominal** se contrae, junto con el **transverso abdominal** (el más profundo de los músculos laterales del abdomen). También se activan los **oblicuos internos** y **externos.**

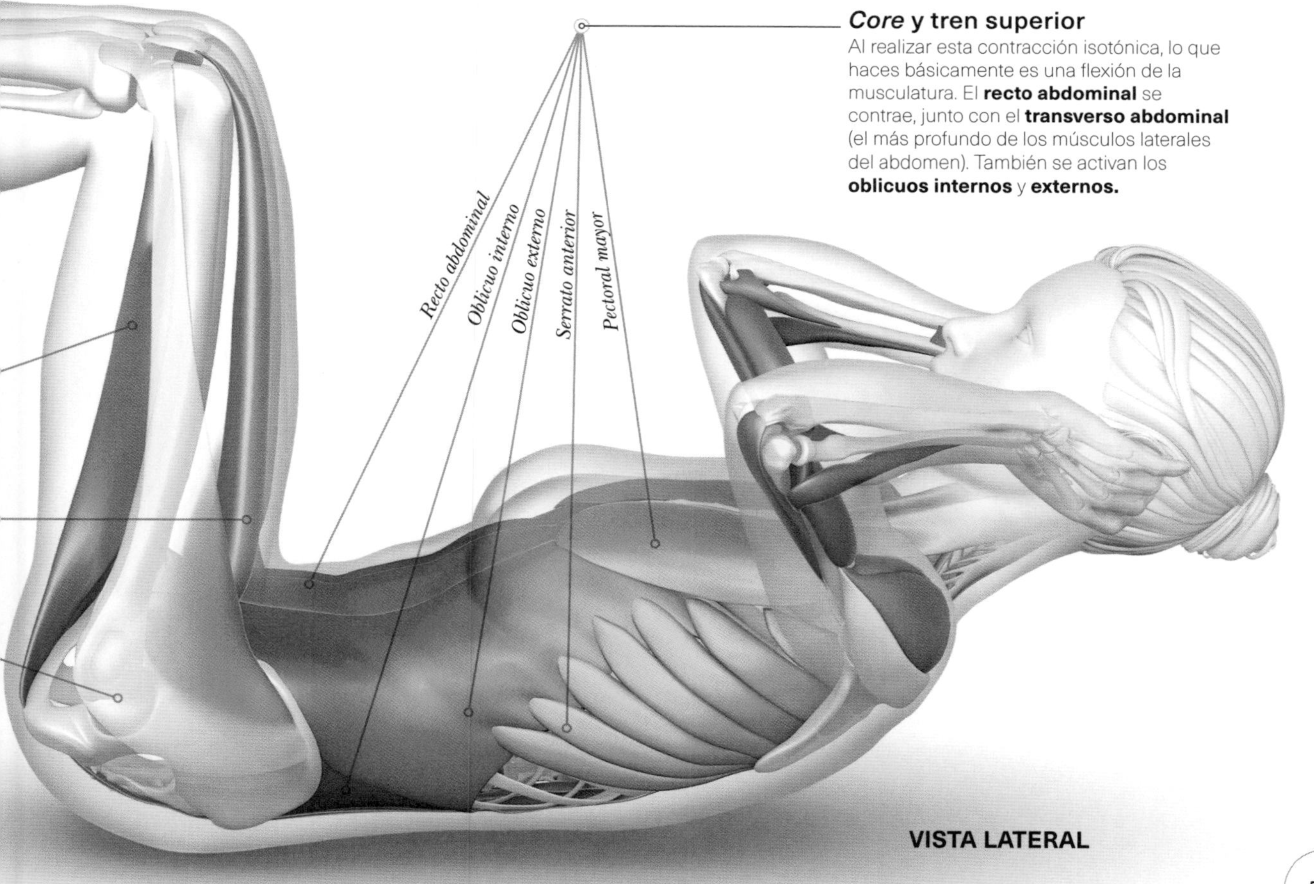

» VARIACIONES

Estas variaciones del *crunch* suponen más trabajo para los abdominales. Se centran en los oblicuos internos y externos, el transverso y el recto abdominales. Son ideales para cualquier nivel de forma física; los principiantes deben comenzar con 30 segundos e ir aumentando hasta 60 segundos.

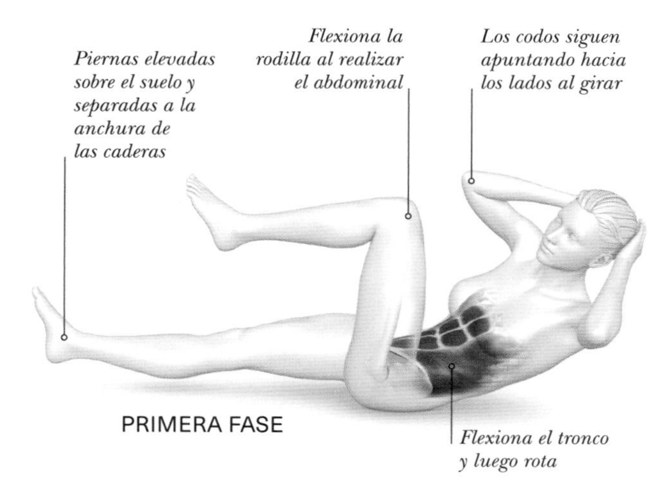

CRUNCH DE BICICLETA

Este ejercicio se llama así porque las piernas se mueven adelante y atrás imitando los movimientos del ciclista. Para añadir dificultad, aguanta 1 segundo en la posición más elevada y mantén las piernas arriba durante todo el ejercicio.

FASE PREPARATORIA
Tumbado sobre la espalda, con las manos colocadas ligeramente por detrás de la cabeza, flexiona ligeramente las piernas por las caderas y las rodillas. Levanta un poco la cabeza del suelo.

PRIMERA FASE
Inhala para activar el *core,* exhala al levantar la rodilla izquierda y llevar el codo contrario hacia ella. Flexiona el tronco y rota la parte superior hacia la pierna.

SEGUNDA FASE
Inhala para volver a la posición de partida, con control. Repite, eleva la pierna y el codo contrarios, y realiza el mismo número de repeticiones con cada lado.

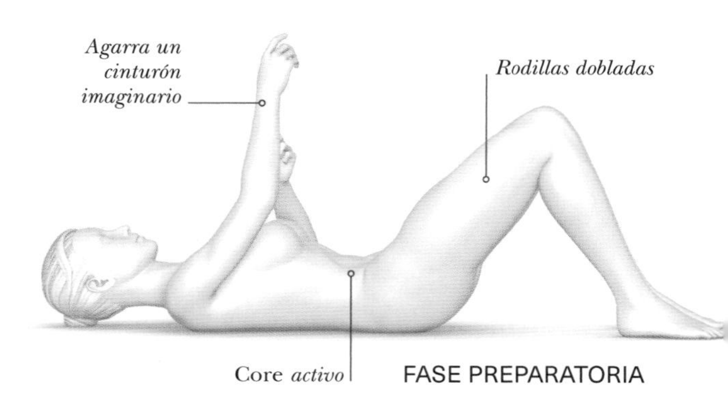

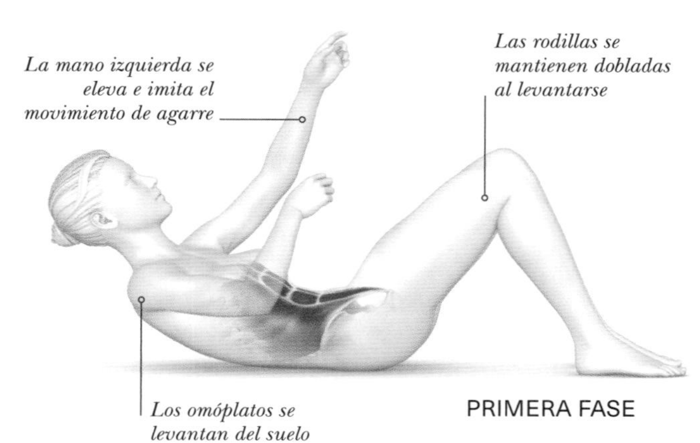

CRUNCH CON CUERDA IMAGINARIA

Este ejercicio exige mucho control, tanto al subir como al bajar. La fuerza para subir y bajar por la cuerda imaginaria parte de los músculos abdominales.

FASE PREPARATORIA
Con la espalda en el suelo y las rodillas dobladas, apoya las plantas de los pies y estira los brazos a lo largo del cuerpo. El ombligo se dirige hacia la columna para preparar el movimiento y activar el *core.* Imagina que hay una cuerda colgando encima de tu nariz.

PRIMERA FASE
Dirige la mano derecha hacia arriba a la izquierda y agarra la cuerda imaginaria, separando el cuerpo del suelo. Después, coloca la mano izquierda por encima de la derecha, desplazándote ligeramente hacia la derecha, para volver a agarrar la cuerda y elevar más el cuerpo hasta una posición de *crunch.*

SEGUNDA FASE
Continúa asiendo la cuerda imaginaria, pero ve bajando poco a poco las manos y el cuerpo hacia el suelo con control, centrándote en los abdominales superiores.

CRUNCH DOBLE

El *crunch* doble es un movimiento conjunto de las piernas y el pecho. Implica a varios de los músculos del *core,* entre ellos el recto abdominal, el recto femoral y los oblicuos.

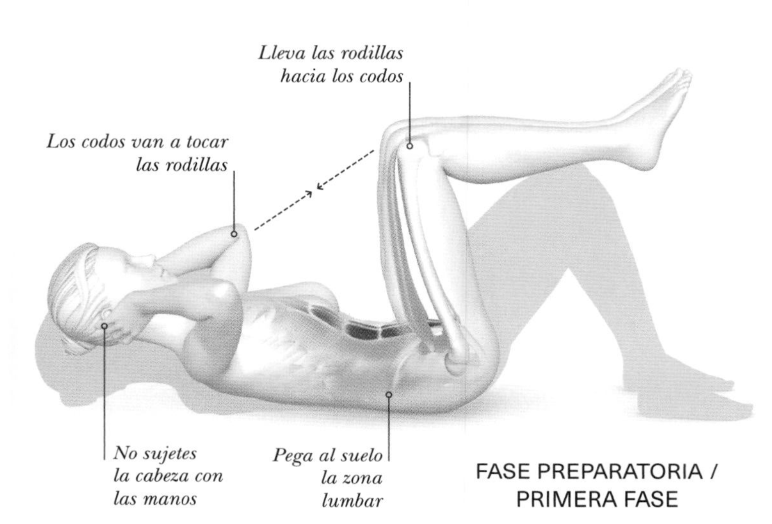

FASE PREPARATORIA / PRIMERA FASE

FASE PREPARATORIA
Boca arriba con las rodillas dobladas y los pies apoyados a la distancia de las caderas, coloca las puntas de los dedos de las manos a los lados de la cabeza.

PRIMERA FASE
Sujeta el *core* activando los abdominales. Sube despacio las rodillas hasta que los muslos hayan sobrepasado el ángulo de 90° con el suelo. Al mismo tiempo, levanta la cabeza y los hombros y lleva el pecho hacia las rodillas. Al final del movimiento, la frente ha de quedar a unos 15 cm de las rodillas.

SEGUNDA FASE
Vuelve a llevar los hombros, la espalda y la cabeza a la posición de la fase preparatoria. Recupérate y repite el ejercicio.

CRUNCH DOBLE CON GIRO

Mientras que el *crunch* doble ejercita el recto abdominal y el recto femoral, el que incluye giro se centra en los oblicuos internos y externos.

CLAVE
- Principal músculo ejercitado
- Otros músculos implicados

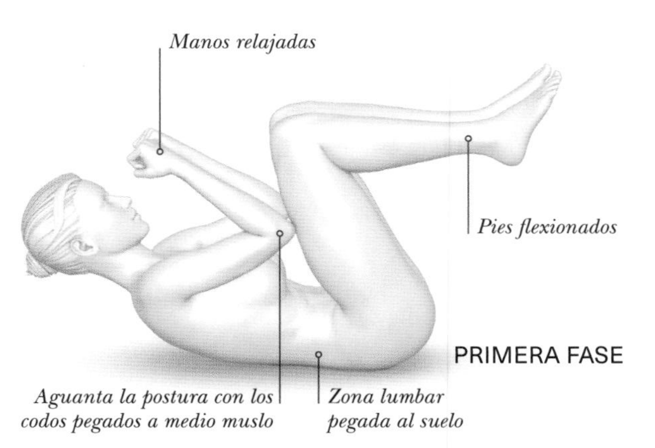

PRIMERA FASE

Mantén la cabeza neutra cuando gires
Lleva el codo izquierdo a la zona media del muslo derecho
Dobla ambos brazos
Core *activo*

SEGUNDA FASE

FASE PREPARATORIA
Boca arriba con las rodillas dobladas en un ángulo de 90° en la posición de mesa y los dedos de los pies apuntando hacia el techo, lleva los antebrazos hacia el rostro, con los codos doblados.

PRIMERA FASE
Despega la cabeza y los hombros del suelo y lleva al mismo tiempo las piernas hacia ti, para que los codos toquen la zona media del muslo. Aguanta esta posición todo lo que puedas, idealmente hasta 60 segundos.

SEGUNDA FASE
Con los omóplatos en el aire, el cuerpo gira despacio hacia izquierda y derecha, llevando los codos hacia los muslos en cada giro. El codo izquierdo toca la zona media del muslo derecho y el codo derecho hace lo mismo con el muslo izquierdo.

TRANSVERSO ABDOMINAL CON PELOTA

Este ejercicio refuerza los músculos del *core*, incluido el transverso abdominal, que se sitúa en una capa más profunda que el recto abdominal. Este último es el que se conoce como «tableta», pero para tener unos abdominales fuertes hay que trabajar ambos músculos.

INDICACIONES

Se necesita un balón suizo con un diámetro de al menos 55-65 cm para realizar este *crunch* abdominal. Tumbarse sobre la superficie inestable de la pelota obliga a activar los músculos principales del abdomen, como los oblicuos y otros más pequeños que estabilizan la columna.

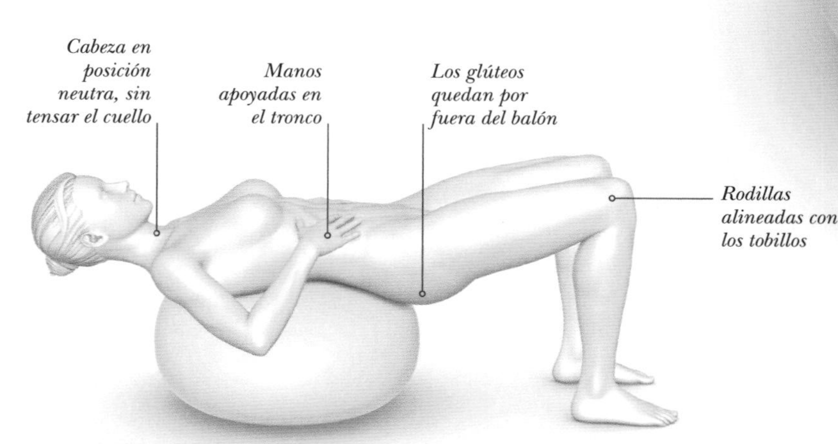

FASE PREPARATORIA
Siéntate sobre el balón, con los pies en el suelo separados a la anchura de los hombros, y con las piernas en un ángulo recto respecto a la pelota. A continuación, baja con cuidado la parte superior del tronco, de manera que adoptes una postura supina.

PRIMERA FASE
Inspira y activa los abdominales para estabilizar el *core*. Utiliza tus abdominales para doblar la columna mientras espiras. El movimiento acaba cuando los abdominales están flexionados por completo y has terminado de espirar. No flexiones la cadera para elevar el torso. Para trabajar más, mantén la postura 1 segundo.

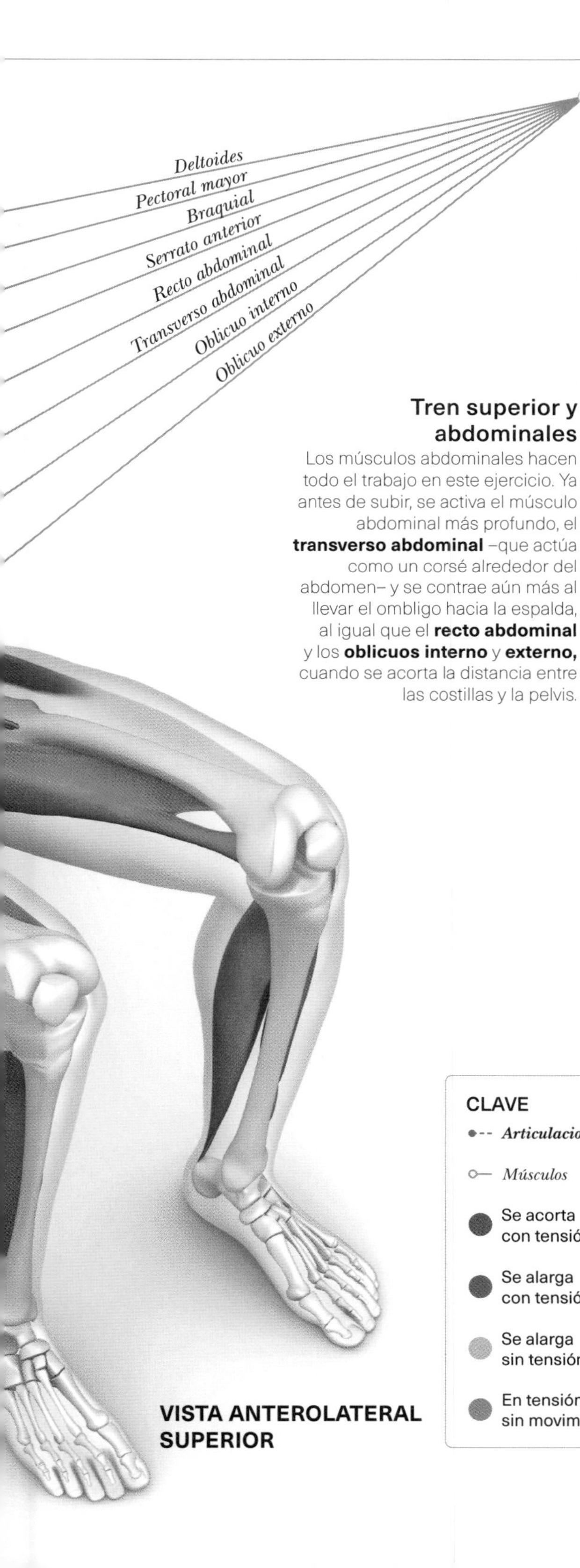

Tren superior y abdominales

Los músculos abdominales hacen todo el trabajo en este ejercicio. Ya antes de subir, se activa el músculo abdominal más profundo, el **transverso abdominal** –que actúa como un corsé alrededor del abdomen– y se contrae aún más al llevar el ombligo hacia la espalda, al igual que el **recto abdominal** y los **oblicuos interno** y **externo,** cuando se acorta la distancia entre las costillas y la pelvis.

Precaución

Una respiración incorrecta durante el ejercicio puede limitar la eficacia del trabajo de *core* y poner tensión en otro lugar. Para evitar lesiones y sacar el máximo provecho del movimiento, vigila la respiración.

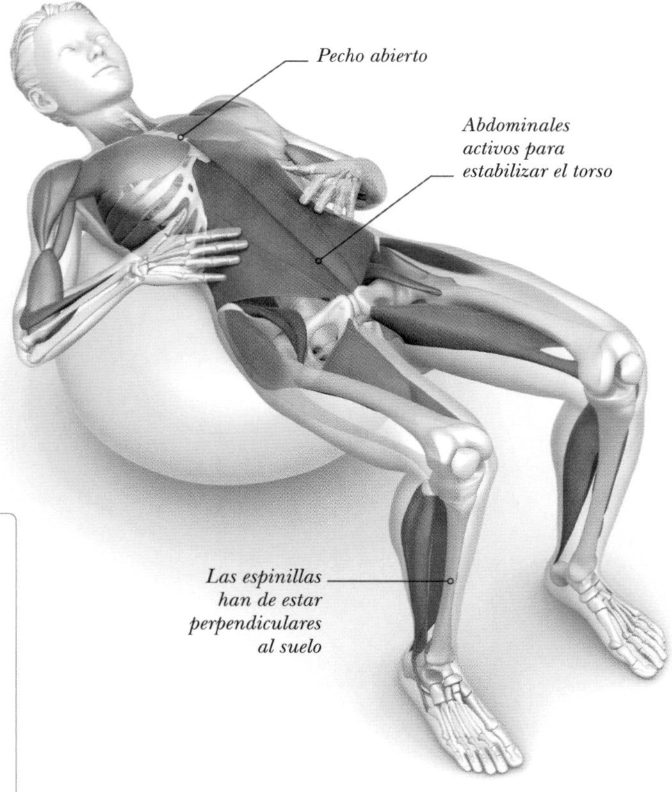

CLAVE

- *Articulaciones*
- *Músculos*
- Se acorta con tensión
- Se alarga con tensión
- Se alarga sin tensión
- En tensión sin movimiento

VISTA ANTEROLATERAL SUPERIOR

SEGUNDA FASE

Con el *core* estable en contracción isométrica, inspira al empezar a bajar el tronco de forma controlada, volviendo a la posición inicial. Repite la primera y la segunda fase.

ABDOMINALES EN V

Este ejercicio de fuerza, llamado así por la forma de V que adopta el cuerpo, emplea el peso corporal para trabajar el *core.* La V (o «cuerpo hueco») se centra en los músculos abdominales, tonifica los oblicuos y fortalece la espalda, además de involucrar a los cuádriceps y los isquiotibiales y mejorar el equilibrio.

INDICACIONES

Para este ejercicio no se necesita ningún material; simplemente hay que tumbarse en el suelo boca arriba y asegurarse de que la zona lumbar esté totalmente apoyada en el suelo y que la espalda no se curve al elevarla. Es importante mantener el equilibrio y la coordinación. La espalda permanece recta, empleando los abdominales y los isquiones para mantener la estabilidad. Si la versión final es demasiado difícil, se pueden doblar las rodillas a 90° y acercarlas al pecho, poniéndolas rectas de nuevo para volver a la posición inicial. Para complicar el ejercicio, se puede realizar la V sobre una superficie inestable, como una pelota BOSU o un cojín de equilibrio.

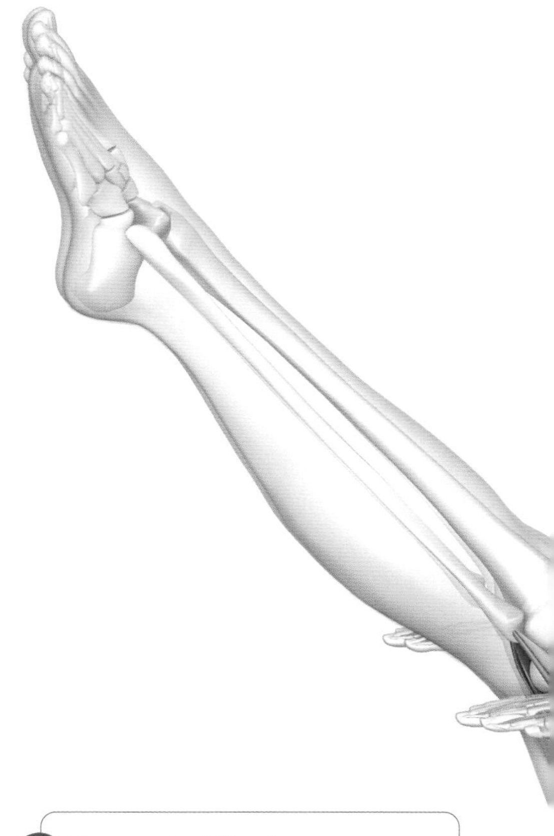

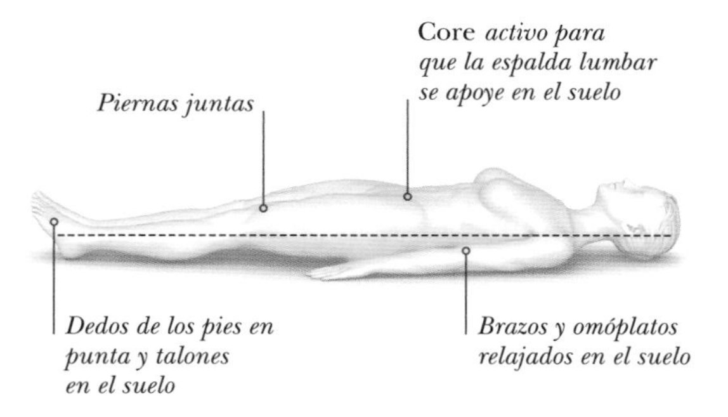

FASE PREPARATORIA
Túmbate boca arriba, con la espalda lumbar pegada al suelo. Asegúrate de que las piernas estén estiradas y que los brazos estén rectos a los lados del cuerpo. La cabeza y la columna permanecen en posición neutra.

Errores habituales

Si la espalda no está alineada, puede dolerte la zona lumbar y tirarte los flexores de la cadera.

PRIMERA FASE
En un solo movimiento, levanta el tronco y las piernas, manteniéndolas rectas y estirando los brazos hacia delante. El torso y los muslos deberían formar una V. Asegúrate de empujar la espalda hacia el suelo al subir para activar el *core.* Cuando levantes el tronco, mantén los brazos paralelos al suelo y evita que los dedos de las manos apunten a los de los pies.

Piernas

En la V se utilizan todos los músculos de los **flexores de la cadera.** Los **cuádriceps** también se activan al levantar las piernas del suelo para formar la V.

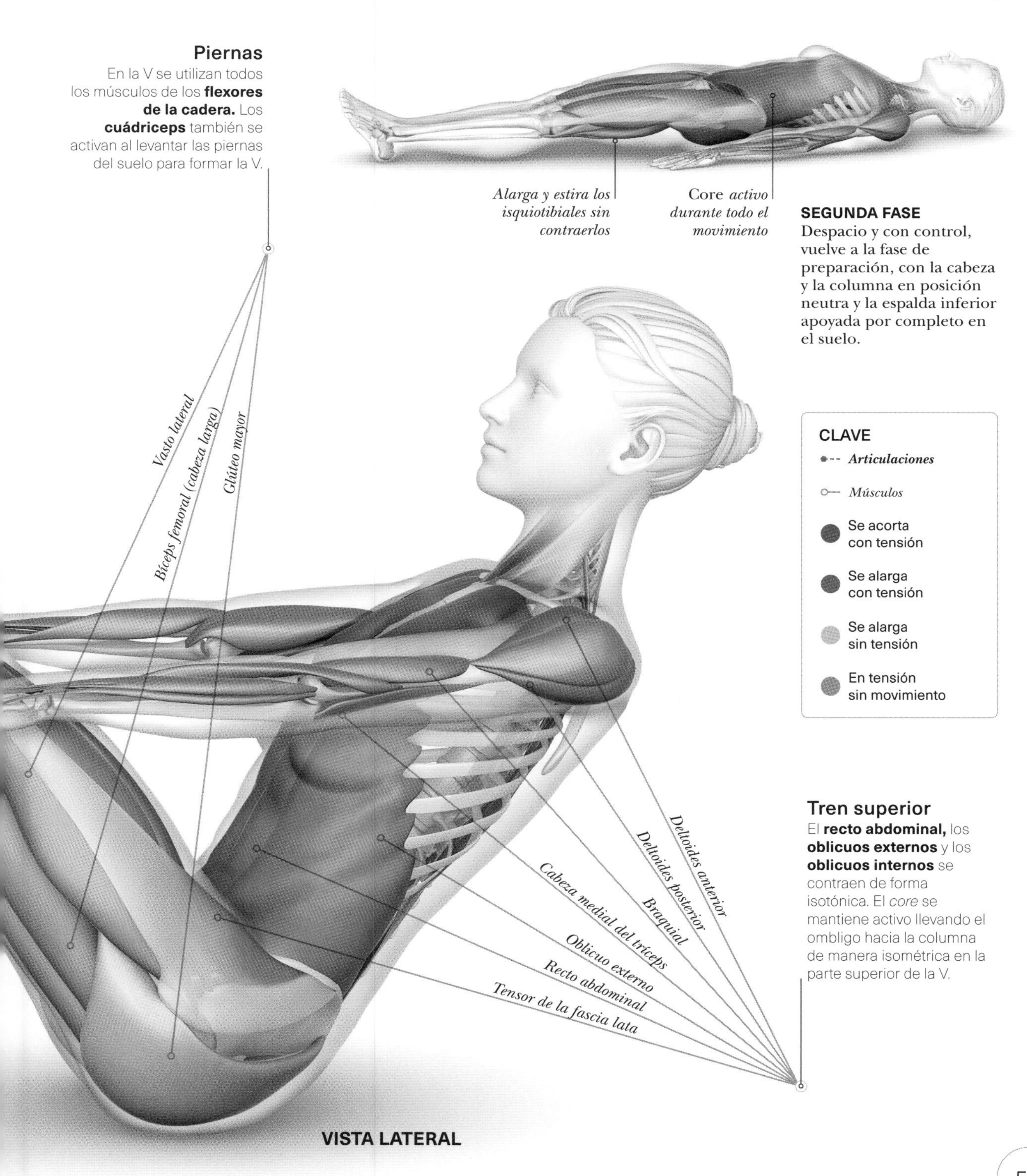

SEGUNDA FASE

Despacio y con control, vuelve a la fase de preparación, con la cabeza y la columna en posición neutra y la espalda inferior apoyada por completo en el suelo.

CLAVE

- *Articulaciones*
- *Músculos*
- Se acorta con tensión
- Se alarga con tensión
- Se alarga sin tensión
- En tensión sin movimiento

Tren superior

El **recto abdominal,** los **oblicuos externos** y los **oblicuos internos** se contraen de forma isotónica. El *core* se mantiene activo llevando el ombligo hacia la columna de manera isométrica en la parte superior de la V.

» VARIACIONES

Los abdominales laterales en V son un ejercicio centrado en los músculos del *core*. Los principales implicados son los oblicuos externos, los oblicuos internos y el recto abdominal. Las patadas de tijera fortalecen el *core*, así como otros grupos musculares del tronco y las caderas. Los abdominales «vuelta al mundo» combinan la V básica con la lateral. Se trata del complemento perfecto para una jornada de abdominales HIIT o para una rutina HIIT.

Las variaciones de los abdominales en V son un ***complemento perfecto para trabajar el abdomen,*** *sin necesidad de material.*

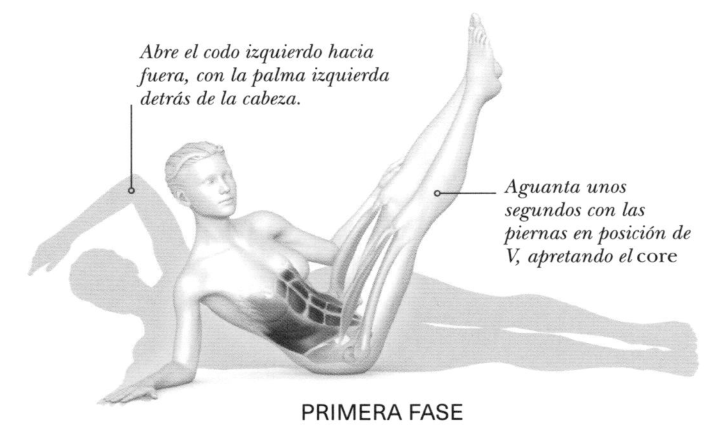

PRIMERA FASE

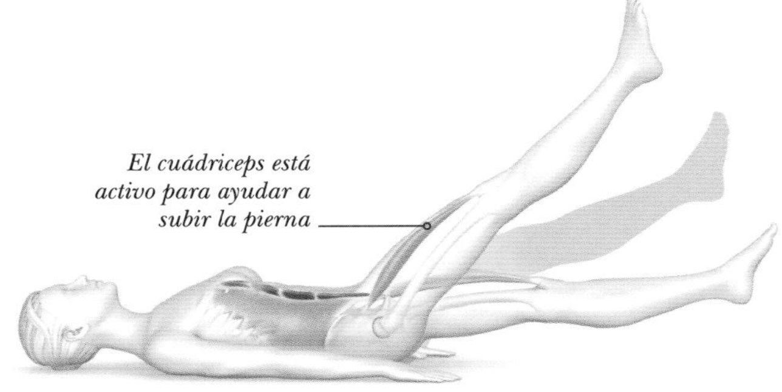

PRIMERA FASE

ABDOMINALES LATERALES EN V

Este ejercicio de fuerza emplea el peso del cuerpo para trabajar el *core*. Realizar la V de derecha a izquierda hace trabajar los músculos abdominales, en concreto los oblicuos del lado correspondiente. También se centra en el cuádriceps y los isquiotibiales, además de mejorar el equilibrio y la flexibilidad de las caderas y la columna.

FASE PREPARATORIA
Túmbate de lado sobre la cadera derecha. El codo derecho ha de estar en el suelo, justo debajo del hombro. Mantén las caderas metidas hacia dentro (con la pelvis inclinada) y las piernas rectas, con un pie sobre el otro. Lleva el brazo izquierdo sobre la cabeza para formar una V lateral.

PRIMERA FASE
En un solo movimiento, levanta a la vez las caderas y las piernas del suelo y lleva el brazo izquierdo en línea con las piernas al elevarlas. El tronco y los muslos deberían formar una V lateral. La espalda ha de estar recta en todo momento, y el brazo que se apoya ayuda a dar estabilidad.

SEGUNDA FASE
Vuelve con las piernas a la posición de partida, de lado sobre la cadera. Repite la secuencia, empezando por el lado izquierdo con el codo izquierdo en el suelo.

PATADA DE TIJERA

El ejercicio de patada de tijera fortalece el *core*, los glúteos, el cuádriceps y los aductores. La activación de los músculos del *core* te permite mover las piernas arriba y abajo. Entre los músculos del *core* están el recto y el transverso abdominal, los oblicuos y los flexores de la cadera.

FASE PREPARATORIA
Túmbate boca arriba con las piernas estiradas. Coloca los brazos a los lados, con las palmas mirando hacia abajo. Pega la zona lumbar al suelo o modifica el ejercicio colocando las manos debajo de los glúteos, y empuja con las palmas el suelo.

PRIMERA FASE
Exhala al levantar las piernas del suelo en un ángulo aproximado de 45°. Con el *core* apretado y el cuello relajado, baja una pierna al tiempo que levantas la otra.

SEGUNDA FASE
Repite el movimiento con la otra pierna, y continúa el movimiento de tijera, manteniendo la cabeza, el cuello y la columna alineados, y la zona lumbar pegada al suelo. Si te resulta difícil, reduce la amplitud del movimiento.

ABDOMINALES EN V VUELTA AL MUNDO

Este ejercicio combina los abdominales laterales en V con la V clásica, con el objetivo de crear un movimiento intenso y continuo. Se necesita una buena movilidad de caderas y alinear la columna en cada «vuelta al mundo», manteniendo la cabeza, el cuello y la columna en posición neutra, con la pelvis metida. El *core* está activo y los pies se tocan. Realiza la secuencia de las fases primera, segunda y tercera y repite 2 veces cada una de ellas.

Cuádriceps apretados uno contra otro para mejorar la estabilidad al subir

El codo del brazo de apoyo ha de estar debajo del hombro

FASE PREPARATORIA/PRIMERA FASE

Túmbate sobre el lado derecho, con el codo apoyado en el suelo, en línea con el hombro. Mantén las caderas metidas hacia dentro y las piernas rectas. Eleva el brazo izquierdo sobre la cabeza formando con el cuerpo un V. Levanta las piernas y el tronco y llévalos hacia la V lateral. Repite y pasa a la segunda fase.

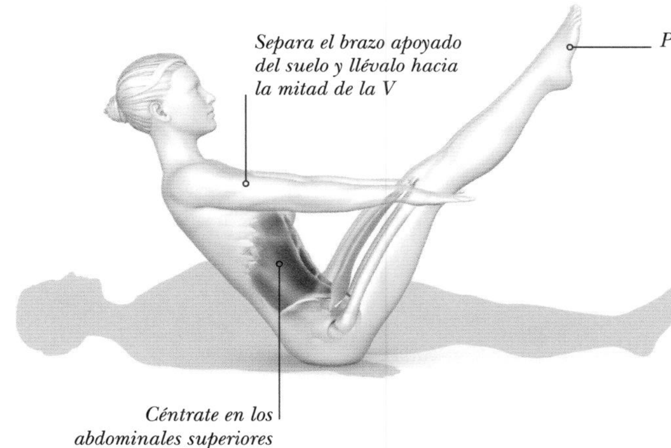

SEGUNDA FASE

Rota la espalda para realizar la V clásica, elevando el tronco y las piernas y estirando los brazos frente a ti. El tronco y los muslos han de formar una V. Mantén los brazos paralelos al suelo cuando estés en esta posición. Repite, y pasa a la tercera fase.

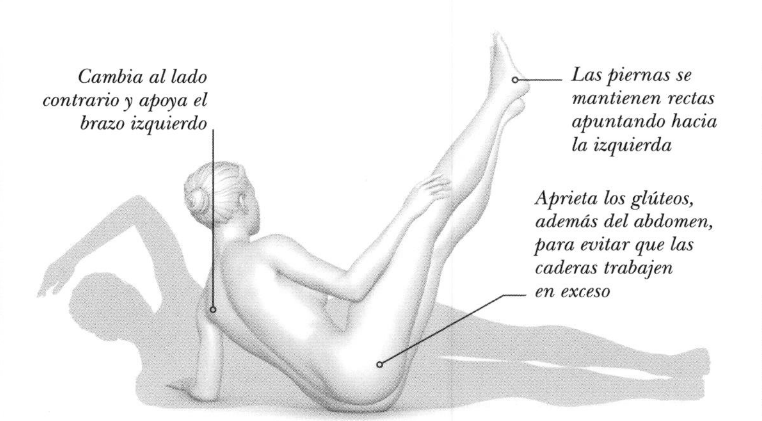

TERCERA FASE

Gira hacia el lado izquierdo para realizar la V en el otro lado. Tras dos repeticiones, vuelve a realizar la V derecha y repite la secuencia.

EJERCICIOS DEL TREN SUPERIOR

Los ejercicios de esta sección se centran en la mitad superior del cuerpo. Los movimientos están diseñados para tonificar y activar los músculos de los hombros, bíceps, tríceps, espalda y pecho. La mayoría incluyen variaciones y modificaciones en función de la forma física. Esta sección te guiará para ejecutar cada movimiento de la forma más eficaz y con el mínimo riesgo posible.

FLEXIONES

Este ejercicio fortalece los músculos del pecho, los deltoides de los hombros, los tríceps (la parte posterior de los brazos), el serrato anterior, que se sitúa debajo de la axila, y los abdominales. Las piernas actúan como estabilizadores para evitar hundir o arquear la columna vertebral.

INDICACIONES

Una flexión es mucho más que un simple ejercicio de pectorales, ya que son muchos los músculos implicados. Al realizar una flexión de brazos, son primordiales la forma y el control. Hay que controlar el cuerpo en la bajada, sin dejar que caiga. Asegúrate de tener activos los abdominales todo el tiempo. Se puede empezar con 4 series de 5-6 repeticiones. Consulta las variaciones (pp. 66-67) para los principiantes.

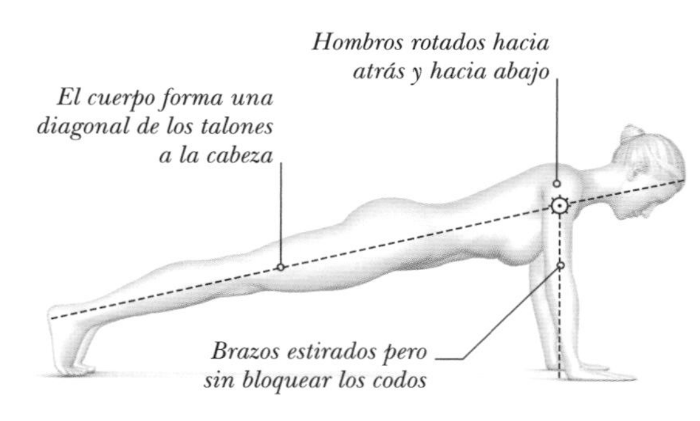

FASE PREPARATORIA
Empieza en posición de plancha alta, con la pelvis metida, el cuello neutro y las palmas separadas a una distancia algo mayor que la de los hombros. Asegúrate de que los hombros rotan hacia atrás y hacia abajo y de que el *core* está activo. Flexiona los dedos de los pies y lleva los talones hacia atrás.

Precaución

Los abdominales deben mantenerse activos, con el ombligo metido, durante todo el ejercicio, para evitar que la columna vertebral se hunda y se tensen la zona lumbar y las articulaciones.

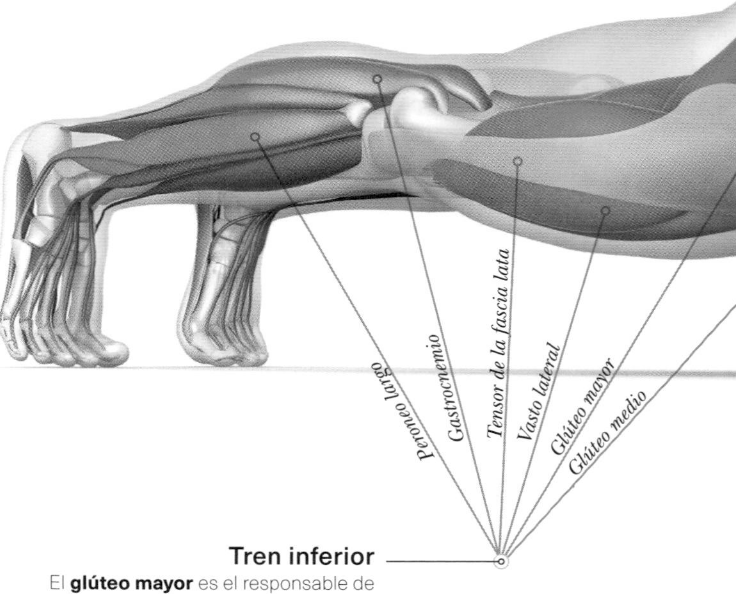

Tren inferior

El **glúteo mayor** es el responsable de mantener las caderas en su sitio, impidiendo que se hundan hacia delante y se lleven con ellas a la columna. El **recto femoral** (el músculo del **cuádriceps**) permanece en isometría.

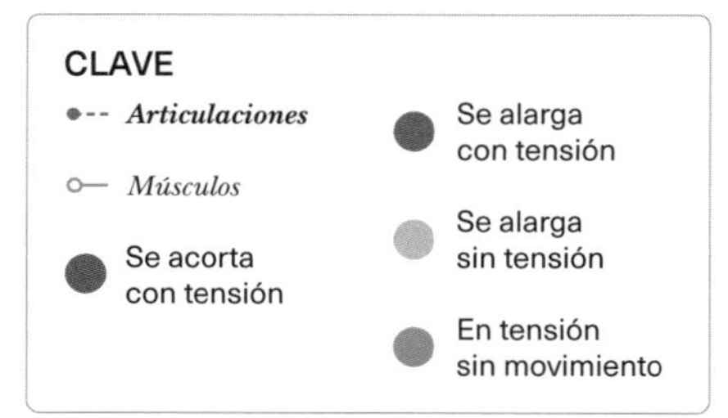

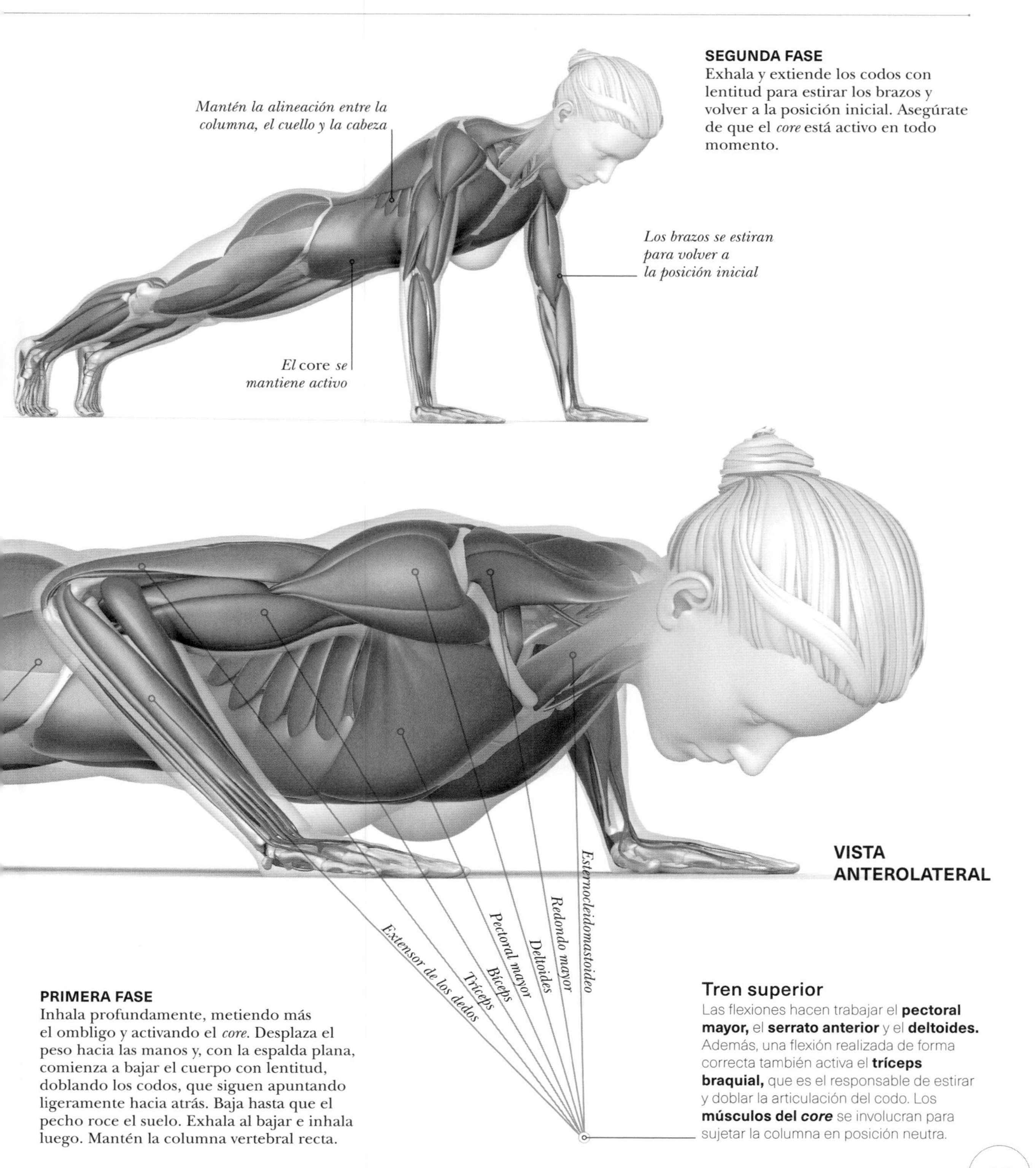

SEGUNDA FASE
Exhala y extiende los codos con lentitud para estirar los brazos y volver a la posición inicial. Asegúrate de que el *core* está activo en todo momento.

PRIMERA FASE
Inhala profundamente, metiendo más el ombligo y activando el *core*. Desplaza el peso hacia las manos y, con la espalda plana, comienza a bajar el cuerpo con lentitud, doblando los codos, que siguen apuntando ligeramente hacia atrás. Baja hasta que el pecho roce el suelo. Exhala al bajar e inhala luego. Mantén la columna vertebral recta.

Tren superior

Las flexiones hacen trabajar el **pectoral mayor,** el **serrato anterior** y el **deltoides.** Además, una flexión realizada de forma correcta también activa el **tríceps braquial,** que es el responsable de estirar y doblar la articulación del codo. Los **músculos del *core*** se involucran para sujetar la columna en posición neutra.

» VARIACIONES

Las diferentes variaciones de las flexiones se centran en aislar y trabajar varios grupos musculares. A continuación se muestran ejemplos para aislar los tríceps, el pecho y los hombros.

CLAVE

- Principal músculo ejercitado
- Otros músculos implicados

FLEXIONES DE TRÍCEPS

La flexión de tríceps es un ejercicio complejo que trabaja los grupos musculares de todo el cuerpo, pero aislando específicamente los tríceps. Esta variación modifica la posición de la mano y del brazo y la trayectoria de este último.

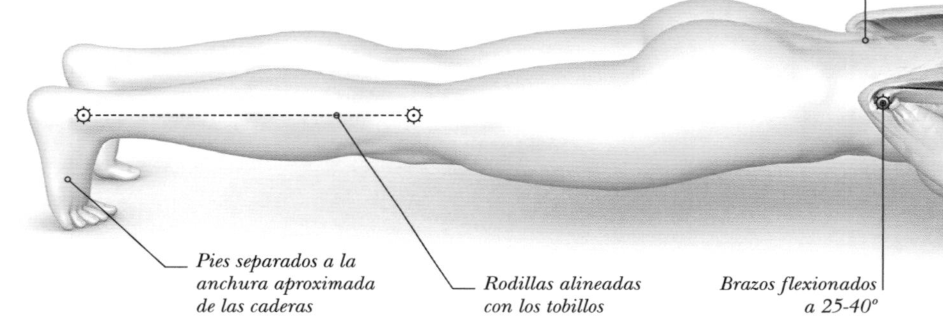

FASE PREPARATORIA
Parte de la posición de plancha (pp. 36-37), con las manos debajo de los hombros, los pies a la distancia de las caderas y el cuello y la columna, neutras.

PRIMERA FASE
Activa el *core;* inspira al descender el cuerpo hacia el suelo, flexionando los codos y apretando los brazos contra la caja torácica.

SEGUNDA FASE
Espira al subir, extendiendo los codos casi por completo para volver a la posición de partida de plancha. Repite la primera y la segunda fase.

VISTA POSTERIOR

Omóplato
Cabeza larga del tríceps braquial
Cabeza lateral del tríceps braquial
Músculo ancóneo
Húmero
Cabeza medial del tríceps braquial
Cúbito

SUPERFICIAL

PROFUNDO

Una mirada al tríceps

El tríceps, llamado también tríceps braquial, es un músculo largo que se sitúa en la parte posterior del brazo. Tiene tres partes: las cabezas lateral y medial, que se insertan en el húmero y el codo, y la cabeza larga, que se ancla en la escápula u omóplato. Algunos movimientos entrenan las tres cabezas al mismo tiempo, mientras que otros se centran solo en una o dos. Conocer la anatomía y dónde se inserta cada cabeza al hueso ayuda a entender por qué un ejercicio es mejor que otro para fortalecer el tríceps.

FLEXIONES LADO A LADO

Como en esta variación se alternan los lados, cada uno de ellos aguanta en un momento dado todo el peso del cuerpo. Es importante mantener el cuerpo tenso y controlado. Este movimiento se dirige principalmente al pectoral mayor, mientras que los músculos abdominales actúan como estabilizadores.

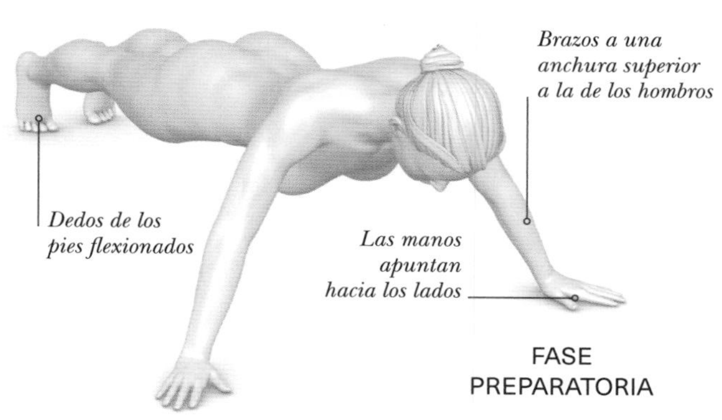

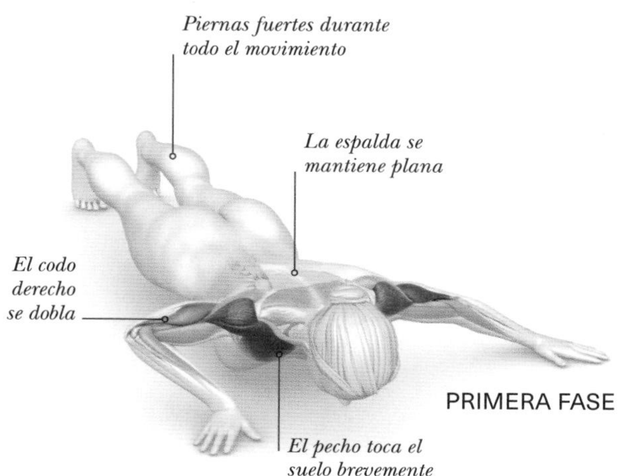

FASE PREPARATORIA
Parte de la posición de plancha alta (pp. 36-37), pero con los brazos separados a una anchura superior a la de los hombros y las manos apuntando hacia fuera. Mantén el cuerpo recto.

PRIMERA FASE
Baja el lado derecho doblando el codo derecho y estirando el otro brazo hacia la izquierda, llevando el pecho al suelo brevemente. Vuelve al punto de partida.

SEGUNDA FASE
Baja el cuerpo por el flanco izquierdo, doblando el codo izquierdo y estirando el derecho hacia el lado derecho.

FLEXIONES DIAMANTE

Esta variación se llama así por la forma que adoptan las manos durante el ejercicio. El peso recae en el tríceps.

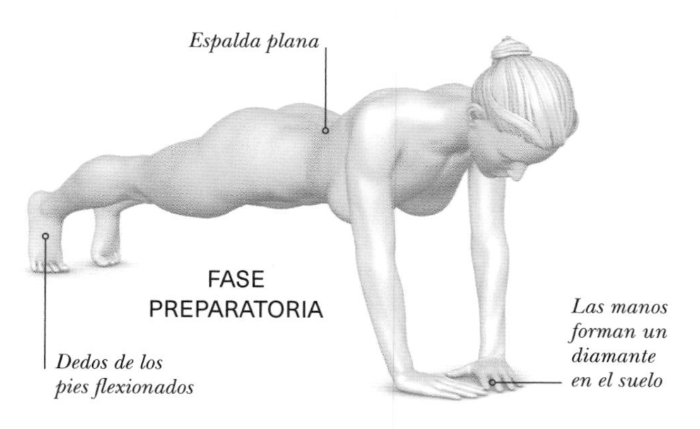

Pies a la anchura de los hombros
Los codos van hacia los lados
Brazos alineados con los hombros
PRIMERA FASE

FASE PREPARATORIA
Empieza en posición de plancha alta (pp. 36-37), con la pelvis metida y la cabeza y el cuello en posición neutra. Las manos forman rombo debajo del pecho.

PRIMERA FASE
Activa el *core*, dobla lentamente los codos y dirígelos hacia los lados del cuerpo, en línea con los hombros. Baja el cuerpo hasta que llegue al «diamante».

SEGUNDA FASE
Aguanta 2 segundos y exhala estirando los brazos para volver a la posición inicial. Mantén la forma de diamante en las manos durante todo el ejercicio. Repite.

EXTENSIÓN DE TRÍCEPS

Este ejercicio es muy versátil; se puede realizar con una mancuerna, una pesa rusa *(kettlebell)*, bandas elásticas o incluso con una botella de agua. La extensión de tríceps aísla, y al tiempo fortalece, el músculo posterior de la parte superior del brazo. Las tres cabezas del tríceps (larga, lateral y medial) se involucran para estirar el antebrazo.

INDICACIONES

Mantén la cabeza alineada con la línea media del pecho y este, con las caderas. La mirada va hacia delante, sin dirigir la barbilla al pecho. Es importante que emplees el rango completo del movimiento; deberías bajar la pesa a un ángulo de 90° y luego volver a subirla. Se puede empezar con 4 series de 8 repeticiones; para ver otras variaciones de este ejercicio, consulta las pp. 70-71.

CLAVE

- *Articulaciones*
- *Músculos*
- Se acorta con tensión
- Se alarga con tensión
- Se alarga sin tensión
- En tensión sin movimiento

Precaución

Asegúrate de mantener la cabeza quieta y alineada con el cuello y la espalda. Has de aislar el movimiento a la articulación del codo. Otro motivo de lesión es la colocación de los codos, que deben estar tan cerca de las orejas como sea posible. Mantén los brazos sobre la cabeza, con los bíceps junto a las orejas.

Tren superior

Los tres músculos del **tríceps** estabilizan los hombros y los codos; los hombros son secundarios. En el culmen de cada repetición los **deltoides** se contraen y se acortan. Cuando se hace este ejercicio de pie, los **músculos abdominales** también se activan en una contracción isométrica.

VISTA POSTEROLATERAL

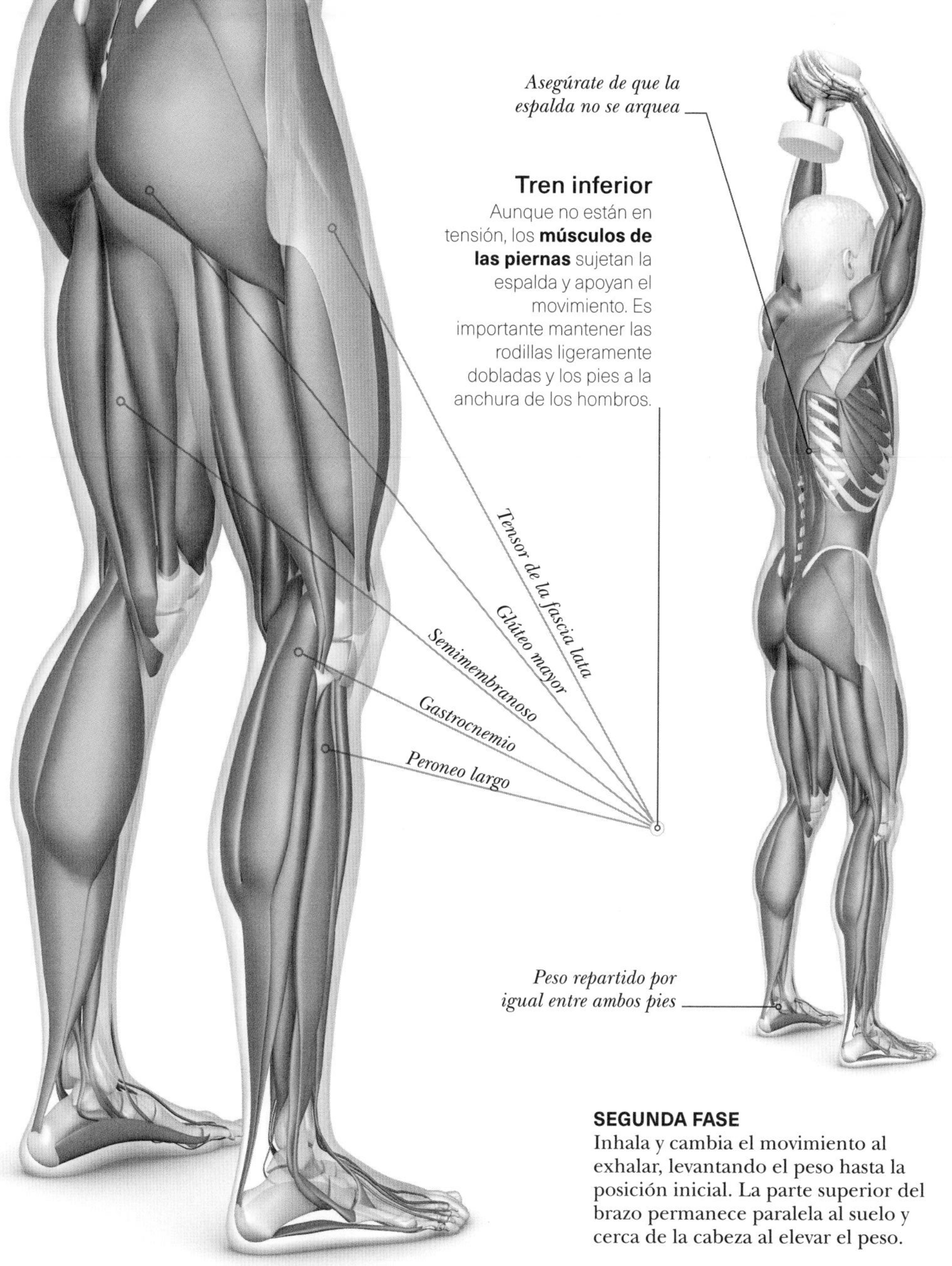

Tren inferior

Aunque no están en tensión, los **músculos de las piernas** sujetan la espalda y apoyan el movimiento. Es importante mantener las rodillas ligeramente dobladas y los pies a la anchura de los hombros.

FASE PREPARATORIA
De pie, separa los pies a la anchura de los hombros o coloca el pie izquierdo ligeramente detrás del derecho. Sostén la mancuerna por un extremo y por encima de la cabeza, con los brazos completamente estirados y las manos mirando al techo. La pesa cuelga en vertical hacia la parte posterior de la cabeza.

PRIMERA FASE
Exhala y baja lentamente la pesa doblando los codos, llevándola detrás de la cabeza. Los codos se doblan hasta un ángulo de 90º o algo más. La pesa no tiene que tocar la parte posterior de la cabeza al final del movimiento hacia abajo.

SEGUNDA FASE
Inhala y cambia el movimiento al exhalar, levantando el peso hasta la posición inicial. La parte superior del brazo permanece paralela al suelo y cerca de la cabeza al elevar el peso.

» VARIACIONES

Todas estas variaciones funcionan como ejercicio aislado para los tríceps; cada una de ellas va destinada a las tres cabezas del músculo. Los movimientos son muy versátiles y pueden realizarse con pesas o con bandas elásticas.

> *Es importante mantener la* ***columna recta*** *al realizar los fondos de tríceps, ya que curvarla puede añadir* ***tensión*** *a la espalda.*

PATADA DE TRÍCEPS

La patada de tríceps se centra principalmente en la cabeza lateral de este músculo, y también en los abdominales, los hombros y los glúteos.

CLAVE
- Principal músculo ejercitado
- Otros músculos implicados

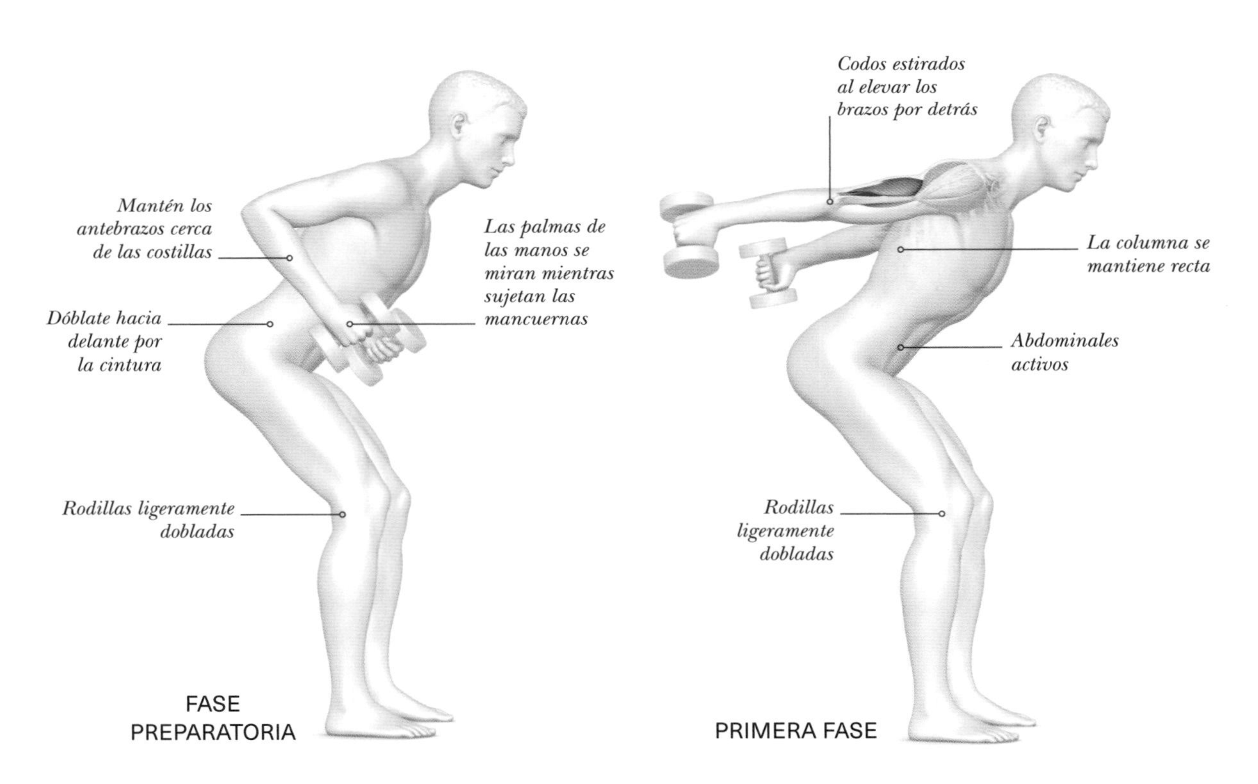

FASE PREPARATORIA
De pie, separa las piernas a la anchura de los hombros y agarra una mancuerna con cada mano. Inclínate unos 45° hacia delante por la cintura, tira de los codos hacia arriba y mantenlos en un ángulo de 90°.

PRIMERA FASE
Con la cabeza en línea con la columna y el mentón ligeramente metido, exhala y activa los tríceps estirando los codos hacia detrás.

SEGUNDA FASE
Mantén la parte superior del brazo quieta, moviendo únicamente los antebrazos para aislar el tríceps. Haz una pausa e inhala mientras llevas las pesas a la posición de partida.

FONDOS DE TRÍCEPS

Este ejercicio fortalece las tres cabezas del tríceps. Una vez te hayas acostumbrado al movimiento, puedes progresar sentándote al borde de una silla, un escalón o un banco, agarrarte por el extremo que esté junto a las caderas y luego deslizarte hacia abajo para realizar los fondos.

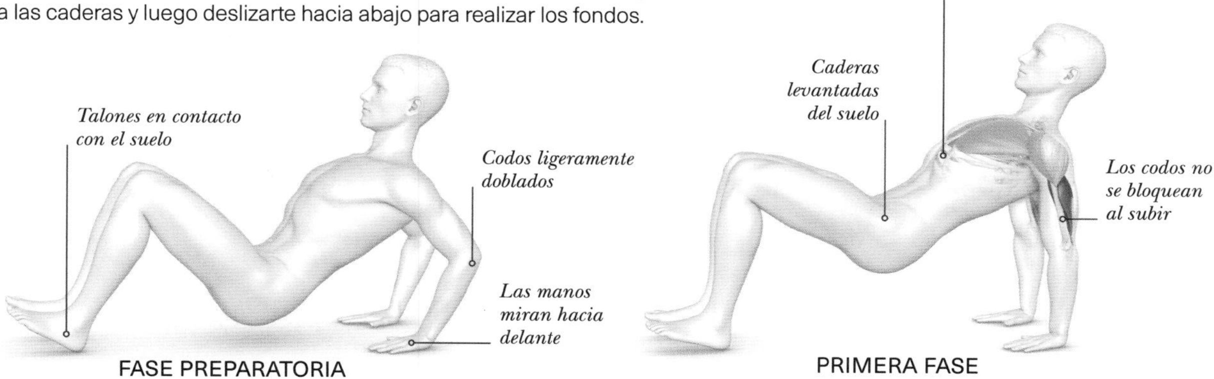

FASE PREPARATORIA

PRIMERA FASE

FASE PREPARATORIA
Siéntate en el suelo, con las rodillas dobladas y separadas a la anchura de las caderas, los dedos de los pies hacia delante, los talones en el suelo y las palmas de las manos detrás de ti apuntando hacia los talones.

PRIMERA FASE
Presiona con las palmas de las manos para levantar las caderas del suelo, empleando la potencia de los brazos para realizar el movimiento. Los codos están un poco doblados.

SEGUNDA FASE
Baja lentamente y, sin llegar a apoyar los glúteos en el suelo, vuelve arriba. Repite el movimiento con control.

FONDOS DE TRÍCEPS TOCANDO EL PIE (CANGREJO ALTERNO)

Se trata de un ejercicio para todo el cuerpo que emplea los glúteos, los isquiotibiales, los cuádriceps y el *core*. Entrena el equilibrio, la fuerza del *core* y muchos grupos abdominales, lo que lo convierte en una buena rutina si se quiere ganar tiempo.

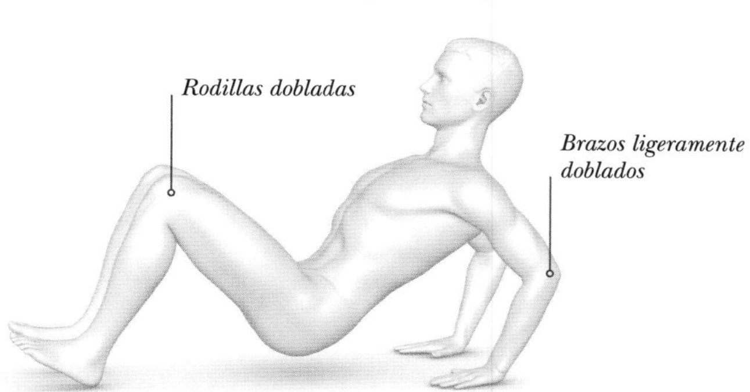

FASE PREPARATORIA

Estírate para tocar los dedos del pie contrario

Mantén la columna alineada al tocar los dedos

Al ir a tocar los dedos, el otro brazo te sostiene

Caderas levantadas

PRIMERA FASE

FASE PREPARATORIA
Siéntate en el suelo en la misma posición que en la fase preparatoria de los fondos de tríceps, con las rodillas dobladas y las manos en el suelo, por detrás.

PRIMERA FASE
Eleva las caderas, lleva la pierna izquierda hacia arriba y toca los dedos del pie con la mano derecha, manteniendo la mano izquierda en el suelo.

SEGUNDA FASE
Lleva la pierna izquierda al suelo, baja a un fondo de tríceps y luego levanta de nuevo las caderas para repetir el movimiento con el otro lado.

CURL DE BÍCEPS CON MANCUERNAS

El *curl* de bíceps, que puede hacerse sentado o de pie, aísla y trabaja los músculos del bíceps, situados en la parte anterosuperior del brazo, y también los de la zona inferior: el braquial y el braquiorradial.

INDICACIONES

Con este ejercicio se gana fuerza en la parte superior del brazo y se aprende a usar los músculos de forma correcta, sujetando el cuerpo con el *core*. Conviene escoger el peso adecuado para el nivel de forma física, ya que cargar demasiado puede ocasionar lesiones. Mantener una buena posición de la espalda y el *core* activo contribuirá a evitar tensiones. Los principiantes han de empezar con poco peso.

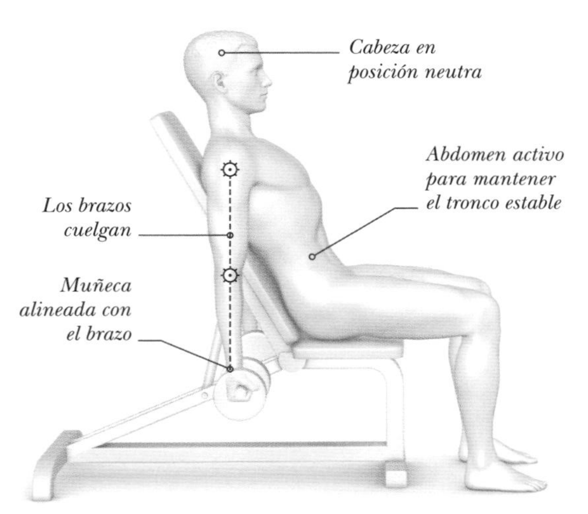

FASE PREPARATORIA
Siéntate y separa pies y rodillas a la anchura de las caderas. Empuja la espalda contra el respaldo. Agarra las mancuernas con la palma de la mano por encima y deja que los brazos cuelguen relajados a los lados del cuerpo, con las palmas mirando hacia delante y los hombros, atrás.

Deltoides
Tríceps
Braquial
Bíceps
Braquiorradial
Extensor de los dedos

Brazos
Este *curl* de brazos ejercita el **deltoides anterior,** el **bíceps braquial,** el **músculo braquial,** el **braquiorradial** y los **flexores** y **extensores** del antebrazo. La mayoría de estos músculos estabilizan el hombro, la muñeca y el codo durante el *curl* y los **músculos del antebrazo** controlan la fuerza del agarre.

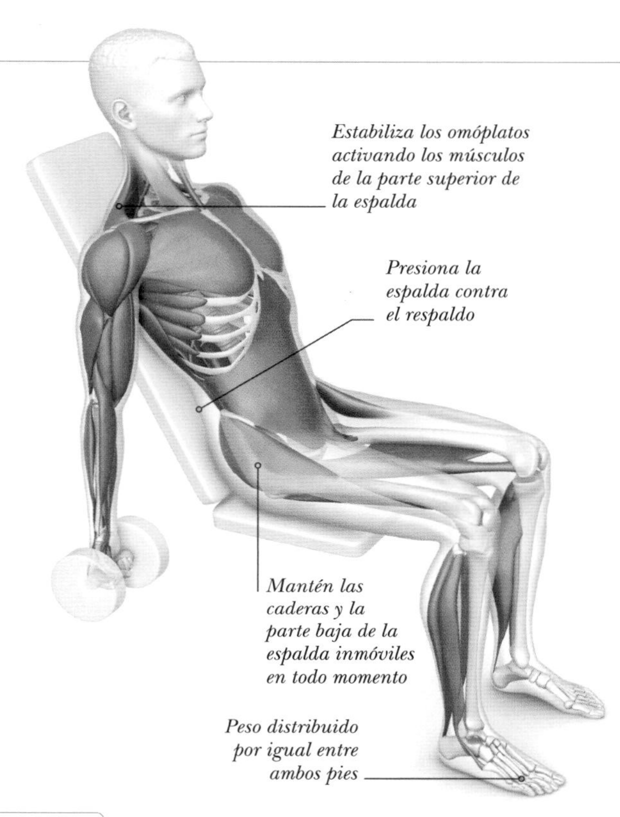

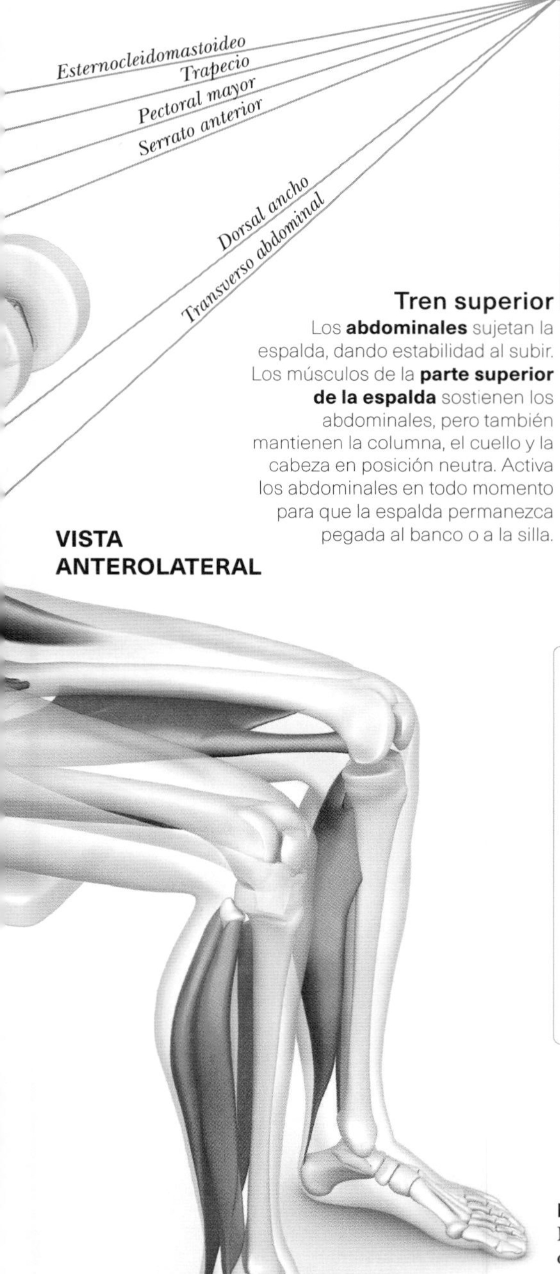

Tren superior

Los **abdominales** sujetan la espalda, dando estabilidad al subir. Los músculos de la **parte superior de la espalda** sostienen los abdominales, pero también mantienen la columna, el cuello y la cabeza en posición neutra. Activa los abdominales en todo momento para que la espalda permanezca pegada al banco o a la silla.

SEGUNDA FASE

Al culminar el *curl*, aguanta la tensión en el brazo durante 2 segundos y luego baja lentamente y con control hasta la posición inicial, resistiendo el peso. Recupera el ritmo de la respiración y repite las fases 1 y 2.

CLAVE

- *Articulaciones*
- *Músculos*
- Se acorta con tensión
- Se alarga con tensión
- Se alarga sin tensión
- En tensión sin movimiento

PRIMERA FASE

Manteniendo la parte superior del brazo estable y los hombros relajados, exhala, dobla los codos y levanta el peso para llevar la mancuerna hacia los hombros. Los codos deben estar pegados a las costillas.

Errores habituales

Asegúrate de escoger el peso adecuado a tu forma física. Si eliges demasiado peso, el cuerpo se contraerá para levantarlo. Intenta también no realizar el ejercicio muy deprisa porque eso podría tensar más los codos.

» VARIACIONES

Estas modificaciones del *curl* de bíceps fortalecen de manera específica los distintos músculos que forman el bíceps. El *curl* tipo martillo trabaja la cabeza larga del bíceps, además del braquial y el braquiorradial. El *curl* ancho se centra en la parte interior del bíceps, también conocida como cabeza corta.

“ ”

Escoge el ***peso que se adapte*** *a tu forma física. Si es demasiado, puede causar lesiones.*

CURL DE BÍCEPS ANCHO

El *curl* ancho es un ejercicio que aísla y fortalece el bíceps. El agarre ancho hace trabajar más la cabeza corta del bíceps braquial. Además del bíceps, se ejercitan también los deltoides y los abdominales.

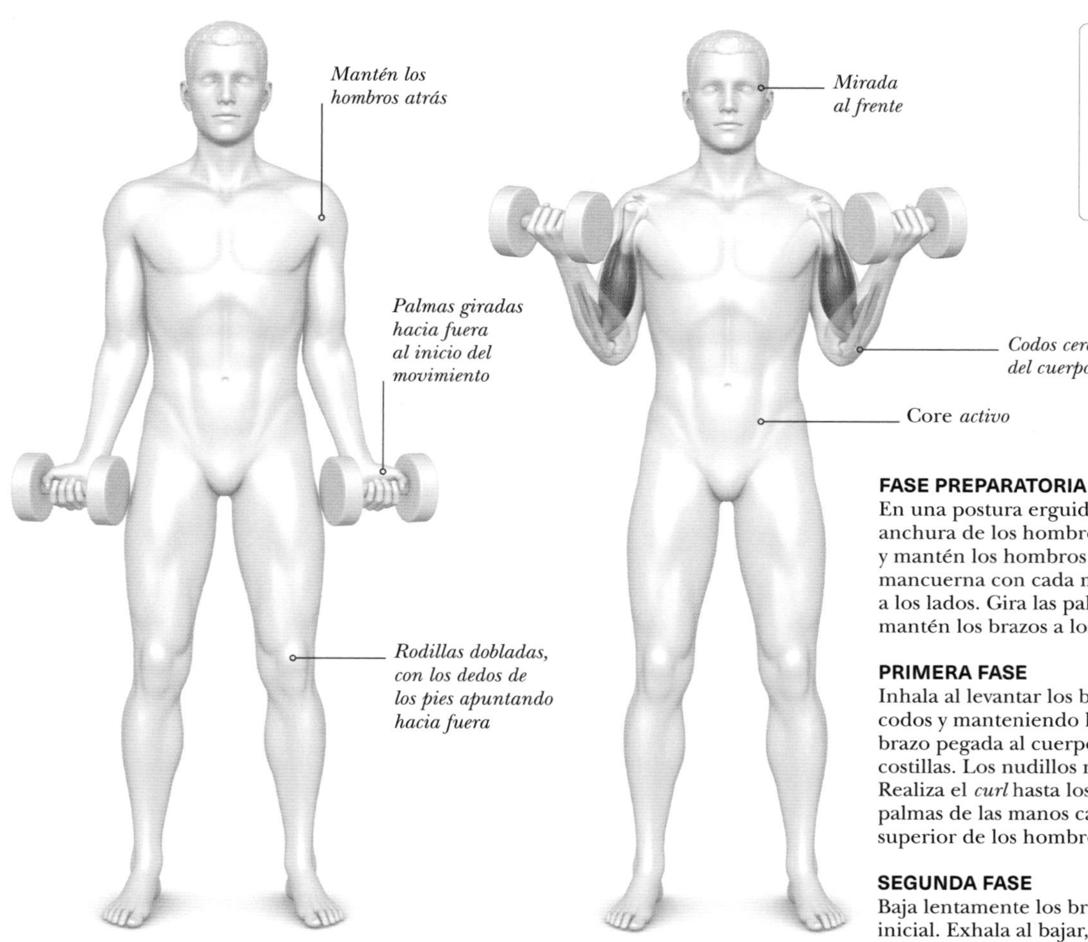

CLAVE
- Principal músculo ejercitado
- Otros músculos implicados

FASE PREPARATORIA
En una postura erguida, con los pies a la anchura de los hombros, activa el *core* y mantén los hombros atrás. Agarra una mancuerna con cada mano y pon los brazos a los lados. Gira las palmas hacia fuera, pero mantén los brazos a los lados del cuerpo.

PRIMERA FASE
Inhala al levantar los brazos, doblando los codos y manteniendo la parte superior del brazo pegada al cuerpo, en contacto con las costillas. Los nudillos miran hacia arriba. Realiza el *curl* hasta los deltoides y que las palmas de las manos casi toquen la parte superior de los hombros.

SEGUNDA FASE
Baja lentamente los brazos hasta la posición inicial. Exhala al bajar, asegurándote de mantener el cuello, la columna y la cabeza alineadas durante todo el ejercicio.

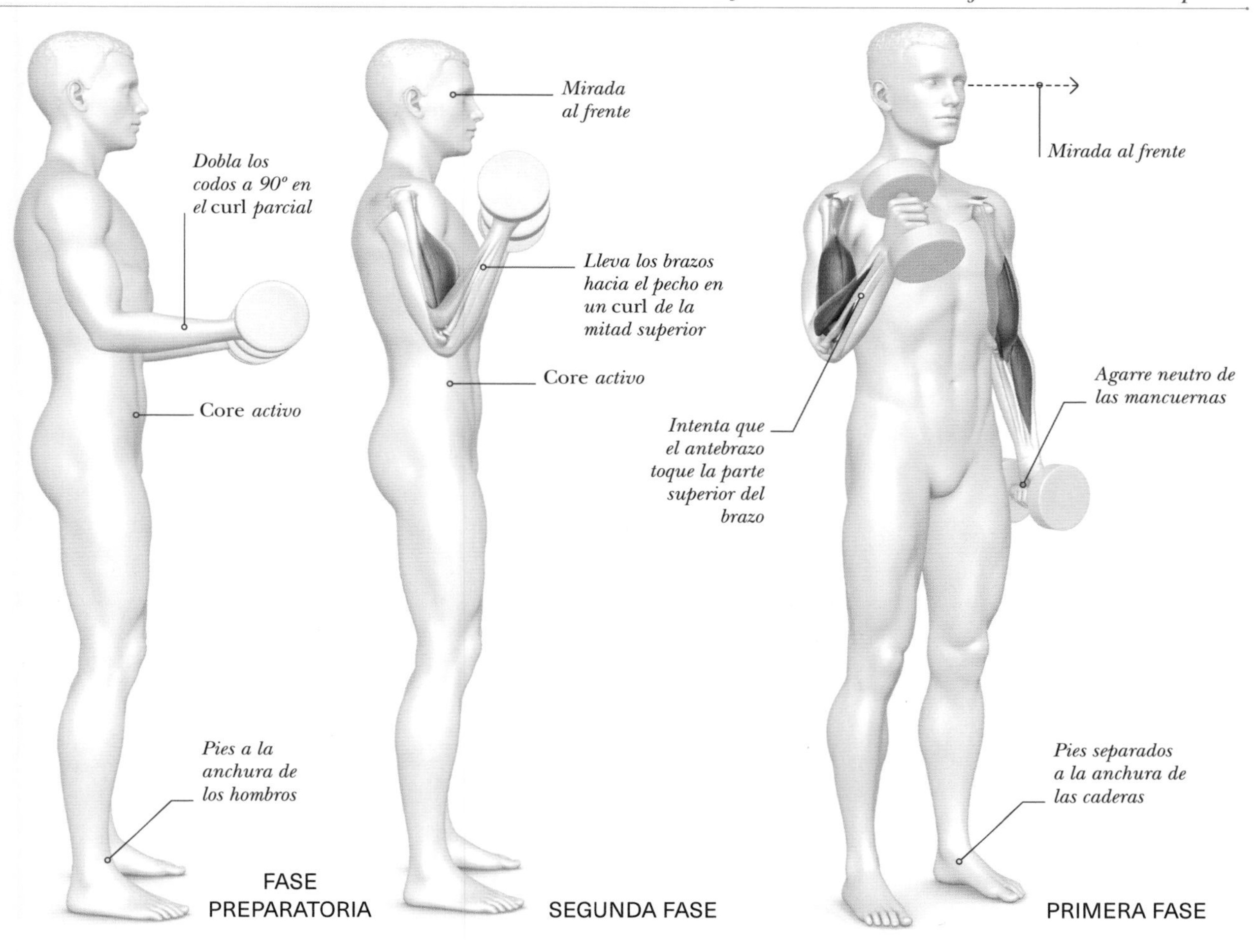

CURL PARCIAL DE BÍCEPS

Se trata de un ejercicio de aislamiento del bíceps. Se pueden realizar *curls* parciales en la mitad inferior o superior del rango de movimiento. Ambos fortalecen los bíceps, en la parte anterosuperior del brazo, y los músculos lumbares.

FASE PREPARATORIA
Agarra una mancuerna con cada mano; los nudillos miran hacia fuera y los pies se sitúan a la anchura de los hombros. Mantén las rodillas dobladas, los hombros atrás y la cabeza y la columna, en posición neutra.

PRIMERA FASE
Flexiona los codos y levanta las pesas a 90°. Los codos han de estar cerca de las costillas. Haz una pausa.

SEGUNDA FASE
Baja los brazos hasta la posición de partida. Para modificar el ejercicio, empieza con los brazos en un ángulo de 90° y lleva las pesas a los hombros; vuelve al inicio.

CURL TIPO MARTILLO

Además de los bíceps, esta variación involucra a otros flexores del codo, el braquial y el braquiorradial. Se puede realizar utilizando un brazo cada vez (como se muestra arriba), o ambos brazos al tiempo. Aguanta 1-2 segundos arriba.

FASE PREPARATORIA
Agarra una mancuerna con cada mano y mantén una posición erguida con los brazos a los lados del cuerpo. Las muñecas están relajadas sosteniendo el peso.

PRIMERA FASE
Inhala y activa el *core,* exhala al doblar el codo y llevar un brazo (o ambos) al hombro.

SEGUNDA FASE
Inhala al bajar el brazo (o ambos). Repite las fases 1 y 2, asegurándote de realizar el mismo número de repeticiones con cada brazo.

ELEVACIÓN FRONTAL CON MANCUERNAS

La elevación frontal es un ejercicio cuyo principal objetivo son los deltoides (músculos del hombro), aunque también se trabajan los pectorales.

INDICACIONES

La elevación frontal con mancuernas es un excelente ejercicio para principiantes. Hay que escoger el peso adecuado, empezar con poca carga y realizar 3 series de 10-12 repeticiones cada una. En un movimiento controlado, cuenta hasta 3 al levantar las pesas y hasta 3 al bajarlas.

Errores habituales

Al realizar este ejercicio, es importante no inclinarse ni balancearse; si necesitas hacerlo para levantar las pesas, es probable que sea demasiada carga. Para evitarlo, es importante apretar los abdominales todo el tiempo, ya que ayudan a sujetar la espalda y a mantenerla recta y en posición neutra.

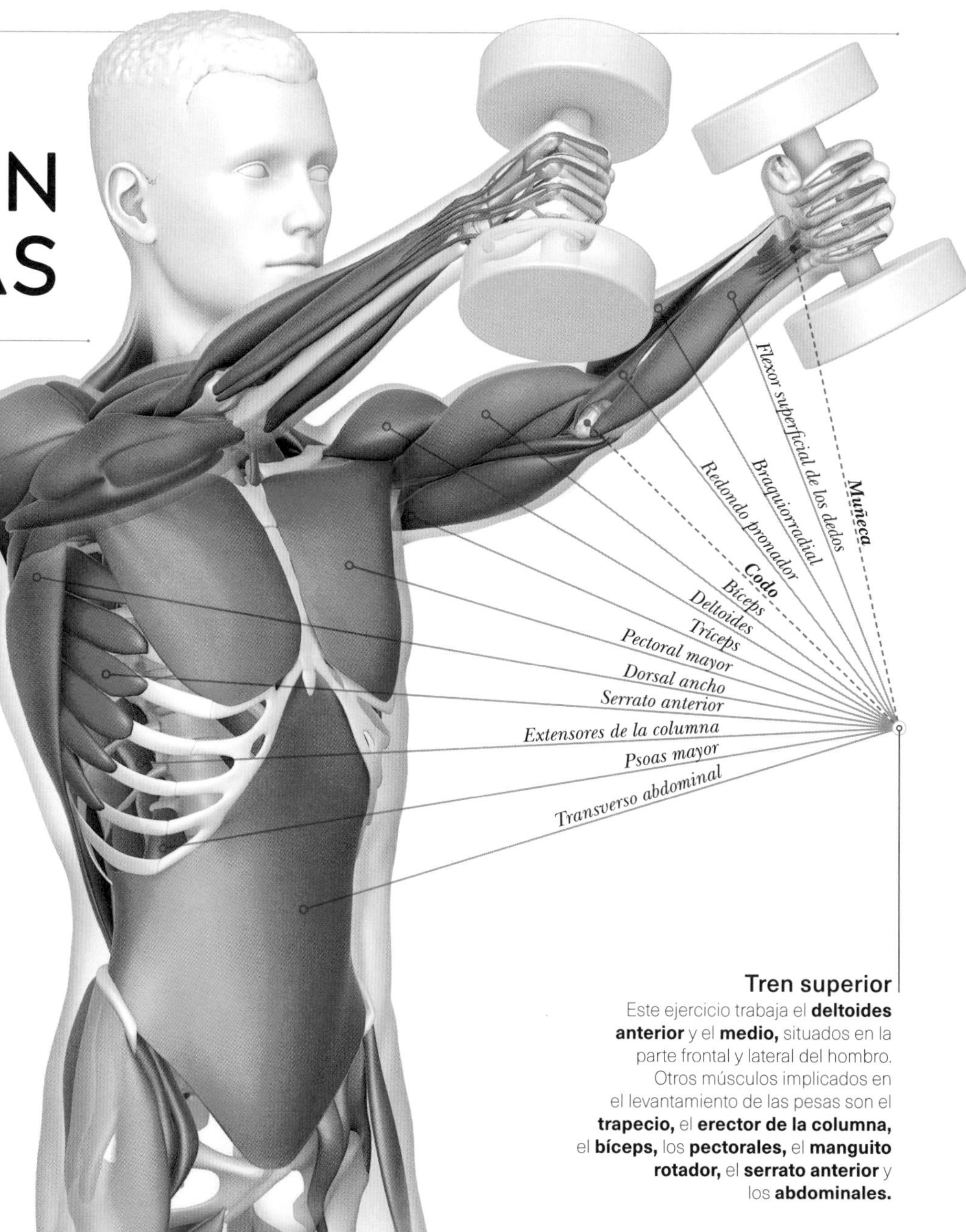

Tren superior

Este ejercicio trabaja el **deltoides anterior** y el **medio,** situados en la parte frontal y lateral del hombro. Otros músculos implicados en el levantamiento de las pesas son el **trapecio,** el **erector de la columna,** el **bíceps,** los **pectorales,** el **manguito rotador,** el **serrato anterior** y los **abdominales.**

CLAVE
- --- *Articulaciones*
- o— *Músculos*
- Se acorta con tensión
- Se alarga con tensión
- Se alarga sin tensión
- En tensión sin movimiento

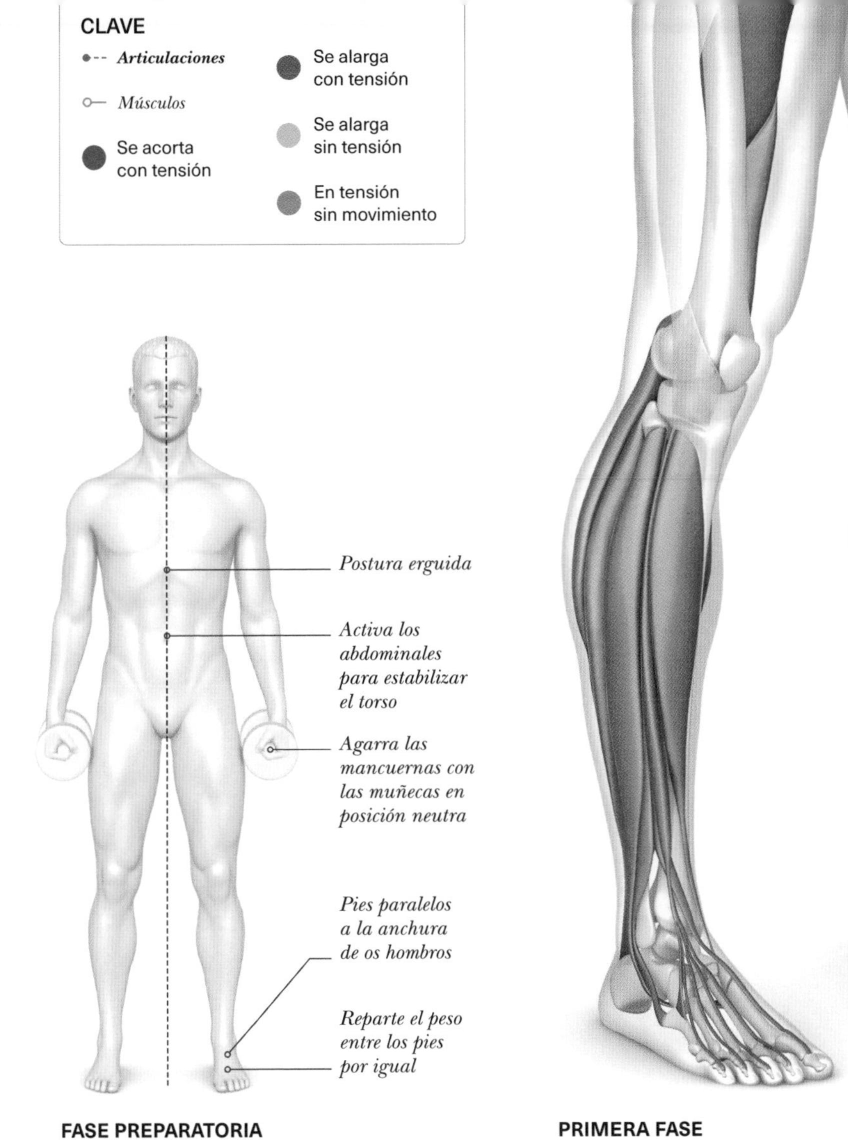

FASE PREPARATORIA
Con los pies a la anchura de los hombros, mantén la espalda recta y agarra las mancuernas a ambos lados del cuerpo, con las palmas dirigidas hacia los muslos. Activa el *core.*

PRIMERA FASE
Inhala y levanta las pesas hacia arriba poco a poco hasta colocarlas delante de ti. Los codos están ligeramente doblados para limitar el impacto en las articulaciones. Haz una pausa cuando los brazos estén más o menos paralelos al suelo, procurando que las pesas no superen la altura de las cejas. Mantén la postura 2 segundos.

SEGUNDA FASE
Exhala al bajar lentamente las mancuernas hasta la posición inicial, junto a los muslos, con el *core* activo en todo momento.

» VARIACIONES

Los ejercicios que imitan el movimiento de remar fortalecen principalmente los músculos de la espalda, pero también mejoran la estabilidad del *core* e implican a los músculos de los hombros y los brazos. El remo trabaja el dorsal ancho, el romboides, el trapecio, el deltoides posterior, el erector de la columna y el bíceps.

REMO HORIZONTAL CON MANCUERNAS

Las mancuernas permiten un movimiento unilateral, con una pierna apoyada en el banco, o bilateral, con las dos piernas flexionadas por la rodilla y las caderas en un ángulo de 90°. Para trabajar más, aguanta la posición de mayor esfuerzo durante 2 segundos.

FASE PREPARATORIA
Coloca una rodilla en el banco y deja la otra pierna de pie, en línea con la cadera. Asegúrate de que las caderas forman un ángulo recto con el suelo y que una de ellas no se levante. La espalda ha de estar recta y la cabeza alineada con la columna y el cuello. Inspira profundamente para activar el *core* y sujetar la espalda.

PRIMERA FASE
Espira para llevar el omóplato hacia atrás y elevar el brazo, flexionando el codo entre 30° y 75°. El ángulo cambia el músculo que trabaja más.

SEGUNDA FASE
Inspira al bajar la mancuerna, en un movimiento controlado y con el *core* activo. Repite las fases 1 y 2.

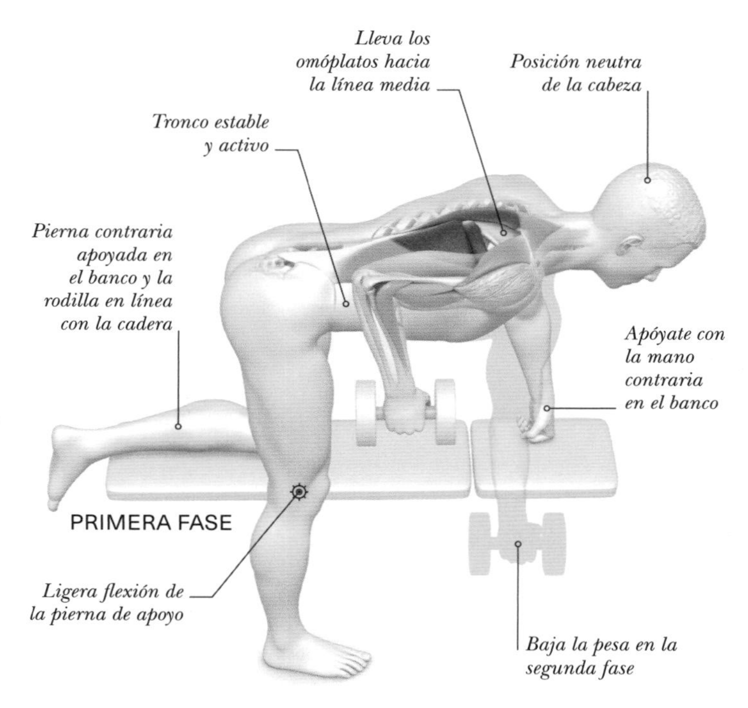

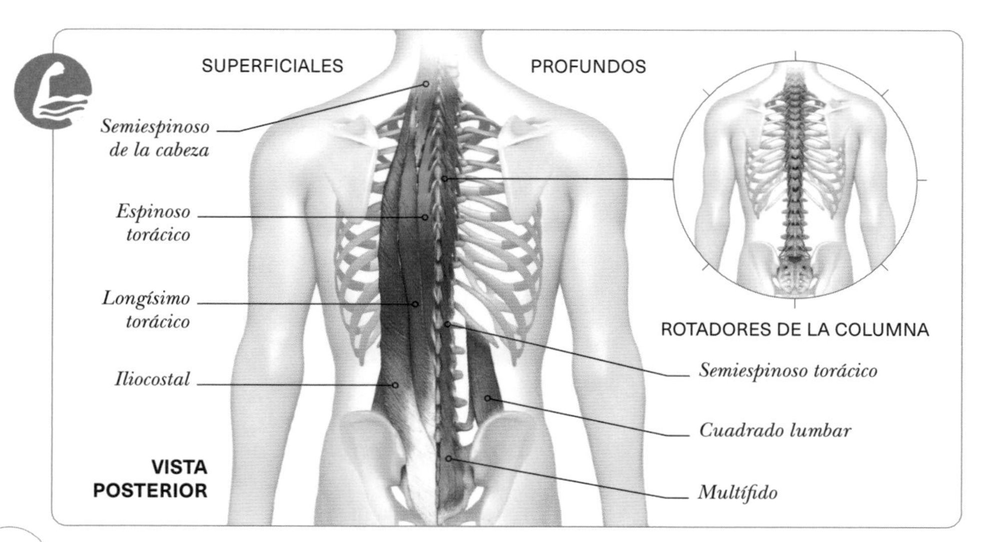

Extensores de la columna

Los extensores se insertan en la columna y permiten estar de pie y levantar peso. Incluyen los grandes músculos externos que estiran y ayudan a sostener la columna, conocidos en su conjunto como erectores de la columna, y otros más profundos, como los rotadores, que apoyan el trabajo de los erectores y estabilizan la pelvis. El fortalecimiento de estos músculos contribuye a sostener el cuerpo, mejora la postura y puede aliviar el dolor lumbar.

CLAVE
- Principal músculo ejercitado
- Otros músculos implicados

REMO VERTICAL CON BANDA

Esta variante se realiza con una banda elástica. Las hay con distintos niveles de resistencia; conviene elegir la que mejor se adapte a la forma física de cada uno. Mantén 2 segundos la posición de mayor exigencia.

El trabajo del trapecio superior

La parte superior de los trapecios sujeta los brazos y eleva los omóplatos, mientras que las zonas media e inferior son esenciales para la retracción, la depresión y la rotación escapular. Los trapecios son necesarios para encoger los hombros, subir los brazos y otros movimientos, por lo que conviene no olvidarse de ellos.

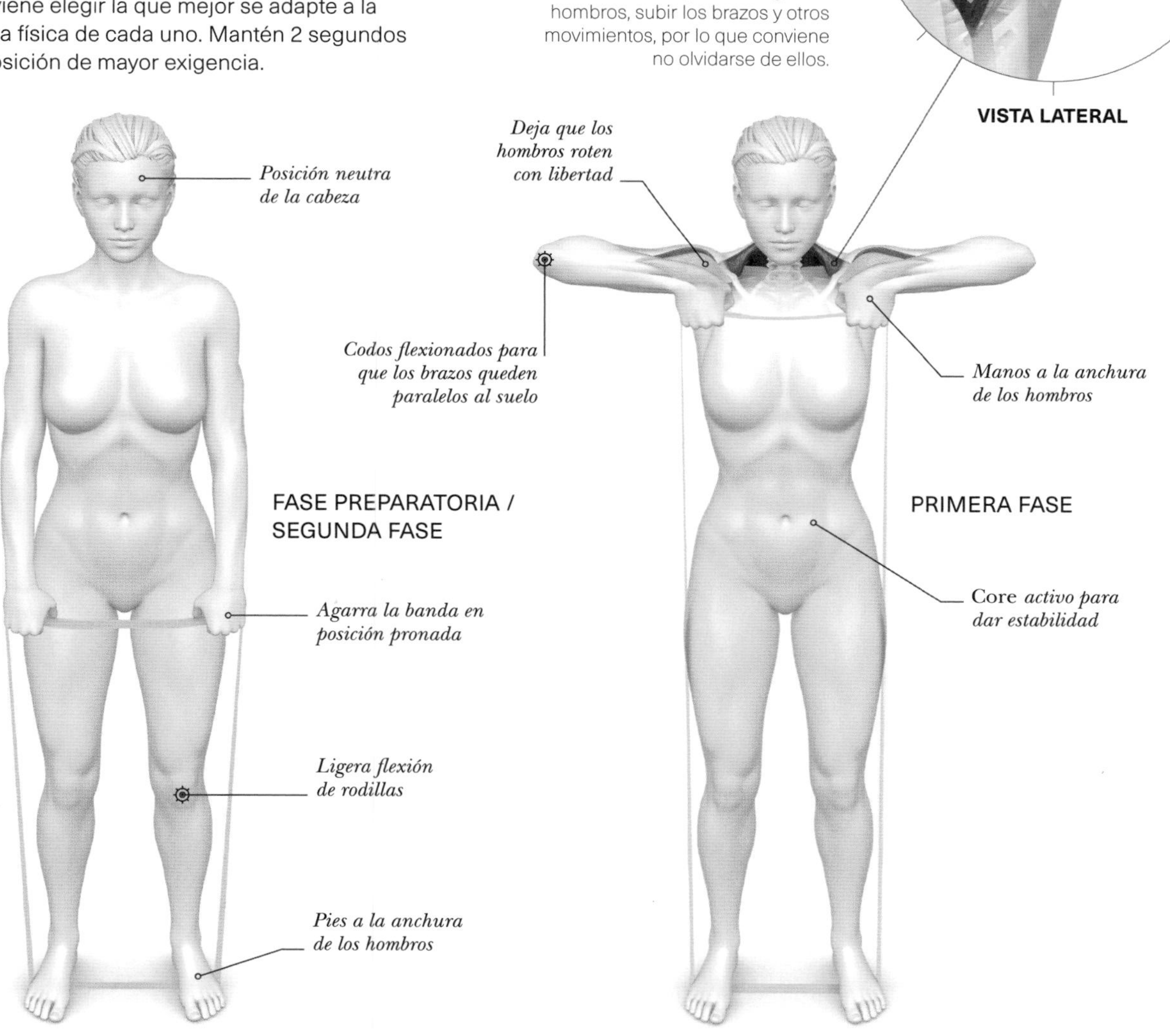

FASE PREPARATORIA
Pisa la banda elástica y agárrala justo por debajo de las caderas, con los pies y las manos a la anchura de los hombros. Mantén la postura erguida con una leve flexión de las rodillas.

PRIMERA FASE
Inspira para activar el *core*, luego espira al elevar los brazos hacia el techo, flexionando los codos y subiendo las manos.

SEGUNDA FASE
Inspira mientras bajas los hombros y estiras los brazos para volver de forma controlada a la posición inicial. Repite las fases 1 y 2.

ELEVACIÓN LATERAL CON MANCUERNAS

> **Errores habituales**
> Si las mancuernas pesan mucho, necesitarás impulso para levantarlas y se balancearán bruscamente. Eso impide aislar los hombros y puede provocar lesiones. Asegúrate de que la columna vertebral esté neutra en todo momento.

La zona lateral del deltoides es el objetivo de este ejercicio que, si se realiza de forma regular, fortalece los hombros. También contribuyen al movimiento el deltoides anterior, el posterior, el trapecio superior, el supraespinoso (uno de los manguitos rotadores) y el serrato anterior (músculos situados debajo de la axila, a lo largo de las costillas).

INDICACIONES

Asegúrate de activar el *core* y subir y bajar los brazos despacio y con control, sin dejar que las pesas caigan. Conviene comenzar con poco peso y 3 series de 10-12 repeticiones.

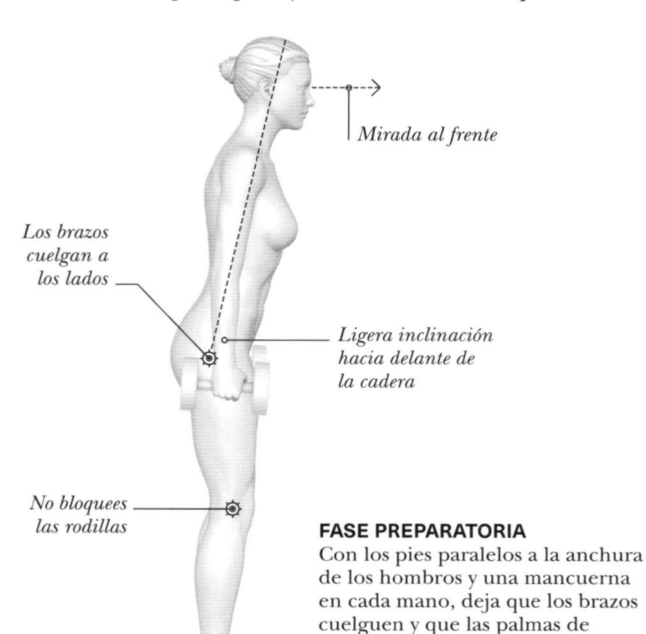

FASE PREPARATORIA
Con los pies paralelos a la anchura de los hombros y una mancuerna en cada mano, deja que los brazos cuelguen y que las palmas de las manos se miren. Comprueba que los hombros vayan hacia atrás, activa el *core* y mira al frente.

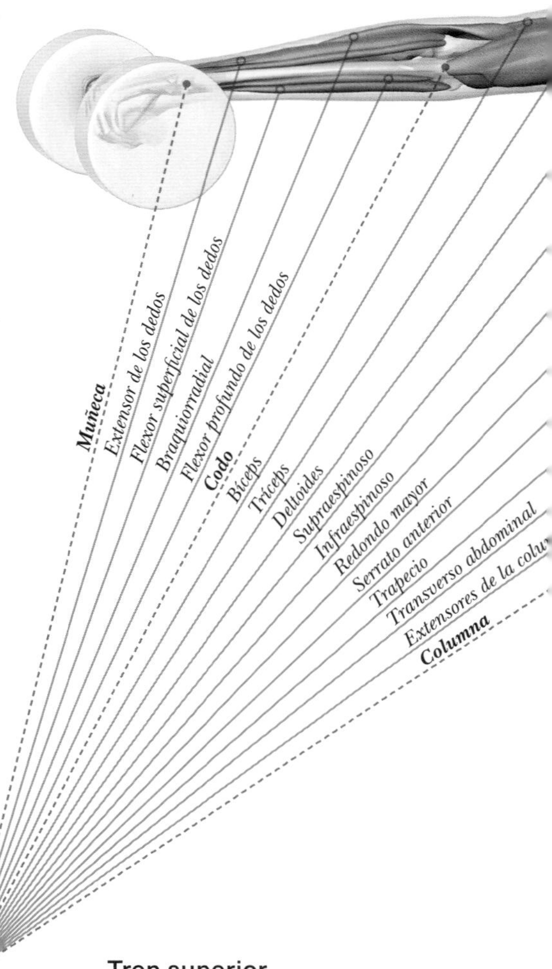

Tren superior
El **deltoides anterior,** el **supraespinoso** y el **trapecio** ayudan al **deltoides lateral** en este ejercicio. El deltoides anterior está situado en la parte delantera de los hombros. El supraespinoso, en el **deltoides posterior,** inicia el movimiento. El trapecio es el responsable de la elevación del hombro.

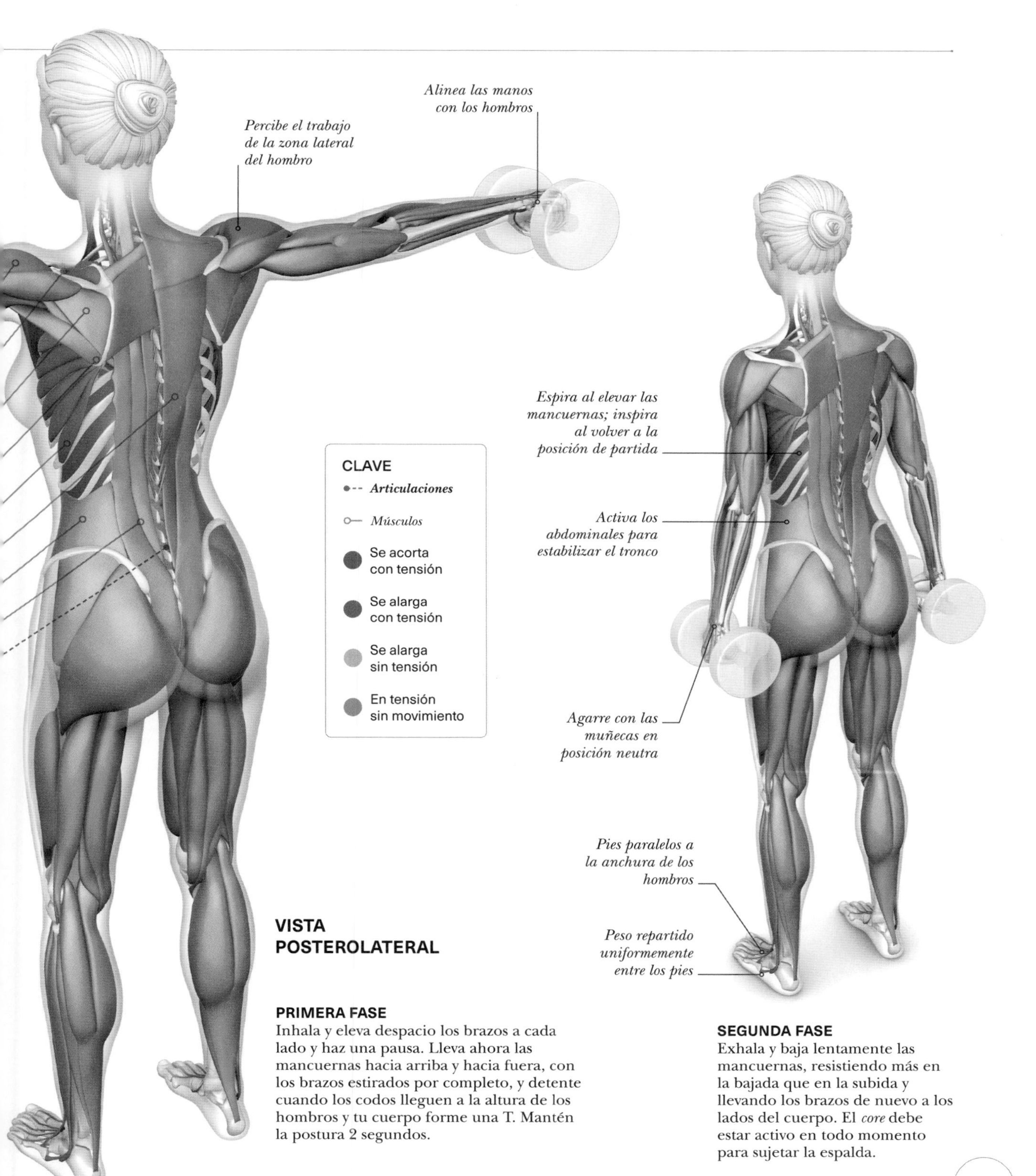

VISTA POSTEROLATERAL

PRIMERA FASE

Inhala y eleva despacio los brazos a cada lado y haz una pausa. Lleva ahora las mancuernas hacia arriba y hacia fuera, con los brazos estirados por completo, y detente cuando los codos lleguen a la altura de los hombros y tu cuerpo forme una T. Mantén la postura 2 segundos.

SEGUNDA FASE

Exhala y baja lentamente las mancuernas, resistiendo más en la bajada que en la subida y llevando los brazos de nuevo a los lados del cuerpo. El *core* debe estar activo en todo momento para sujetar la espalda.

PRESS MILITAR CON MANCUERNAS

Este ejercicio fortalece los pectorales (pecho), los deltoides (hombros), los tríceps (brazos) y los trapecios (espalda superior). La postura erguida exige equilibrio, por lo que también participan los músculos del *core* y los de la zona lumbar. Se puede realizar sentado.

INDICACIONES

Al elevar las mancuernas por encima de la cabeza, los hombros han de permanecer justo debajo de las muñecas o algo más hacia dentro. Evita bloquear los codos y llevarlos hacia fuera. Cuando se levanta peso sobre la cabeza, apretar el *core* y los glúteos estabiliza la columna. Se puede empezar con 1 serie de 8-10 repeticiones.

Precaución

Si el peso es demasiado, la espalda se puede arquear y aparecer el dolor lumbar. Cuidado también al agarrar las mancuernas; conviene hacerlo flexionando las rodillas y la cintura.

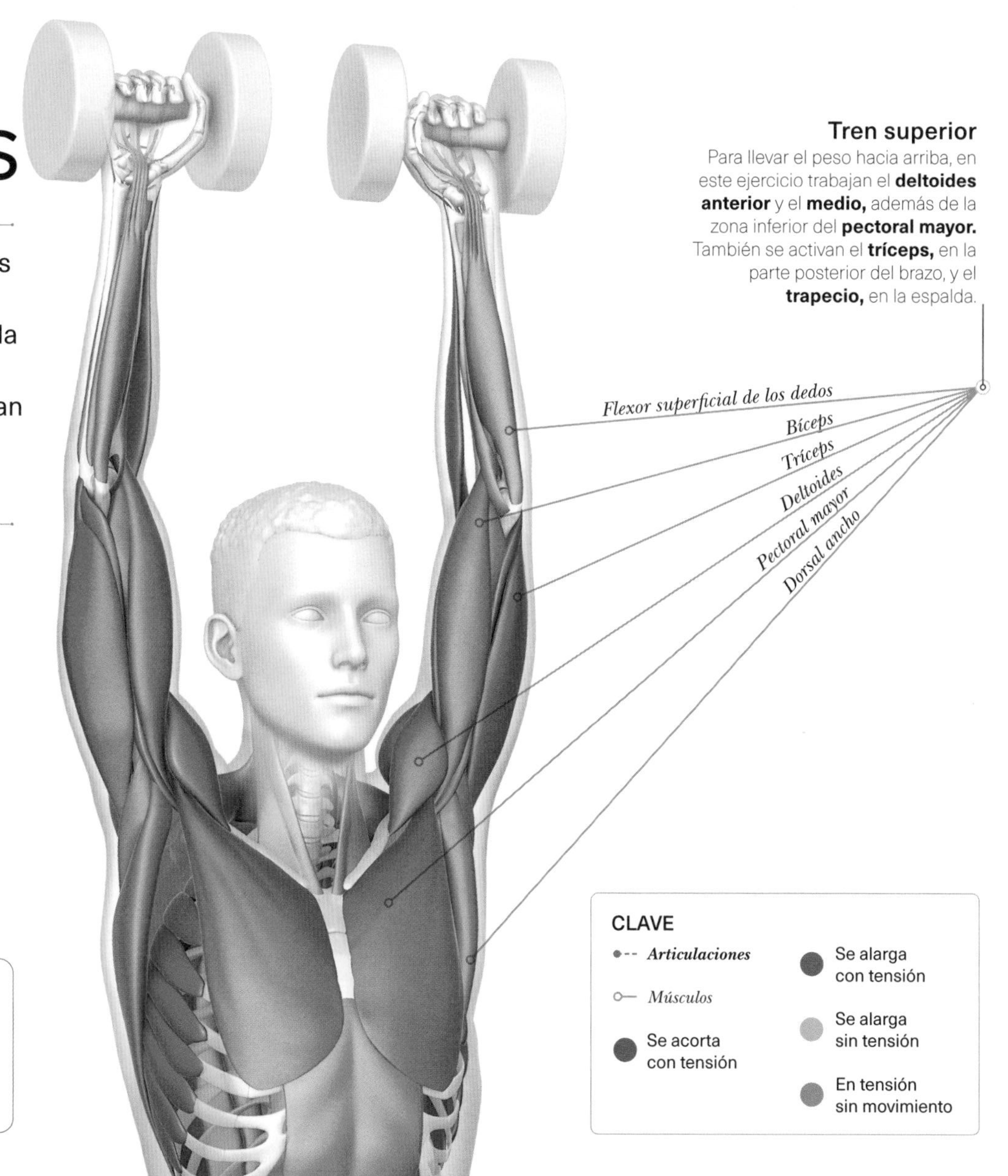

Tren superior
Para llevar el peso hacia arriba, en este ejercicio trabajan el **deltoides anterior** y el **medio,** además de la zona inferior del **pectoral mayor.** También se activan el **tríceps,** en la parte posterior del brazo, y el **trapecio,** en la espalda.

CLAVE
- *Articulaciones*
- *Músculos*
- Se acorta con tensión
- Se alarga con tensión
- Se alarga sin tensión
- En tensión sin movimiento

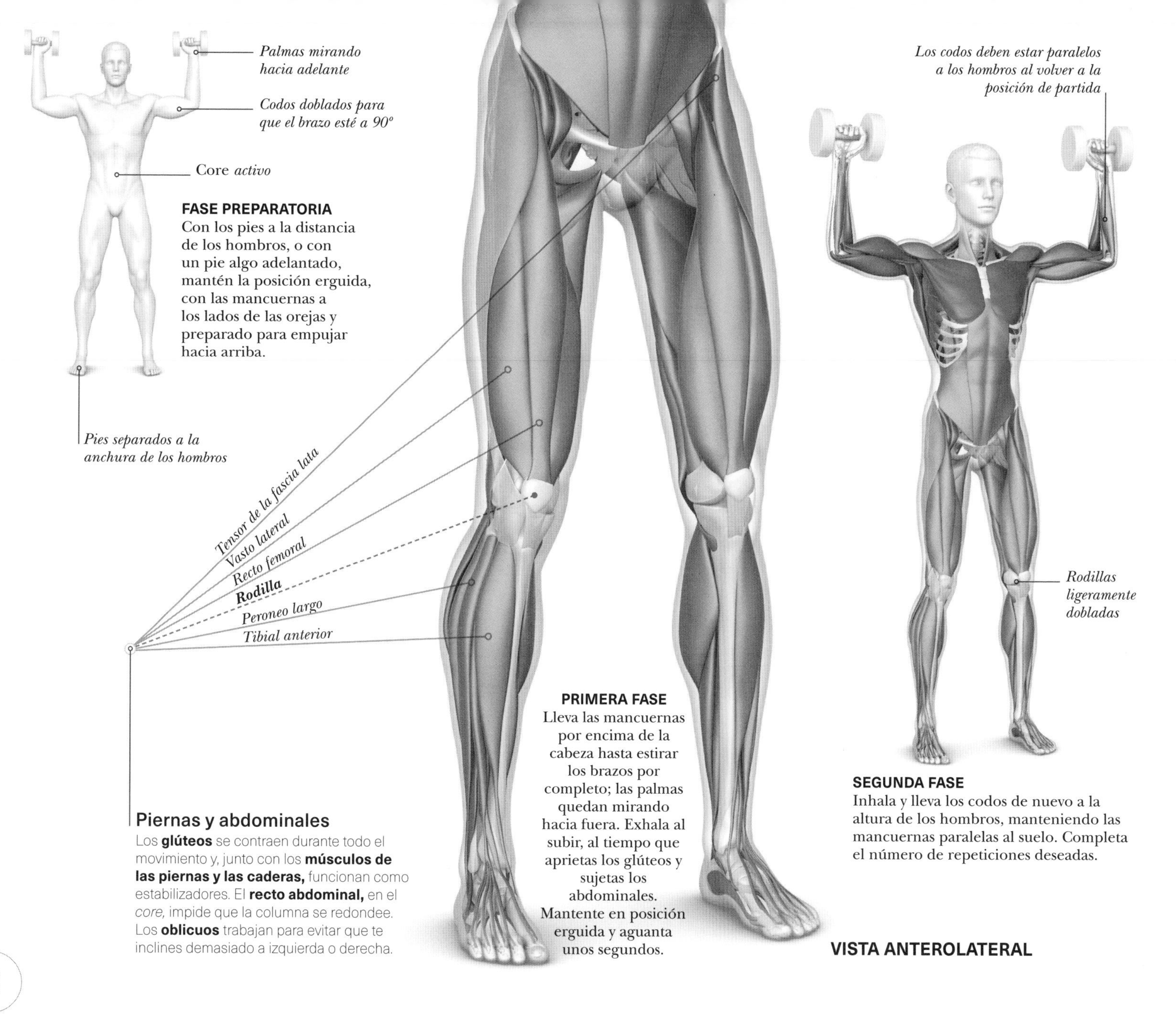

FASE PREPARATORIA
Con los pies a la distancia de los hombros, o con un pie algo adelantado, mantén la posición erguida, con las mancuernas a los lados de las orejas y preparado para empujar hacia arriba.

PRIMERA FASE
Lleva las mancuernas por encima de la cabeza hasta estirar los brazos por completo; las palmas quedan mirando hacia fuera. Exhala al subir, al tiempo que aprietas los glúteos y sujetas los abdominales. Mantente en posición erguida y aguanta unos segundos.

SEGUNDA FASE
Inhala y lleva los codos de nuevo a la altura de los hombros, manteniendo las mancuernas paralelas al suelo. Completa el número de repeticiones deseadas.

VISTA ANTEROLATERAL

Piernas y abdominales

Los **glúteos** se contraen durante todo el movimiento y, junto con los **músculos de las piernas y las caderas,** funcionan como estabilizadores. El **recto abdominal,** en el *core,* impide que la columna se redondee. Los **oblicuos** trabajan para evitar que te inclines demasiado a izquierda o derecha.

» VARIACIONES

El principal músculo ejercitado en estas modificaciones del *press* de hombros es el deltoides, ya sea el anterior, medio o posterior. El *press* de hombros con agarre neutro hace trabajar la zona media y posterior, mientras que el *press* Arnold, llamado así por Arnold Schwarzenegger, involucra las tres cabeza del hombro al mismo tiempo.

CLAVE
- Principal músculo ejercitado
- Otros músculos implicados

PRESS DE HOMBROS CON AGARRE NEUTRO

Este ejercicio aísla la cabeza anterior y la media del deltoides. El agarre neutro, con las manos mirándose, en lugar de hacia fuera, permite trabajar diferentes músculos del deltoides.

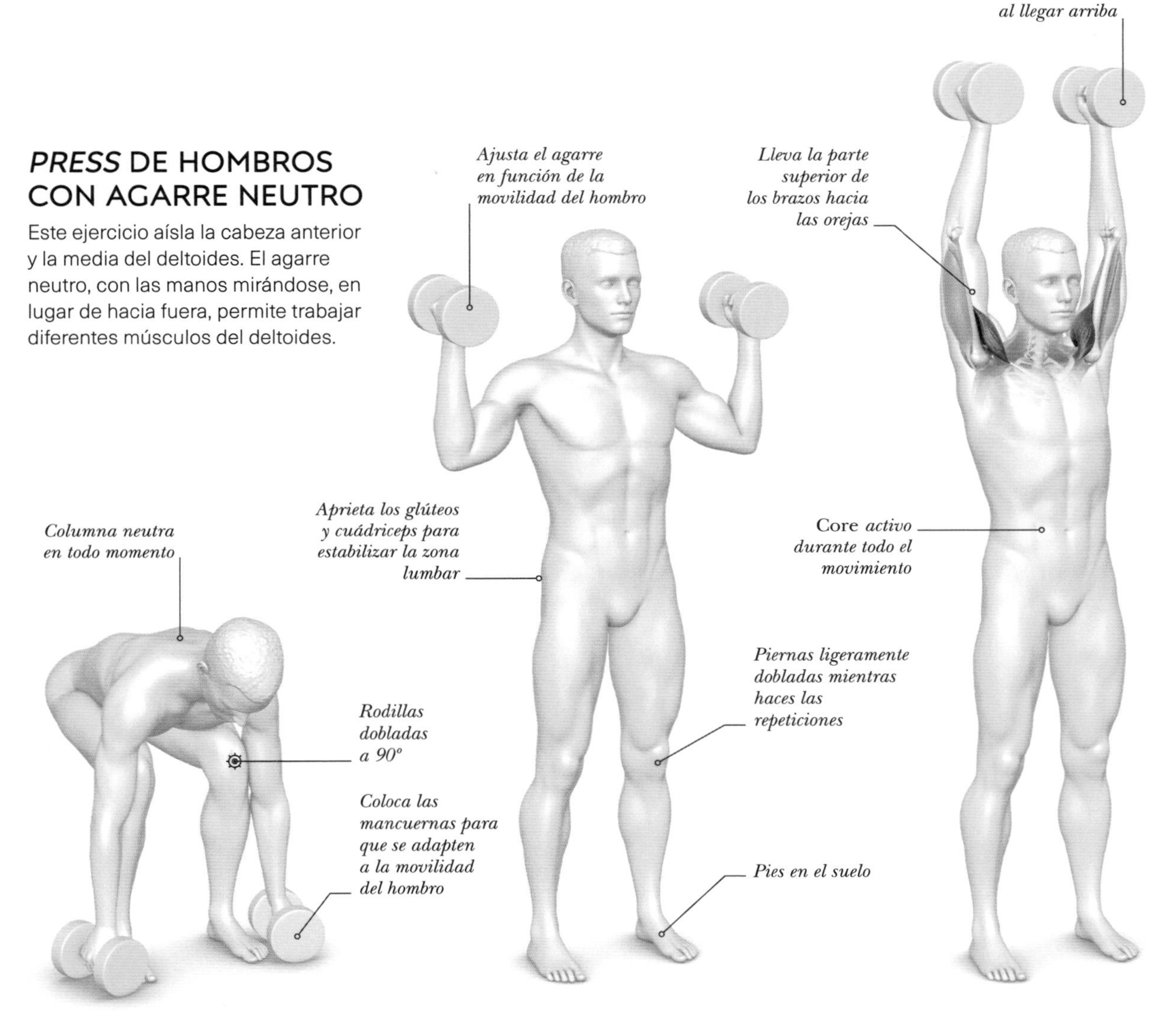

AGARRE SEGURO DE LAS MANCUERNAS
Con los pies separados a la anchura de los hombros, dobla las rodillas y las caderas para agarrar las mancuernas, que deberían estar colocadas a ambos lados de los pies.

FASE PREPARATORIA / SEGUNDA FASE
Estira las rodillas y lleva las mancuernas por encima de los hombros, preparándote para empujarlas hacia arriba. Activa el *core* mientras te dispones a levantar la carga.

PRIMERA FASE
Inhala y sujeta los abdominales; exhala al llevar las mancuernas hacia arriba, con las palmas mirándose. Inhala para volver a la segunda fase. Repite ambas fases.

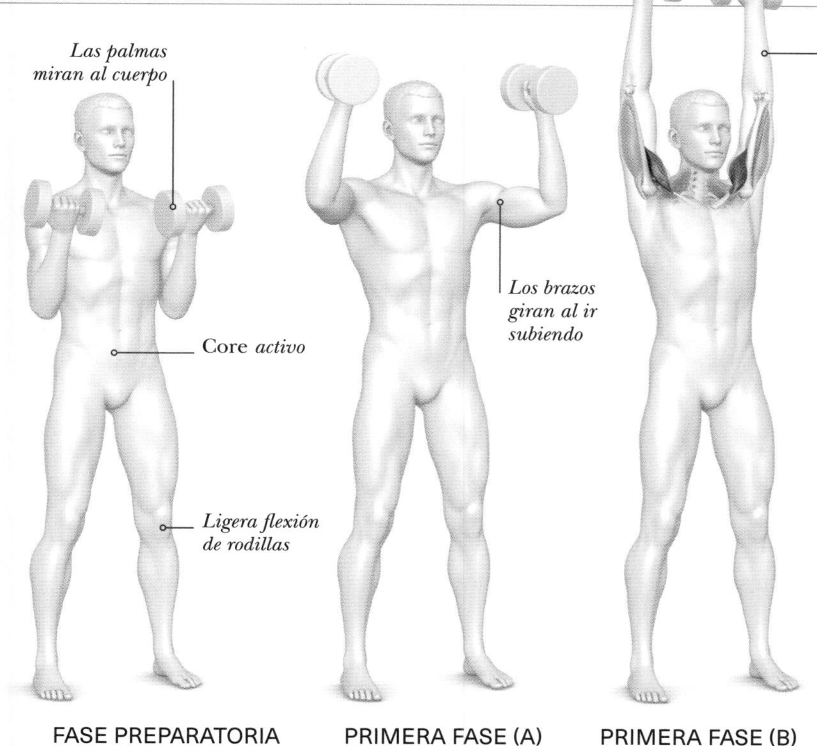

PRESS ARNOLD

Este ejercicio fortalece los hombros al trabajar las tres partes del deltoides (anterior, medio y posterior), el músculo de aspecto redondeado que rodea la parte superior del brazo.

FASE PREPARATORIA
Agarra un par de mancuernas a la altura de los hombros, con las palmas dirigidas hacia el cuerpo, y mantente erguido con los pies a la anchura de los hombros y las rodillas flexionadas.

PRIMERA FASE
Lleva las mancuernas un poco por encima de los hombros, con las palmas de las manos paralelas al cuerpo. Sube lentamente las pesas por encima de la cabeza, al mismo tiempo que giras las muñecas para que las palmas miren hacia delante y los brazos se estiren por completo.

SEGUNDA FASE
Evita detenerte al final del movimiento. Baja las mancuernas hasta la posición inicial, girando las palmas para que miren de nuevo al cuerpo. Repite tantas veces como quieras.

PRESS DE HOMBROS INVERTIDO

El *press* de hombros invertido en el suelo o en un banco es una variación de la flexión básica que fortalece el pecho, los hombros y los tríceps. El ángulo invertido hace trabajar más los hombros y los tríceps y menos el pecho.

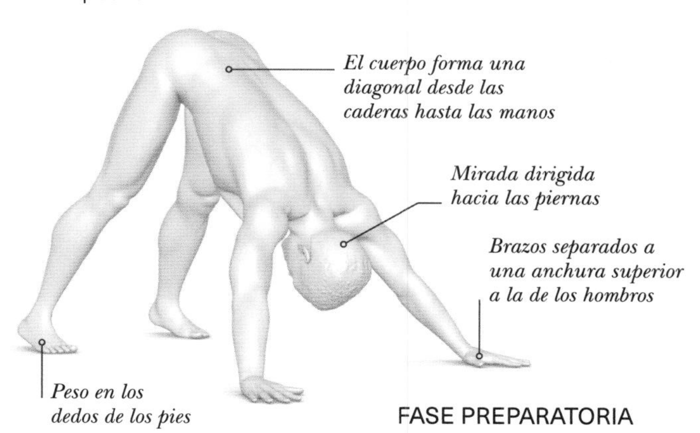

FASE PREPARATORIA
Con las manos separadas y apoyadas en el suelo, eleva las caderas para que el cuerpo forme una V invertida.

PRIMERA FASE
Dobla los codos a 90º y baja la parte superior del cuerpo hasta que la cabeza roce casi el suelo.

SEGUNDA FASE
Exhala y vuelve a la posición de partida. La cumbre de la cabeza se mantiene dirigida hacia el suelo.

PÁJARO CON MANCUERNAS

Errores habituales

Levantar demasiado peso puede llevar a arquear o redondear la espalda, y a poner presión sobre la columna. Mantén el mentón metido para que la columna esté en posición neutra y activa el *core*.

Este ejercicio se centra en el deltoides posterior y los músculos de la parte superior de la espalda, incluido el trapecio, que ayuda a la retracción escapular. El fortalecimiento de estos músculos ayudará a mejorar la postura, a mantenerse erguido y al equilibrio.

INDICACIONES

Se puede empezar a practicar sin peso y luego probar el ejercicio completo con unas mancuernas ligeras. Levanta y baja las pesas con control, sin lanzarlas ni dejarlas caer. Si nunca has levantado peso, asegúrate de que las mancuernas pesen poco.

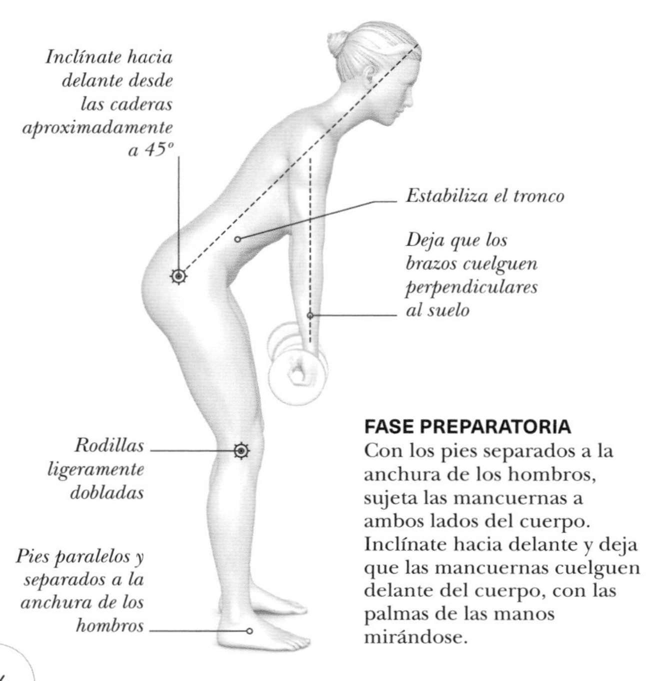

FASE PREPARATORIA

Con los pies separados a la anchura de los hombros, sujeta las mancuernas a ambos lados del cuerpo. Inclínate hacia delante y deja que las mancuernas cuelguen delante del cuerpo, con las palmas de las manos mirándose.

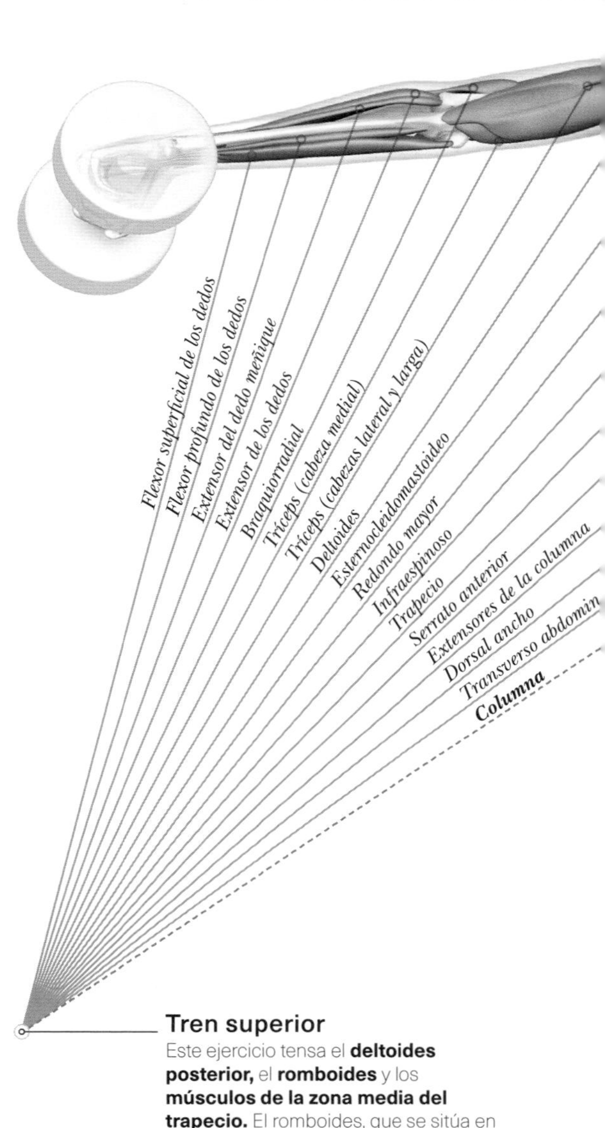

Tren superior

Este ejercicio tensa el **deltoides posterior,** el **romboides** y los **músculos de la zona media del trapecio.** El romboides, que se sitúa en la **zona superior de la espalda** y los **hombros,** es el principal implicado en el ejercicio de pájaro. Hay que asegurarse de poder controlar el peso y ejecutar el movimiento de forma correcta.

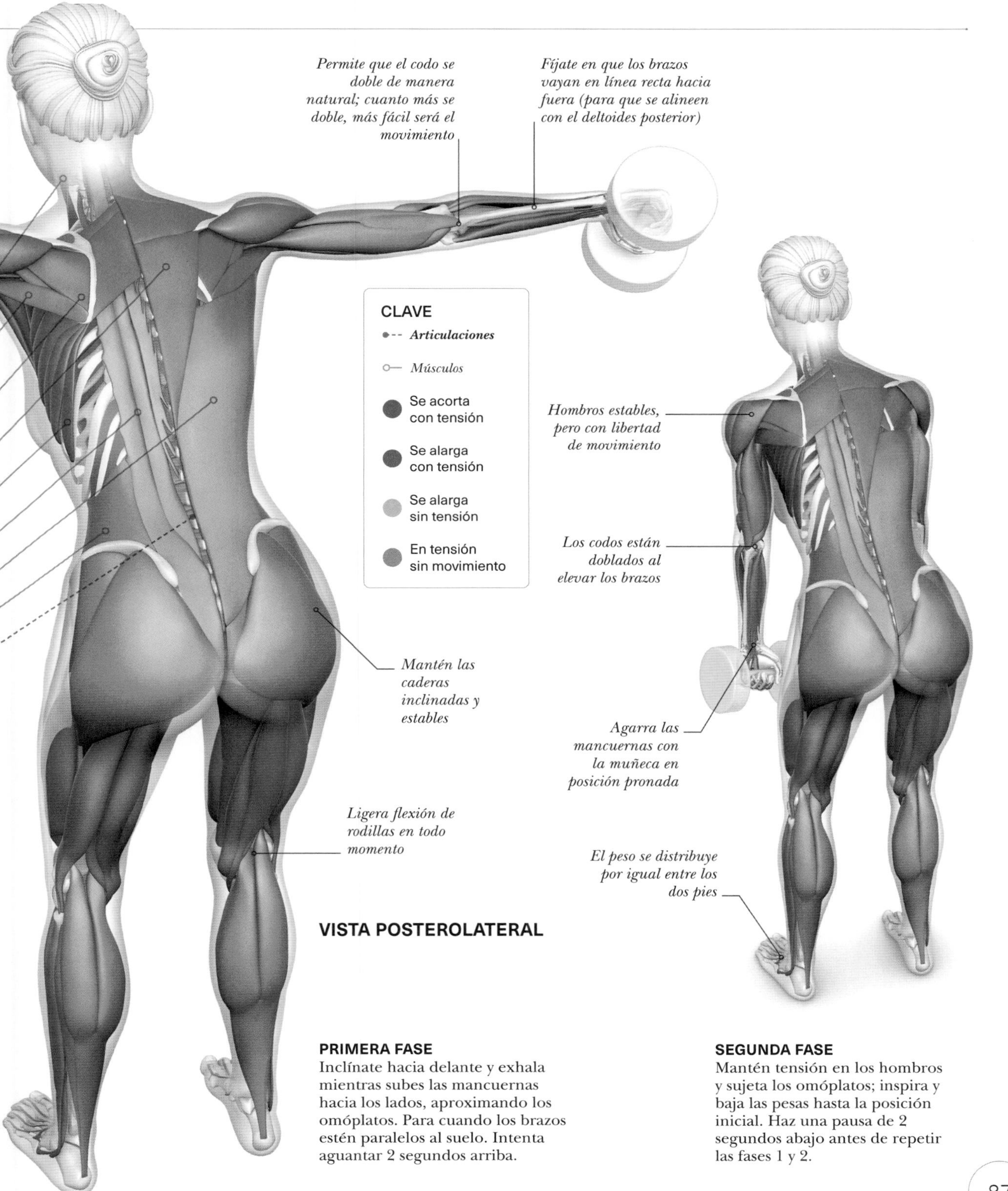

VISTA POSTEROLATERAL

PRIMERA FASE

Inclínate hacia delante y exhala mientras subes las mancuernas hacia los lados, aproximando los omóplatos. Para cuando los brazos estén paralelos al suelo. Intenta aguantar 2 segundos arriba.

SEGUNDA FASE

Mantén tensión en los hombros y sujeta los omóplatos; inspira y baja las pesas hasta la posición inicial. Haz una pausa de 2 segundos abajo antes de repetir las fases 1 y 2.

VARIACIONES

Estas modificaciones van dirigidas a trabajar diferentes zonas de la espalda. El remo con agarre ancho implica al trapecio, al romboides, al deltoides posterior y al dorsal ancho. Los *pullover* aíslan el dorsal ancho y el pectoral mayor. Ambos ejercicios contraen los músculos abdominales, que permanecen activos durante todo el ejercicio.

CLAVE
- Principal músculo ejercitado
- Otros músculos implicados

REMO HORIZONTAL AMPLIO

Los músculos de la parte superior y media de la espalda son el objetivo de este remo, junto con la parte superior del brazo y los rotadores del hombro. Los músculos de la zona superior de la espalda ayudarán a llevar los hombros hacia abajo y hacia atrás. El entrenamiento de estos músculos mejora la simetría del tren superior y ayuda a mantener una postura erguida y correcta.

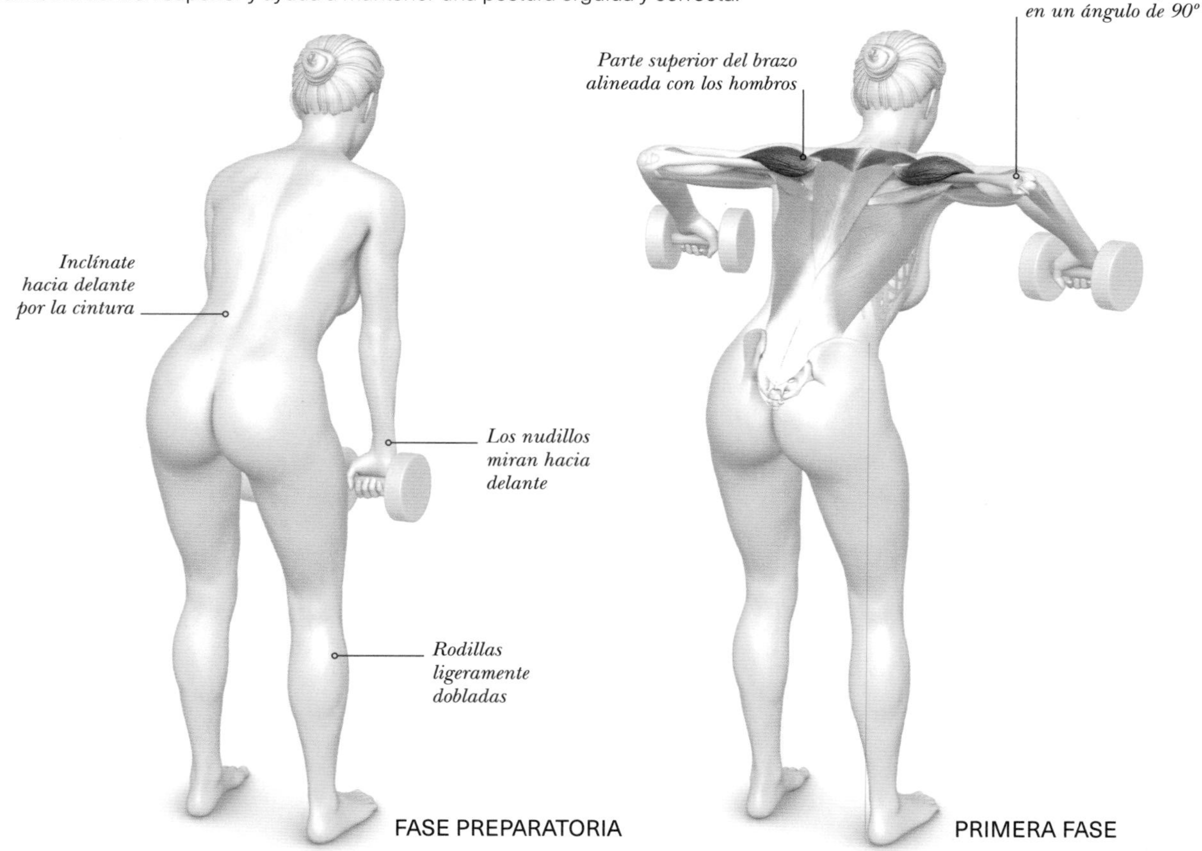

FASE PREPARATORIA
De pie y con las piernas a la anchura de las caderas, activa el *core*. Agarra una mancuerna en cada mano y colócalas delante de los muslos, con los nudillos apuntando hacia delante. Inclínate.

PRIMERA FASE
Lleva las mancuernas hacia el pecho, con los brazos separados a una distancia superior a la de los hombros. Alinea la zona superior de los brazos con los hombros y activa los omóplatos.

SEGUNDA FASE
Al bajar las pesas y volver a la posición de partida se completa una repetición. Continúa durante el tiempo que te hayas marcado.

PULLOVER CON MANCUERNAS

El *pullover* básico con mancuernas fortalece el pectoral mayor y el dorsal ancho, situado en el lateral de la espalda. Al hacer variaciones, se activan también los músculos del *core* y el tríceps, en la parte posterior del brazo. Se trata de un ejercicio completo porque trabaja a la vez la parte anterior y posterior del cuerpo.

> *La estabilidad del* core ***evita lesiones de espalda.*** *Si te cuesta trabajo mantener el* core *activo, puede que estés* **levantando demasiado** *peso.*

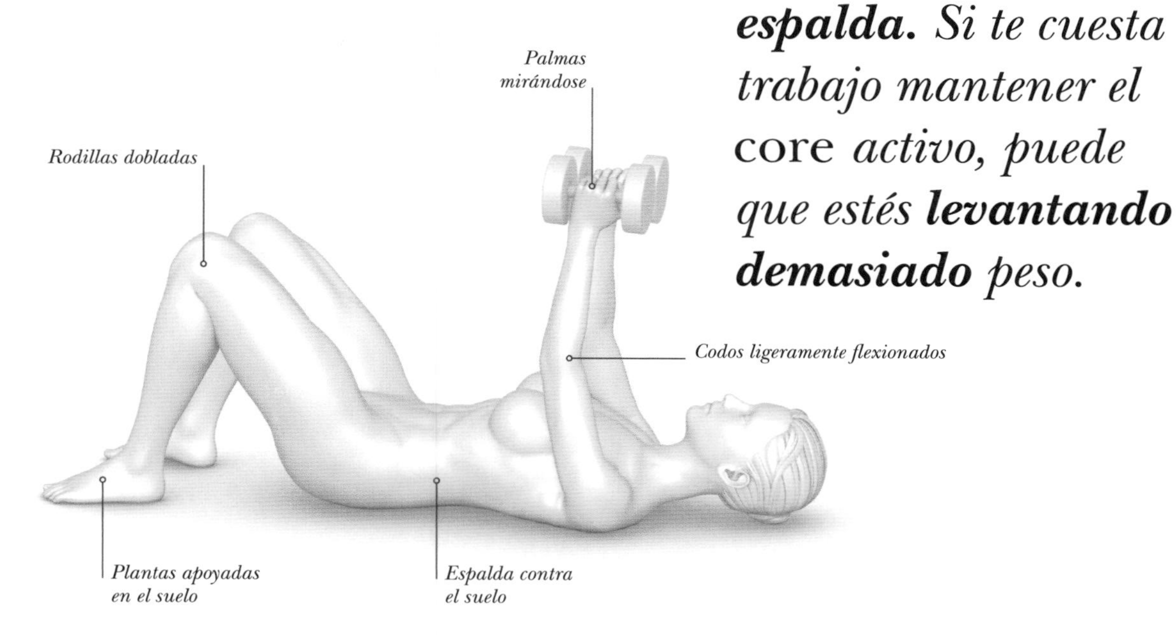

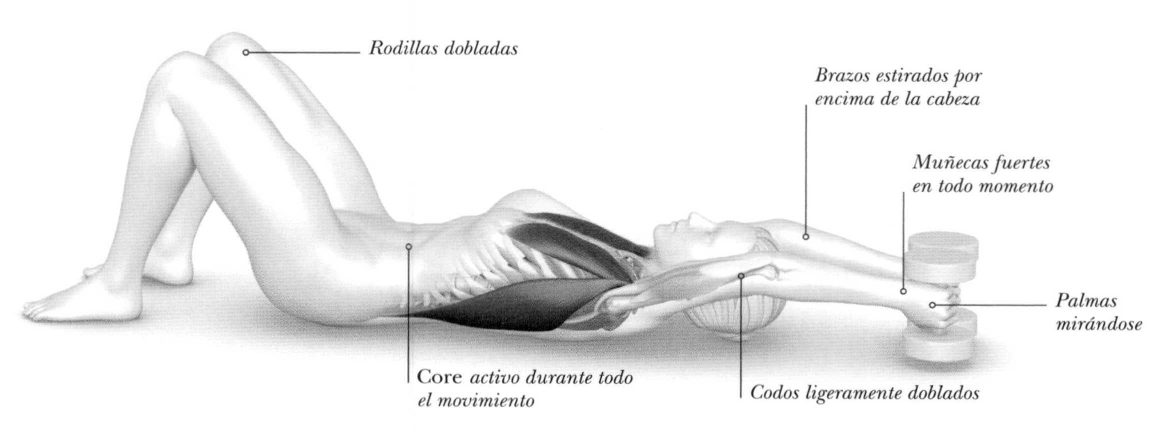

FASE PREPARATORIA
Boca arriba con las rodillas dobladas, separa los pies a la anchura de las caderas. Empuja la zona lumbar contra el suelo y agarra un par de mancuernas encima del pecho.

PRIMERA FASE
Inhala y, con la espalda y el *core* fuertes y activos, lleva las pesas hacia atrás, por encima de la cabeza, hasta que toquen el suelo.

SEGUNDA FASE
Una vez alcanzado el rango completo del movimiento, exhala despacio y devuelve los brazos a la posición inicial. Repite durante 30-60 segundos.

PRESS DE BANCA CON MANCUERNAS

Este ejercicio trabaja los pectorales y también el deltoides posterior, en el hombro, el tríceps braquial y la parte superior del brazo, los antebrazos y los abdominales.

INDICACIONES

Este movimiento puede realizarse en el suelo o en una banca. En el suelo, las plantas de los pies están apoyadas a la distancia de las caderas y las rodillas, dobladas. Empuja la espalda contra el suelo o la banca y mantén el *core* activo. Levanta y baja las pesas despacio y con control. Tronco y piernas permanecen quietos y firmes mientras subes y bajas el peso. Se puede empezar con poco peso y hacer 3 series de 10-12 repeticiones.

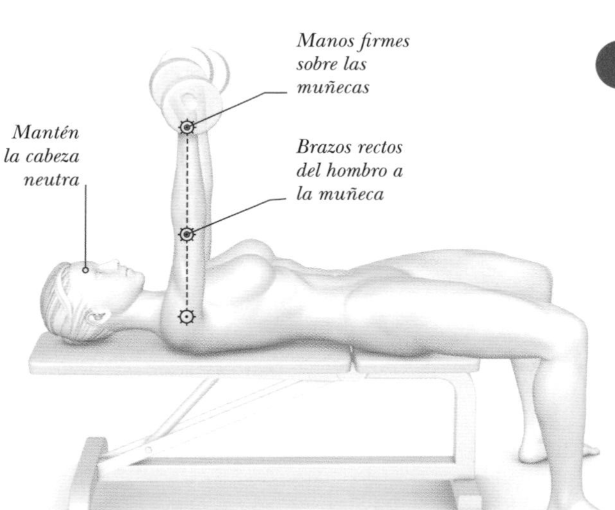

FASE PREPARATORIA
Túmbate con la espalda apoyada por completo en el banco y las plantas de los pies en el suelo. Agarra las mancuernas con las manos en posición pronada y apóyalas sobre las piernas. Exhala y levántalas despacio hasta que estén en línea con los hombros, sin bloquear los codos. Los brazos han de formar una línea recta.

Errores habituales

Para evitar forzar la articulación del hombro o del codo en este ejercicio, asegúrate de seguir el movimiento tal y como se describe. No levantes mucho peso para que el cuerpo no se contraiga.

Braquiorradial
Bíceps
Esternocleidomastoideo
Dorsal ancho
Pectoral mayor
Deltoides
Transverso abdominal

Tren superior

Los **músculos de pecho (el pectoral mayor)** y el **deltoides anterior,** que lleva los brazos hacia arriba, en línea con la cabeza, se tensan en este ejercicio, en el que también trabajan el **tríceps,** el **serrato anterior** y el **bíceps.** Los **abdominales** participan para sujetar la columna y mantener el tronco estable.

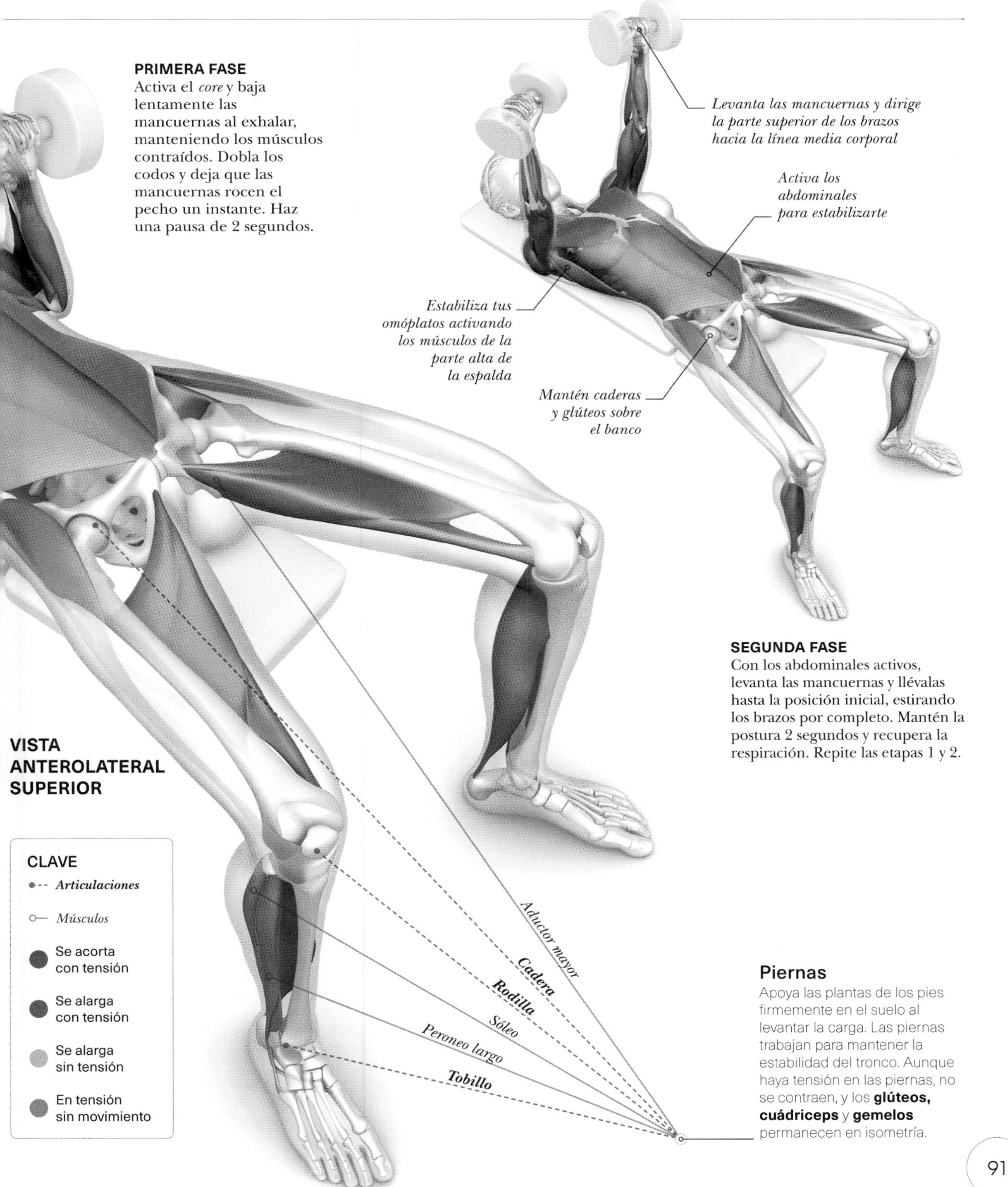

PRIMERA FASE
Activa el *core* y baja lentamente las mancuernas al exhalar, manteniendo los músculos contraídos. Dobla los codos y deja que las mancuernas rocen el pecho un instante. Haz una pausa de 2 segundos.

SEGUNDA FASE
Con los abdominales activos, levanta las mancuernas y llévalas hasta la posición inicial, estirando los brazos por completo. Mantén la postura 2 segundos y recupera la respiración. Repite las etapas 1 y 2.

VISTA ANTEROLATERAL SUPERIOR

CLAVE
- *Articulaciones*
- *Músculos*
- Se acorta con tensión
- Se alarga con tensión
- Se alarga sin tensión
- En tensión sin movimiento

Piernas

Apoya las plantas de los pies firmemente en el suelo al levantar la carga. Las piernas trabajan para mantener la estabilidad del tronco. Aunque haya tensión en las piernas, no se contraen, y los **glúteos, cuádriceps** y **gemelos** permanecen en isometría.

APERTURAS CON MANCUERNAS

PRIMERA FASE
Inspira y activa el *core*. Con los codos ligeramente doblados, espira y baja despacio las mancuernas hacia los lados hasta que percibas tensión en el pecho. Mantén la postura 2 segundos.

Este ejercicio, en el que se mueve solo una articulación, se basa en el aislamiento de los músculos del pecho y hace trabajar también el deltoides, el tríceps y el bíceps. La apertura de los pectorales puede aliviar la rigidez de la zona y mejorar la postura.

INDICACIONES

La técnica es crucial en las aperturas de pecho. Asegúrate de ralentizar el movimiento al subir y bajar las mancuernas para evitar poner tensión en los músculos o las articulaciones. Se puede comenzar con pesas ligeras y 3 series de 10-12 repeticiones.

Flexor superficial de los dedos
Braquiorradial
Bíceps
Tríceps
Deltoides
Esternocleidomastoideo
Pectoral mayor
Serrato anterior
Dorsal ancho
Transverso abdominal
Extensores de la columna
Columna vertebral

Tren superior
Los **músculos del pecho** son los que reciben mayor tensión en este movimiento. El **pectoral mayor** tiene dos haces: el **esternocostal** trabaja más en las aperturas en banca plana. Las **cabezas anteriores** de los **músculos del hombro** ayudan a los pectorales en este ejercicio. El **bíceps** se contrae de forma isométrica en las aperturas, estabilizando la articulación del hombro y el **antebrazo** al bajas las mancuernas.

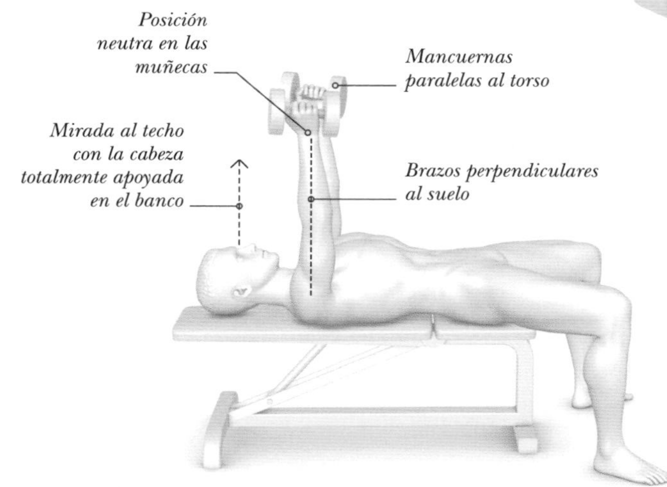

FASE PREPARATORIA
Túmbate sobre el banco (también puede hacerse en el suelo). Separa los pies a la anchura de los hombros y apóyalos con firmeza en el suelo. Sostén las mancuernas sobre el pecho, con los brazos estirados y las palmas mirándose. Mantén la cabeza, el cuello y la columna en posición neutra.

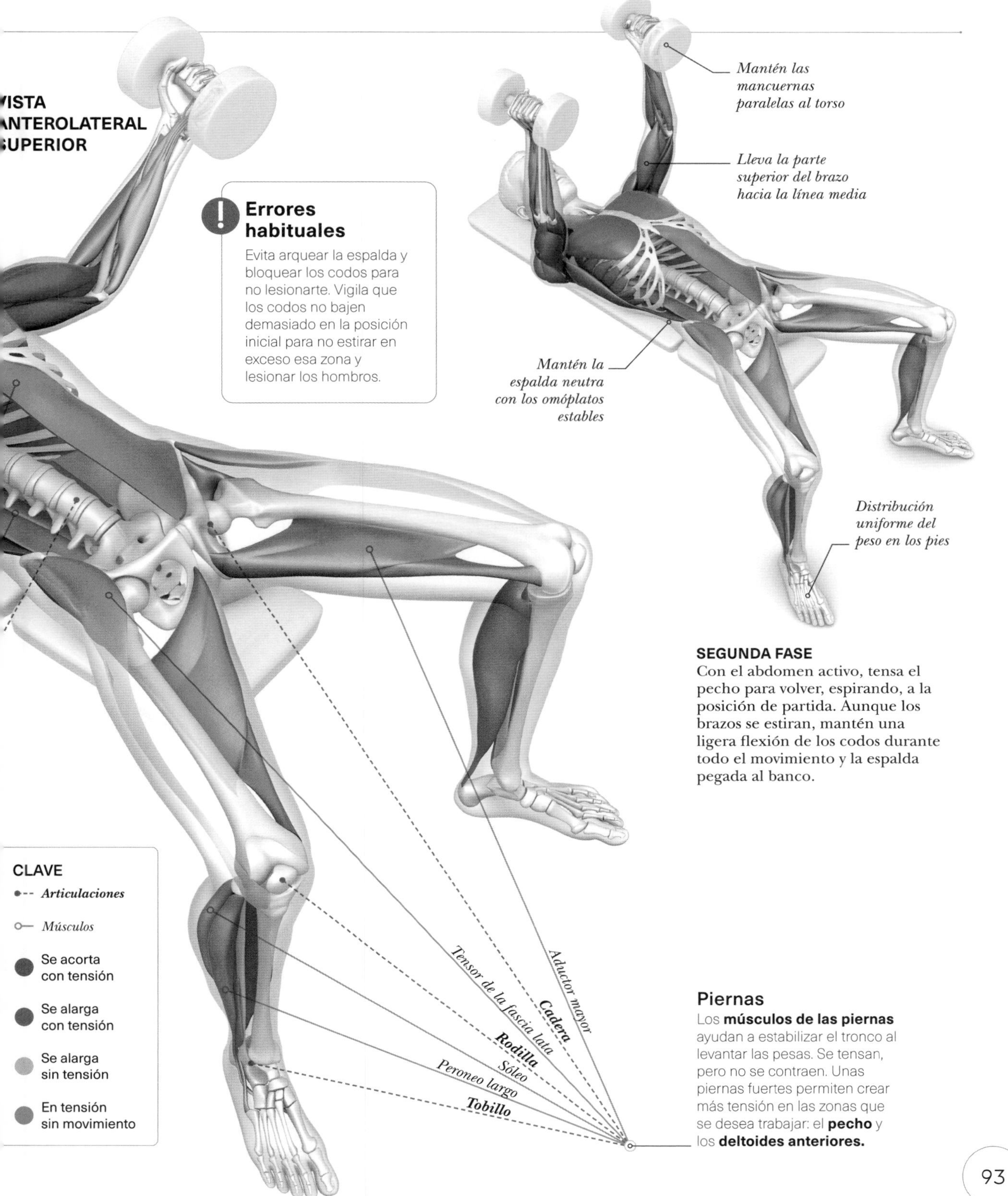

Errores habituales

Evita arquear la espalda y bloquear los codos para no lesionarte. Vigila que los codos no bajen demasiado en la posición inicial para no estirar en exceso esa zona y lesionar los hombros.

SEGUNDA FASE

Con el abdomen activo, tensa el pecho para volver, espirando, a la posición de partida. Aunque los brazos se estiran, mantén una ligera flexión de los codos durante todo el movimiento y la espalda pegada al banco.

Piernas

Los **músculos de las piernas** ayudan a estabilizar el tronco al levantar las pesas. Se tensan, pero no se contraen. Unas piernas fuertes permiten crear más tensión en las zonas que se desea trabajar: el **pecho** y los **deltoides anteriores.**

EJERCICIOS DEL TREN INFERIOR

Este capítulo se centra en los músculos de la parte inferior del cuerpo: los cuádriceps, los isquiotibiales, los gemelos, los glúteos, los aductores y los abductores. Muchos de los ejercicios principales incluyen variaciones y modificaciones, y todos muestran cómo realizar cada movimiento de la forma más eficaz y con el riesgo mínimo de lesión.

SENTADILLA

Este ejercicio vigoriza los músculos más grandes de las piernas y las nalgas, incluidas zonas de difícil acceso como los cuádriceps, los glúteos y los isquiotibiales. Además de mejorar la movilidad de la parte inferior del cuerpo, mantiene en forma huesos y articulaciones y hace trabajar los músculos del *core*.

INDICACIONES

Una sentadilla es un movimiento complejo por la cantidad de músculos que se activan desde la cadera a los pies. Las rodillas no han de sobrepasar los dedos de los pies; fíjate bien porque una mala técnica puede acarrear lesiones de rodilla y lumbares. Evita meter las rodillas hacia dentro, encorvar la espalda, levantar los talones o bajar desde las rodillas. Se puede empezar con 4 series de 8-10 repeticiones; para otras variaciones, consulta las pp. 98-99.

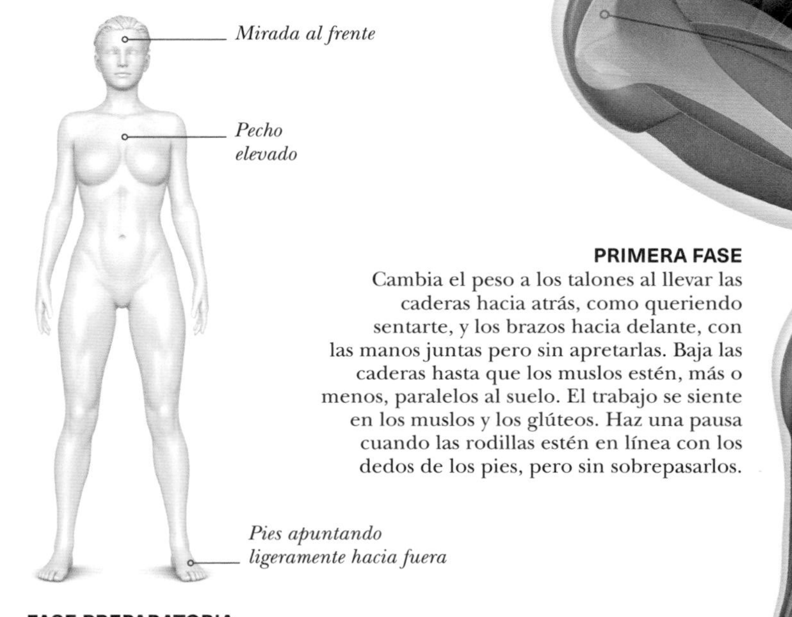

FASE PREPARATORIA
En posición erguida, separa los pies a una distancia algo superior a la de las caderas, con los dedos apuntando un poco hacia fuera. El peso del cuerpo recae principalmente en los talones.

PRIMERA FASE
Cambia el peso a los talones al llevar las caderas hacia atrás, como queriendo sentarte, y los brazos hacia delante, con las manos juntas pero sin apretarlas. Baja las caderas hasta que los muslos estén, más o menos, paralelos al suelo. El trabajo se siente en los muslos y los glúteos. Haz una pausa cuando las rodillas estén en línea con los dedos de los pies, pero sin sobrepasarlos.

VISTA ANTEROLATERAL

Tren superior

Los músculos **abdominales** –el **recto** y el **transverso abdominales,** y el **serrato anterior**– deben estar activos en todo momento porque eso ayuda a sujetar la espalda y a que la columna esté neutra. Mantén la tensión en la columna al descender.

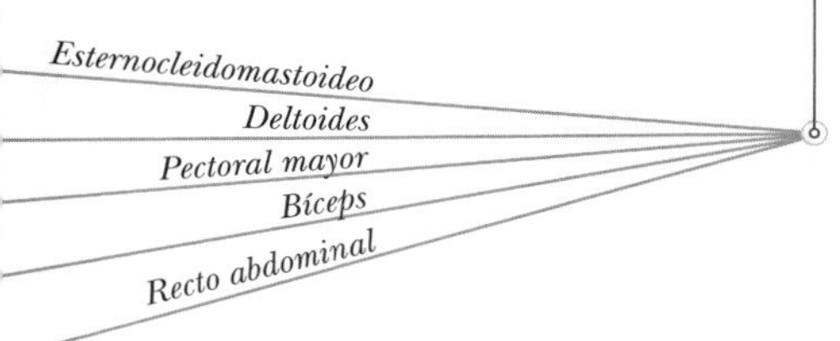

Tren inferior

Los **cuádriceps** y los **aductores** son los que activan la bajada, mientras que los **isquiotibiales** y los **gemelos** contribuyen a estabilizar la pelvis y la rodilla. Bajar hasta una posición de sentadilla es un movimiento excéntrico. Vigila la técnica, porque este ejercicio pone mucha tensión en las articulaciones de la zona inferior del cuerpo.

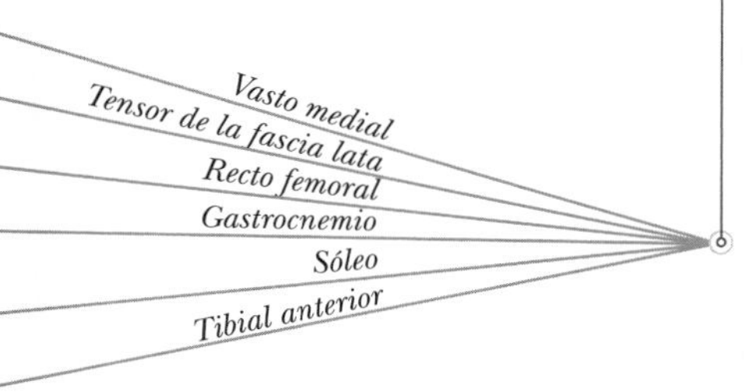

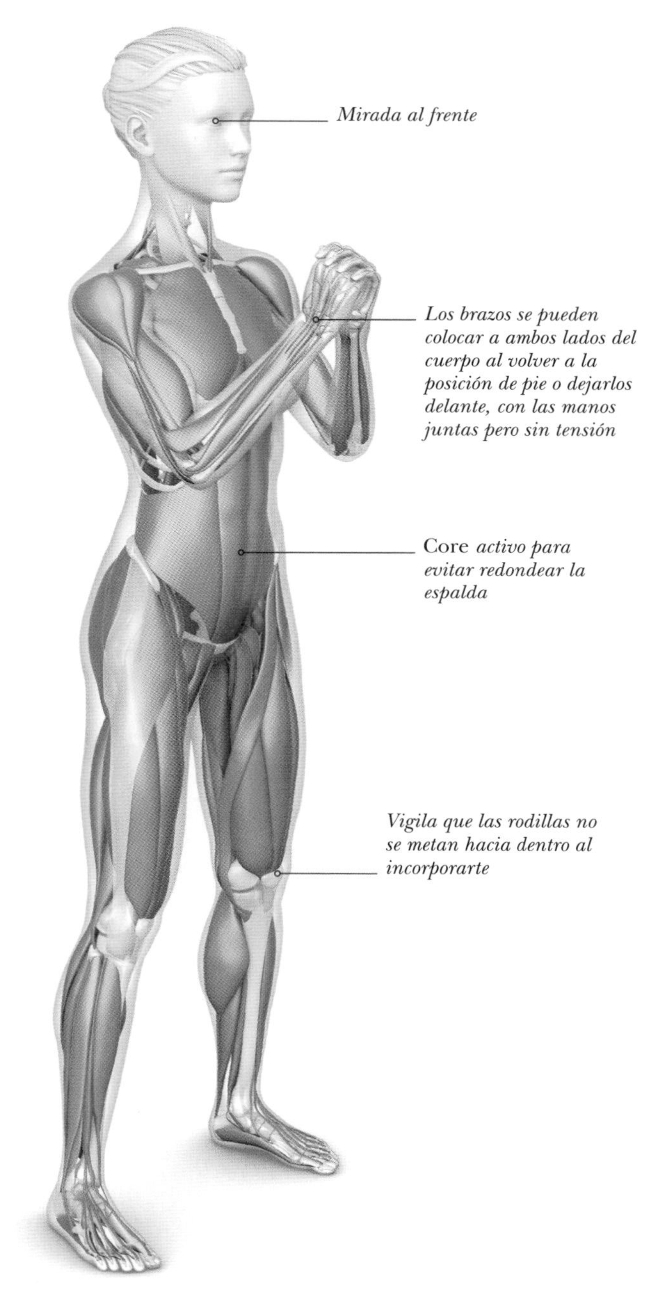

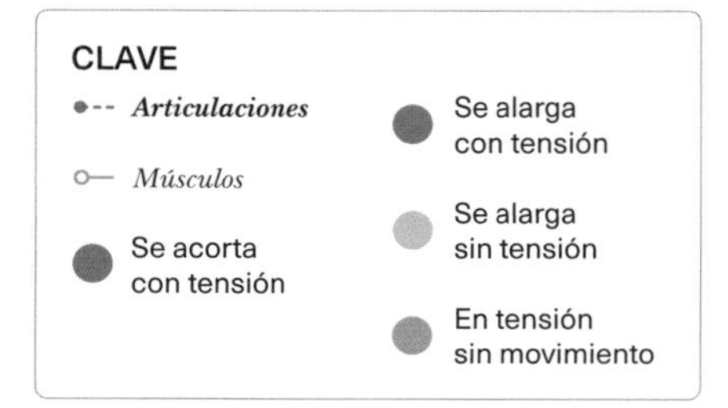

SEGUNDA FASE

Exhala, activa el *core* y empuja los pies contra el suelo para volver a la posición inicial, con el pecho elevado y el cuello y la cabeza alineados con la columna. Fíjate en que las rodillas no vayan hacia dentro al impulsarte hacia arriba.

» VARIACIONES

Estas modificaciones de la sentadilla se centran en distintas partes de las piernas. La sentadilla en silla emplea sobre todo los cuádriceps, los isquiotibiales y los glúteos, mientras que la sumo con aperturas involucra a los glúteos (medio y mayor), además de a las caderas, los aductores, los cuádriceps, los isquiotibiales y los gemelos. La sentadilla *goblet* trabaja todos los músculos del tren inferior.

En caso de tener los cuádriceps poco trabajados o las caderas rígidas, es posible que las rodillas se curven ***hacia dentro*** *al realizar la sentadilla.*

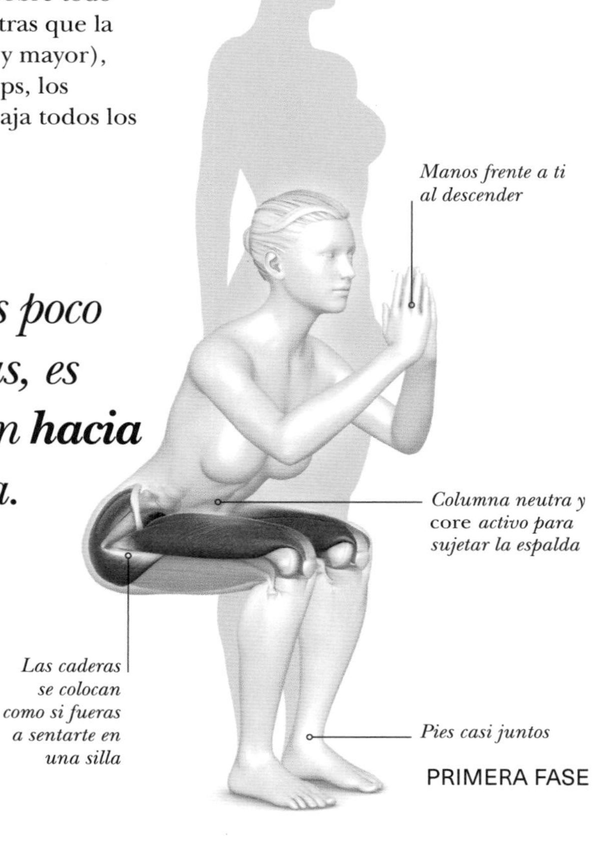

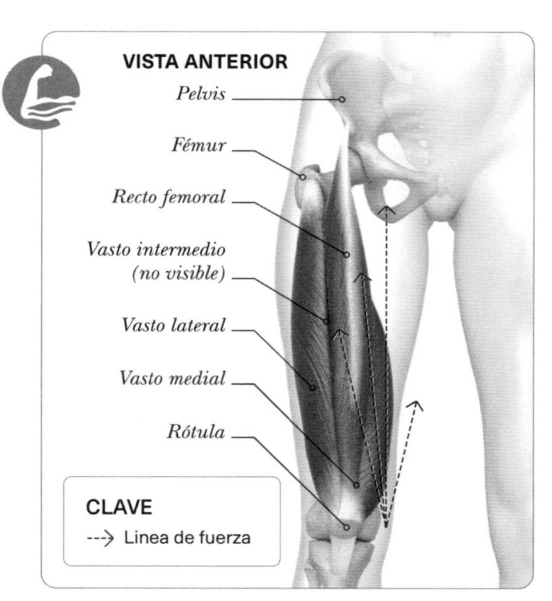

Cómo trabaja el cuádriceps

El cuádriceps está formado por varios músculos del muslo, cada uno con diferentes líneas de fuerza. El vasto lateral recorre la parte exterior del muslo, conectando el fémur con la rótula. El vasto medial va por la parte interior del muslo, del fémur a la rótula. El vasto intermedio, el más profundo, se sitúa entre los dos anteriores. El recto femoral va de la cadera a la rodilla.

SENTADILLA EN SILLA

Este ejercicio fortalece los cuádriceps, el glúteo máximo y el aductor mayor, además de reforzar los isquiotibiales, los abdominales y los oblicuos. Los músculos erectores mantienen la columna elevada en esta sentadilla estrecha.

FASE PREPARATORIA
Separa los pies a una distancia inferior a la de los hombros, a diferencia de la clásica, en la que están más separados. Relaja los brazos. Inhala.

PRIMERA FASE
Baja como si fueras a sentarte en una silla: pliégate despacio por las caderas y las rodillas para descender todo lo que puedas, llevando la cadera por debajo de la línea paralela al suelo.

SEGUNDA FASE
Incorpórate lentamente tirando de las caderas y estirando las rodillas. Exhala al subir hasta que las rodillas y las caderas estén estiradas por completo.

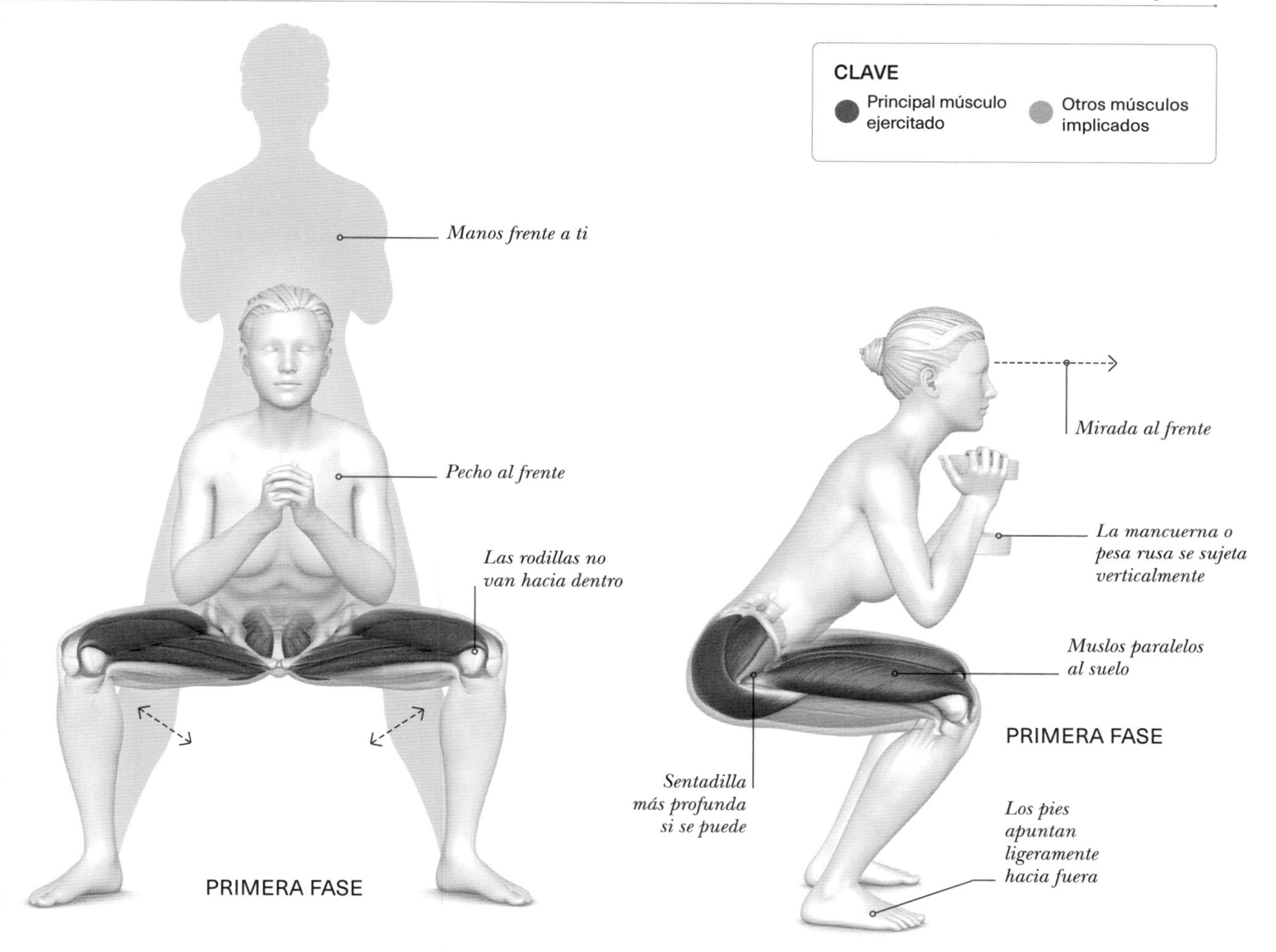

SENTADILLA SUMO Y CON APERTURAS

El trabajo en este ejercicio lo hacen glúteos, cuádriceps, isquiotibiales, flexores de la cadera, gemelos y *core*. El movimiento de aleteo de los muslos pone mayor énfasis en las caderas y en los aductores del muslo interno.

FASE PREPARATORIA
En posición erguida, separa bastante los pies y lleva los dedos a un ángulo de 90°. Asegúrate de que la cabeza y el cuello están en posición neutra, con la columna alineada y el peso bien repartido.

PRIMERA FASE
Pliégate por las caderas y las rodillas, bajando despacio las nalgas hacia atrás. El cuerpo baja hasta que los muslos estén paralelos al suelo; las rodillas se baten hacia dentro y hacia fuera.

SEGUNDA FASE
Vuelve a la posición de partida, sin que las rodillas vayan hacia dentro. Mantén la columna y el cuello en posición neutra.

SENTADILLA *GOBLET*

La sentadilla *goblet* es un ejercicio completo, ya que trabaja los grupos musculares de la parte interior del cuerpo, incluidos los cuádriceps, glúteos e isquiotibiales. Sujetar un peso frente a ti fortalece los cuádriceps.

FASE PREPARATORIA
Con los pies a la anchura de los hombros, los dedos apuntan ligeramente hacia fuera. Sostén la pesa con ambas manos frente al pecho, debajo de la barbilla.

PRIMERA FASE
Inspira y lleva las caderas hacia atrás, dobla las rodillas y mantén el pecho elevado al bajar. Distribuye el peso entre ambos pies.

SEGUNDA FASE
Exhala, empuja con los talones y vuelve a la posición inicial. Lleva las caderas hacia delante al incorporarte para activar los glúteos.

ZANCADA FIJA

La zancada es un ejercicio en el que se trabaja una pierna cada vez. Fortalece los isquiotibiales, los cuádriceps, los glúteos y el *core,* además de mejorar el equilibrio, la estabilidad y la movilidad de la cadera. Los isquiotibiales aportan equilibrio, estabilidad y fuerza al bajar, lo que puede vigorizarlos y hacerlos aumentar de tamaño.

INDICACIONES

Ejercitar una pierna cada vez facilita el trabajo y evita lesiones. Es importante mantener una postura correcta, asegurándose de que las piernas no estén muy juntas o separadas, de que los hombros vayan hacia atrás y no se redondeen hacia delante, de que el *core* esté activo y de que la rodilla delantera no supere el dedo gordo del pie. Se puede empezar con 1 serie de 8-12 repeticiones, y luego repetir con la otra pierna. A medida que uno se acostumbre al ejercicio, se pueden realizar 3 series. Sostener una mancuerna con cada mano aumenta la dificultad de la zancada.

Tren superior

Los **abdominales** son los principales responsables de activar el tren superior. Los **oblicuos** y el **recto abdominal** estabilizan el *core* y sujetan la columna para permitir que las caderas hagan la zancada, mientras que el ***core*** resiste las fuerzas de la rotación causadas por el desequilibrio y la inestabilidad. El uso de mancuernas crea tensión en los **brazos.**

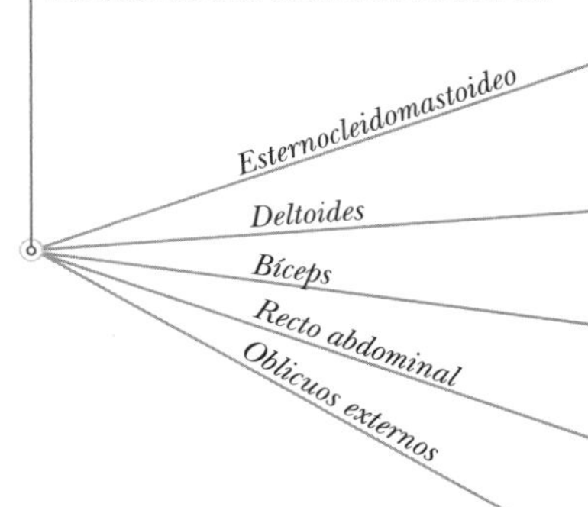

Tren inferior

Los **glúteos** son los responsables de la extensión de la cadera y de estabilizar la pelvis durante la bajada. Los músculos del **cuádriceps** extienden la rodilla y trabajan juntos para iniciar la zancada. Los **isquiotibiales** se activan para equilibrar, estabilizar y ayudar al descender. También participan los músculos de los **gemelos.**

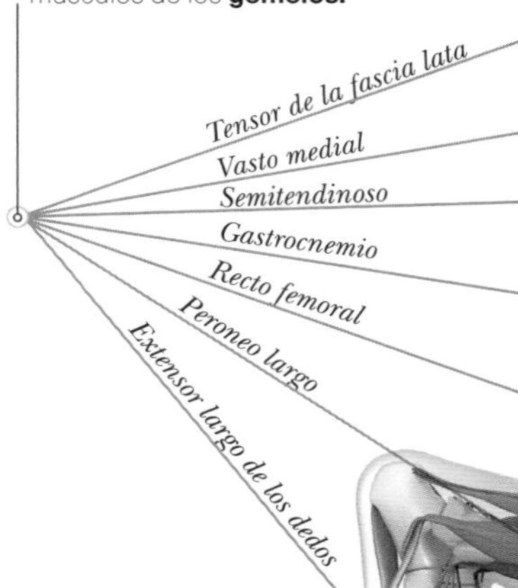

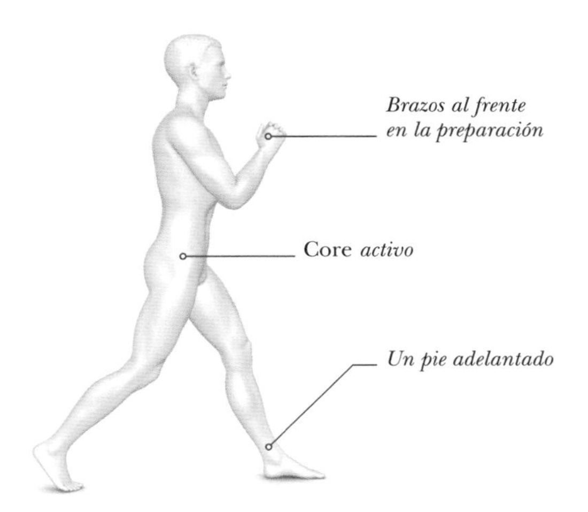

FASE PREPARATORIA

Con los pies a la anchura de los hombros y los dedos de los pies mirando hacia delante, coloca las manos juntas, sin apretarlas, frente al pecho. Da una zancada con una pierna. Una vez acostumbrado a la posición y equilibrado, activa el *core.*

PRIMERA FASE

Inhala y desciende, con el pecho ligeramente elevado, hasta que la rodilla posterior toque el suelo. El talón de la pierna de atrás debe despegarse del suelo, manteniéndose el equilibrio sobre los dedos. Baja tanto como puedas, con el *core* activo en todo momento. Mantén un ángulo de 90º en la pierna delantera. Aguanta un par de segundos abajo.

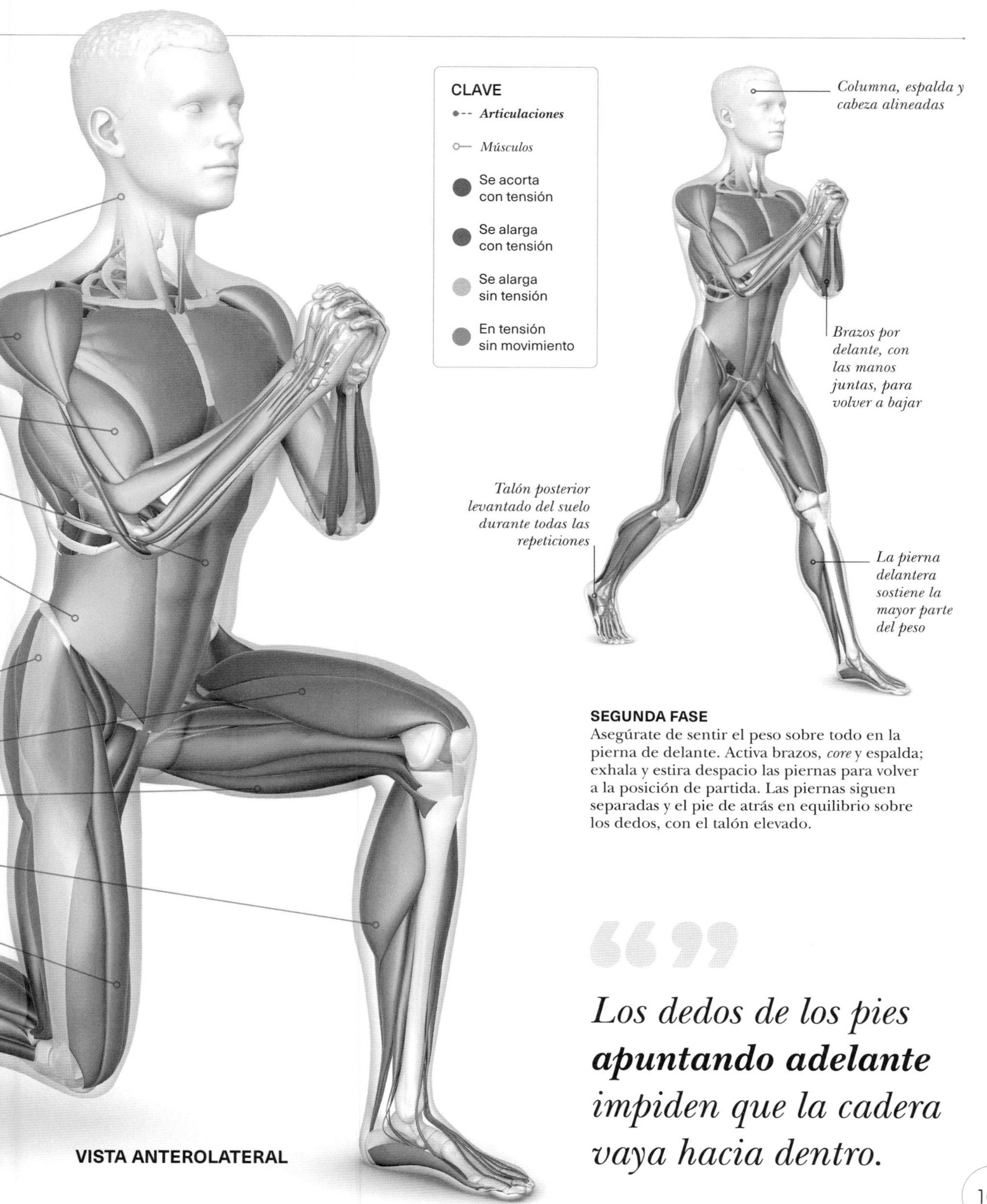

SEGUNDA FASE
Asegúrate de sentir el peso sobre todo en la pierna de delante. Activa brazos, *core* y espalda; exhala y estira despacio las piernas para volver a la posición de partida. Las piernas siguen separadas y el pie de atrás en equilibrio sobre los dedos, con el talón elevado.

Los dedos de los pies ***apuntando adelante*** *impiden que la cadera vaya hacia dentro.*

» VARIACIONES

Las zancadas fortalecen todos los músculos del glúteo, además de los abdominales. La zancada de reverencia aísla los cuádriceps y los glúteos, mientras que la que incorpora la patada alterna activa los mismos músculos que la zancada clásica, pero aísla más los glúteos al llevar la pierna detrás.

En la posición inferior, no dejes que la ***rodilla delantera sobrepase*** *el* ***tobillo*** *para evitar tensar la rodilla y los cuádriceps.*

ZANCADA DE REVERENCIA

Este ejercicio se centra en cuádriceps y glúteos. Al cruzar la pierna por detrás, el glúteo medio de la pierna de delante quema. También trabajan los abductores de la cadera, encargados de juntar los muslos. Los gemelos están activos al final de cada movimiento, al impulsarte hacia arriba.

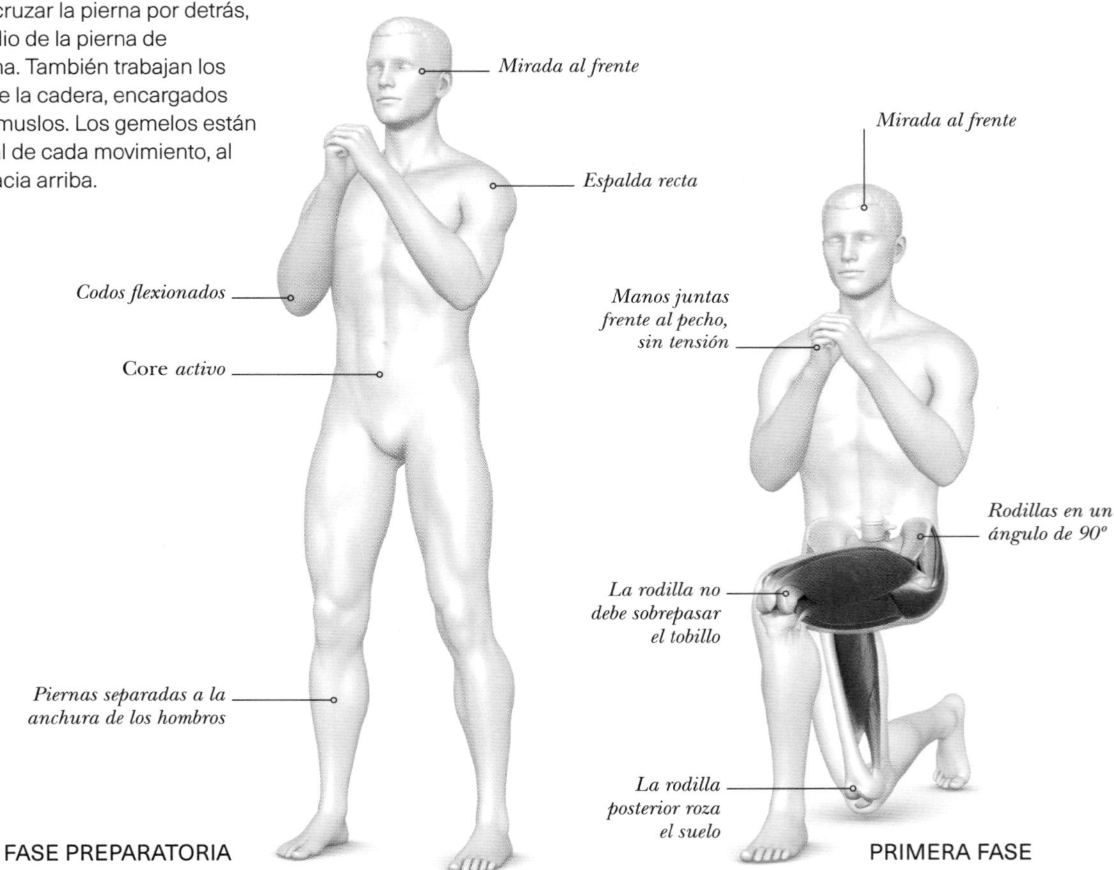

FASE PREPARATORIA
Posición erguida, con el pecho elevado y la espalda recta. Los pies han de estar a la anchura de los hombros, los brazos frente a ti y las manos a la altura del pecho.

PRIMERA FASE
Mantén el pie izquierdo recto, da un paso atrás y hacia la izquierda con el pie derecho, hasta situarlo por detrás de la pierna izquierda. Las dos rodillas se doblan y las piernas se cruzan.

SEGUNDA FASE
Activa el *core* e incorpórate con control hasta la posición inicial. Repite con el pie derecho, haciendo la reverencia con la pierna izquierda. Continúa alternando ambas piernas.

SENTADILLA CON PATADA POSTERIOR

Este movimiento, que combina la sentadilla con la patada posterior alterna, fortalece los isquiotibiales y los glúteos. Repite la secuencia de sentadilla y patada durante 30-60 segundos.

CLAVE

- Principal músculo ejercitado
- Otros músculos implicados

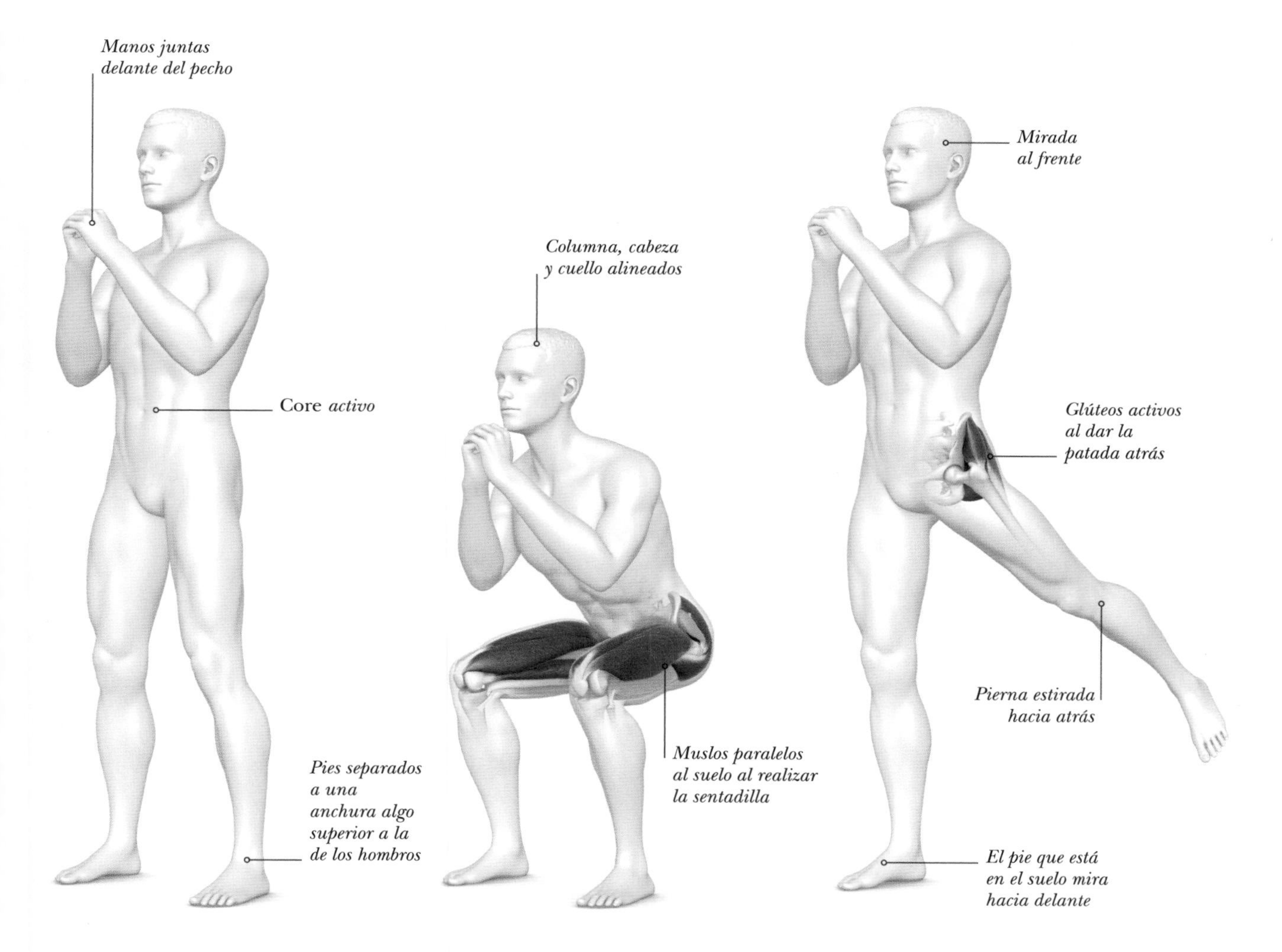

FASE PREPARATORIA
Pies separados a una anchura algo superior a la de los hombros, con los brazos delante y las manos juntas, sin tensión, frente a la parte superior del pecho.

PRIMERA FASE
Activa el *core*, inhala y dobla despacio las rodillas para hacer una sentadilla, con el pecho un poco elevado y la columna, el cuello y la cabeza alineados. Vigila que las rodillas no sobrepasen los dedos de los pies.

SEGUNDA FASE
Incorpórate y exhala mientras cambias el peso a la rodilla derecha. Da una patada hacia atrás con la pierna izquierda, haz una pausa de 2 segundos y vuelve después a la sentadilla, alternando las patadas.

PASO DE CANGREJO

El paso de cangrejo lateral involucra por completo a los glúteos y los abductores de la cadera, además de a otros músculos importantes de la cadera, los muslos y las piernas. Mejora la flexibilidad y la estabilidad, ayuda a prevenir lesiones, y es especialmente útil para quienes practiquen deportes que impliquen correr, saltar y rotar.

INDICACIONES

La media sentadilla –la posición de la que se parte y que se mantiene durante todo el ejercicio– está a medio camino entre la sentadilla clásica y la postura de pie. Si se hace de forma correcta, se nota en el glúteo medio. Hay que mantener las rodillas flexionadas y alineadas con la zona media del pie, lo que permite trabajar los músculos correctos y no tensar las rodillas. Se puede empezar realizando el ejercicio durante 30 segundos e ir subiendo hasta 60 segundos. Haz 3-4 series, asegurándote de dar los mismos pasos a cada lado.

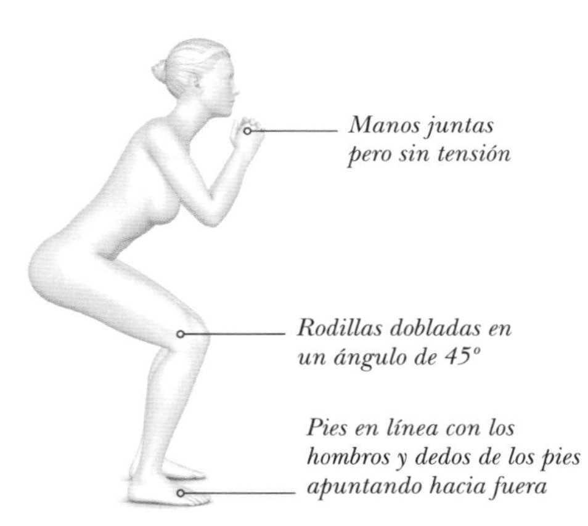

FASE PREPARATORIA
Con los pies separados a la anchura de los hombros, dobla un poco las rodillas y baja hasta una posición de media sentadilla para activar los glúteos medios. Reparte el peso entre ambos pies. Activa el *core* y eleva un poco el pecho.

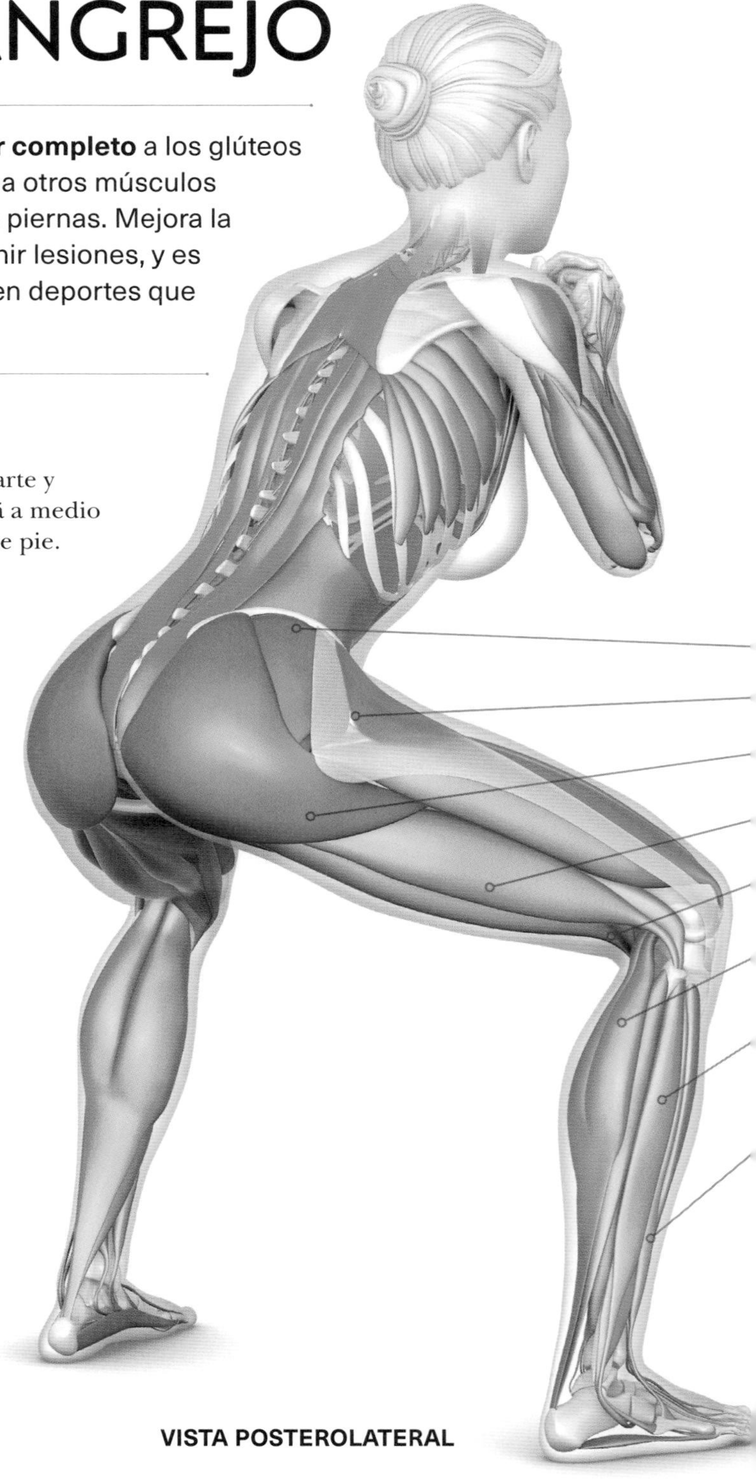

VISTA POSTEROLATERAL

Precaución

En la media sentadilla, mantén las rodillas dobladas y alineadas con la zona media del pie para evitar tensar las rodillas y trabajar los músculos correctos. Muévete con delicadeza, sin balanceos ni rebotes, para centrarte en los músculos correctos y no añadir presión en las caderas.

CLAVE

- *Articulaciones*
- *Músculos*
- Se acorta con tensión
- Se alarga con tensión
- Se alarga sin tensión
- En tensión sin movimiento

Tren inferior

Todos los músculos del **cuádriceps** contribuyen en el estiramiento de la rodilla. Los **abductores** ayudan al **glúteo medio** y al **mayor** a levantar las piernas hacia el lado. También participan el **tensor de la fascia lata,** los **gemelos superiores** y **posteriores** y el **piriforme.**

Glúteo medio
Tensor de la fascia lata
Glúteo mayor
Bíceps femoral (cabeza larga)
Semitendinoso
Gastrocnemio
Peroneo largo
Extensor largo de los dedos

Columna, cuello y espalda alineadas

Evita que las rodillas sobrepasen los dedos de los pies

SEGUNDA FASE

Vuelve a la posición inicial, cambiando despacio el peso y la pierna. Haz 2-4 repeticiones laterales hacia el otro lado.

PRIMERA FASE

Una vez en la posición de media sentadilla, da un paso con la pierna hacia la derecha y otro con la izquierda hacia el mismo lado. Continúa con este movimiento lateral durante 2-4 repeticiones, manteniendo las caderas a la misma altura. La postura ha de ser baja, la mirada al frente y la espalda debe estar recta.

> *Un glúteo medio fuerte* ***estabiliza la cadera*** *y reduce la tensión lateral sobre las rodillas.*

ARRANCADA DE POTENCIA

Este potente ejercicio compuesto, llamado también arrancada con mancuerna, involucra a todo el cuerpo. Mejora la velocidad y la agilidad, fortalece los cuádriceps, los isquiotibiales y los glúteos, e implica también a los músculos del hombro y la espalda.

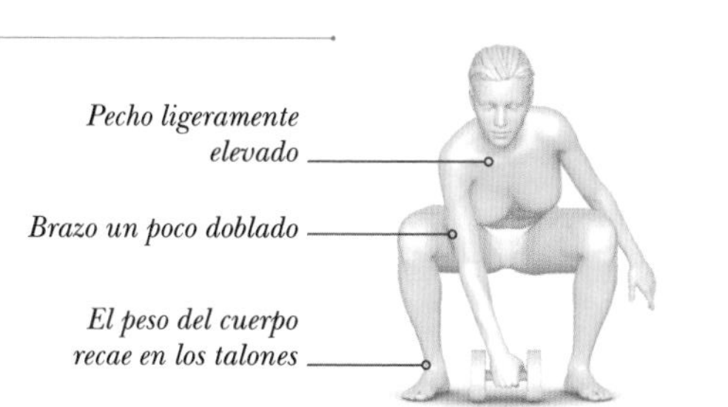

FASE PREPARATORIA
Con los pies separados a la anchura de los hombros y una mancuerna entre ellos, dobla las rodillas, inclina las caderas y haz una sentadilla. Agarra la pesa, rota el hombro y el codo de manera externa antes de subir.

PRIMERA FASE
Mantén los hombros atrás, el pecho elevado y la mirada al frente. Con el peso en los talones, ponte de pie en un solo movimiento y lleva la pesa al hombro derecho.

INDICACIONES

Además de activar los músculos, la mancuerna o la pesa rusa pueden ayudarte a mejorar la salud cardiorrespiratoria. Al bajar el cuerpo para cambiar la carga de mano, inclina las caderas y dobla las rodillas sin redondear la espalda o mirar abajo. Concéntrate en usar el impulso de la parte inferior del cuerpo para cambiar el peso en lugar de confiar en el hombro y los brazos. Se empieza con una serie de 8-10 repeticiones.

Tren superior y *core*

El **dorsal ancho,** en la espalda, trabaja para levantar la pesa del suelo, mientras los **extensores de la columna** mantienen la espalda estable durante la extensión de la cadera al final del movimiento. El **manguito rotador** y el **deltoides** ayudan a subir la pesa por encima de la cabeza. Los músculos del ***core*** se activan durante todo el movimiento para estabilizar el cuerpo.

Bíceps
Tríceps
Dorsal ancho
Pectoral mayor
Oblicuos externos
Recto abdominal

CLAVE
- *Articulaciones*
- *Músculos*
- Se acorta con tensión
- Se alarga con tensión
- Se alarga sin tensión
- En tensión sin movimiento

Tren inferior

Aunque se ejercita todo el cuerpo, el tren inferior es la parte que más trabaja. Entre los músculos implicados están los **glúteos,** que participan en la extensión de la cadera, los **cuádriceps,** que ayudan a elevar la parte superior del cuerpo, y los **isquiotibiales.**

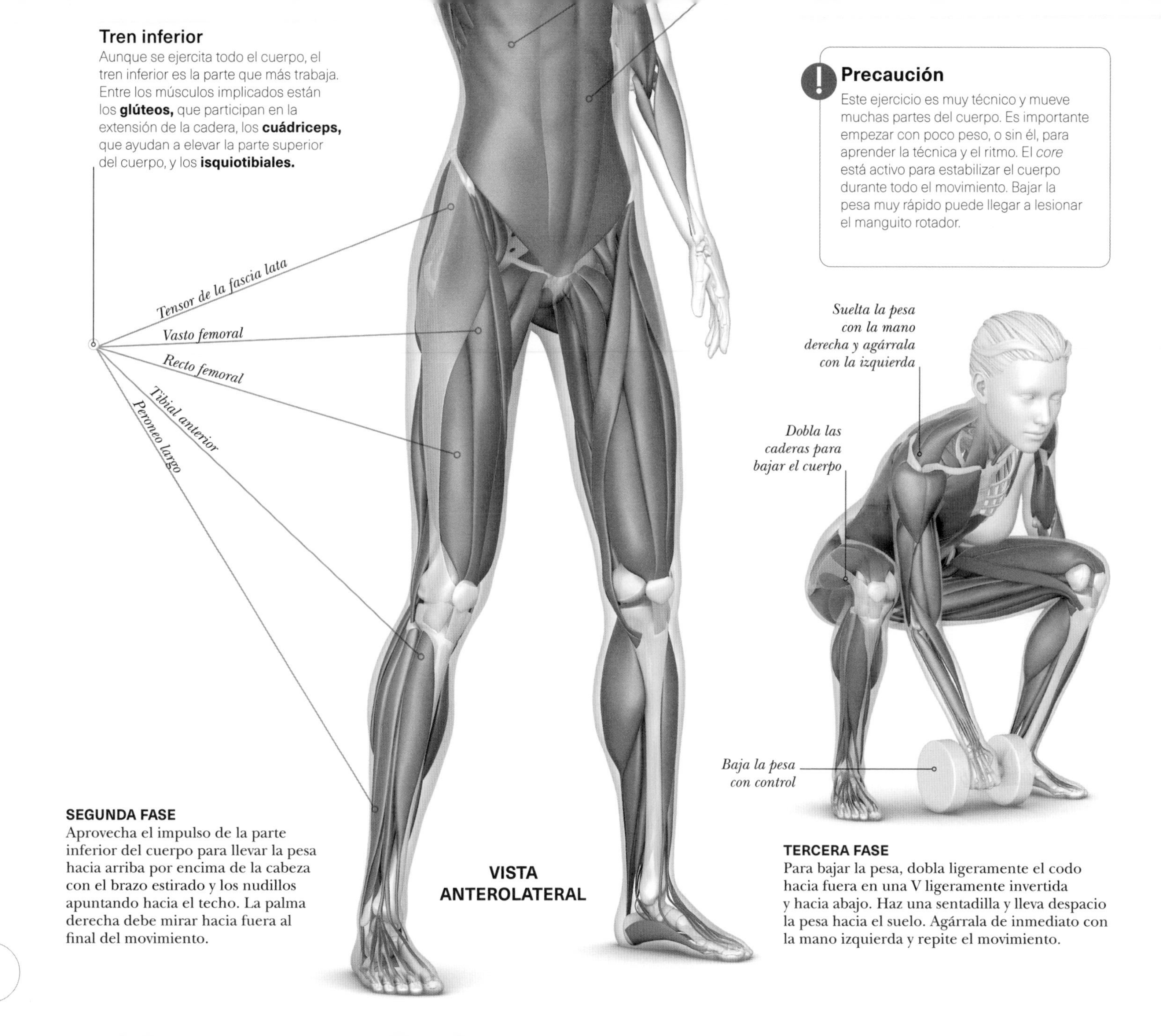

Precaución

Este ejercicio es muy técnico y mueve muchas partes del cuerpo. Es importante empezar con poco peso, o sin él, para aprender la técnica y el ritmo. El *core* está activo para estabilizar el cuerpo durante todo el movimiento. Bajar la pesa muy rápido puede llegar a lesionar el manguito rotador.

SEGUNDA FASE
Aprovecha el impulso de la parte inferior del cuerpo para llevar la pesa hacia arriba por encima de la cabeza con el brazo estirado y los nudillos apuntando hacia el techo. La palma derecha debe mirar hacia fuera al final del movimiento.

TERCERA FASE
Para bajar la pesa, dobla ligeramente el codo hacia fuera en una V ligeramente invertida y hacia abajo. Haz una sentadilla y lleva despacio la pesa hacia el suelo. Agárrala de inmediato con la mano izquierda y repite el movimiento.

ZANCADA LATERAL

Este ejercicio mejora el equilibrio, la estabilidad y la fuerza. El movimiento lateral activa los músculos de forma distinta que otras zancadas: fortalece el muslo interno y externo, además de los cuádriceps, las caderas y las piernas. La zancada lateral también implica a los glúteos y puede mejorar el rendimiento y la agilidad.

INDICACIONES

Evita redondear la espalda y no lleves el cuerpo demasiado hacia delante. Es importante que la rodilla no supere los dedos de los pies. Para trabajar más, solo tienes que añadir peso para aumentar la resistencia del ejercicio, ya sea con una barra con pesas en la espalda o una mancuerna en cada mano.

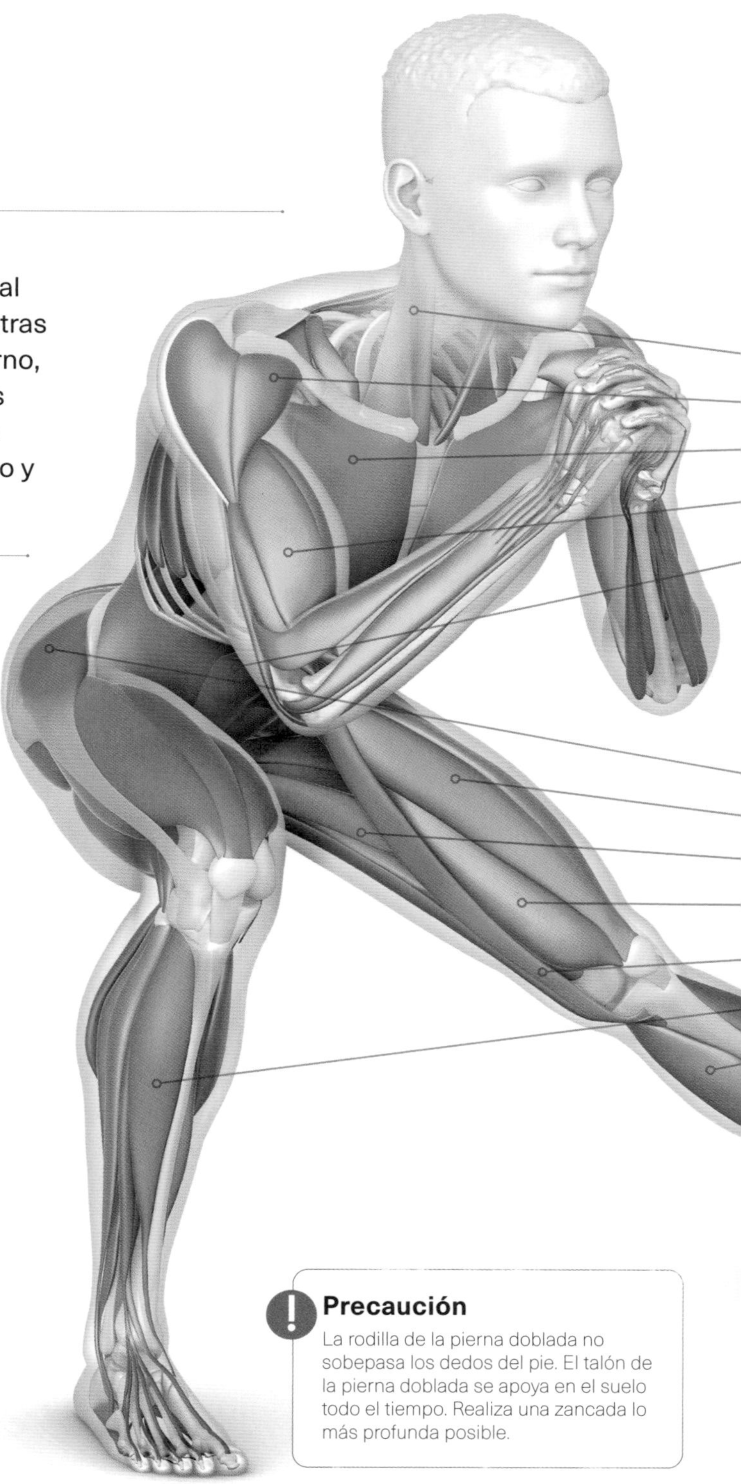

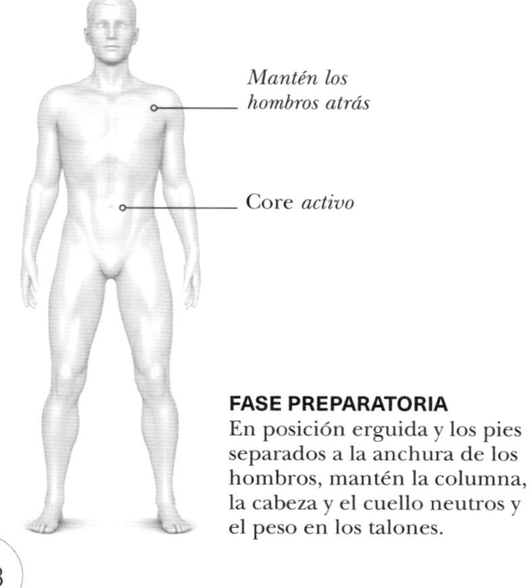

FASE PREPARATORIA
En posición erguida y los pies separados a la anchura de los hombros, mantén la columna, la cabeza y el cuello neutros y el peso en los talones.

Precaución
La rodilla de la pierna doblada no sobepasa los dedos del pie. El talón de la pierna doblada se apoya en el suelo todo el tiempo. Realiza una zancada lo más profunda posible.

Tren superior

Asegúrate de que los **abdominales** estén activos, ya que ayudan a sujetar la columna en una posición neutra. El **pecho** se eleva (sin pasar de un ángulo de 45º) para proteger la zona lumbar.

Esternocleidomastoideo
Deltoides
Pectoral mayor
Bíceps
Recto abdominal

Tren inferior

Se ejercitan el **glúteo mayor** y otros **músculos más pequeños** del glúteo. Los **isquiotibiales** ayudan a controlar la cadera de la pierna doblada, mientras que los aductores de esa misma pierna trabajan con los **cuádriceps** y los **isquiotibiales** para controlar el movimiento de la cadera y la rodilla. Los cuádriceps trabajan al desplazar el peso para bajar y empujan para volver a la posición de pie.

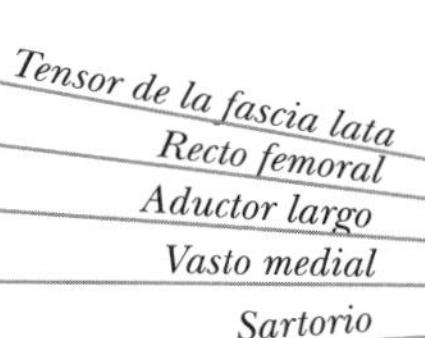

Tensor de la fascia lata
Recto femoral
Aductor largo
Vasto medial
Sartorio
Tibial anterior
Gastrocnemio

Manos agarradas sin tensión enfrente del pecho

Columna en posición neutra

Rodillas ligeramente dobladas, sin sobrepasar los dedos de los pies

Pies separados a la anchura de los hombros

PRIMERA FASE
Da un gran paso hacia la derecha, fijándote en mantener el tronco lo más recto posible. Baja el cuerpo hacia la derecha, llevando la cadera atrás y doblando únicamente la rodilla derecha. Baja hasta que la rodilla esté a unos 90º, y mantén la pierna izquierda estirada hacia el lateral. Al plegarte, lleva los brazos al frente.

SEGUNDA FASE
Incorpórate, retirando el peso de la pierna derecha y volviendo al centro. Una vez en la posición inicial, repite el ejercicio con el lado izquierdo.

CLAVE
- *Articulaciones*
- *Músculos*
- Se acorta con tensión
- Se alarga con tensión
- Se alarga sin tensión
- En tensión sin movimiento

» VARIACIONES

Las zancadas laterales, por el ángulo que forman, fortalecen los aductores y los abductores de la cadera, encargados de juntar y separar los muslos, respectivamente. Los segundos rotan también las piernas desde la cadera. Estas variaciones activan los mismos grupos musculares pero añaden dificultad al ejercicio.

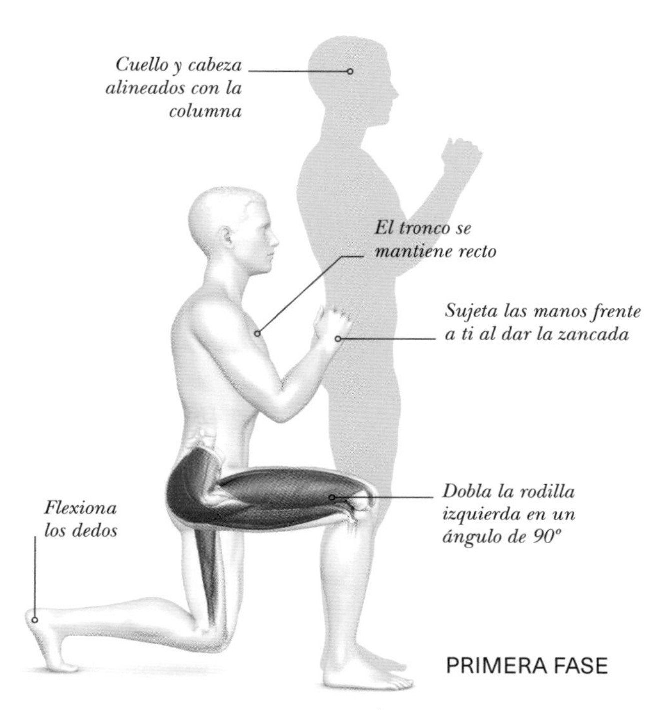

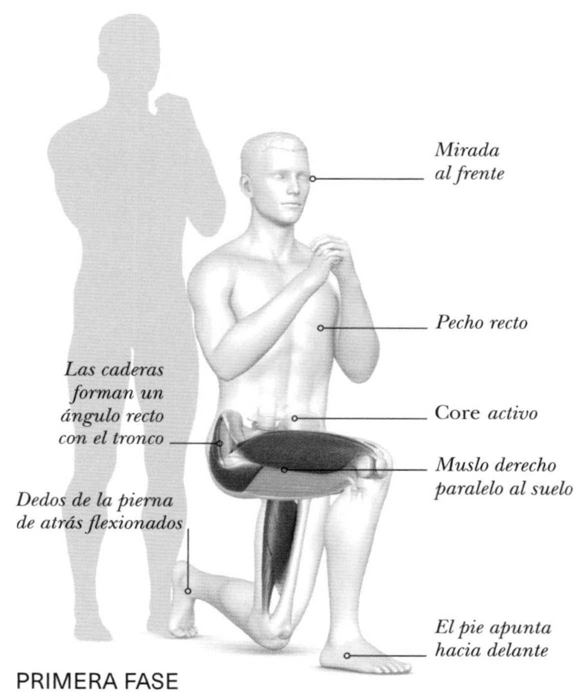

ZANCADA HACIA ATRÁS

La zancada hacia atrás fortalece los cuádriceps de la pierna delantera. A medida que progreses, puedes sumar peso al ejercicio, pero siempre adaptándolo a tu nivel de forma física.

FASE PREPARATORIA
Con los pies apuntando hacia delante y separados a la distancia de los hombros, activa el *core* y sujeta las manos delante del pecho.

PRIMERA FASE
Lleva despacio la pierna derecha hacia atrás, como si fueras a arrodillarte, pero sin llegar a tocar el suelo. Al mismo tiempo, dobla la rodilla izquierda y baja las caderas. Mantén el tronco recto y detente cuando la rodilla forme un ángulo de 90° y el muslo izquierdo esté paralelo al suelo, sin que la rodilla sobrepase los dedos de los pies. Haz una pausa, empuja con la pierna izquierda, apretando los glúteos para incorporarte y lleva a la vez la pierna derecha a la posición inicial. Repite con la pierna izquierda.

ZANCADA FRONTAL DE REVERENCIA

Ejercicio estupendo para fortalecer y dar estabilidad a la parte inferior del cuerpo al trabajar cuádriceps, glúteos, abductores de la cadera y zona interior de los muslos. El glúteo medio hace de este ejercicio un movimiento importante.

FASE PREPARATORIA
Con los pies separados a la distancia de los hombros, junta las manos a la altura de la parte superior del pecho.

PRIMERA FASE
Pon el peso en el pie izquierdo, da un paso hacia delante con el derecho y colócalo delante del izquierdo para hacer una reverencia frontal, manteniendo la columna alineada. Detente cuando el muslo derecho esté paralelo al suelo.

SEGUNDA FASE
Empieza a estirar la pierna derecha, impulsándote desde el talón, y lleva ambos pies a la posición de partida. Repite con el otro lado.

ZANCADA CAMINANDO CON MANCUERNAS

Esta variación añade dificultad y coordinación a la zancada fija. Al principio es mejor usar poca carga para poder mantener el equilibrio y la coordinación mientras se va ganando confianza en el movimiento. Después, se puede ir añadiendo peso.

CLAVE
- Principal músculo ejercitado
- Otros músculos implicados

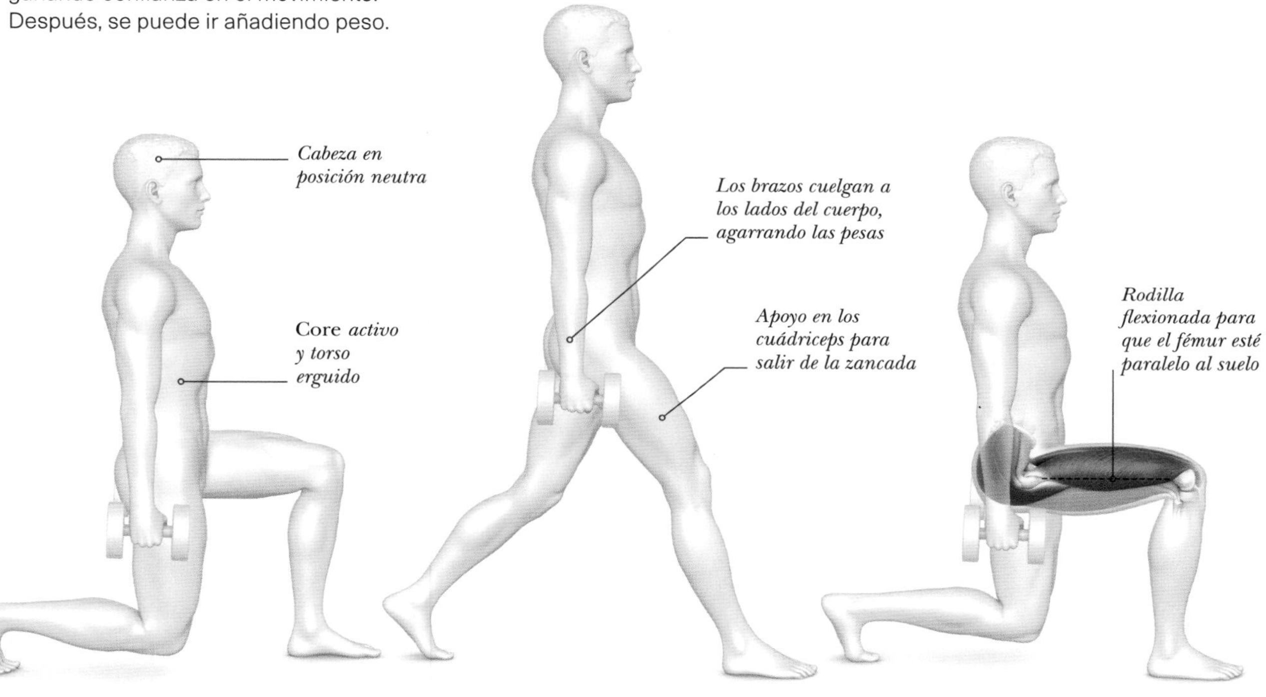

FASE PREPARATORIA
Sitúa los pies a la anchura de los hombros. Inspira y da un paso hacia delante para hacer la zancada, flexionando la rodilla de detrás para llevarla cerca del suelo.

PRIMERA FASE
Espira al incorporarte y luego da un paso con la otra pierna. Tira de la cabeza hacia arriba y mantén el abdomen activo en todo el ejercicio.

SEGUNDA FASE
Inspira al bajar la cadera y llevar la rodilla hacia delante, permitiendo que la rodilla trasera se flexione, como antes. Repite y ve alternando las piernas.

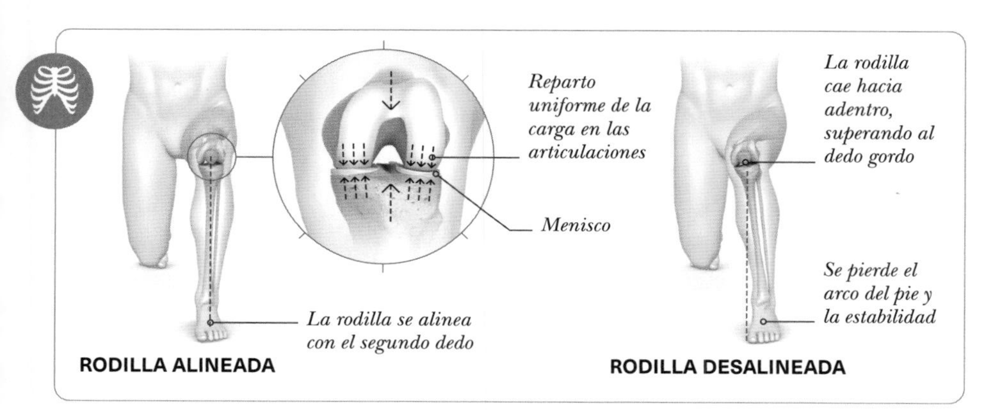

Alineación de rodilla

En las zancadas, la rodilla debe estar encima del pie y la rótula alineada con el segundo dedo. Ambas rodillas han de estar a 90º. Una desalineación muy habitual es el valgo de rodilla, cuando esta cae hacia dentro, pudiendo sobrecargar la articulación y, con el tiempo, causar dolor o una lesión.

ELEVACIÓN DE TALONES

Este ejercicio fortalece los gemelos, en concreto el gastrocnemio. Los movimientos que se realizan con la rodilla flexionada hacen trabajar el sóleo, que se inserta por debajo de la articulación de la rodilla. Unos gemelos fuertes y flexibles pueden ayudar a tener unas rodillas sanas y un tobillo fuerte.

INDICACIONES

La elevación de talones de bajo impacto es ideal para los principiantes. Se puede realizar en máquina o de pie frente a una pared usando las puntas de los dedos para mantener el equilibrio. En ambos casos, es crucial que estés sobre las almohadillas de los pies al ponerte de puntillas. Evita bloquear las rodillas y mantén los pies separados a la anchura de los hombros y los dedos de los pies paralelos. En caso de ser principiante con las pesas, empieza con unas mancuernas ligeras y 3 series de 10-12 repeticiones.

CLAVE
- *Articulaciones*
- *Músculos*
- Se acorta con tensión
- Se alarga con tensión
- Se alarga sin tensión
- En tensión sin movimiento

Extensor de los dedos
Trapecio
Deltoides
Extensores de la columna
Bíceps
Serrato anterior
Tríceps
Dorsal ancho
Transverso abdominal

Tren superior

Los músculos de la **parte superior del cuerpo** contribuyen al equilibrio, mientras que los **abdominales** se contraen de forma isométrica para sujetar la columna. Usa los músculos de los brazos y los hombros para agarrarte y estabilizar el cuerpo.

Errores habituales

La elevación de talones fortalece los tobillos, pero si estos no están en línea con las rodillas se corre el riesgo de tensar en exceso el tendón de Aquiles.

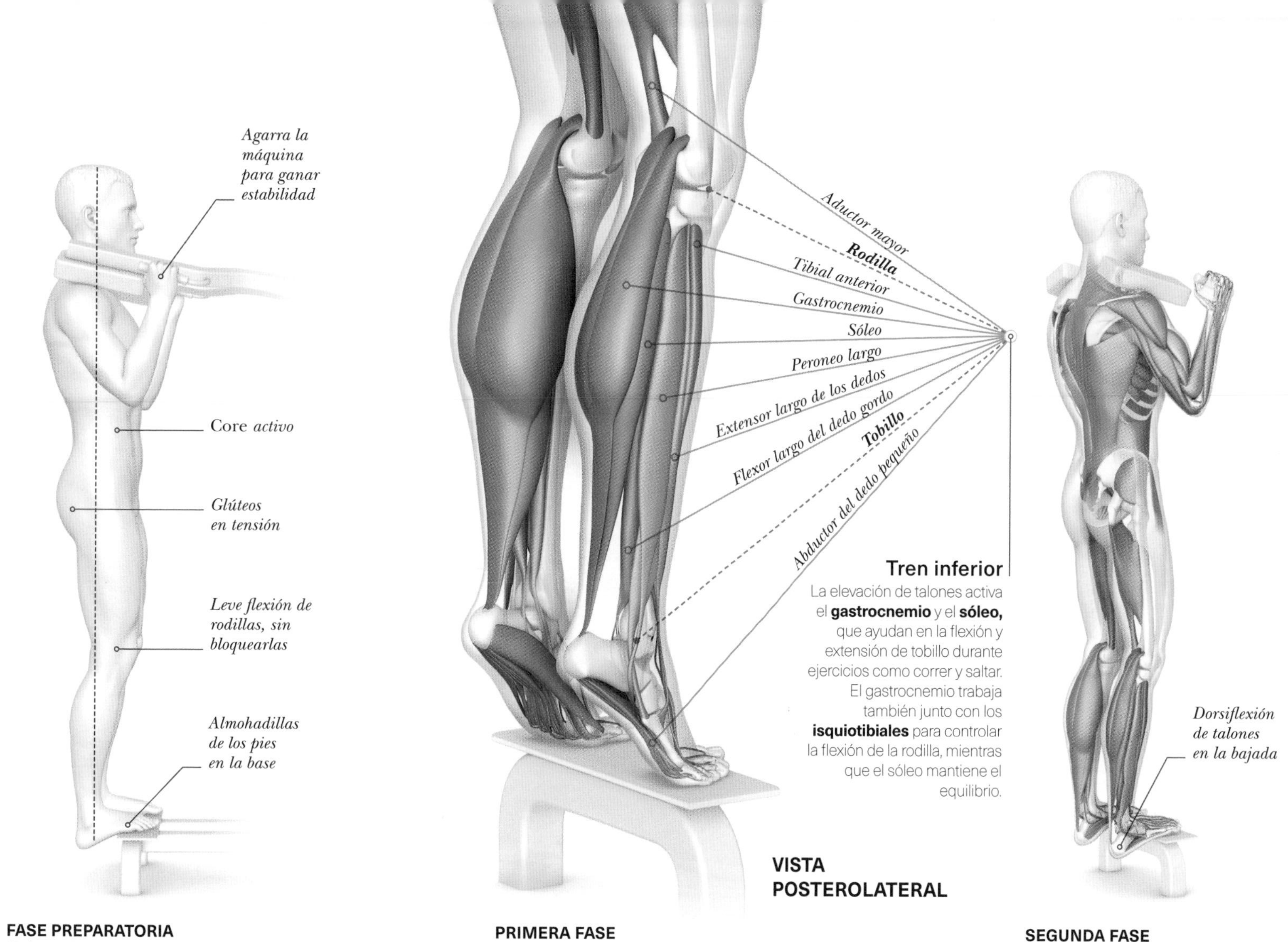

Tren inferior

La elevación de talones activa el **gastrocnemio** y el **sóleo,** que ayudan en la flexión y extensión de tobillo durante ejercicios como correr y saltar. El gastrocnemio trabaja también junto con los **isquiotibiales** para controlar la flexión de la rodilla, mientras que el sóleo mantiene el equilibrio.

VISTA POSTEROLATERAL

FASE PREPARATORIA
Coloca el peso que mejor se adapte a tu estado de forma, los hombros bajo las almohadillas de la máquina y las puntas de los pies al borde de la base, con los pies paralelos y separados al ancho de las caderas. Activa los abdominales para equilibrarte y baja los talones despacio hasta la posición inicial.

PRIMERA FASE
Inspira para activar el *core*. Espira y contrae los gemelos mientras elevas los talones en un movimiento lento y controlado hasta ponerte de puntillas. Las rodillas están estiradas pero no bloqueadas. Haz una pausa al terminar la subida.

SEGUNDA FASE
Inspira y baja despacio los talones todo lo que puedas. Abajo, haz una pausa de 1 a 2 segundos. Recupera la postura y repite las fases 1 y 2.

SUBIDA DE ESCALÓN CON MANCUERNAS

Este ejercicio tonifica los cuádriceps y la cadena posterior, además de implicar a los músculos del *core.* Es un trabajo excelente a cualquier nivel.

INDICACIONES

La pierna delantera es la que da el impulso; no hay que empujar el suelo con el pie de atrás. Se puede empezar subiendo sin carga a un escalón con poca altura y, cuando se gane confianza, incorporar las pesas y un cajón de 30 cm. Es crucial asegurarse de tener todo el pie apoyado en el escalón antes de iniciar el movimiento. Si eres principiante, haz 3 series de 10-12 repeticiones. Conviene alternar las piernas o hacer toda una serie con una pierna y luego con la otra.

Caderas y piernas

Al subir al escalón, se activan sobre todo los **cuádriceps,** mientras que los **isquiotibiales** estabilizan la articulación de la rodilla y el tronco desde la cadera. Los **glúteos** trabajan para llevar los muslos en línea con el tronco y ayudan a mantener este último vertical. El **glúteo mayor,** y los músculos más pequeños del **glúteo medio,** se estimulan mucho durante este ejercicio.

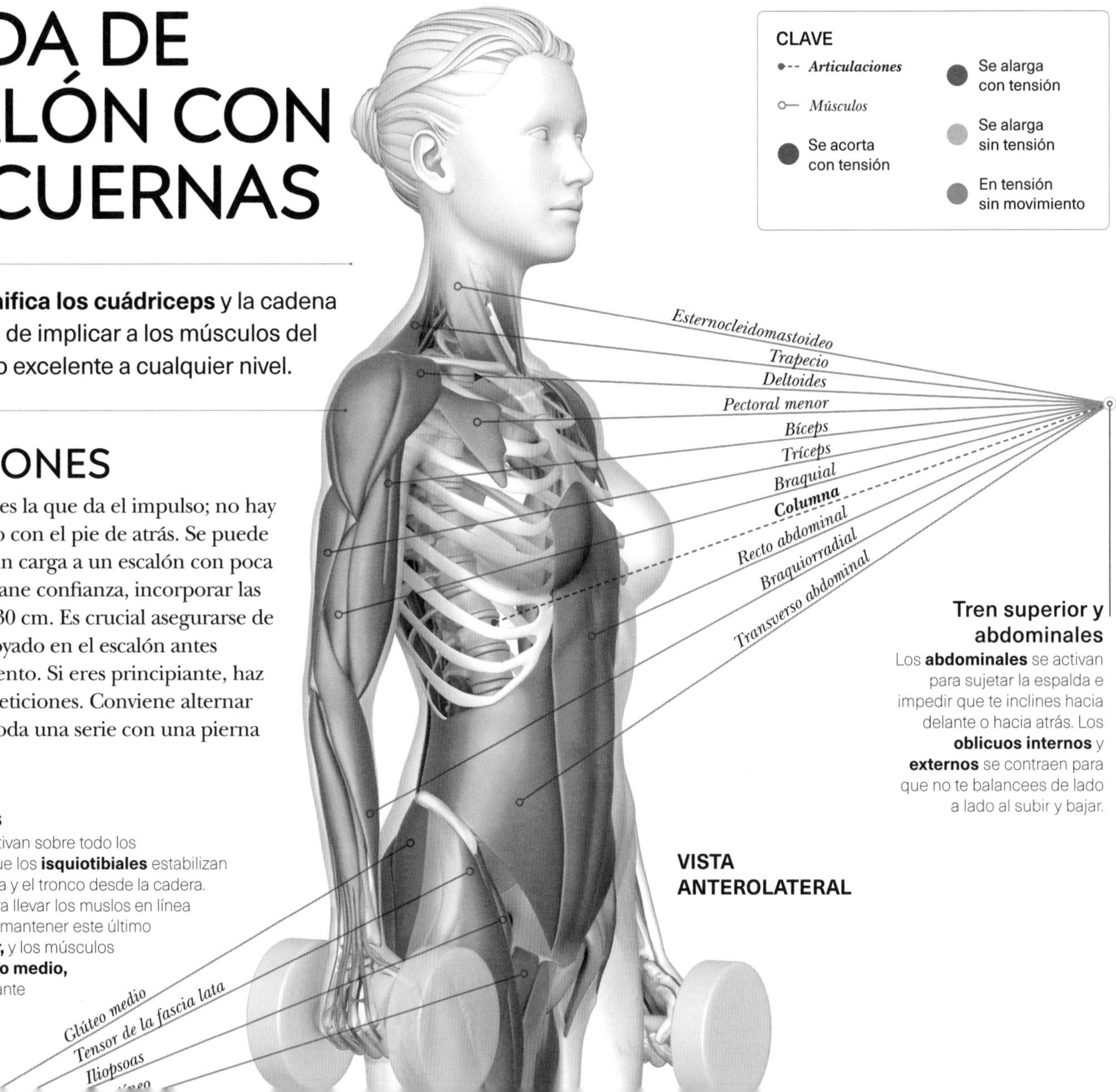

CLAVE

- *Articulaciones*
- *Músculos*
- Se acorta con tensión
- Se alarga con tensión
- Se alarga sin tensión
- En tensión sin movimiento

Esternocleidomastoideo
Trapecio
Deltoides
Pectoral menor
Bíceps
Tríceps
Braquial
Columna
Recto abdominal
Braquiorradial
Transverso abdominal

Tren superior y abdominales

Los **abdominales** se activan para sujetar la espalda e impedir que te inclines hacia delante o hacia atrás. Los **oblicuos internos** y **externos** se contraen para que no te balancees de lado a lado al subir y bajar.

VISTA ANTEROLATERAL

Glúteo medio
Tensor de la fascia lata
Iliopsoas

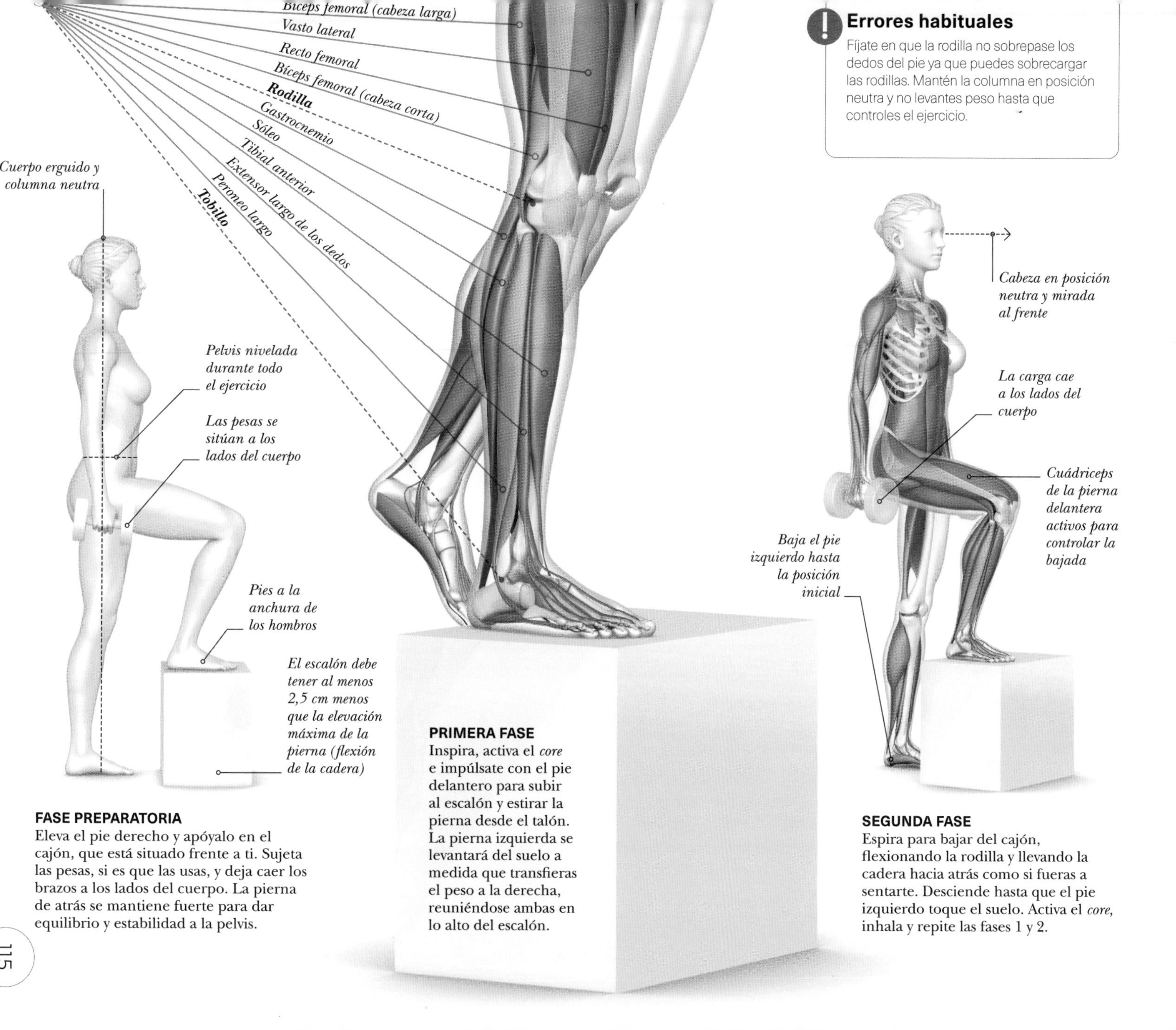

Errores habituales

Fíjate en que la rodilla no sobrepase los dedos del pie ya que puedes sobrecargar las rodillas. Mantén la columna en posición neutra y no levantes peso hasta que controles el ejercicio.

FASE PREPARATORIA
Eleva el pie derecho y apóyalo en el cajón, que está situado frente a ti. Sujeta las pesas, si es que las usas, y deja caer los brazos a los lados del cuerpo. La pierna de atrás se mantiene fuerte para dar equilibrio y estabilidad a la pelvis.

PRIMERA FASE
Inspira, activa el *core* e impúlsate con el pie delantero para subir al escalón y estirar la pierna desde el talón. La pierna izquierda se levantará del suelo a medida que transfieras el peso a la derecha, reuniéndose ambas en lo alto del escalón.

SEGUNDA FASE
Espira para bajar del cajón, flexionando la rodilla y llevando la cadera hacia atrás como si fueras a sentarte. Desciende hasta que el pie izquierdo toque el suelo. Activa el *core*, inhala y repite las fases 1 y 2.

PUNTAS DE PIE ALTERNAS

Este ejercicio cardiovascular vigoriza el cuádriceps, los isquiotibiales, los gemelos, los glúteos y los flexores de la cadera, además de activar los músculos abdominales. Las puntas de pie favorecen la velocidad, la agilidad, la resistencia y el rendimiento en general.

INDICACIONES

Conviene empezar con una plataforma, escalón o cajón que se adapte a la altura y al nivel de forma física. La activación del *core* da equilibrio, estabilidad y apoyo a la postura, y permite subir las rodillas más rápido y con mayor potencia. Se empieza con 30 segundos de repeticiones, luego 45 segundos y luego se pasa a 60 segundos y a una plataforma algo más elevada.

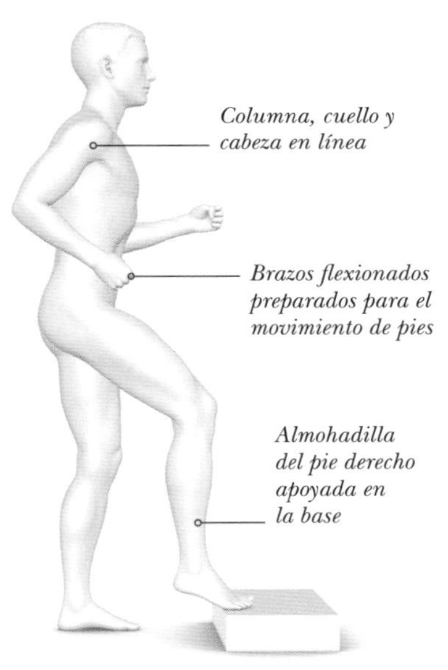

FASE PREPARATORIA
Con los pies separados a la anchura de los hombros y los brazos a ambos lados del cuerpo, coloca la almohadilla del pie derecho en la base. El pie izquierdo se apoya en el suelo y los brazos se doblan en un ángulo de 45-90°, preparados para el movimiento de pies.

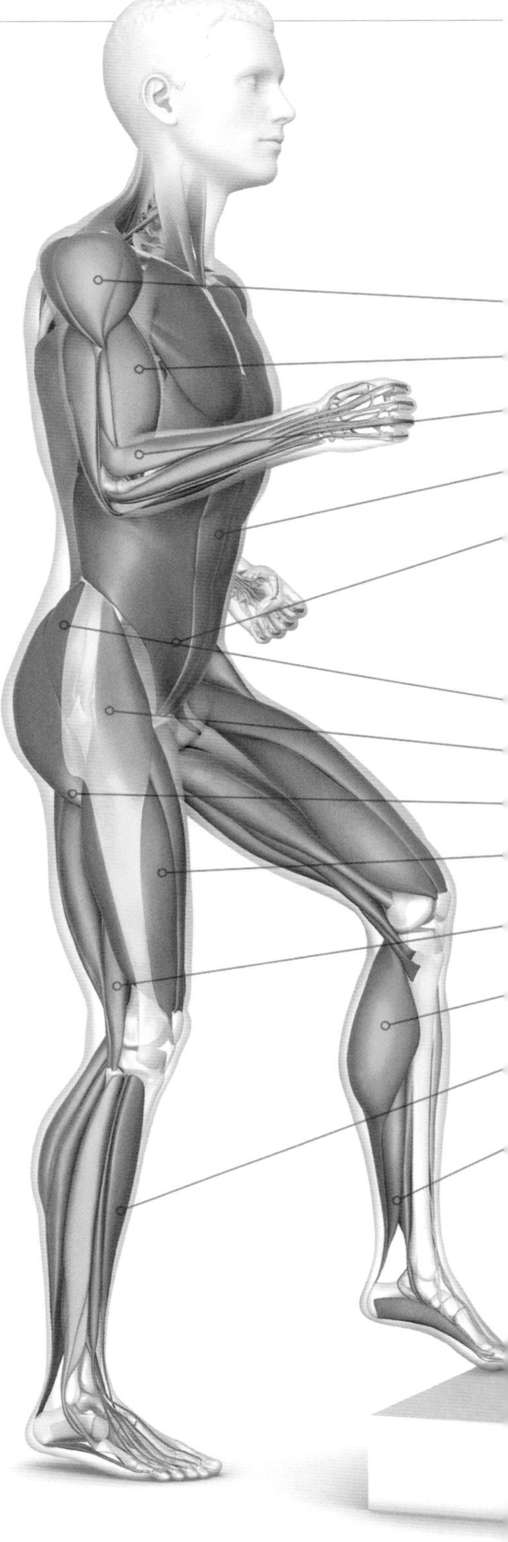

Abdominales y resistencia cardiovascular

Las puntas de pie alternas son un excelente ejercicio para mejorar la resistencia cardiovascular. Los **abdominales,** en concreto el **recto abdominal,** estabilizan y mantienen el cuerpo erguido, sujetando la columna en posición neutra.

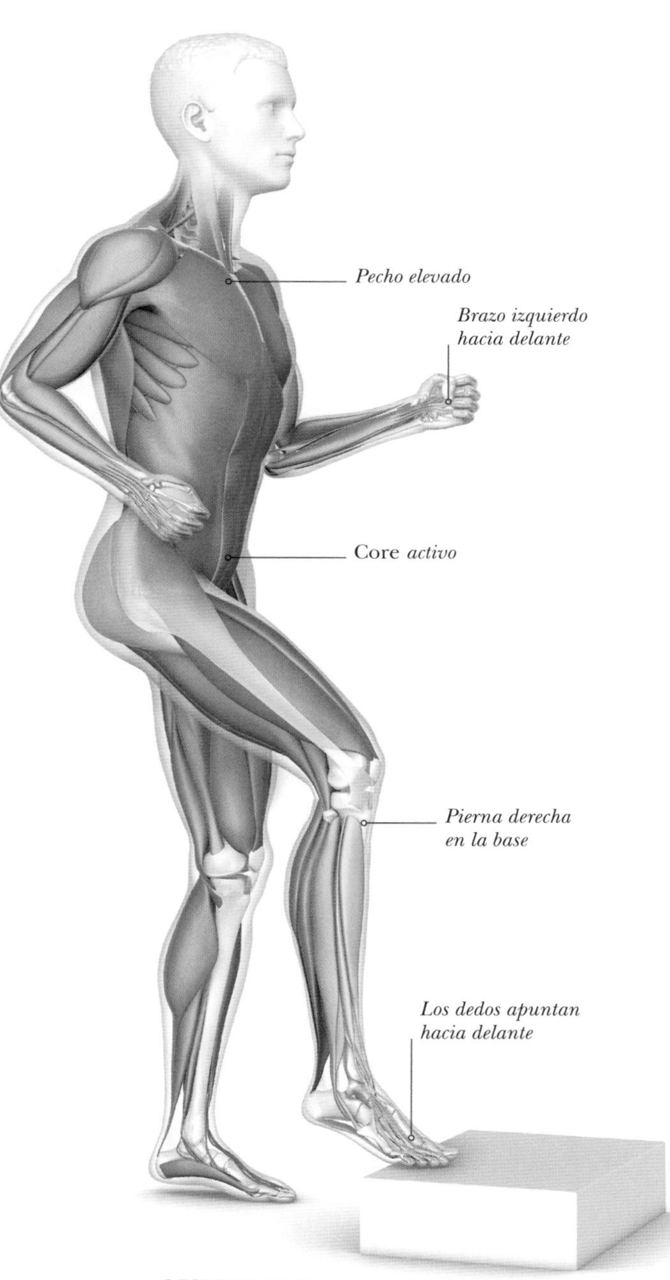

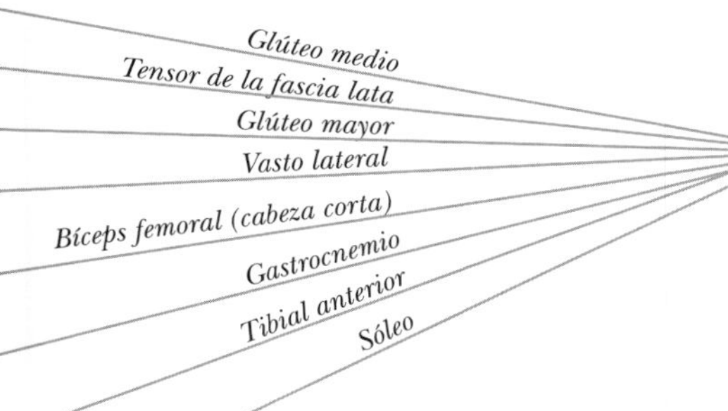

Tren inferior

Las puntas de pie hacen trabajar la parte inferior del cuerpo: los **cuádriceps,** que ayudan a subir la rodilla; los **isquiotibiales,** que junto con los glúteos estabilizan los **músculos de la cadera;** los glúteos; los **flexores de la cadera,** que impiden la rotación; y los **gemelos.**

PRIMERA FASE

Impúlsate desde el suelo con el pie izquierdo y cambia de pierna en el aire, alternando el pie que colocas sobre la plataforma. Mantén los brazos doblados y, en un movimiento bastante rápido, llévalos adelante y atrás como si estuvieras corriendo en el sitio.

SEGUNDA FASE

Practica y repite despacio hasta que ganes confianza y la postura sea correcta. Al aumentar la velocidad, el tiempo y la altura del escalón, se incrementa la cantidad de calorías quemadas.

PESO MUERTO A UNA PIERNA

Este ejercicio unilateral (en el que trabaja una pierna cada vez) fortalece el glúteo mayor, el medio y el menor. Los glúteos son parte de la «cadena posterior», que también integran los isquiotibiales y los músculos de la zona lumbar de la espalda. Todos ellos mantienen la postura erguida y el cuerpo en equilibrio.

INDICACIONES

El cuerpo debe formar una línea recta al inclinarte hacia delante, sin arquear la columna ni redondearla. La columna, el cuello y la cabeza deben estar siempre alineados. Completa las dos fases del ejercicio despacio y con control. Se puede empezar con 5-10 repeticiones con cada pierna y aumentar el peso a medida que mejore la forma física y la fuerza.

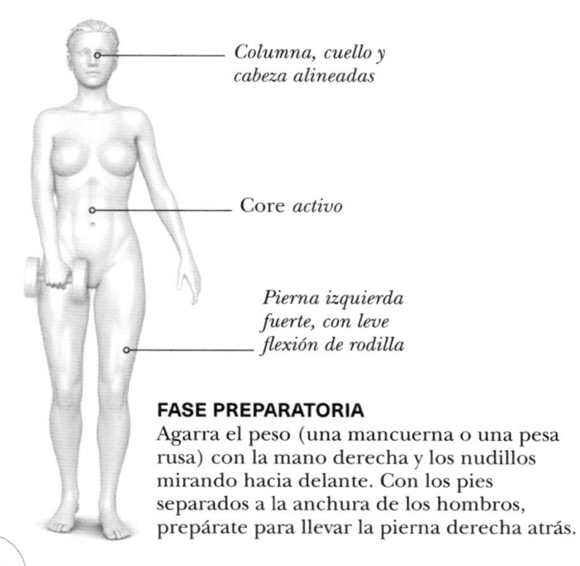

FASE PREPARATORIA
Agarra el peso (una mancuerna o una pesa rusa) con la mano derecha y los nudillos mirando hacia delante. Con los pies separados a la anchura de los hombros, prepárate para llevar la pierna derecha atrás.

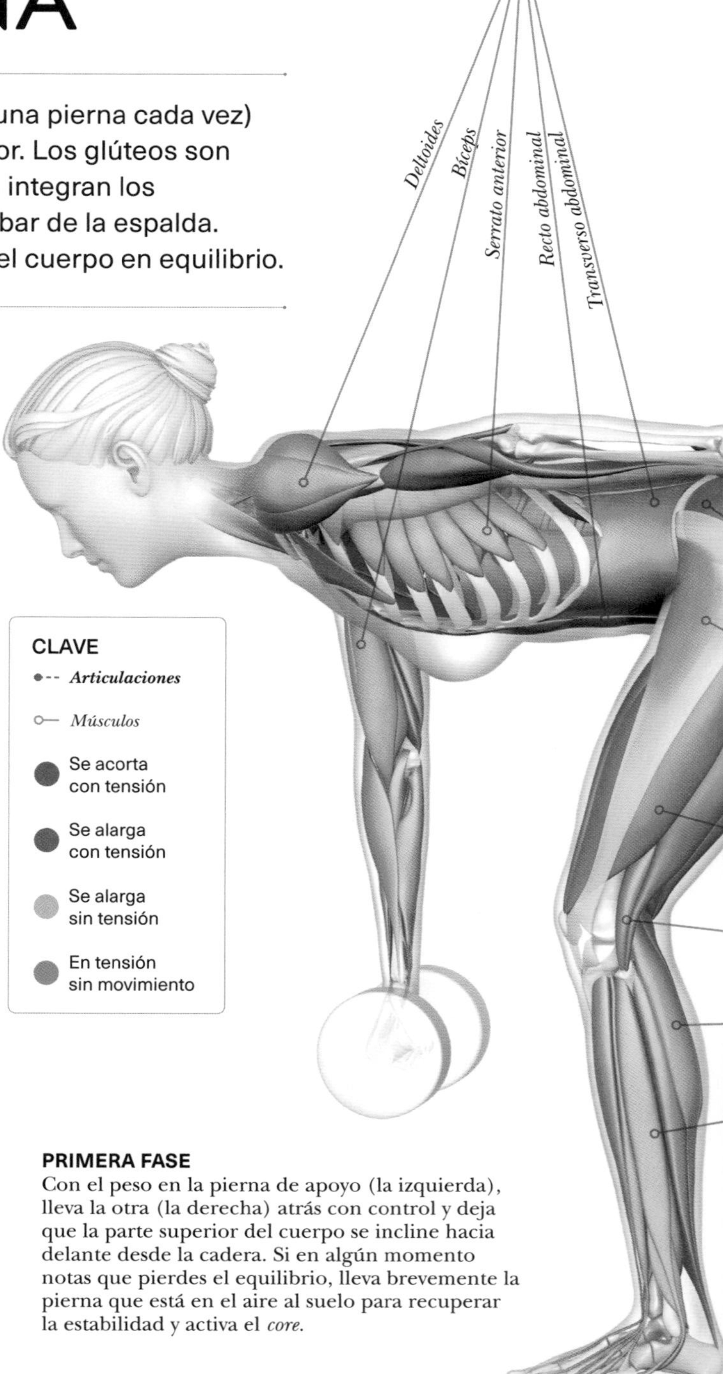

PRIMERA FASE
Con el peso en la pierna de apoyo (la izquierda), lleva la otra (la derecha) atrás con control y deja que la parte superior del cuerpo se incline hacia delante desde la cadera. Si en algún momento notas que pierdes el equilibrio, lleva brevemente la pierna que está en el aire al suelo para recuperar la estabilidad y activa el *core*.

Tren superior y abdominales

En este ejercicio trabajan los **extensores de la columna,** que refuerzan la columna y dan flexibilidad en las distintas inclinaciones. Los **trapecios,** antebrazos y la zona media e inferior de la espalda se activan para controlar el peso. Los **abdominales** y los **oblicuos** se contraen de forma isométrica para estabilizar el cuerpo y mantener la columna en una posición neutra.

Precaución

Redondear la espalda puede ocasionar lesiones y/o dolor de espalda. La pierna posterior debe mantenerse recta y en línea con la columna; el cuerpo forma una línea recta del cuello al talón. Si doblas la pierna de atrás, la columna pierde la alineación.

> *Un ejercicio unilateral como el* ***peso muerto a una pierna*** *puede ayudar a reducir las lesiones y fortalecer la* ***zona lumbar.***

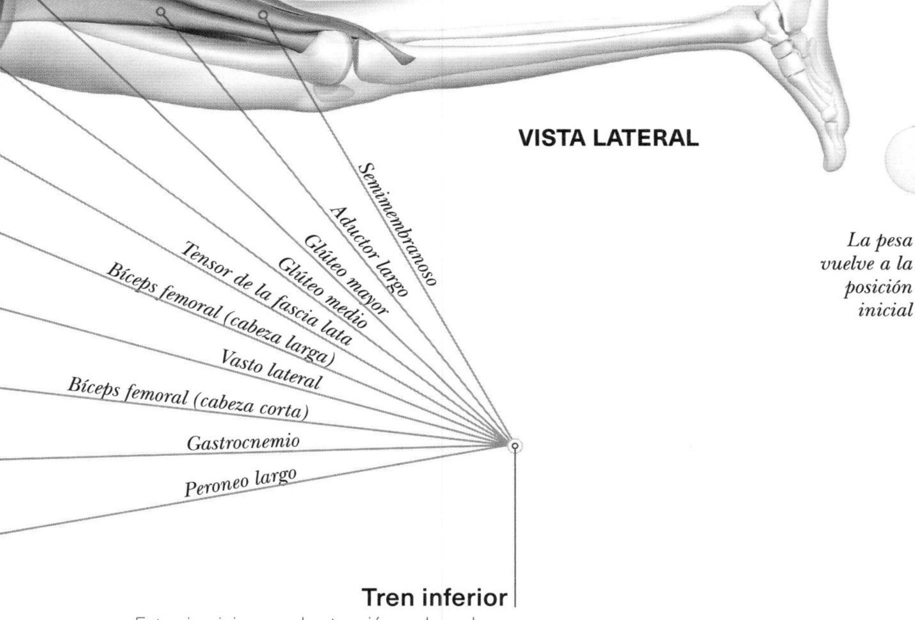

Caderas hacia delante

La pesa vuelve a la posición inicial

Los isquiotibiales y los músculos glúteos ayudan en la incorporación

Pierna derecha preparada para ir hacia atrás

Tren inferior

Este ejercicio pone la atención en la cadena posterior del cuerpo: los **glúteos** y los **isquiotibiales.** Los isquiotibiales proporcionan la fuerza muscular necesaria para tirar, empujar y realizar el movimiento. El glúteo mayor es el más implicado de los músculos **glúteos,** que forman la parte central de la cadena posterior.

SEGUNDA FASE

Completa el movimiento tirando de la pesa hacia arriba y lleva la pierna elevada a la posición inicial, apoyándola en el suelo totalmente estirada. Haz todas las repeticiones y cambia de pierna.

PUENTE DE GLÚTEOS

Este ejercicio no solo se centra en los glúteos, sino en el recto abdominal, los oblicuos y los cuádriceps. Además, involucra al músculo erector de la columna, que recorre ambos lados de la columna desde el cuello hasta el coxis. El puente de glúteos fortalece el abdomen, lo que mejora la postura y puede aliviar el dolor lumbar.

Rodillas dobladas

Brazos relajados a los lados del cuerpo

FASE PREPARATORIA
Túmbate sobre la espalda, con las brazos a los lados del cuerpo y las palmas en el suelo. Dobla las rodillas y apoya los pies. Activa los abdominales empujando con la parte inferior de la espalda el suelo y aprieta los glúteos antes de subir.

INDICACIONES

Es importante no elevar las caderas demasiado, para no poner mucha tensión en la zona inferior de la espalda. Conviene mantener activos los abdominales para evitar arquear la espalda en exceso. Si las caderas caen al intentar mantener la postura, baja la pelvis y empieza de nuevo. Al principio se puede mantener el puente unos segundos y completar una serie de 8-12 repeticiones. Luego, a medida que se progresa, aumenta las series y el tiempo que permaneces arriba.

Tren superior

El **recto** y el **transverso abdominal,** y los **oblicuos internos y externos,** estabilizan el cuerpo al subir y bajar del puente de glúteos. Conectar el *core* ayuda a sujetar la columna durante el movimiento.

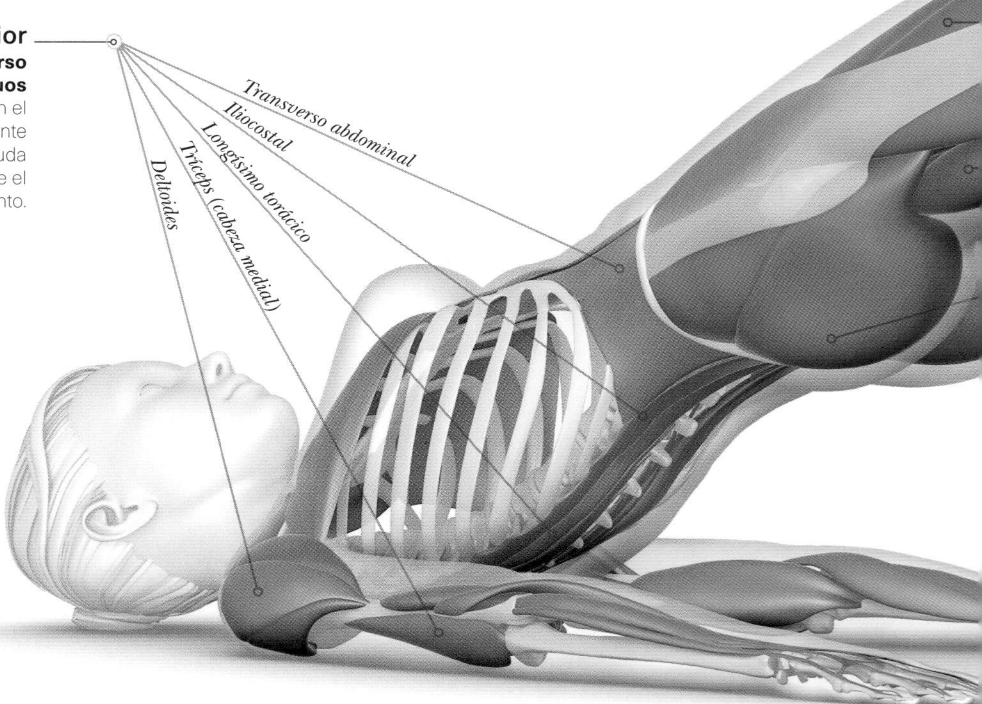

PRIMERA FASE
Exhala e, impulsándote desde los talones, eleva despacio las caderas para formar una diagonal de las rodillas a los hombros. Mantén las manos en el suelo y las caderas elevadas mientras realizas el puente. Asegúrate de activar el *core* llevando el ombligo hacia la columna.

CLAVE

Articulaciones

Músculos

Se acorta con tensión

Se alarga con tensión

Se alarga sin tensión

En tensión sin movimiento

SEGUNDA FASE
Aguanta esta posición durante 20-30 segundos, apretando los glúteos, y luego vuelve a la posición de partida, controlando la bajada. No dejes que el cuerpo se desplome porque te puedes lesionar. Repite la subida.

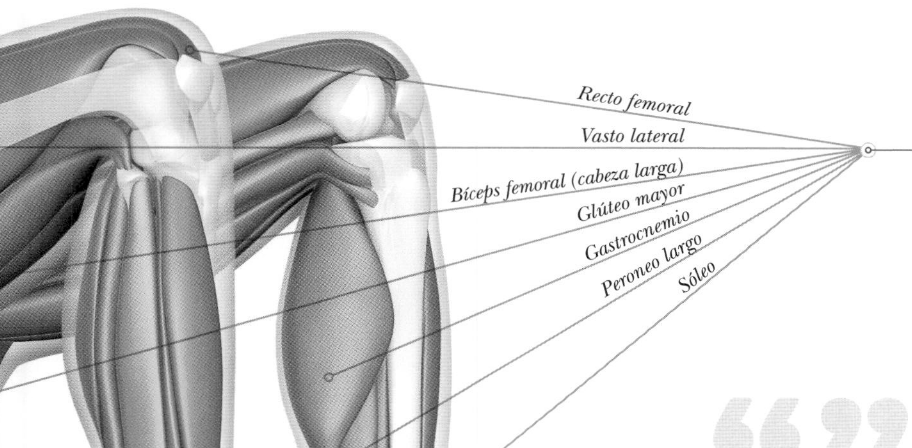

Tren inferior

Este movimiento aísla el **glúteo mayor,** el **medio** y el **menor,** en la cadena posterior, y también implica a los **isquiotibiales,** a los **abductores** de la cadera y a los gemelos. Los **cuádriceps** ayudan a estabilizar la parte inferior del cuerpo durante el ejercicio.

Si se ejecuta bien, el puente de glúteos es, por lo general, un ejercicio seguro para quienes sufren ***problemas de espalda crónicos.***

VISTA POSTEROLATERAL

» VARIACIONES

En el puente de glúteos clásico participan los glúteos, principalmente el mayor, pero también los isquiotibiales y el transverso del abdomen. Las variaciones añaden dificultad al ejercicio original e implican a los mismos músculos.

***Elevar demasiado las caderas** puede ejercer mucha **presión** sobre la **zona lumbar** y tensarla.*

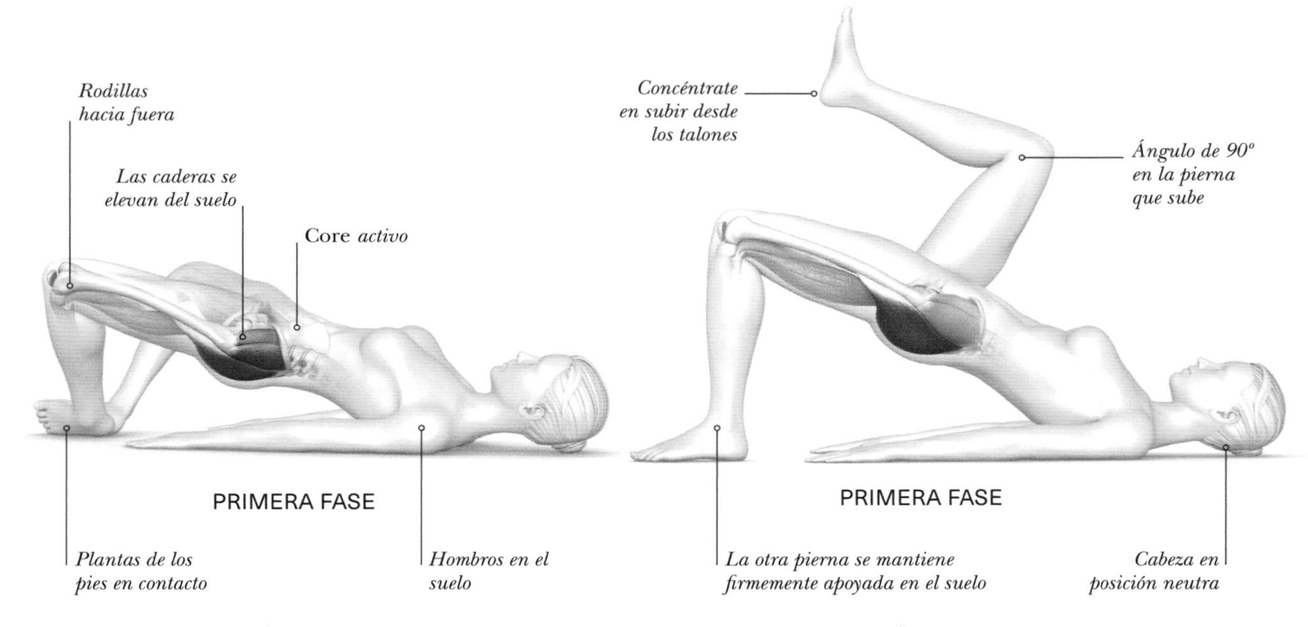

PUENTE DE GLÚTEOS EN MARIPOSA

Este ejercicio es fabuloso para los tres músculos glúteos. Dada la rotación de las caderas, el puente de hombros en mariposa supone una activación muscular mayor que la postura clásica.

FASE PREPARATORIA
Túmbate boca arriba con las manos a los lados del cuerpo y las palmas en el suelo. Junta las plantas de los pies y separa las rodillas. Activa el abdomen, presionando la zona lumbar contra el suelo y apretando los glúteos antes de subir.

PRIMERA FASE
Inhala y eleva despacio los flexores de la cadera mientras exhalas. Al subir, empuja las caderas hacia arriba y separa las rodillas. Aguanta unos segundos.

SEGUNDA FASE
Inhala al bajar las caderas hacia el suelo, apretando los glúteos. Haz 8 repeticiones.

PUENTE DE GLÚTEOS A UNA PIERNA

Esta variación, dado que es un movimiento unilateral, entrena el equilibrio. Activa los isquiotibiales, los flexores de la cadera, la zona lumbar, los abdominales y los tres músculos glúteos.

FASE PREPARATORIA
En la posición de partida del puente de glúteos clásico (pp. 120-121), activa el abdomen llevando la zona lumbar hacia el suelo y apretando los glúteos.

PRIMERA FASE
Con el peso en la pierna de apoyo (la izquierda), lleva la otra atrás con control y deja que la parte superior del cuerpo se incline hacia delante desde la cadera. Si en algún momento notas que pierdes el equilibrio, lleva la pierna que está en el aire al suelo para recuperar la estabilidad y activa el *core*.

SEGUNDA FASE
Cambia de lado, subiendo la pierna derecha. No subas demasiado las caderas y mantén los abdominales activos para no curvar en exceso la espalda.

CAMINATA DE ISQUIOTIBIALES

Este ejercicio emplea los músculos de la cadena posterior del cuerpo y se centra en particular en los isquiotibiales y los glúteos.

CLAVE
- Principal músculo ejercitado
- Otros músculos implicados

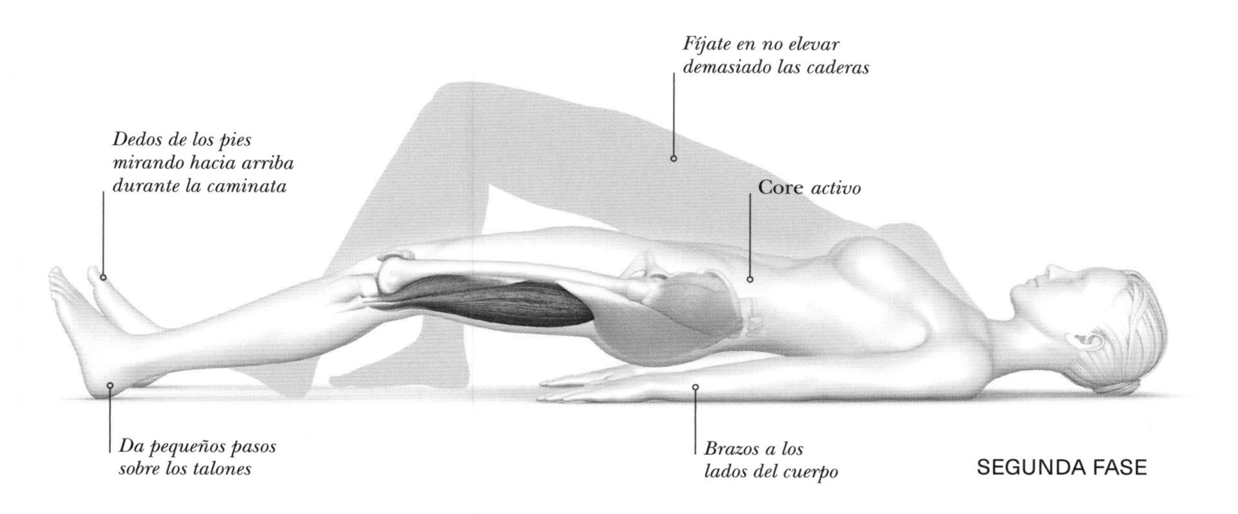

FASE PREPARATORIA
Partiendo de una posición clásica de puente de glúteos (pp. 120-121), activa los abdominales llevando la zona lumbar hacia el suelo y apretando los glúteos antes de subir.

PRIMERA FASE
Exhala y sube a un puente de hombros isométrico, activando glúteos y *core.*

SEGUNDA FASE
Levanta los dedos del suelo, da pequeños pasos sobre los talones hacia delante y atrás. Mantén el puente mientras caminas. Da 2-4 pasos hacia delante y 2-4 hacia atrás.

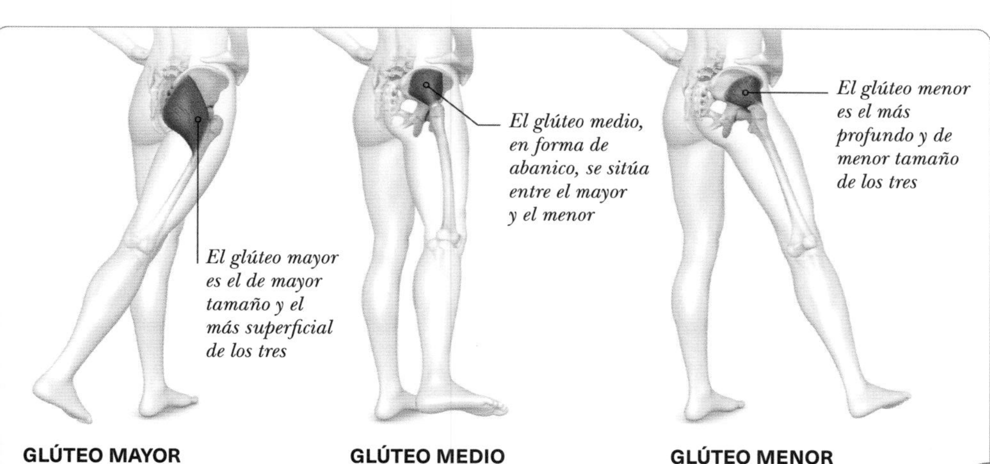

GLÚTEO MAYOR
Este músculo trabaja para extender la parte posterior de la cadera y rotar la pierna.

GLÚTEO MEDIO
Ayuda al glúteo mayor a estirar la cadera lateralmente y a rotar la pierna.

GLÚTEO MENOR
Este músculo ayuda al glúteo mayor a extender la cadera más lateralmente.

Los tres glúteos

Los glúteos se componen de tres músculos: el mayor, el medio y el menor. Unos glúteos fuertes estabilizan el cuerpo y ayudan a evitar lesiones. También permiten una mayor movilidad de la cadera. Si tienes los glúteos débiles, puedes sufrir problemas de rodilla, cadera y de la parte inferior de la espalda.

EJERCICIOS PLIOMÉTRICOS

Los ejercicios pliométricos son movimientos explosivos, potentes y rápidos que requieren el máximo esfuerzo en poco tiempo. Su objetivo es aumentar el ritmo cardiaco, mejorar la estabilidad, la fuerza muscular, la agilidad, la resistencia y la fortaleza cardiovascular, la flexibilidad y el rendimiento deportivo. Es muy importante calentar antes de realizar movimientos pliométricos, ya que sin una preparación adecuada puedes lesionarte. Trata de hacerlos a la mitad y al final de la rutina HIIT.

SALTO DEL PATINADOR

Este avanzado ejercicio cardiovascular mejora la forma física y la fuerza. Trabajan también las piernas, principalmente los cuádriceps y los glúteos, además de los isquiotibiales y los gemelos. Al mantener activos los abdominales, aumenta la estabilidad y el equilibrio. El glúteo externo es uno de los focos de trabajo.

INDICACIONES

Comprueba que la zona que tienes alrededor esté despejada y que saltas lo más lejos que puedes a cada lado; los saltos cortos no son efectivos. El movimiento de los brazos te ayuda a impulsarte de un lado a otro. La pierna posterior siempre va detrás de la delantera, no al lado. Se puede empezar practicando durante 30-60 segundos. Para dificultar el ejercicio, no apoyes la punta del pie en el suelo al llevarlo hacia atrás.

CLAVE

- *Articulaciones*
- *Músculos*
- Se acorta con tensión
- Se alarga con tensión
- Se alarga sin tensión
- En tensión sin movimiento

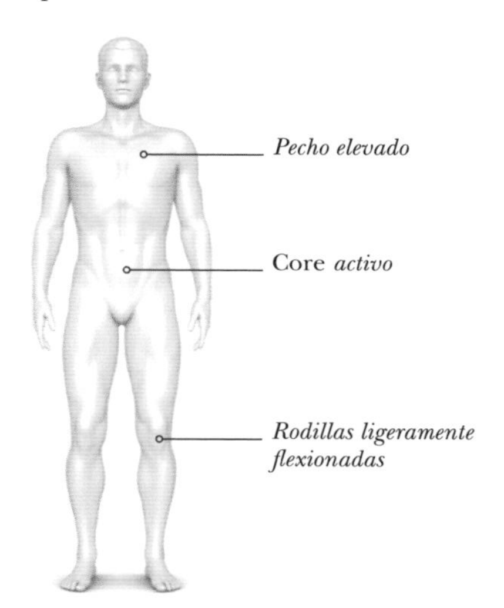

FASE PREPARATORIA
Con los pies separados a la distancia de los hombros y las rodillas ligeramente dobladas, eleva el pecho y mira hacia delante, con la cabeza, el cuello y la columna alineados. Los brazos caen a los lados del cuerpo. Si empiezas en el lado izquierdo de la esterilla, el salto lo darás hacia la derecha.

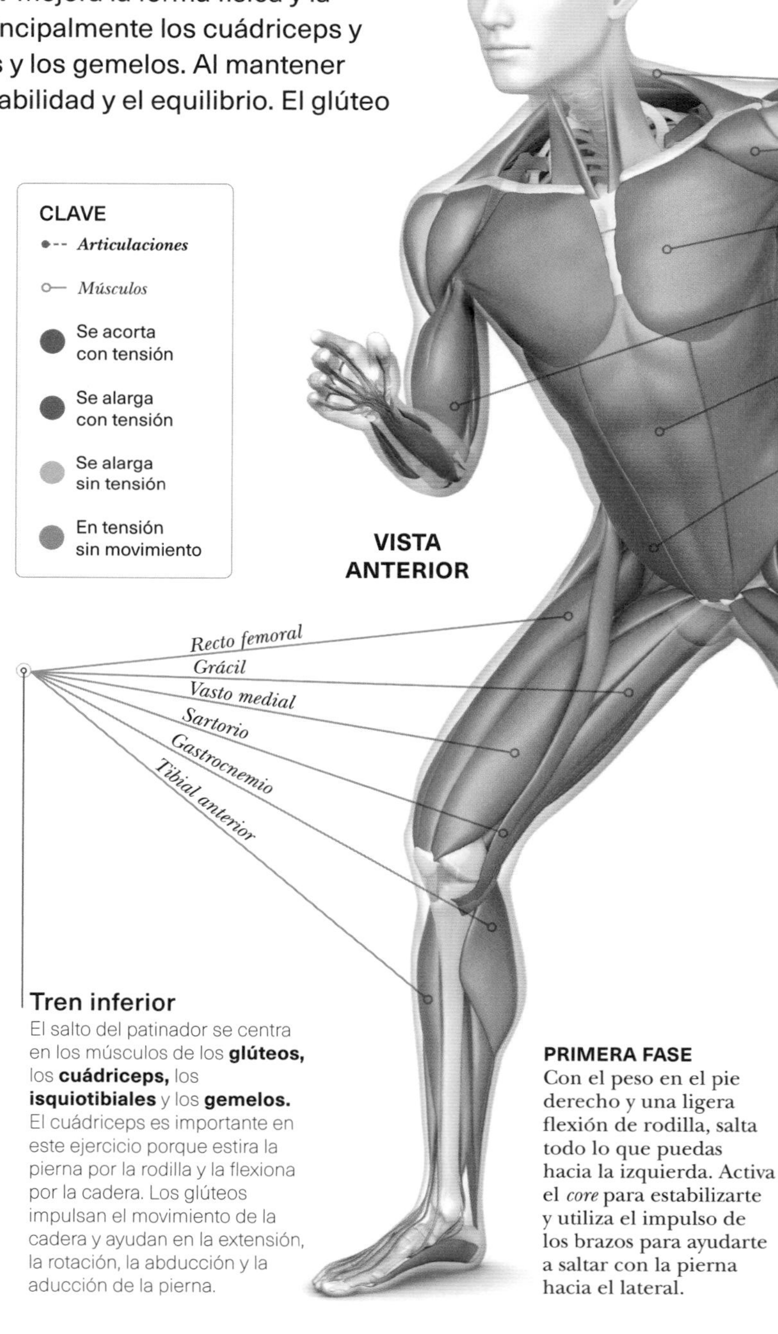

Tren inferior

El salto del patinador se centra en los músculos de los **glúteos,** los **cuádriceps,** los **isquiotibiales** y los **gemelos.** El cuádriceps es importante en este ejercicio porque estira la pierna por la rodilla y la flexiona por la cadera. Los glúteos impulsan el movimiento de la cadera y ayudan en la extensión, la rotación, la abducción y la aducción de la pierna.

PRIMERA FASE
Con el peso en el pie derecho y una ligera flexión de rodilla, salta todo lo que puedas hacia la izquierda. Activa el *core* para estabilizarte y utiliza el impulso de los brazos para ayudarte a saltar con la pierna hacia el lateral.

Tren superior y abdominales
Las **abdominales** estabilizan el cuerpo y sujetan la columna, lo que contribuye a que la zancada sea eficiente. El movimiento oscilante de los brazos hace trabajar el **manguito rotador.**

> *Mantener el* ***centro de gravedad*** *bajo es importante en este tipo de movimientos.*

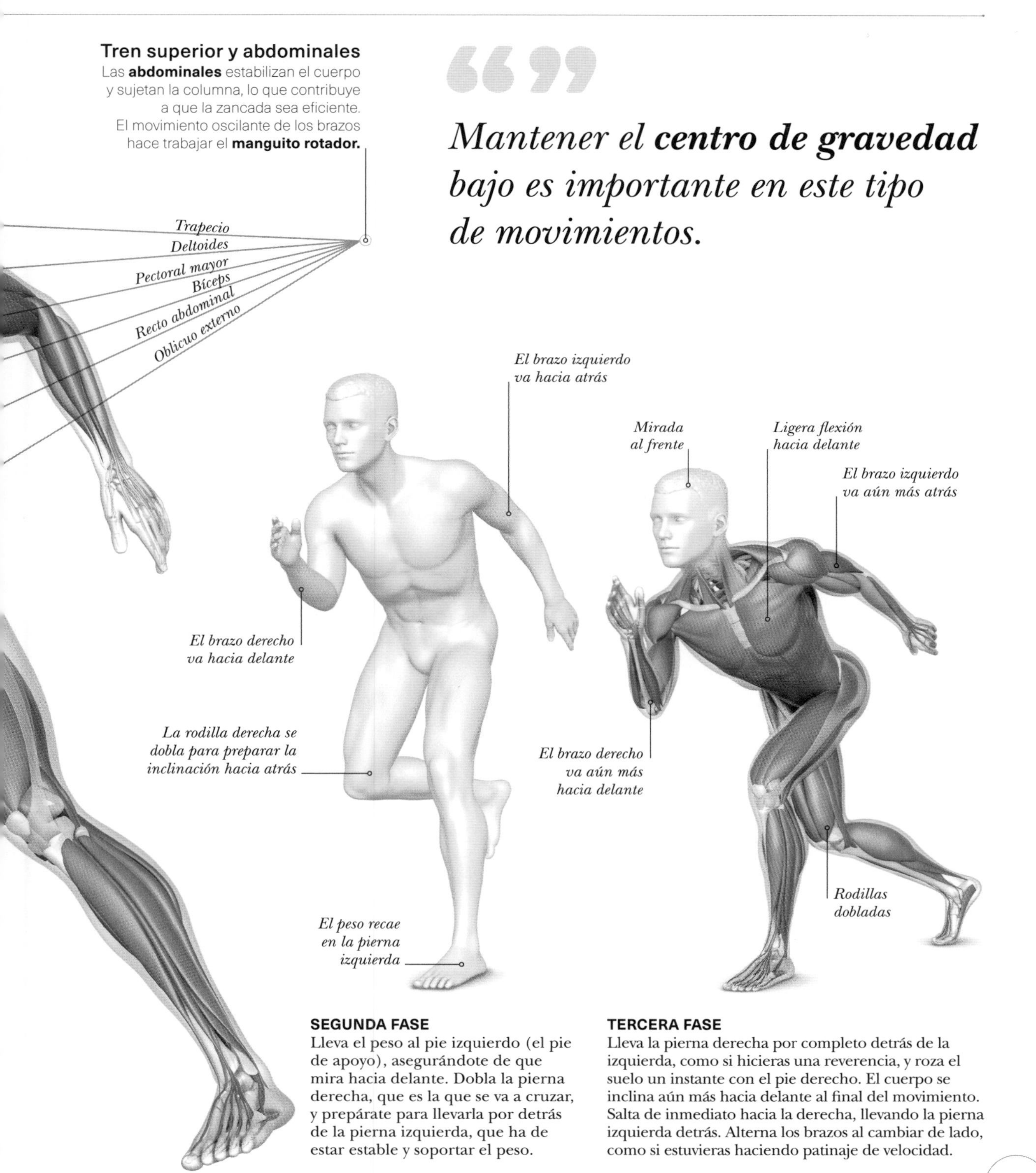

SEGUNDA FASE
Lleva el peso al pie izquierdo (el pie de apoyo), asegurándote de que mira hacia delante. Dobla la pierna derecha, que es la que se va a cruzar, y prepárate para llevarla por detrás de la pierna izquierda, que ha de estar estable y soportar el peso.

TERCERA FASE
Lleva la pierna derecha por completo detrás de la izquierda, como si hicieras una reverencia, y roza el suelo un instante con el pie derecho. El cuerpo se inclina aún más hacia delante al final del movimiento. Salta de inmediato hacia la derecha, llevando la pierna izquierda detrás. Alterna los brazos al cambiar de lado, como si estuvieras haciendo patinaje de velocidad.

RODILLA AL PECHO

La rodilla al pecho es un ejercicio cardiovascular y de fuerza, excelente como calentamiento o integrado en una rutina HIIT. Además de mejorar la resistencia cardiovascular, este trabajo metabólico ayuda a quemar grasa.

CLAVE

- *Articulaciones*
- *Músculos*
- Se acorta con tensión
- Se alarga con tensión
- Se alarga sin tensión
- En tensión sin movimiento

Precaución

Como con cualquier ejercicio pliométrico, asegúrate de que reúnes las condiciones físicas para realizar este tipo de movimiento.

INDICACIONES

Empieza despacio, a modo de calentamiento, y ve trabajando la resistencia cardiovascular aumentando la velocidad poco a poco. Mantén la espalda recta, con la cabeza, la columna y el cuello alineados. El pecho se abre y la espalda permanece recta al subir la rodilla. Ayúdate con los brazos para subir la rodilla todo lo que puedas. Mueve los brazos, que están en un ángulo de 90°, como si corrieras, alternando brazo y rodilla contrarios durante 30-60 segundos. Aumenta la velocidad a medida que ganes fuerza y forma física.

VISTA ANTEROLATERAL

Esternocleidomastoideo
Deltoides
Pectoral mayor
Bíceps
Recto abdominal
Oblicuo externo

Tren superior y abdominales

Puede que sientas tensión en los **hombros** y los **brazos,** que suben y bajan durante el ejercicio. Los **abdominales** proporcionan equilibrio cuando el peso recae sobre una sola pierna y ayudan a estabilizar el cuerpo y a mantener la columna neutra.

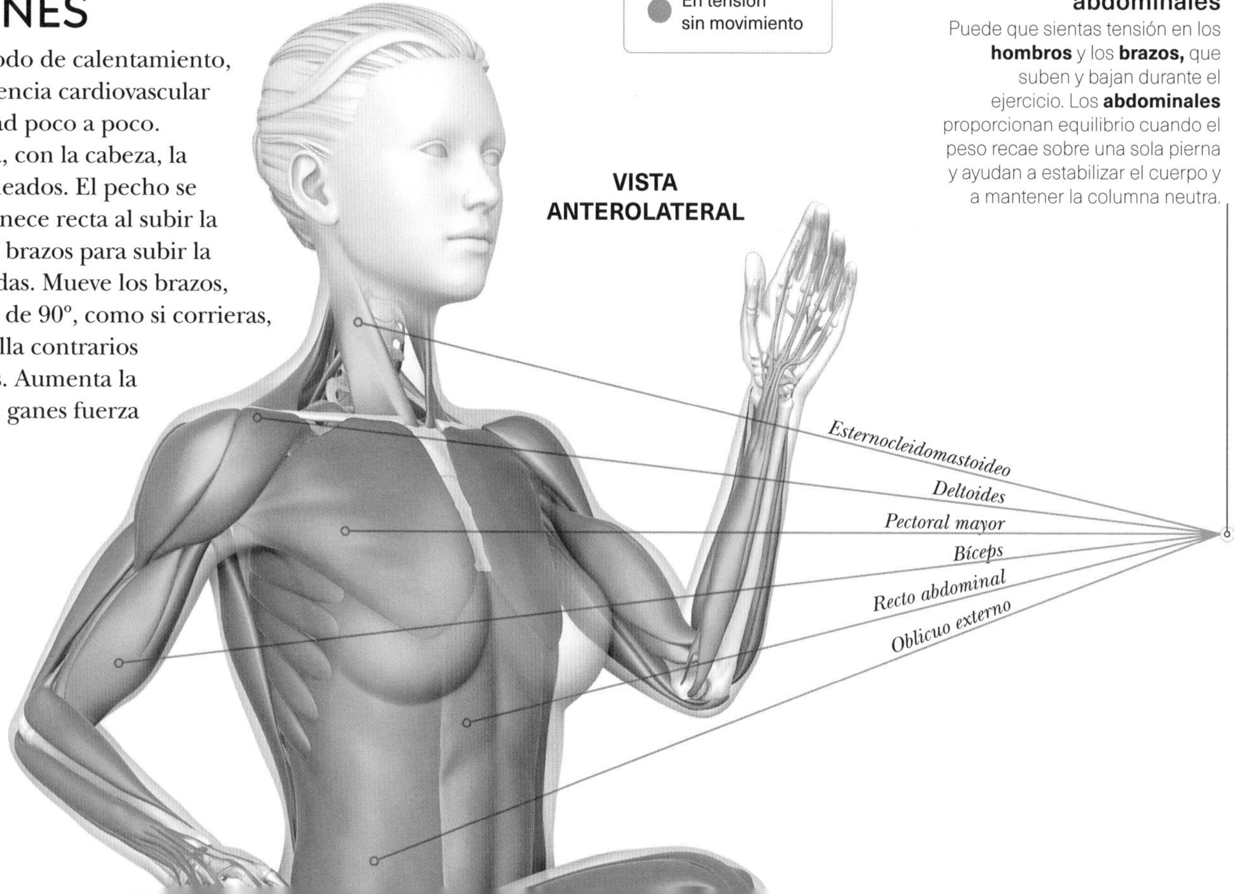

Tren inferior

En este ejercicio trabajan los **flexores de la cadera,** los **gemelos,** los **glúteos,** los cuádriceps y los **isquiotibiales** de la pierna que sube. Se tonifican también de forma isométrica los gemelos, los cuádriceps, los isquiotibiales y los glúteos de la pierna estirada. El gemelo de la pierna que sube se contrae también al despegar el pie del suelo.

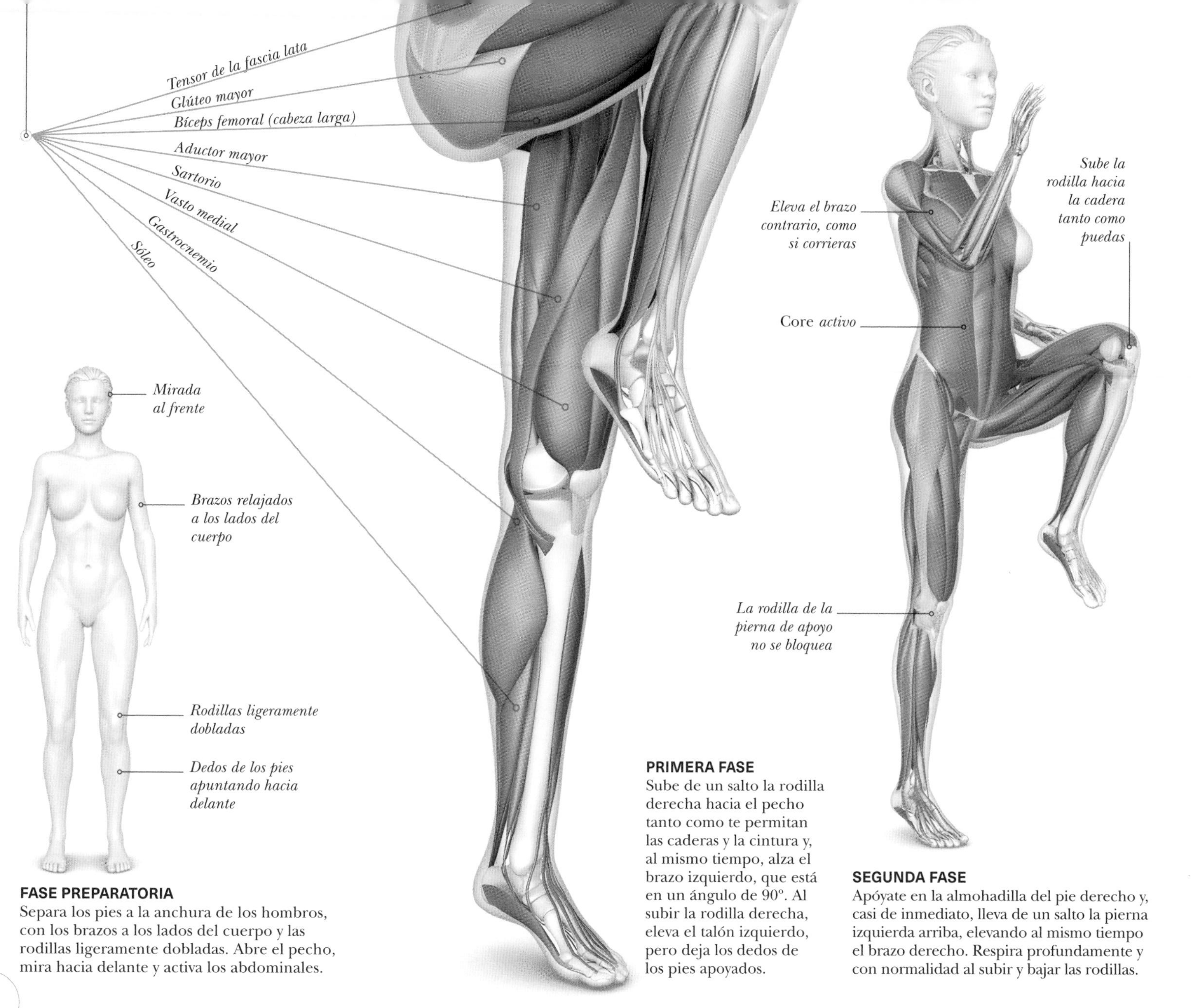

FASE PREPARATORIA
Separa los pies a la anchura de los hombros, con los brazos a los lados del cuerpo y las rodillas ligeramente dobladas. Abre el pecho, mira hacia delante y activa los abdominales.

PRIMERA FASE
Sube de un salto la rodilla derecha hacia el pecho tanto como te permitan las caderas y la cintura y, al mismo tiempo, alza el brazo izquierdo, que está en un ángulo de 90°. Al subir la rodilla derecha, eleva el talón izquierdo, pero deja los dedos de los pies apoyados.

SEGUNDA FASE
Apóyate en la almohadilla del pie derecho y, casi de inmediato, lleva de un salto la pierna izquierda arriba, elevando al mismo tiempo el brazo derecho. Respira profundamente y con normalidad al subir y bajar las rodillas.

» VARIACIONES

Estas variaciones son ejercicios exigentes desde el punto de vista cardiovascular ya que elevan la frecuencia cardiaca. Implican a muchos grupos musculares, principalmente el *core,* los flexores de la cadera, los gemelos, los cuádriceps y los isquitobiales. Todos estos ejercicios son ideales para realizar un calentamiento previo a la rutina. La cuerda para saltar fortalece los bíceps, los antebrazos y los deltoides.

No ***saltes a la comba*** *sobre* ***superficies duras,*** *porque te puedes hacer daño en las rodillas y las espinillas y llegar a lesionarte.*

RODILLA AL PECHO CON COMBA

Este ejercicio avanzado de resistencia cardiovascular se centra en fortalecer las piernas, sobre todo los gemelos. Para realizarlo, necesitas una comba. Empieza despacio con el ejercicio de elevar las rodillas al pecho y ve incrementando el ritmo.

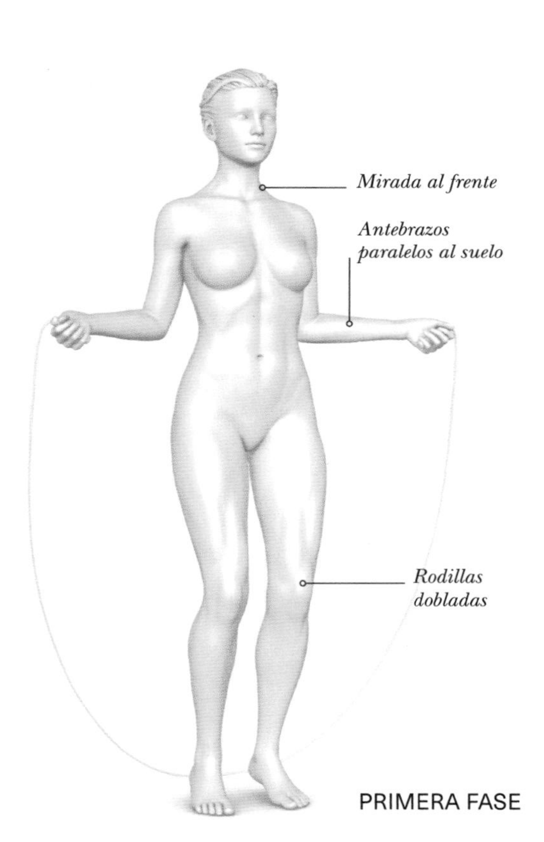

PRIMERA FASE

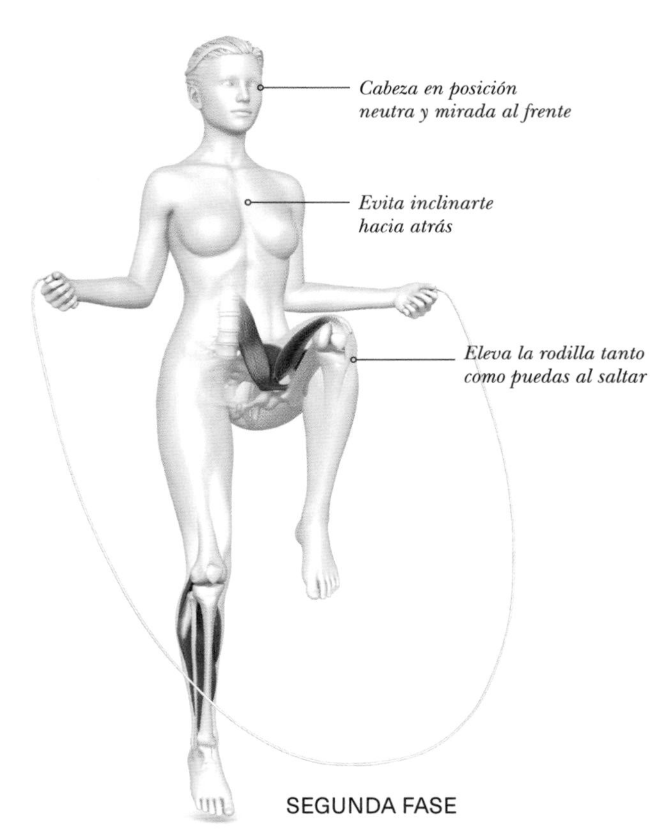

SEGUNDA FASE

FASE PREPARATORIA
Sitúate con los pies ligeramente separados sobre una superficie blanda, como la esterilla. Agarra la cuerda y coloca los pies por delante.

PRIMERA FASE
Pega los codos a los lados y sube las manos. Pasa la cuerda por encima de la cabeza y salta una vez con cada pie.

SEGUNDA FASE
Eleva la rodilla tanto como puedas al saltar. Repite el ejercicio durante 30-60 segundos y alterna las rodillas cada vez que saltes la cuerda.

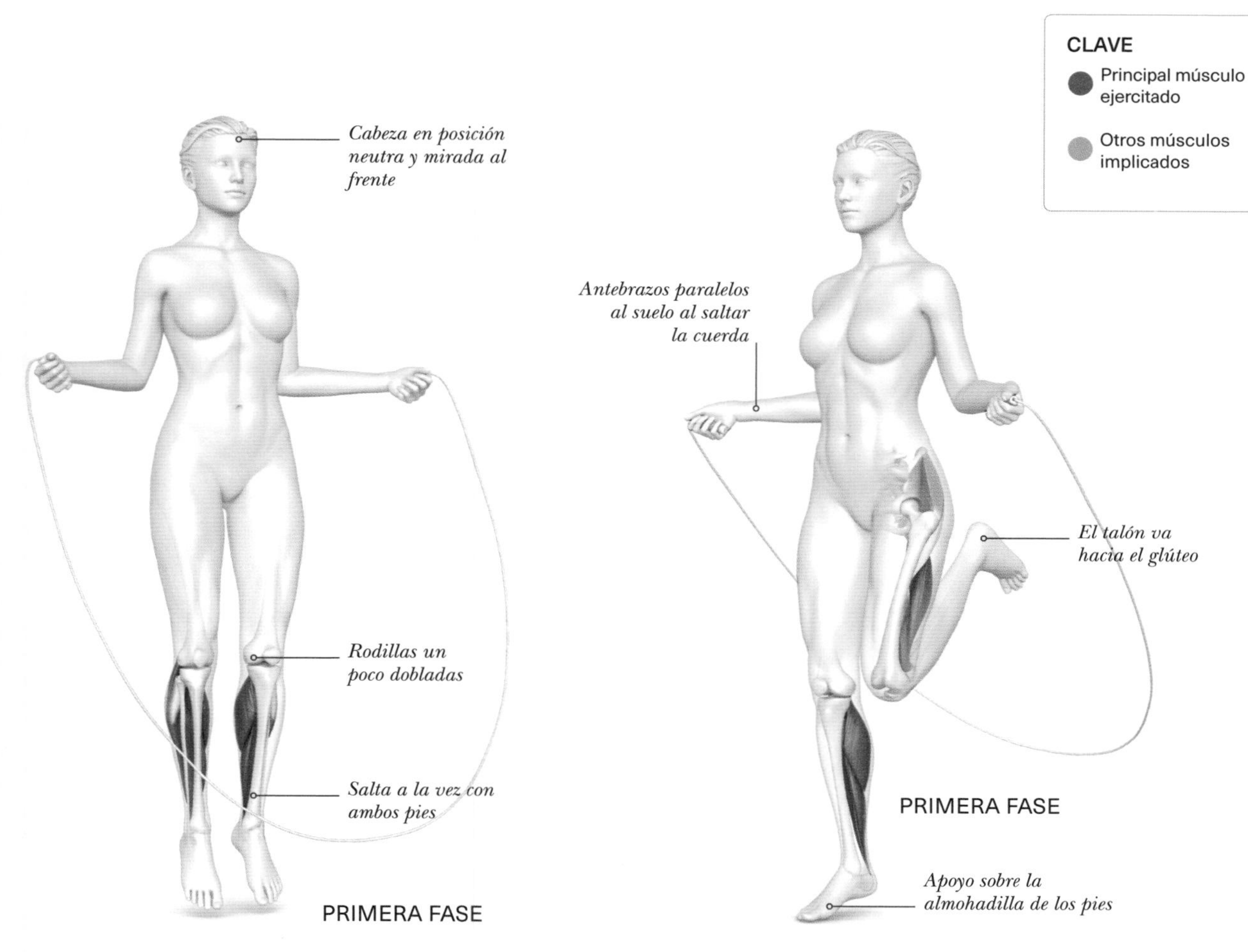

SALTO A LA COMBA CON PIES JUNTOS

Ejercicio similar al de rodilla al pecho con comba, pero en esta ocasión ambos pies saltan la cuerda a la vez.

FASE PREPARATORIA
Colócate sobre una superficie blanda, como una esterilla, con los pies un poco separados. Agarra la comba con las manos y pon los pies por delante de la cuerda, que queda en el suelo por detrás de los talones.

PRIMERA FASE
Pega los codos a los lados del cuerpo y sube las manos para que los antebrazos estén paralelos al suelo. Pasa la cuerda por encima de la cabeza y salta con los dos pies juntos cuando la cuerda esté a punto de llegarte a los pies.

SEGUNDA FASE
Repite el ejercicio durante 30-60 segundos.

TALÓN AL GLÚTEO CON COMBA

El ejercicio de talón al glúteo aumenta la velocidad de las contracciones de los isquiotibiales, lo que puede ayudar a correr más rápido. Si le añades una comba, el músculo del gemelo trabaja más.

FASE PREPARATORIA
De pie sobre una superficie blanda, separa un poco los pies. Agarra la comba y pon los pies por delante, para que descanse en el suelo detrás de los talones.

PRIMERA FASE
Pega los codos a los lados del cuerpo y sube las manos para que los antebrazos estén paralelos al suelo. Pasa la cuerda por encima de la cabeza y sáltala con un pie cada vez, llevando el talón al glúteo al mismo tiempo.

SEGUNDA FASE
Intenta tocar el glúteo con cada salto. Repite durante 30-60 segundos.

SENTADILLA CON SALTO

La sentadilla con salto (o pliométrica) mejora la agilidad, el equilibrio y la potencia, además de perfeccionar el salto vertical del atleta. Fortalece los glúteos, los abdominales, los isquiotibiales y la zona lumbar de la espalda.

INDICACIONES

Dada la naturaleza explosiva de este ejercicio, es crucial calentar antes de realizarlo, así que evita hacerlo al principio del entrenamiento. Activa el *core* para no tensar la zona lumbar, y distribuye el peso entre los pies al caer. Se empieza con 1 serie de 5-10 repeticiones para pasar más adelante a 3 series.

CLAVE

- *Articulaciones*
- *Músculos*
- Se acorta con tensión
- Se alarga con tensión
- Se alarga sin tensión
- En tensión sin movimiento

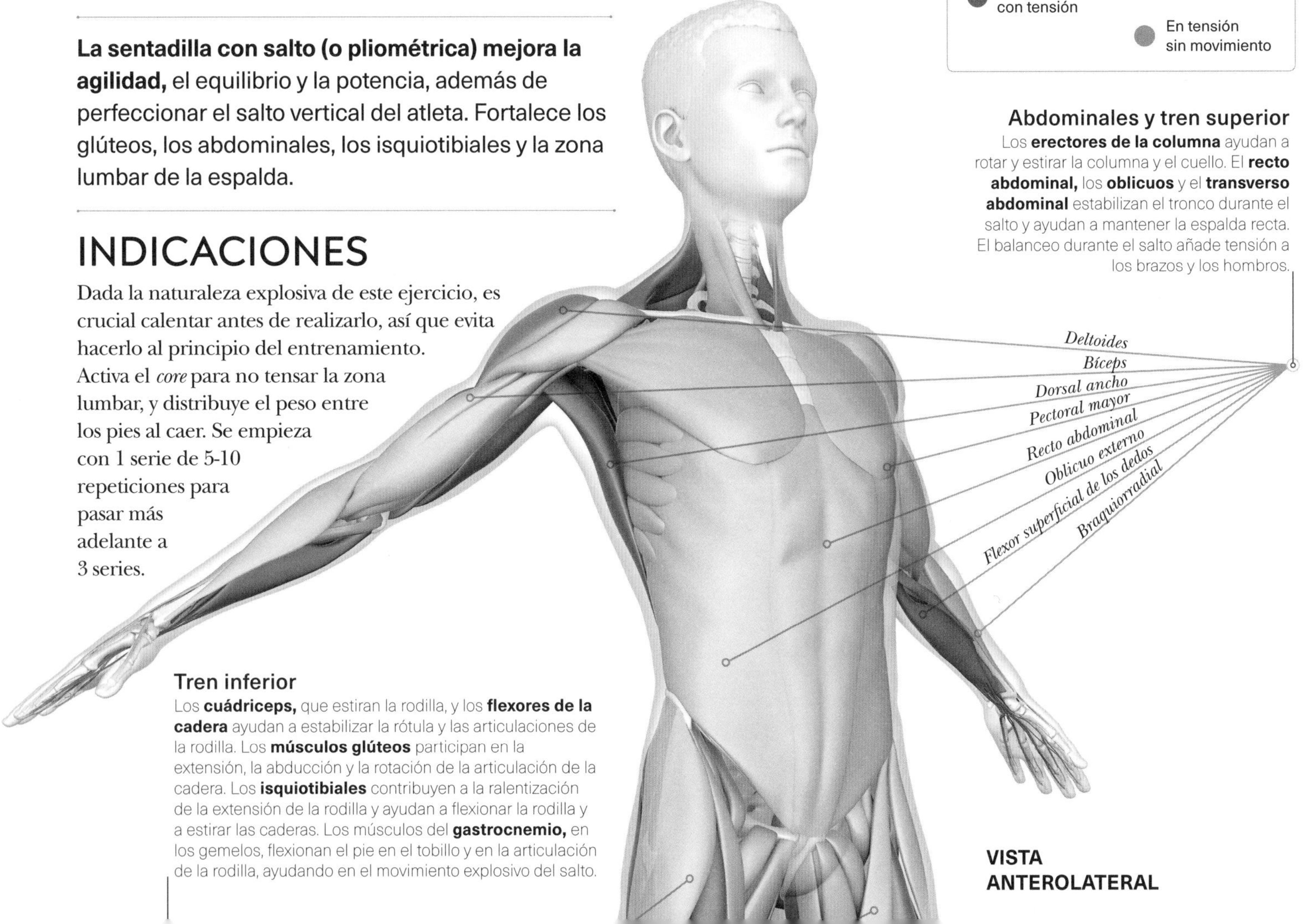

Abdominales y tren superior

Los **erectores de la columna** ayudan a rotar y estirar la columna y el cuello. El **recto abdominal,** los **oblicuos** y el **transverso abdominal** estabilizan el tronco durante el salto y ayudan a mantener la espalda recta. El balanceo durante el salto añade tensión a los brazos y los hombros.

Tren inferior

Los **cuádriceps,** que estiran la rodilla, y los **flexores de la cadera** ayudan a estabilizar la rótula y las articulaciones de la rodilla. Los **músculos glúteos** participan en la extensión, la abducción y la rotación de la articulación de la cadera. Los **isquiotibiales** contribuyen a la ralentización de la extensión de la rodilla y ayudan a flexionar la rodilla y a estirar las caderas. Los músculos del **gastrocnemio,** en los gemelos, flexionan el pie en el tobillo y en la articulación de la rodilla, ayudando en el movimiento explosivo del salto.

VISTA ANTEROLATERAL

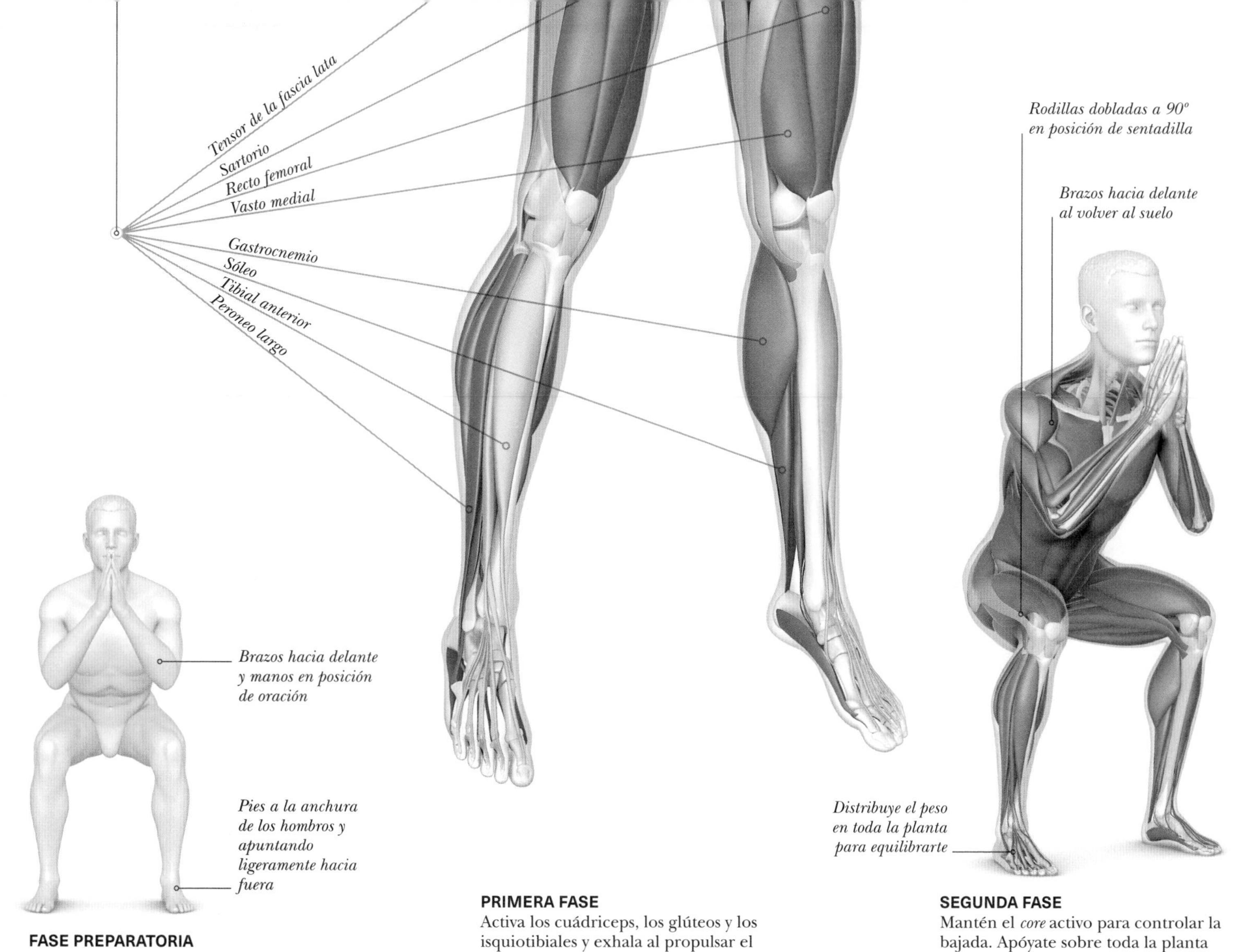

FASE PREPARATORIA
Separa los pies a la anchura de los hombros y dobla un poco las rodillas. Activa el *core*, dobla más las rodillas y baja a la posición de sentadilla, con los muslos paralelos al suelo.

PRIMERA FASE
Activa los cuádriceps, los glúteos y los isquiotibiales y exhala al propulsar el cuerpo hacia arriba en un salto explosivo en el que estiras las piernas y los pies quedan en el aire. Separa los brazos hacia los lados al saltar, para ayudarte a impulsarte.

SEGUNDA FASE
Mantén el *core* activo para controlar la bajada. Apóyate sobre toda la planta (dedos, almohadilla, arcos, talones) y baja a realizar de nuevo una sentadilla para iniciar otro salto explosivo. Una vez con los pies en el suelo, repite el salto de inmediato.

» VARIACIONES

Estas variaciones de la sentadilla con salto son movimientos pliométricos (potentes y explosivos) que aumentan la resistencia muscular y cardiovascular. En ellas participan los abdominales, los glúteos, los isquiotibiales y los músculos de la zona lumbar. No se deben practicar todos los días; conviene descansar 48-72 horas.

CLAVE
- Principal músculo ejercitado
- Otros músculos implicados

*En el salto de la rana y en la sentadilla sumo con salto, vigila que las **rodillas** no vayan **hacia dentro** al iniciar el salto desde una postura más ancha.*

SALTO DE LA RANA

El salto de la rana fortalece los cuádricpes, los glúteos, los gemelos, los isquiotibiales, los muslos internos y los flexores de la cadera. Es un ejercicio pliométrico destinado a mejorar la masa muscular, la velocidad y la agilidad.

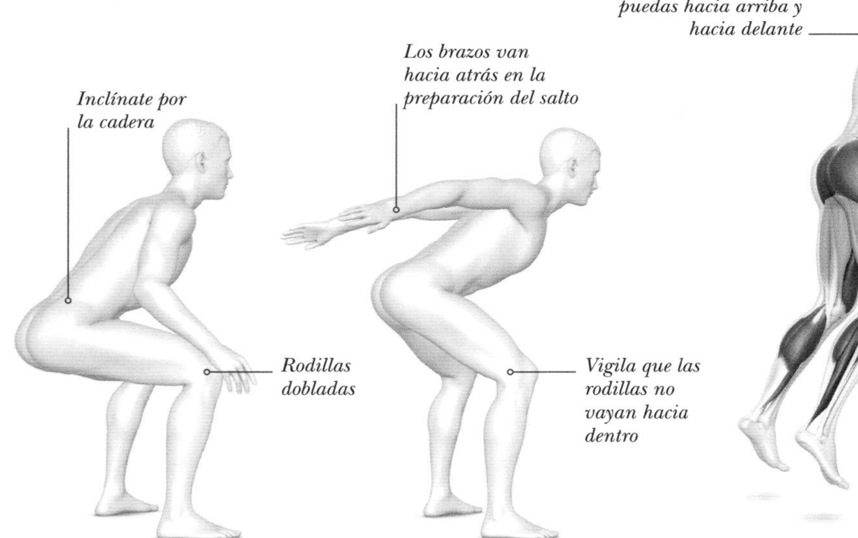

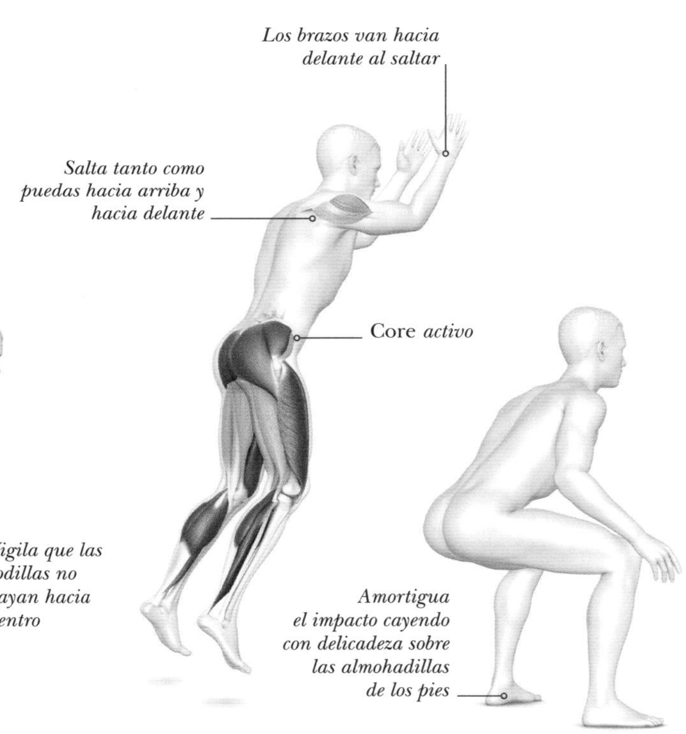

FASE PREPARATORIA
Con las piernas separadas y los dedos de los pies apuntando hacia fuera, baja a realizar una sentadilla en uno de los lados de la esterilla.

PRIMERA FASE
Activa el *core* y prepárate para saltar hacia arriba y hacia delante. Asegúrate de que inicias el salto desde una posición baja, «de rana».

SEGUNDA FASE
Salta hacia arriba y hacia delante lo más lejos que puedas, moviendo los brazos hacia delante para ganar impulso.

TERCERA FASE
Cae sobre los dedos de los pies y luego sobre las almohadillas, en una sentadilla baja similar a la de una rana. Date la vuelta y repite el salto.

SENTADILLA CON SALTO ABRIENDO Y CERRANDO

Esta versión se centra en la velocidad, la agilidad y la potencia. Trabaja los abdominales, los glúteos, los isquiotibiales y los músculos de la zona lumbar, además de los gemelos, los aductores y los abductores.

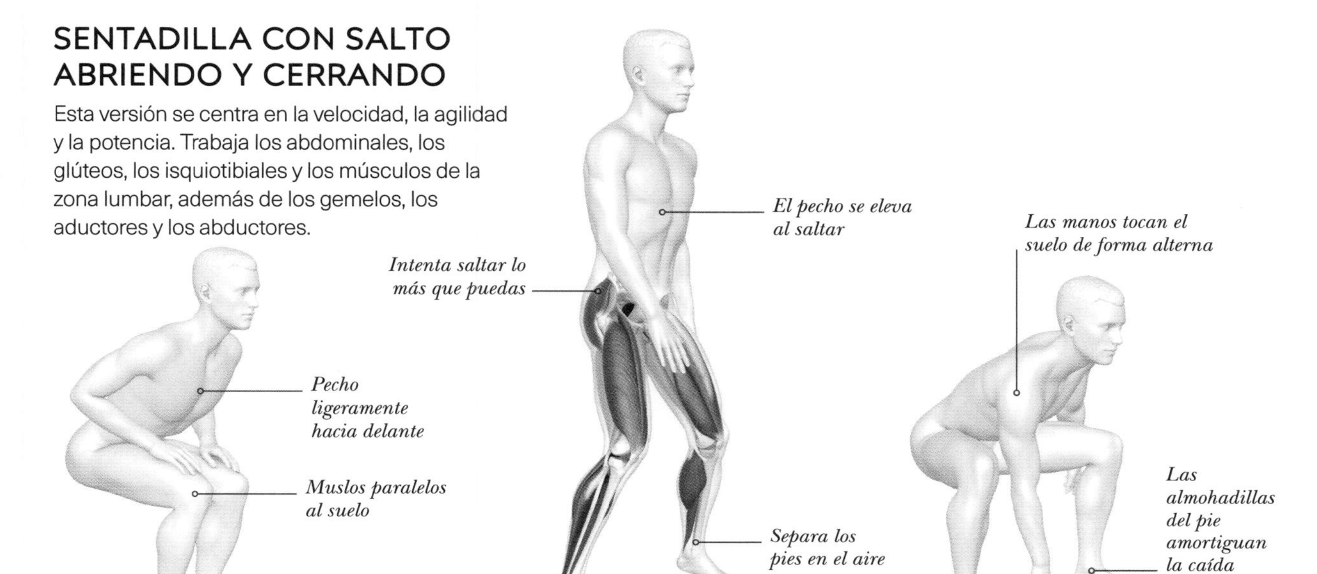

FASE PREPARATORIA
Con los pies juntos y las rodillas ligeramente dobladas, coloca las manos sobre los muslos. Inhala al bajar a la sentadilla en silla (p. 98).

PRIMERA FASE
Salta de manera explosiva y, al bajar, separa los pies en el aire. Cae sobre los pies separados, baja a sentadilla y toca con una mano el suelo.

SEGUNDA FASE
Aterriza de forma delicada, repartiendo el peso entre los dedos de los pies, las almohadillas y los talones. Sal de la sentadilla y vuelve a la posición inicial.

SENTADILLA SUMO CON SALTO

Este salto pliométrico esculpe las piernas y los músculos posteriores. Activa los glúteos y los muslos internos y externos, además de los abdominales, los cuádriceps, los isquiotibiales y la zona lumbar.

FASE PREPARATORIA
Con las piernas separadas y los pies apuntando hacia fuera, pliégate despacio por las caderas y las rodillas y realiza una sentadilla sumo profunda (p. 99).

PRIMERA FASE
Exhala y, empleando los glúteos, los isquiotibiales, los cuádriceps y el *core*, impúlsate en el aire. Estira las piernas y las caderas en el aire antes de regresar al suelo.

SEGUNDA FASE
Cae en posición de sentadilla sumo. Al aterrizar, asegúrate de que las rodillas están un poco dobladas para evitar lesiones, y amortigua el impacto apoyándote en las almohadillas de los pies. Repite durante 30-60 segundos.

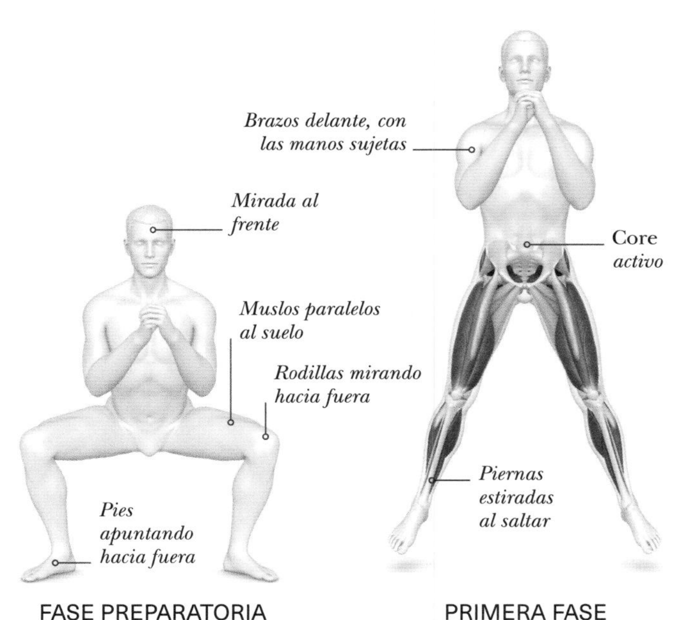

FASE PREPARATORIA

PRIMERA FASE

SALTO CON RODILLAS AL PECHO

En este salto, conocido también como *tuck jump,* empleas el peso corporal y la potencia para contraer varios músculos a la vez al saltar. Exige fuerza y resistencia cardiovascular, y tonifica los cuádriceps, los glúteos, los isquiotibiales, los gemelos, los flexores de la cadera, los abdominales y los oblicuos.

INDICACIONES

Asegúrate de realizar este ejercicio al inicio del entrenamiento HIIT, después de haber calentado, como con cualquier otro ejercicio pliométrico, o puedes tensar las rodillas y las articulaciones. Es importante saber cómo caer al realizar los saltos pliométricos, asegurándose de repartir el peso entre los pies, las rodillas y las caderas. Utiliza todo el rango de movimiento al saltar. Se empieza con 1 serie de 4-8 repeticiones. Se trata de un ejercicio exigente, por lo que no conviene hacerlo más de dos veces a la semana para evitar demasiado impacto en las articulaciones.

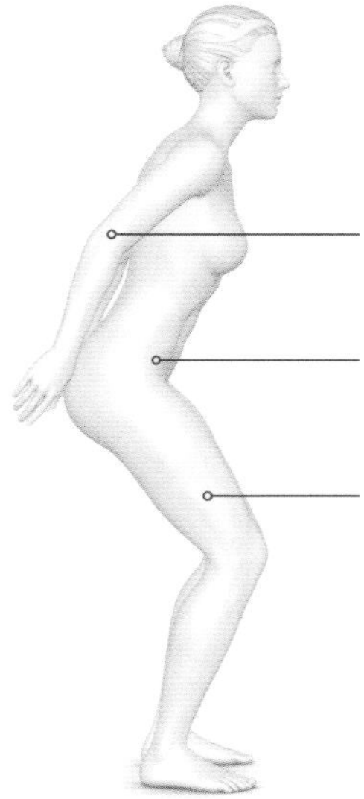

Brazos a los lados, listos para ir hacia delante

Core *activo*

Rodillas dobladas mientras preparas el salto

FASE PREPARATORIA
Con los pies a la anchura de las caderas, los brazos a los lados, las rodillas dobladas y el *core* activo, dobla un poco las rodillas para preparar el salto.

Brazos arriba para ganar impulso

Abdominales inferiores activos para elevar las rodillas

Piernas en el aire preparadas para llevar las rodillas al pecho

CLAVE
Articulaciones
Músculos
Se acorta con tensión
Se alarga con tensión
Se alarga sin tensión
En tensión sin movimiento

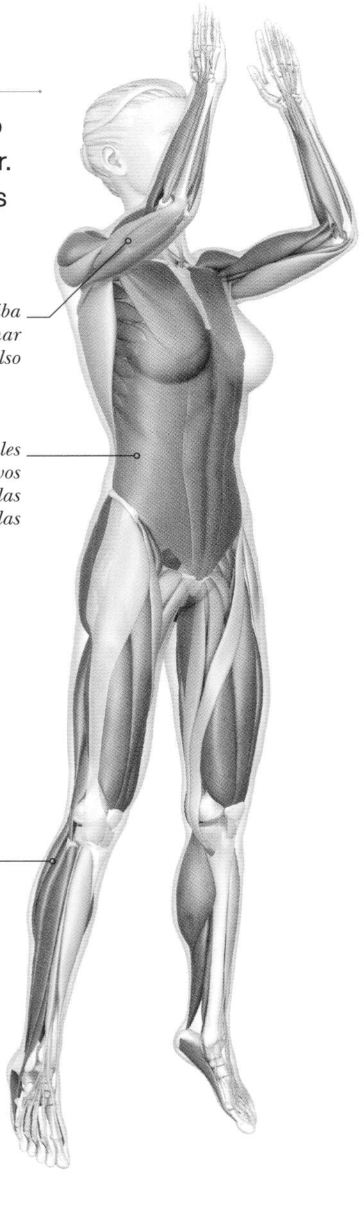

PRIMERA FASE
Exhala impulsándote en el salto con los músculos de las piernas, doblando los brazos y llevándolos hacia delante y hacia arriba.

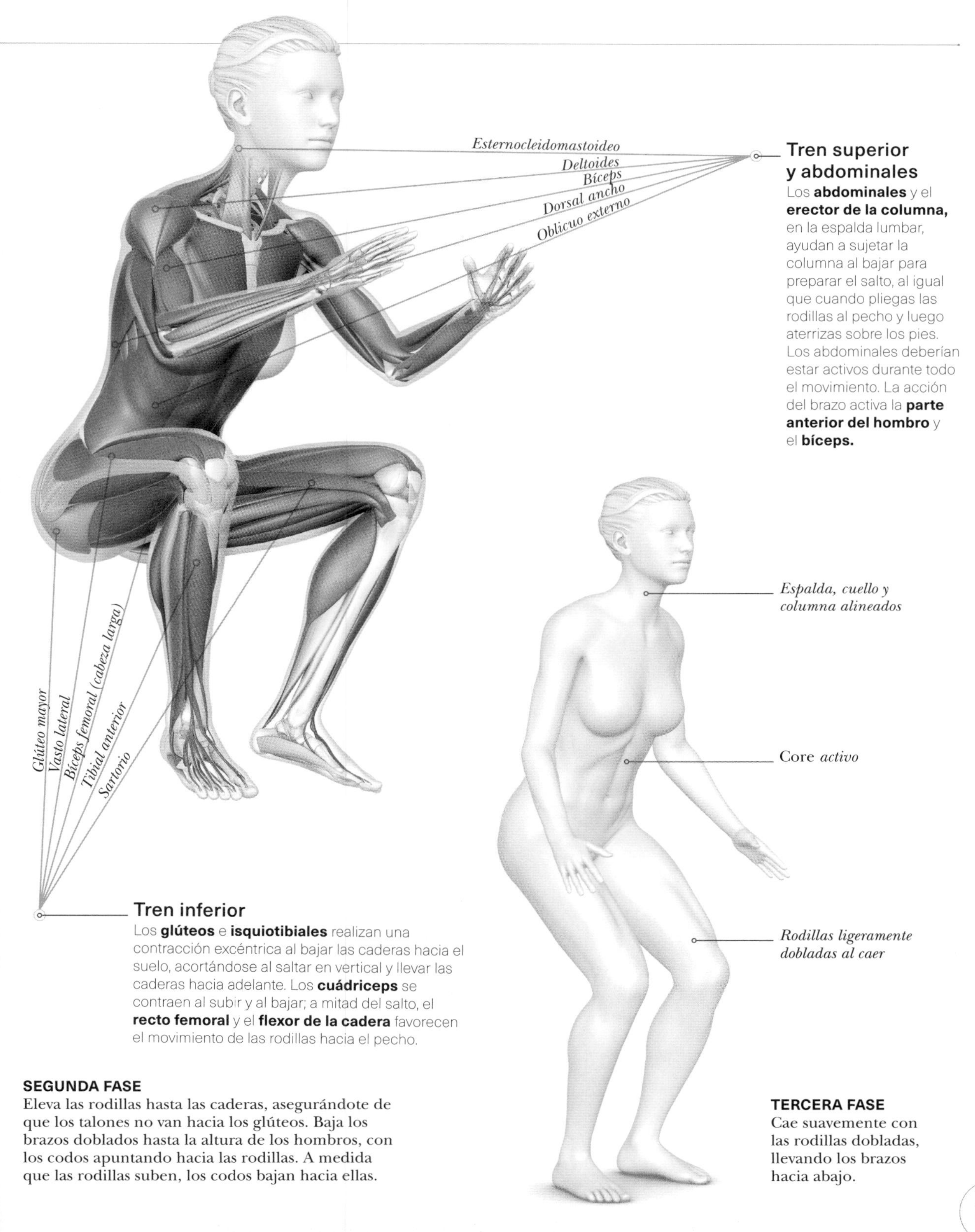

Tren superior y abdominales

Los **abdominales** y el **erector de la columna,** en la espalda lumbar, ayudan a sujetar la columna al bajar para preparar el salto, al igual que cuando pliegas las rodillas al pecho y luego aterrizas sobre los pies. Los abdominales deberían estar activos durante todo el movimiento. La acción del brazo activa la **parte anterior del hombro** y el **bíceps.**

Tren inferior

Los **glúteos** e **isquiotibiales** realizan una contracción excéntrica al bajar las caderas hacia el suelo, acortándose al saltar en vertical y llevar las caderas hacia adelante. Los **cuádriceps** se contraen al subir y al bajar; a mitad del salto, el **recto femoral** y el **flexor de la cadera** favorecen el movimiento de las rodillas hacia el pecho.

SEGUNDA FASE

Eleva las rodillas hasta las caderas, asegurándote de que los talones no van hacia los glúteos. Baja los brazos doblados hasta la altura de los hombros, con los codos apuntando hacia las rodillas. A medida que las rodillas suben, los codos bajan hacia ellas.

TERCERA FASE

Cae suavemente con las rodillas dobladas, llevando los brazos hacia abajo.

SALTO AL CAJÓN

El salto al cajón es un ejercicio pliométrico centrado en todos los grupos musculares del tren inferior, incluidos los glúteos, los isquiotibiales, los cuádriceps y los gemelos. Dado que también se activa el *core* y empleas los brazos en un movimiento oscilante, es un trabajo completo.

INDICACIONES

La clave para dominar el salto al cajón es empezar con una altura que se adapte a tu forma física. Si eres principiante, comienza con un cajón de 30 cm de altura y, a medida que vayas ganando confianza y domines el ejercicio, pasa a otro más alto. Empieza con 3 series de 10-12 repeticiones.

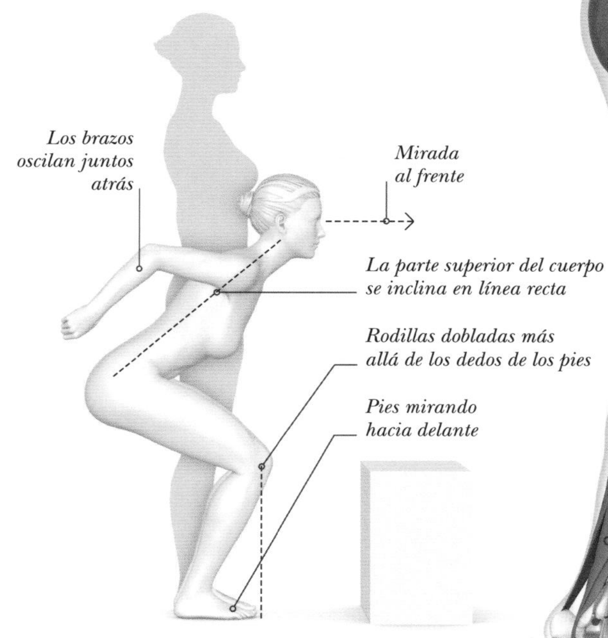

PRIMERA FASE
De frente al cajón y con los pies separados a la anchura de las caderas, las rodillas y las caderas están ligeramente dobladas. Oscila con los brazos hacia atrás, dobla más las rodillas y empuja más atrás las caderas.

SEGUNDA FASE
Salta en el aire, en un movimiento explosivo que parte de las almohadillas de los pies. Impúlsate llevando los brazos hacia arriba y adelante y estira totalmente las rodillas y las caderas para ganar toda la altura que puedas. Al final del salto dobla las rodillas y las caderas para llevarlas hacia delante y caer sobre el cajón.

Bíceps
Tríceps
Deltoides
Pectoral mayor
Dorsal ancho
Serrato anterior
Oblicuo externo
Recto abdominal

Tren superior
El movimiento de los **brazos** ayuda a despegarse del suelo, creando el impulso necesario para llevar el cuerpo hacia delante. El **recto abdominal** y los **oblicuos** participan a medida que el cuerpo se elonga para saltar.

Tensor de la fascia lata
Recto femoral
Caderas
Aductor mayor
Bíceps femoral (c. l.)
Vasto medial
Rodilla
Gastrocnemio
Tibial anterior
Peroneo largo
Tobillo
Abductor largo de los dedos
Extensor del dedo pequeño

Piernas
Los músculos del **cuádriceps** trabajan juntos para estirar las rodillas. Los de los gemelos, los **gastrocnemios** y los **sóleos** crean el resorte para saltar. Los músculos de los **isquiotibiales** contribuyen a flexionar la rodilla y extender la cadera, a la que también ayudan los glúteos.

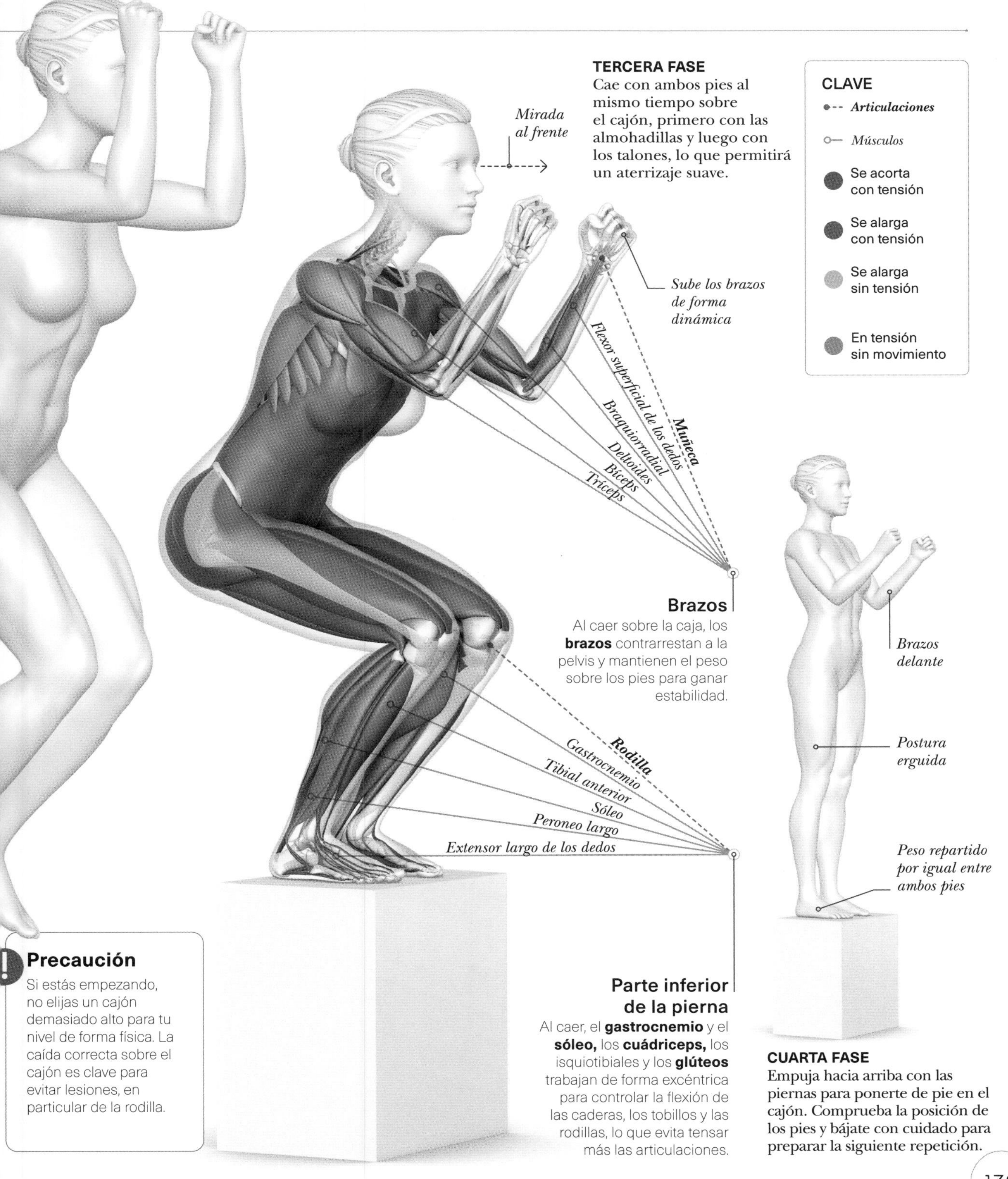

TERCERA FASE
Cae con ambos pies al mismo tiempo sobre el cajón, primero con las almohadillas y luego con los talones, lo que permitirá un aterrizaje suave.

Brazos

Al caer sobre la caja, los **brazos** contrarrestan a la pelvis y mantienen el peso sobre los pies para ganar estabilidad.

Parte inferior de la pierna

Al caer, el **gastrocnemio** y el **sóleo,** los **cuádriceps,** los isquiotibiales y los **glúteos** trabajan de forma excéntrica para controlar la flexión de las caderas, los tobillos y las rodillas, lo que evita tensar más las articulaciones.

Precaución

Si estás empezando, no elijas un cajón demasiado alto para tu nivel de forma física. La caída correcta sobre el cajón es clave para evitar lesiones, en particular de la rodilla.

CUARTA FASE
Empuja hacia arriba con las piernas para ponerte de pie en el cajón. Comprueba la posición de los pies y bájate con cuidado para preparar la siguiente repetición.

SALTO CON UNA PIERNA

Este exigente movimiento pliométrico fortalece los gemelos, los glúteos, los flexores de la cadera, los isquiotibiales y los cuádriceps, además de mejorar la agilidad, la velocidad y el rendimiento deportivo general.

INDICACIONES

Despeja la zona antes de realizar el ejercicio. Al igual que en todos los saltos, la forma de caer es importante. Vigila que la rodilla y el tobillo no realicen ninguna torsión o movimiento lateral. Haz 3-10 repeticiones con una pierna y luego cambia de lado. Los ejercicios pliométricos como este solo han de realizarse dos veces a la semana, para dejar que los músculos se recuperen.

Tren superior

El **transverso y el recto abdominales** y los o**blicuos internos** y **externos** sujetan la columna en una posición neutra, además de estabilizar el tronco. El balanceo del brazo activa la parte **anterior de los hombros,** el **manguito rotador** y los **bíceps.**

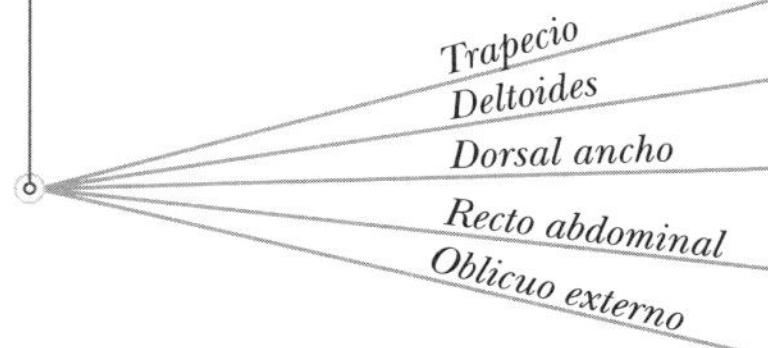

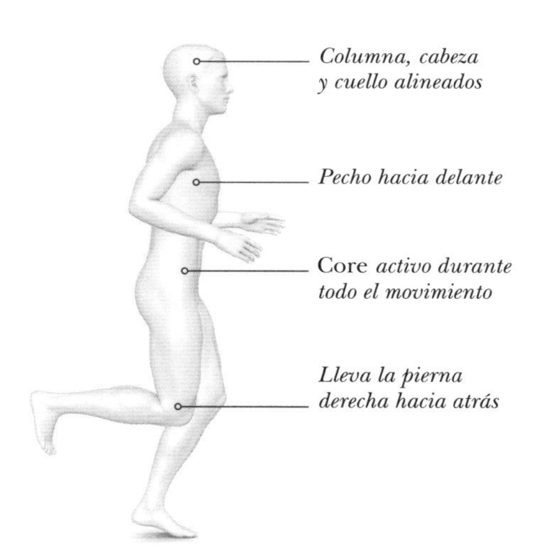

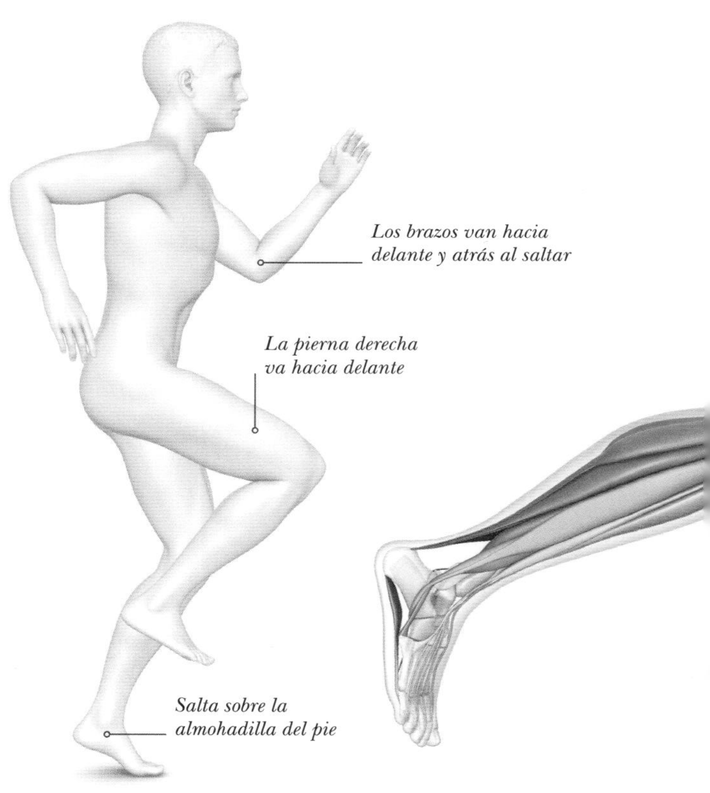

FASE PREPARATORIA

Con las piernas separadas a la anchura de los hombros y la espalda recta, proyecta el pecho hacia delante. Eleva la pierna derecha del suelo por detrás de ti, con el pie apuntando hacia atrás. Dobla un poco la rodilla izquierda y presiona el suelo para saltar hacia arriba y hacia delante.

PRIMERA FASE

Lleva la pierna que salta (la izquierda) un poco hacia delante desde la rodilla para impulsarte. Usa la derecha para mover el cuerpo hacia delante. Al ir hacia delante, los brazos van hacia atrás.

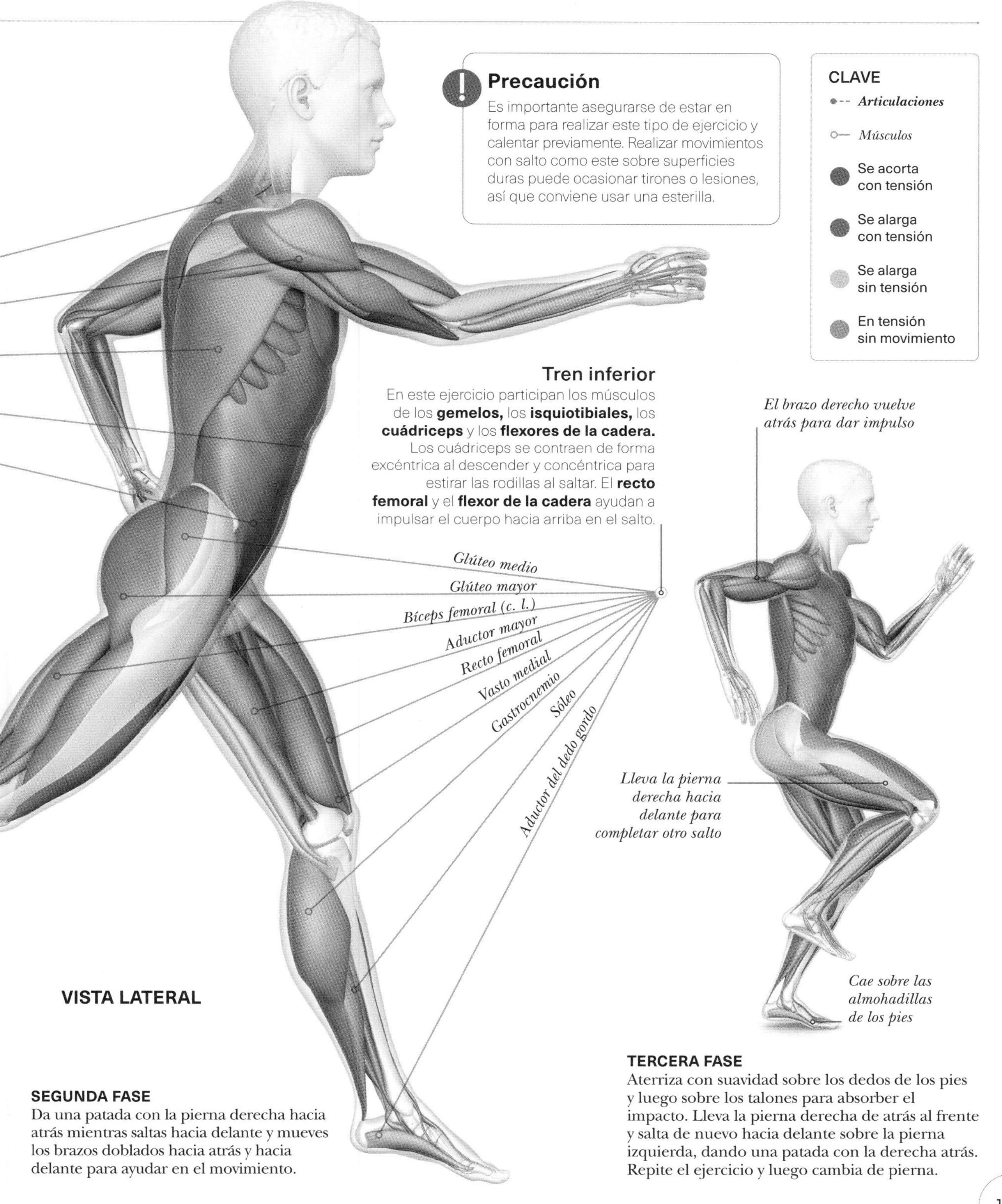

Precaución

Es importante asegurarse de estar en forma para realizar este tipo de ejercicio y calentar previamente. Realizar movimientos con salto como este sobre superficies duras puede ocasionar tirones o lesiones, así que conviene usar una esterilla.

CLAVE

- *Articulaciones*
- *Músculos*
- Se acorta con tensión
- Se alarga con tensión
- Se alarga sin tensión
- En tensión sin movimiento

Tren inferior

En este ejercicio participan los músculos de los **gemelos,** los **isquiotibiales,** los **cuádriceps** y los **flexores de la cadera.** Los cuádriceps se contraen de forma excéntrica al descender y concéntrica para estirar las rodillas al saltar. El **recto femoral** y el **flexor de la cadera** ayudan a impulsar el cuerpo hacia arriba en el salto.

SEGUNDA FASE

Da una patada con la pierna derecha hacia atrás mientras saltas hacia delante y mueves los brazos doblados hacia atrás y hacia delante para ayudar en el movimiento.

TERCERA FASE

Aterriza con suavidad sobre los dedos de los pies y luego sobre los talones para absorber el impacto. Lleva la pierna derecha de atrás al frente y salta de nuevo hacia delante sobre la pierna izquierda, dando una patada con la derecha atrás. Repite el ejercicio y luego cambia de pierna.

SALTO HORIZONTAL CON *BURPEE*

Este ejercicio cardiovascular y de fuerza combina correr en el sitio con un *burpee.* Vigoriza los abdominales, los tríceps, la zona superior de la espalda, el pecho, los hombros, los gemelos y los cuádriceps, además de mejorar la coordinación y la agilidad.

INDICACIONES

La superficie sobre la que se va a realizar el ejercicio debe estar nivelada. Baja la postura doblando las rodillas, pero sin que superen los dedos de los pies, y salta hacia el suelo para realizar la flexión. Se puede empezar corriendo en el sitio 8 veces antes de bajar al suelo; repite durante 30 segundos.

CLAVE

- *Articulaciones*
- *Músculos*
- Se acorta con tensión
- Se alarga con tensión
- Se alarga sin tensión
- En tensión sin movimiento

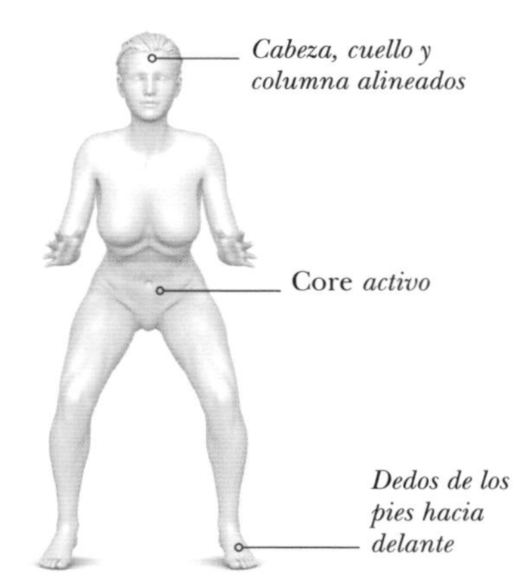

FASE PREPARATORIA
Con los pies a la anchura de los hombros, adopta una postura similar a la de media sentadilla. Dobla los codos a 90º y mantenlos en este ángulo durante la primera fase.

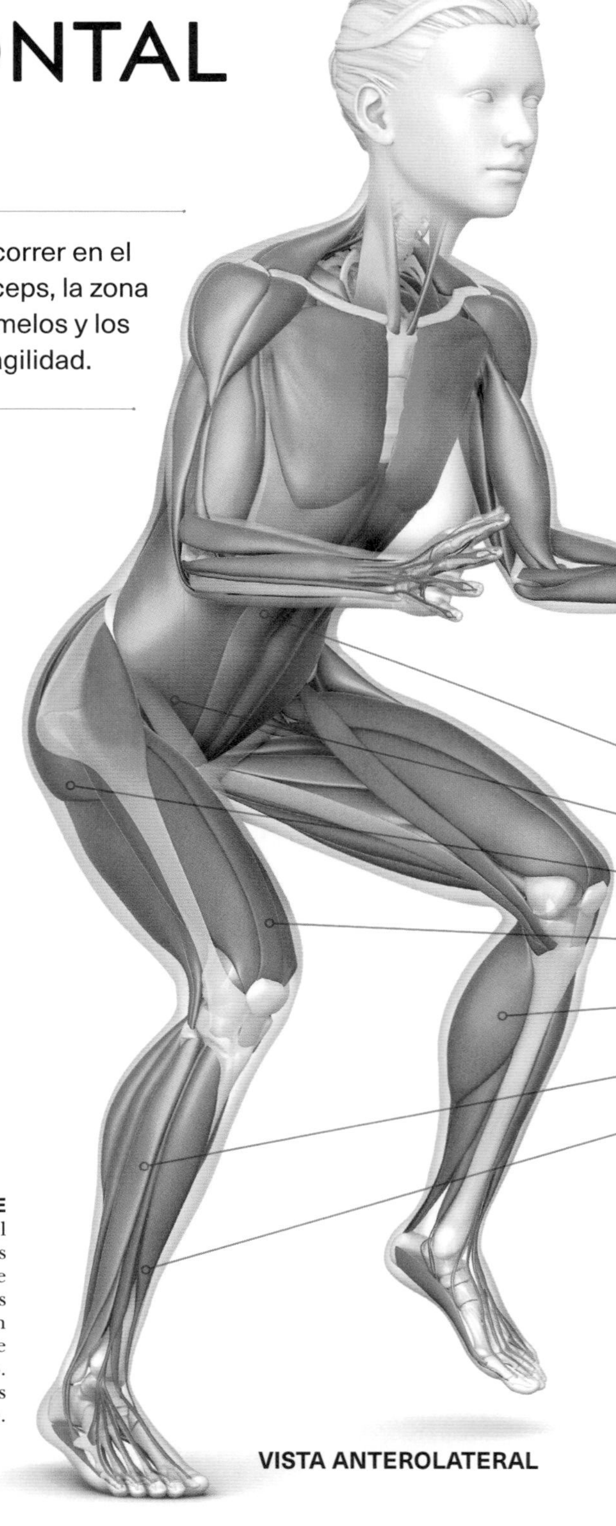

PRIMERA FASE
Empieza a correr en el sitio sobre las almohadillas de los pies, cambiando de pierna con rapidez. Los brazos permanecen estáticos durante este movimiento explosivo. Completa 8 saltos rápidos bajos sin detenerte.

VISTA ANTEROLATERAL

CONTINÚA »

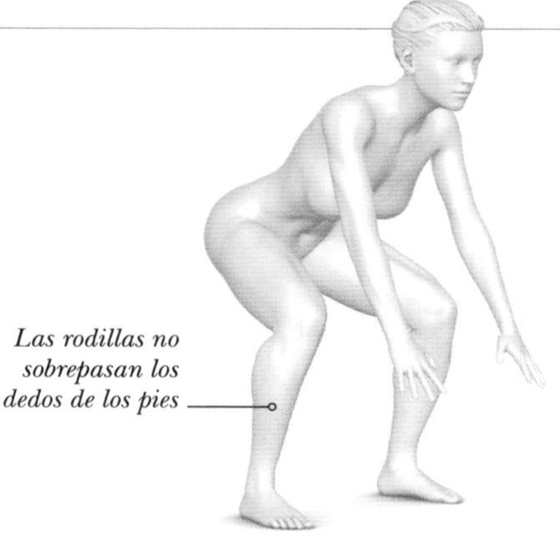

SEGUNDA FASE
Tras el octavo salto, agáchate y prepárate para colocar las manos en el suelo justo debajo de los hombros.

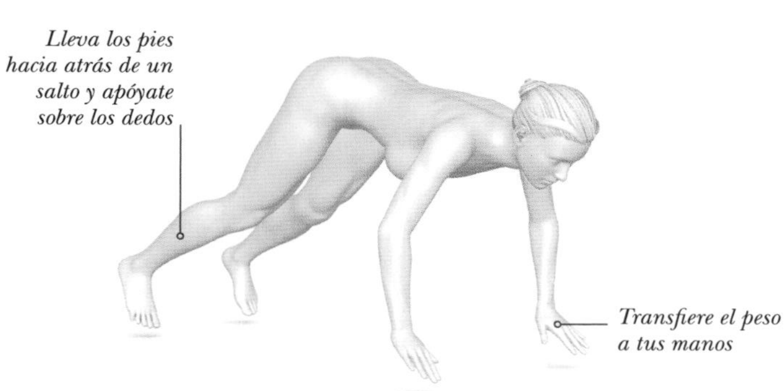

TERCERA FASE
Transfiere el peso a las manos y a los hombros y salta con los pies hacia atrás para estirar las piernas, manteniendo el *core* activo.

Tren inferior

Este ejercicio involucra a los **cuádriceps,** los **gemelos,** los **isquiotibiales** y los **glúteos.** Los cuádriceps ayudan a estirar las rodillas y estabilizan la rótula y las articulaciones de la rodilla. El **iliopsoas,** el **tensor de la fascia lata** y el **recto femoral** ayudan en la extensión de las caderas. El **gastrocnemio** y el **sóleo,** en los gemelos, se contraen cuando estás erguido.

Recto abdominal
Oblicuo externo
Glúteo mayor
Recto femoral
Gastrocnemio
Peroneo largo
Tibial anterior

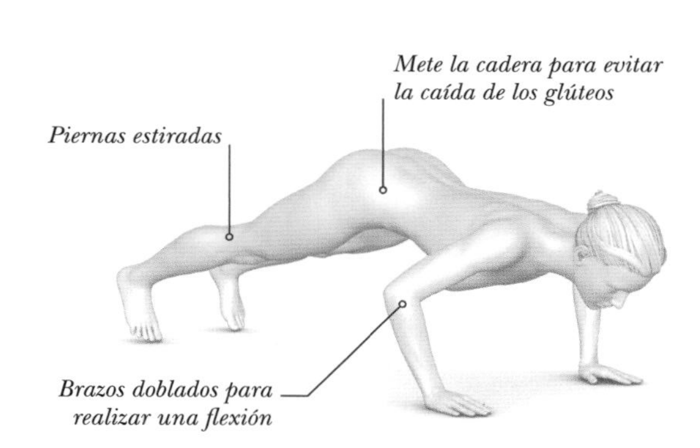

CUARTA FASE
En posición de plancha alta, pon el peso en las manos y en los dedos de los pies y prepárate para realizar una flexión.

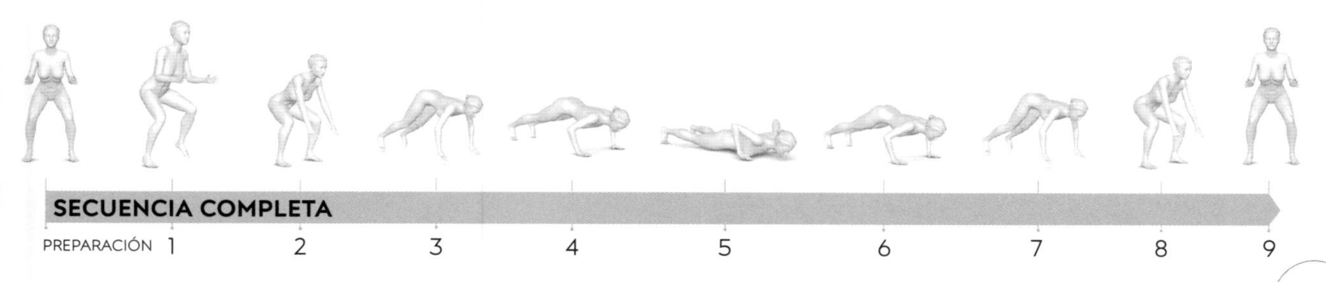

SALTO HORIZONTAL CON *BURPEE* (CONTINÚA)

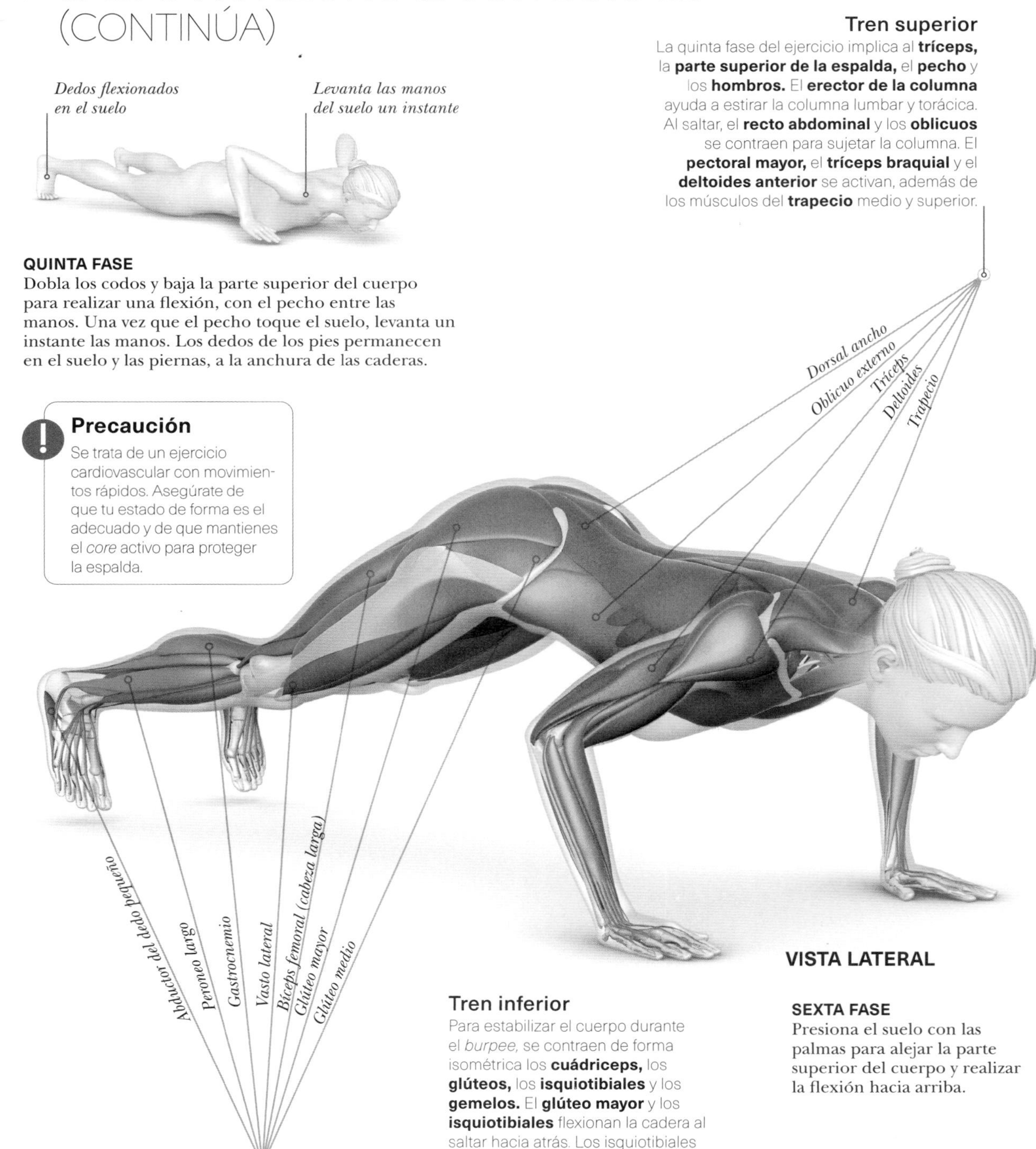

Tren superior

La quinta fase del ejercicio implica al **tríceps,** la **parte superior de la espalda,** el **pecho** y los **hombros.** El **erector de la columna** ayuda a estirar la columna lumbar y torácica. Al saltar, el **recto abdominal** y los **oblicuos** se contraen para sujetar la columna. El **pectoral mayor,** el **tríceps braquial** y el **deltoides anterior** se activan, además de los músculos del **trapecio** medio y superior.

QUINTA FASE
Dobla los codos y baja la parte superior del cuerpo para realizar una flexión, con el pecho entre las manos. Una vez que el pecho toque el suelo, levanta un instante las manos. Los dedos de los pies permanecen en el suelo y las piernas, a la anchura de las caderas.

Precaución

Se trata de un ejercicio cardiovascular con movimientos rápidos. Asegúrate de que tu estado de forma es el adecuado y de que mantienes el *core* activo para proteger la espalda.

Tren inferior

Para estabilizar el cuerpo durante el *burpee,* se contraen de forma isométrica los **cuádriceps,** los **glúteos,** los **isquiotibiales** y los **gemelos.** El **glúteo mayor** y los **isquiotibiales** flexionan la cadera al saltar hacia atrás. Los isquiotibiales participan en la flexión de las rodillas.

SEXTA FASE
Presiona el suelo con las palmas para alejar la parte superior del cuerpo y realizar la flexión hacia arriba.

CLAVE

Articulaciones

Músculos

Se acorta con tensión

Se alarga con tensión

Se alarga sin tensión

En tensión sin movimiento

Mantener un centro de ***gravedad bajo*** *ayuda a moverse con rapidez y a mantener el equilibrio al* ***repartirse*** *el* ***peso por igual.***

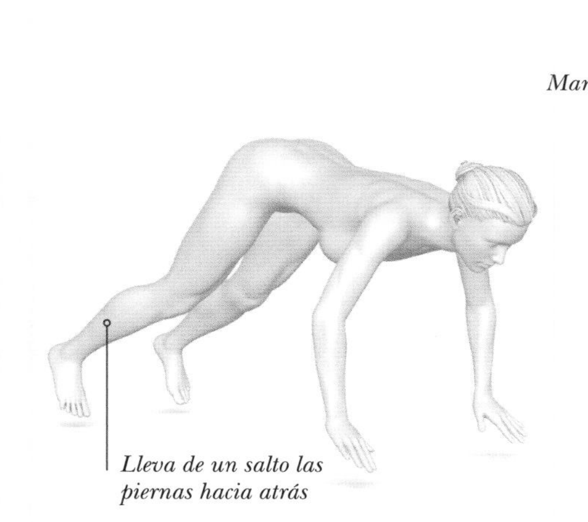

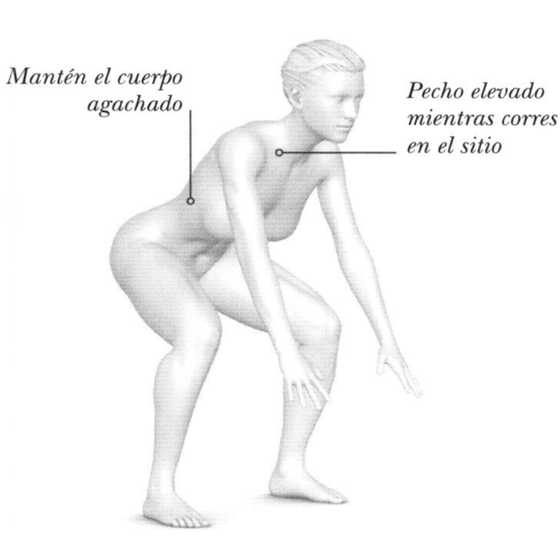

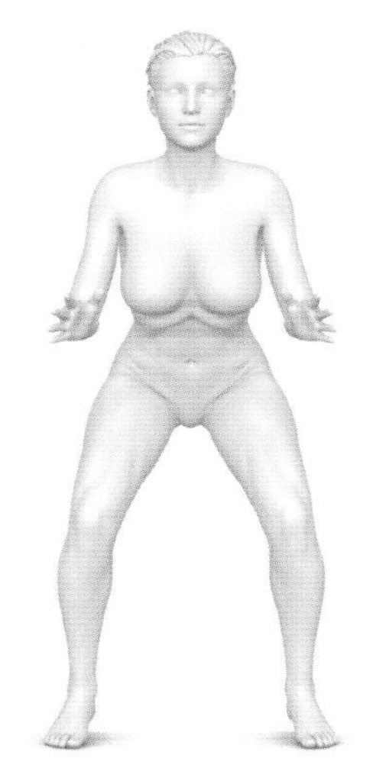

SÉPTIMA FASE
Lleva las piernas de un salto hacia atrás; prepárate para incorporarte en posición de media sentadilla, con las piernas ligeramente dobladas.

OCTAVA FASE
Con los pies a la anchura de los hombros, lleva el peso de nuevo a las piernas y dobla los codos como en la fase preparatoria.

NOVENA FASE
Corre con rapidez en el sitio, levantando las piernas 8 veces, antes de saltar de nuevo hacia abajo y repetir la secuencia.

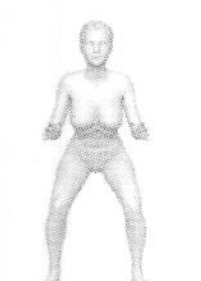
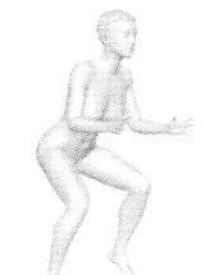

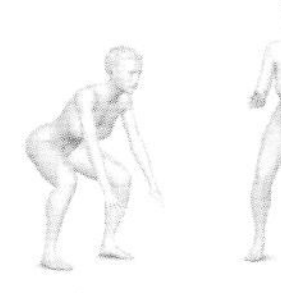

SECUENCIA COMPLETA

PREPARACIÓN 1 2 3 4 5 6 7 8 9

BURPEE

Todo el cuerpo se ve beneficiado de este ejercicio que aumenta la agilidad, la potencia y la resistencia al involucrar las piernas, las caderas, los glúteos, el abdomen, el pecho, los hombros y los brazos. Es un trabajo de alta intensidad que acelera la frecuencia cardiaca y el metabolismo.

INDICACIONES

El *burpee* es un ejercicio muy exigente que combina el salto explosivo con las flexiones para ganar fuerza. Se puede hacer un salto con rodillas al pecho en lugar de con las piernas estiradas para complicar el movimiento. Con la columna recta y el cuello y la cabeza alineados, salta con las rodillas al pecho partiendo de la posición de piernas de la primera fase. Activa el *core* para acercar las rodillas. Se puede comenzar con 5 repeticiones y pasar luego a 10 a medida que se gana confianza.

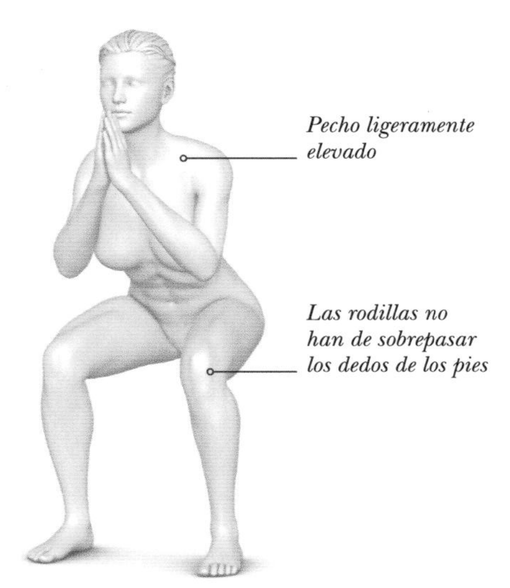

FASE PREPARATORIA
Partiendo de la posición de sentadilla con los pies separados a la anchura de los hombros, la columna y el cuello se alinean y las rodillas se doblan. Comprueba que las rodillas no sobrepasen los dedos de los pies y que el pecho no baje de un ángulo de 45°.

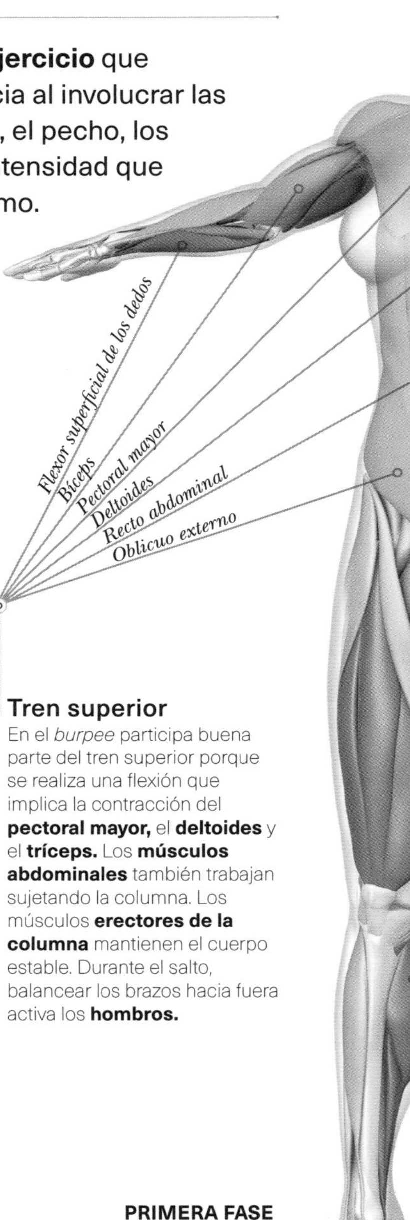

Tren superior

En el *burpee* participa buena parte del tren superior porque se realiza una flexión que implica la contracción del **pectoral mayor,** el **deltoides** y el **tríceps.** Los **músculos abdominales** también trabajan sujetando la columna. Los músculos **erectores de la columna** mantienen el cuerpo estable. Durante el salto, balancear los brazos hacia fuera activa los **hombros.**

PRIMERA FASE
Emplea la potencia de las piernas para saltar en el aire y caer luego en el lugar en el que empezaste. Balancea los brazos hacia los lados al saltar, dejando las piernas estiradas.

CONTINÚA »

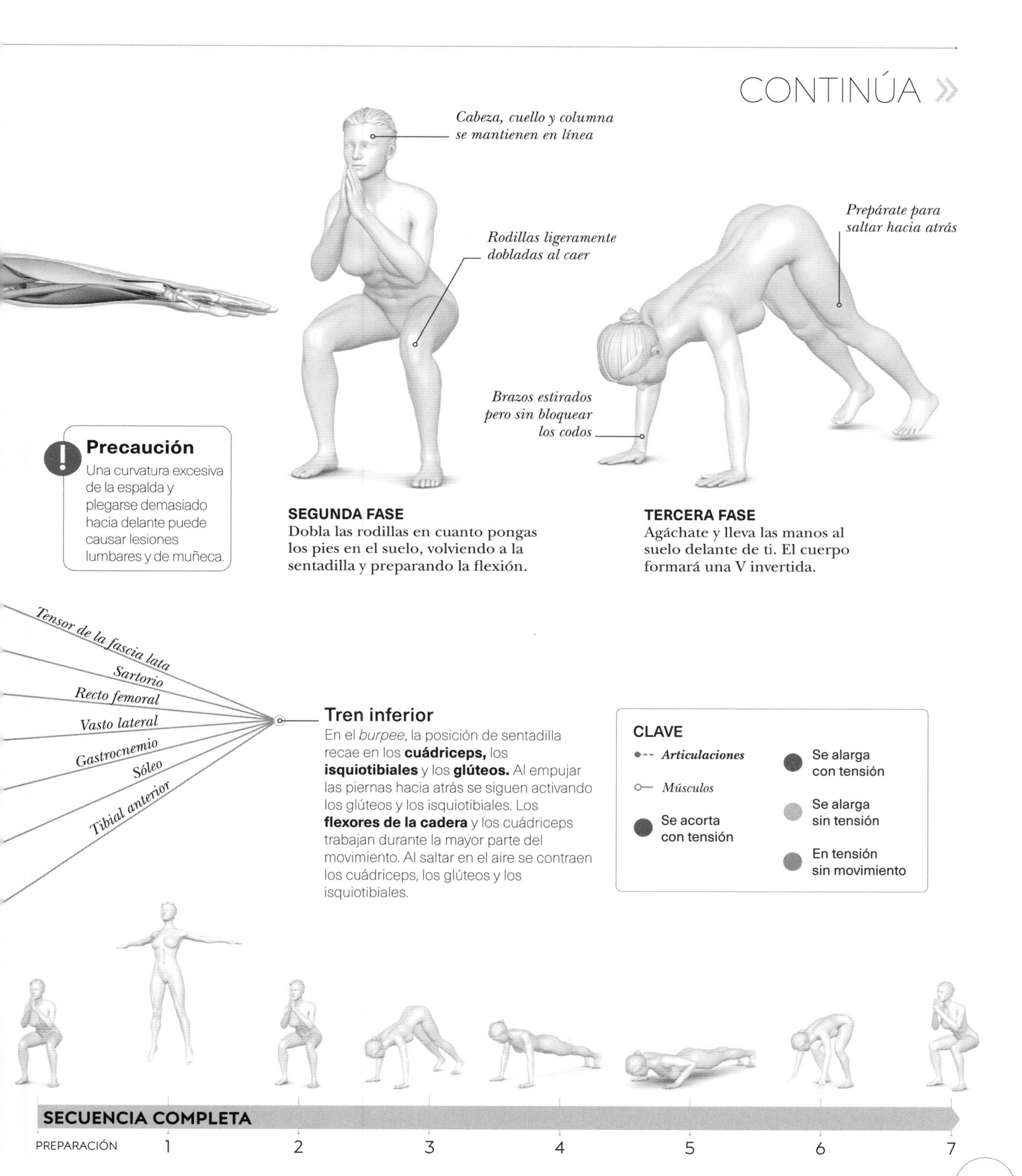

Precaución
Una curvatura excesiva de la espalda y plegarse demasiado hacia delante puede causar lesiones lumbares y de muñeca.

SEGUNDA FASE
Dobla las rodillas en cuanto pongas los pies en el suelo, volviendo a la sentadilla y preparando la flexión.

TERCERA FASE
Agáchate y lleva las manos al suelo delante de ti. El cuerpo formará una V invertida.

Tren inferior

En el *burpee*, la posición de sentadilla recae en los **cuádriceps,** los **isquiotibiales** y los **glúteos.** Al empujar las piernas hacia atrás se siguen activando los glúteos y los isquiotibiales. Los **flexores de la cadera** y los cuádriceps trabajan durante la mayor parte del movimiento. Al saltar en el aire se contraen los cuádriceps, los glúteos y los isquiotibiales.

CLAVE
- *Articulaciones*
- *Músculos*
- Se acorta con tensión
- Se alarga con tensión
- Se alarga sin tensión
- En tensión sin movimiento

» *BURPEE* (CONTINÚA)

CLAVE

- *Articulaciones*
- *Músculos*
- Se acorta con tensión
- Se alarga con tensión
- Se alarga sin tensión
- En tensión sin movimiento

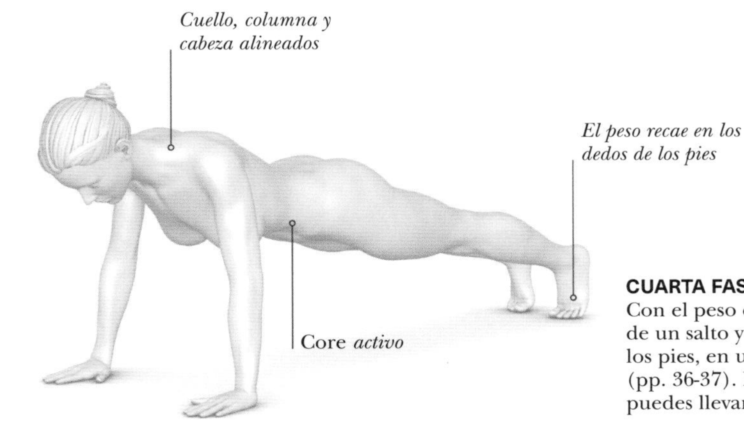

CUARTA FASE
Con el peso en las manos, lleva los pies atrás de un salto y apóyate sobre manos y dedos de los pies, en una posición de plancha alta (pp. 36-37). Para modificar este ejercicio, puedes llevar atrás un pie cada vez.

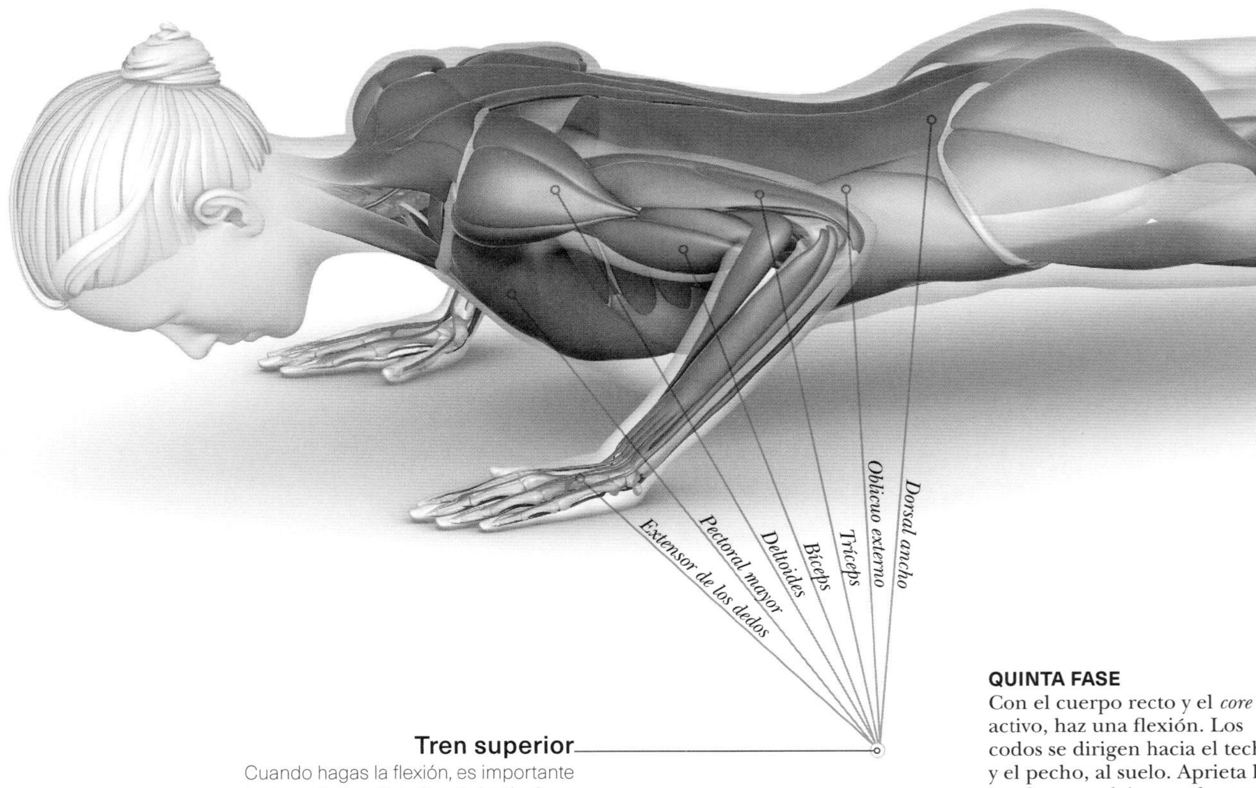

Tren superior
Cuando hagas la flexión, es importante meter la cadera, activar los abdominales y llevar los codos ligeramente hacia atrás al bajar para proteger los deltoides.

QUINTA FASE
Con el cuerpo recto y el *core* activo, haz una flexión. Los codos se dirigen hacia el techo, y el pecho, al suelo. Aprieta los muslos y no dejes que la espalda se hunda o se eleven los glúteos al empujar hacia arriba.

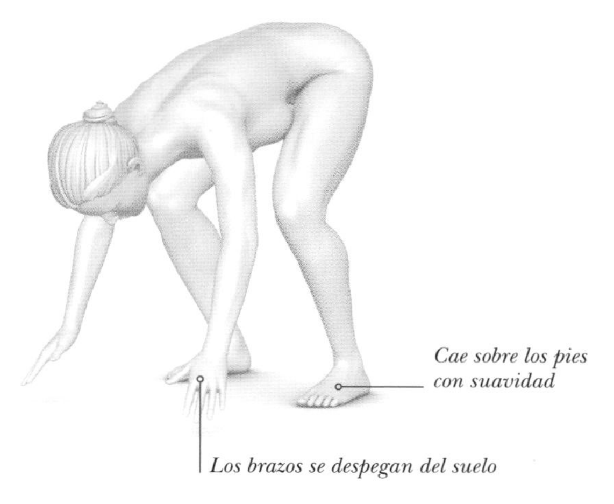

SEXTA FASE
Salta con ambos pies hasta la posición de partida; los pies apoyados con firmeza en el suelo.

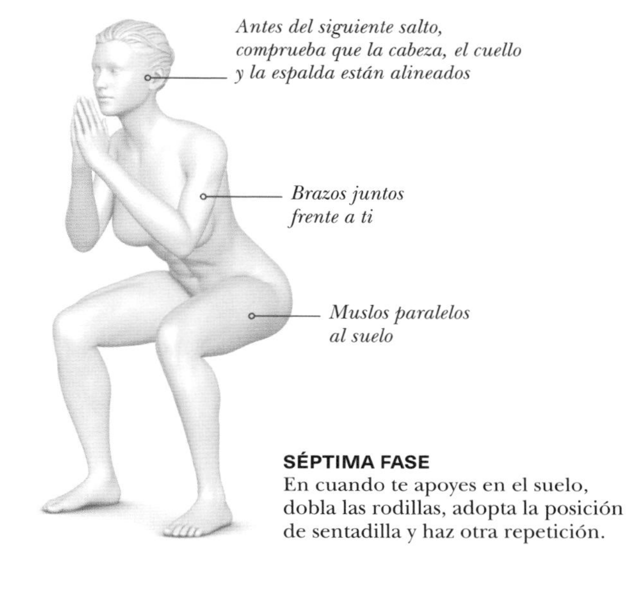

SÉPTIMA FASE
En cuando te apoyes en el suelo, dobla las rodillas, adopta la posición de sentadilla y haz otra repetición.

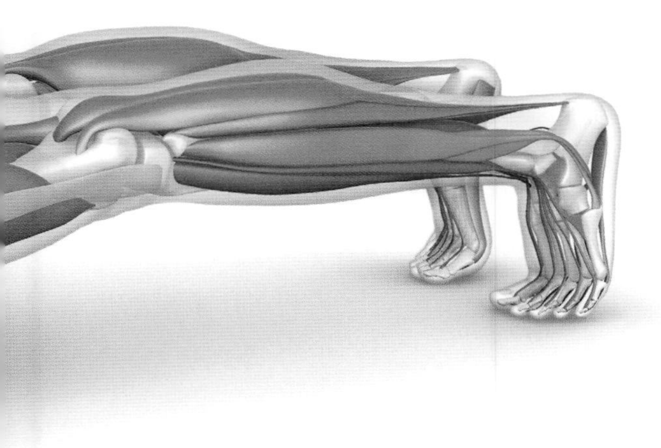

El burpee *acelera el metabolismo, por lo que seguirás* **quemando calorías** *durante el día.*

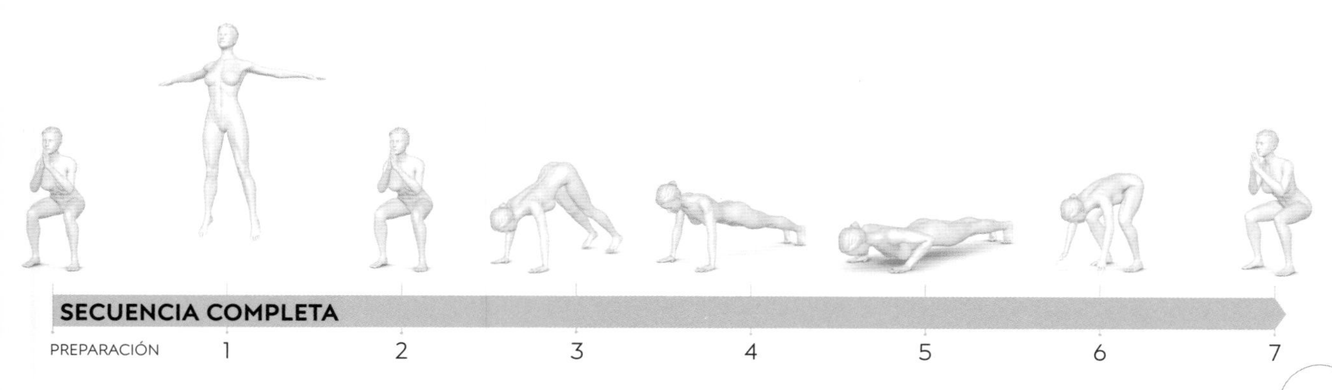

PASO DEL OSO

El paso del oso trabaja la movilidad desde el *core*. Al tratarse de un ejercicio completo, mejora la coordinación y la fuerza y resistencia cardiovascular, además de potenciar el rendimiento deportivo. Estimula los hombros, el pecho, la espalda, los glúteos, los cuádriceps, los isquiotibiales y el *core*.

Espalda fuerte

Pies a la distancia de las caderas

Core *activo*

INDICACIONES

Mantén la espalda recta al llevar el cuerpo hacia delante. Antes de empezar el ejercicio, activa el *core* para que las caderas y los hombros formen una línea recta y mantenlo apretado al moverte. Adopta una posición de mesa en la espalda, con las rodillas en el aire. La cabeza no se hunde hacia delante ni se curva para no perder la alineación. Procura que todo el movimiento se concentre bajo el tronco. Si notas que las piernas se van hacia un lado o que las caderas oscilan, puede que estés dando pasos demasiado grandes. Si eres principiante, realiza el ejercicio durante 30 segundos y ve aumentando despacio hasta 1-2 minutos, con 3-5 repeticiones hacia delante y atrás.

FASE PREPARATORIA

Colócate en una plancha alta (pp. 36-37) como si fueras a hacer una flexión. Las manos han de estar debajo de los hombros, la columna fuerte, el *core* activo y los pies a la anchura de las caderas, con los talones elevados.

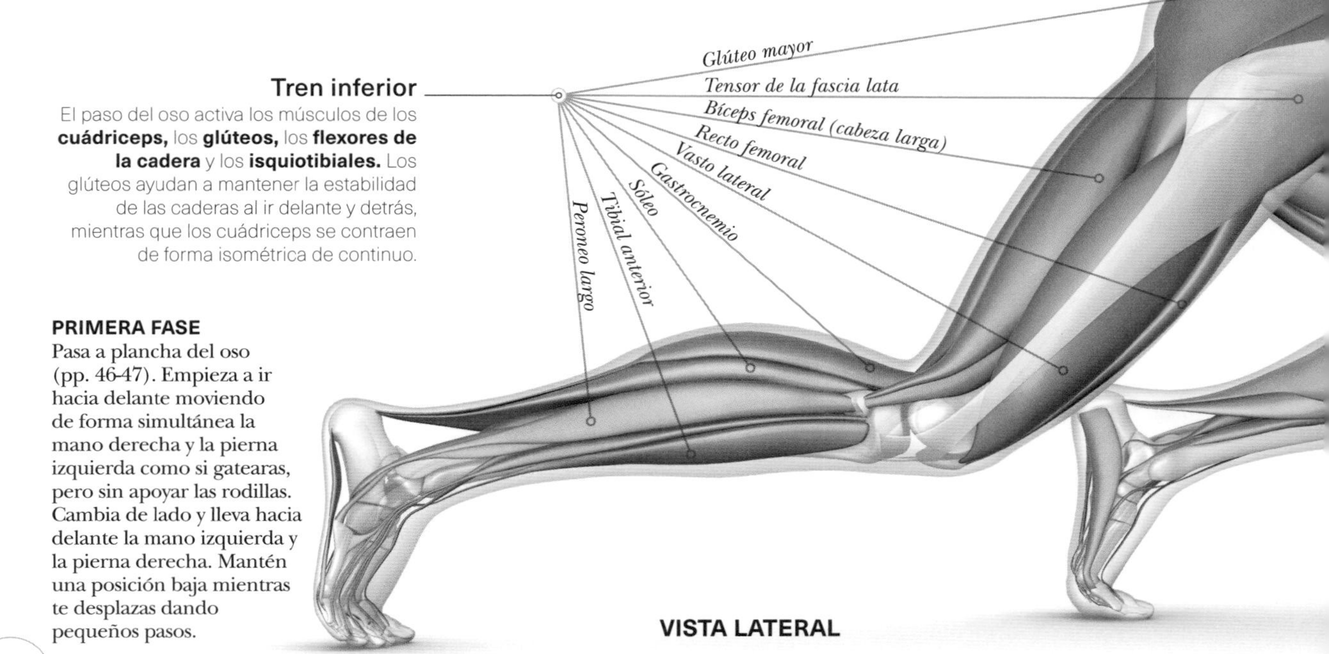

Tren inferior

El paso del oso activa los músculos de los **cuádriceps,** los **glúteos,** los **flexores de la cadera** y los **isquiotibiales.** Los glúteos ayudan a mantener la estabilidad de las caderas al ir delante y detrás, mientras que los cuádriceps se contraen de forma isométrica de continuo.

PRIMERA FASE

Pasa a plancha del oso (pp. 46-47). Empieza a ir hacia delante moviendo de forma simultánea la mano derecha y la pierna izquierda como si gatearas, pero sin apoyar las rodillas. Cambia de lado y lleva hacia delante la mano izquierda y la pierna derecha. Mantén una posición baja mientras te desplazas dando pequeños pasos.

VISTA LATERAL

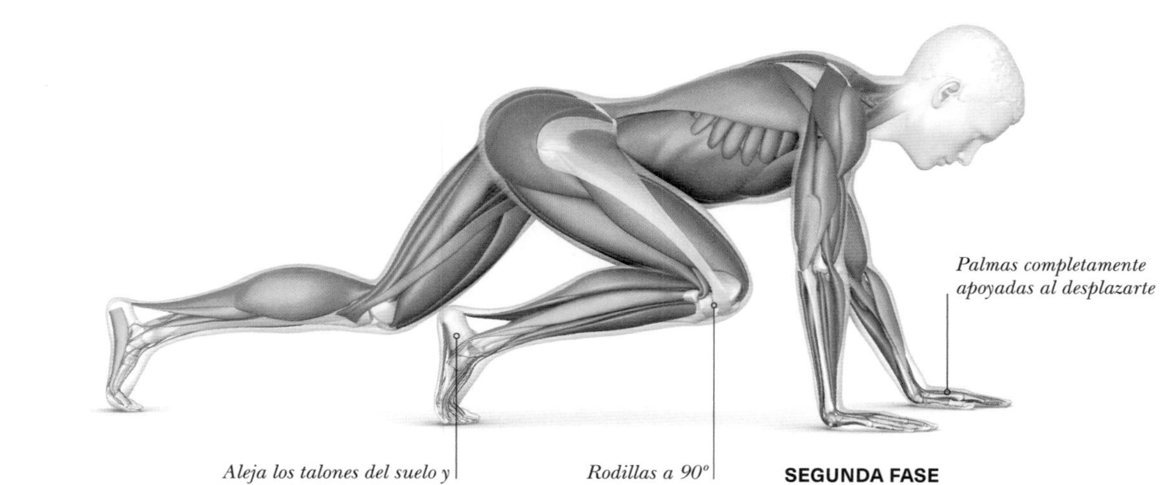

SEGUNDA FASE
Con la espalda recta y las rodillas dobladas a unos 5 cm del suelo, da el mismo número de pasos hacia atrás. Vuelve a posición de plancha alta para recuperarte antes de abordar otro ciclo de repeticiones.

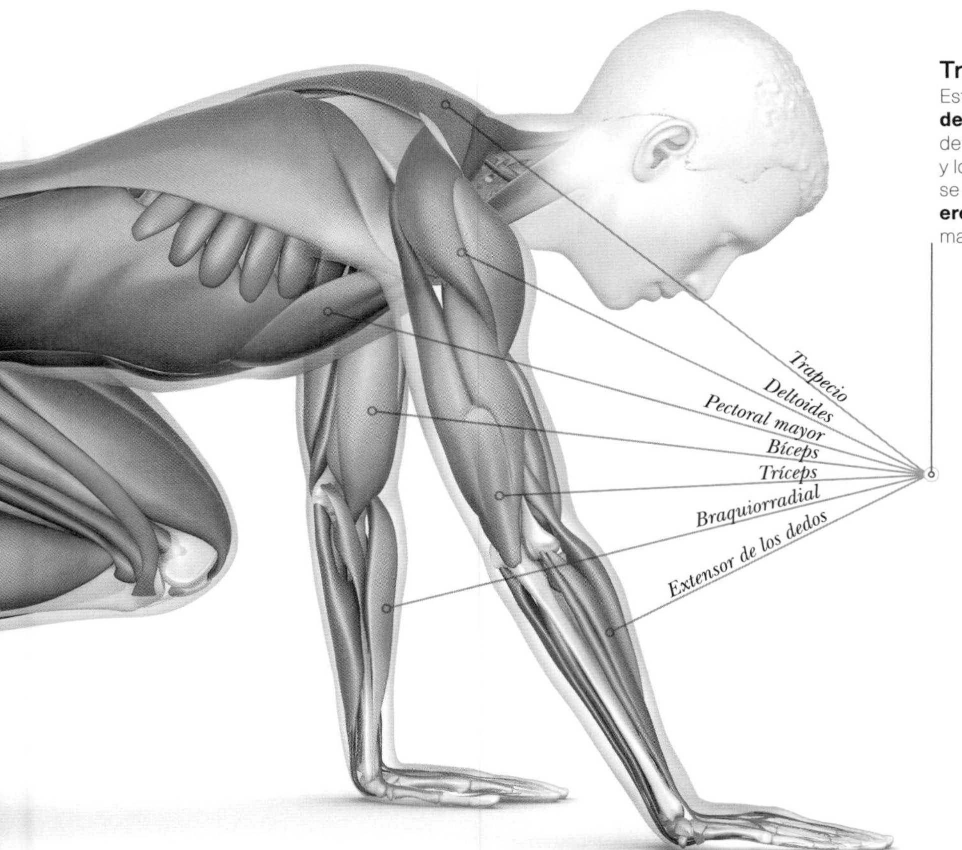

Tren superior

Este movimiento fortalece los **deltoides,** en los **hombros,** además de los músculos del **pecho,** la **espalda** y los **abdominales.** Los abdominales se contraen de forma isométrica, y el **erector de la columna** contribuye a mantener el equilibrio de la espalda.

CLAVE
- *Articulaciones*
- *Músculos*
- Se acorta con tensión
- Se alarga con tensión
- Se alarga sin tensión
- En tensión sin movimiento

EJERCICIOS PARA TODO EL CUERPO

Los ejercicios de esta sección estimulan tanto el tren superior como el inferior. Cada uno de ellos constituye un completo trabajo aeróbico, de resistencia o con el propio peso, destinado a ahorrar tiempo y quemar más calorías. La mayoría combinan dos partes en una secuencia que pone a prueba todo el cuerpo. Cuentan con instrucciones para conseguir un buen estado de forma y minimizar el riesgo de lesión.

JACK PRESS

El *jack press* estimula la resistencia cardiovascular y la fuerza. Añadir pesas permite trabajar la resistencia y la potencia muscular. Además, este ejercicio fortalece los glúteos, los cuádriceps, los flexores de la cadera y los deltoides.

INDICACIONES

Las rodillas han de estar un poco dobladas y los talones elevados. Es importante mantener activo el *core* durante todo el movimiento. Se puede empezar con 30 segundos y pasar luego a 3-5 repeticiones durante 1-2 minutos, subiendo el peso a medida que te acostumbres al ejercicio.

Tren superior

Al empujar las pesas hacia arriba empleas el **deltoides anterior** y **medio.** Ese movimiento también activa los **tríceps** y los **trapecios.** El dorsal ancho, en la espalda, participa en la bajada de los brazos a los **lados del cuerpo.** El **recto abdominal** evita que la columna se redondee, mientras que los *oblicuos* impiden que te inclines demasiado a derecha o izquierda.

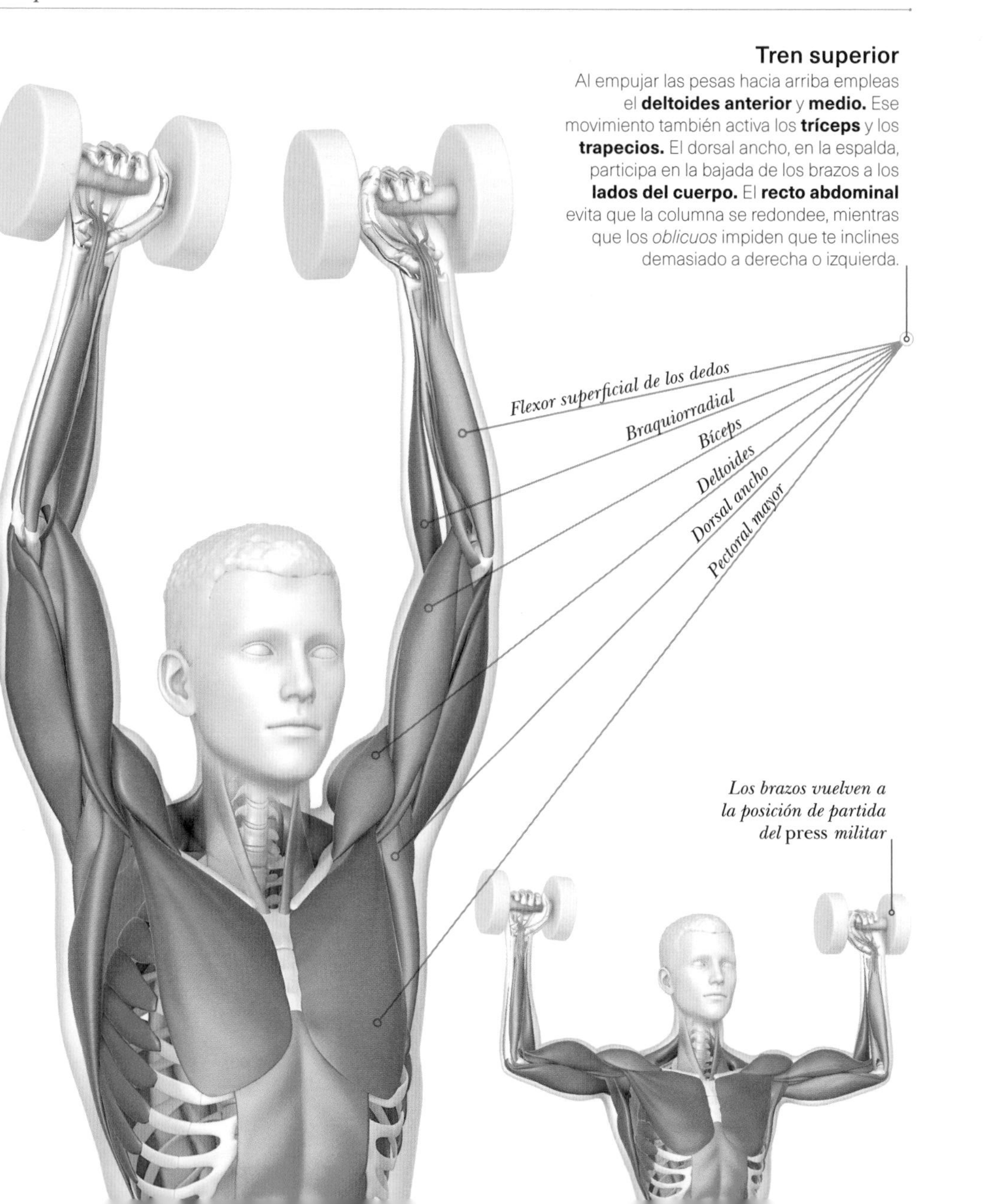

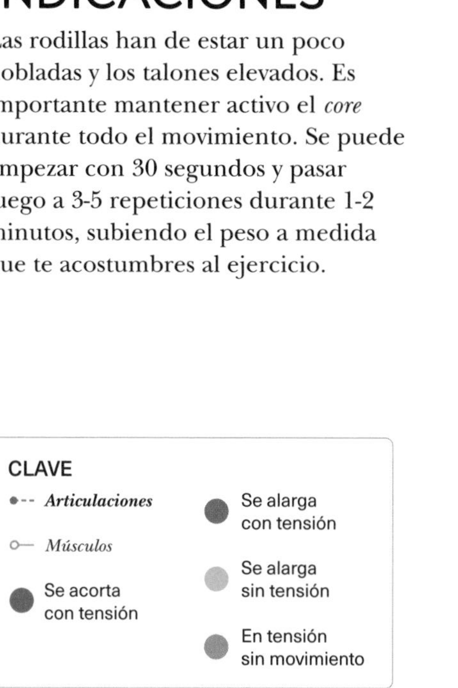

CLAVE

- Articulaciones
- Músculos
- Se acorta con tensión
- Se alarga con tensión
- Se alarga sin tensión
- En tensión sin movimiento

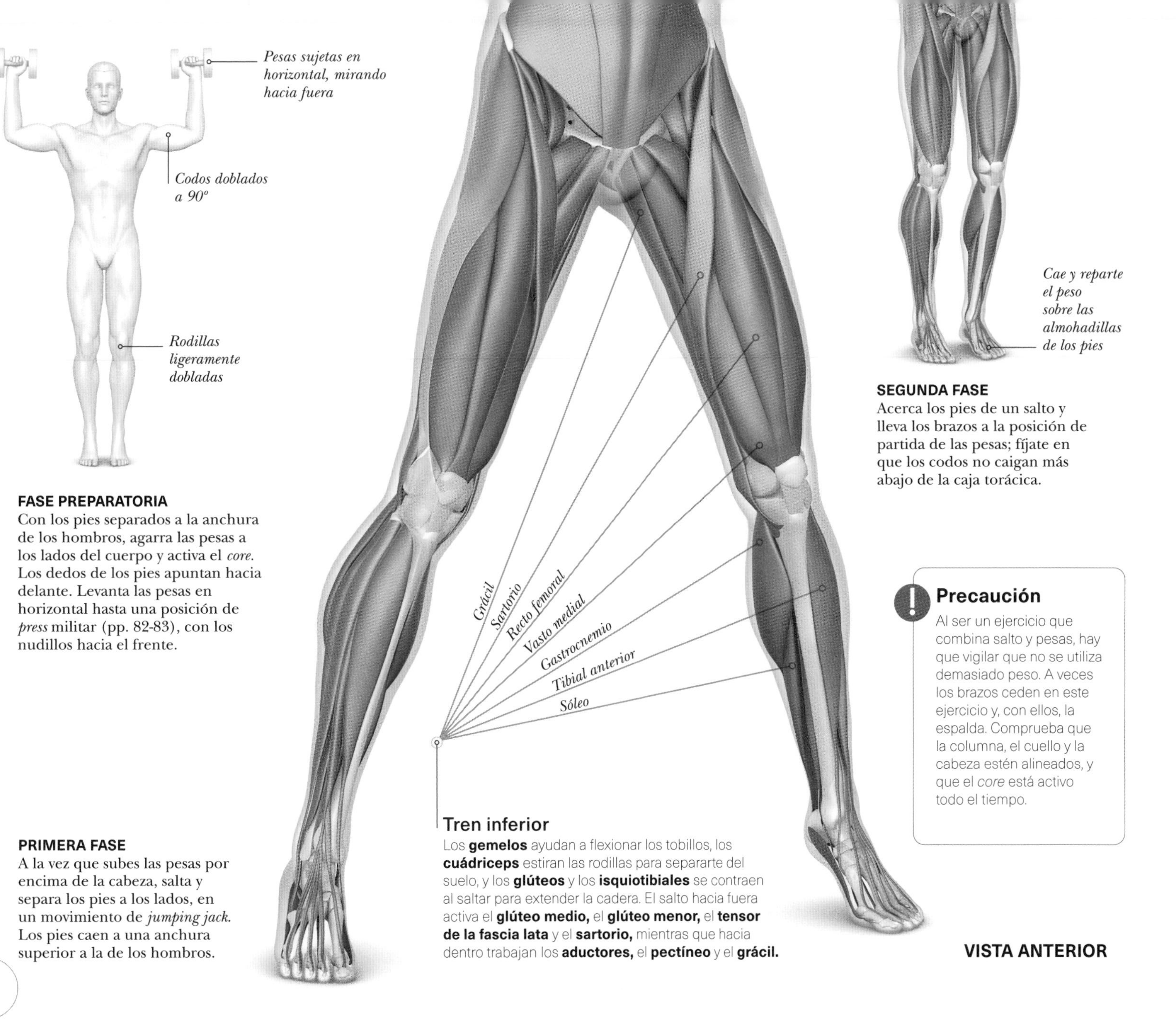

FASE PREPARATORIA
Con los pies separados a la anchura de los hombros, agarra las pesas a los lados del cuerpo y activa el *core*. Los dedos de los pies apuntan hacia delante. Levanta las pesas en horizontal hasta una posición de *press* militar (pp. 82-83), con los nudillos hacia el frente.

PRIMERA FASE
A la vez que subes las pesas por encima de la cabeza, salta y separa los pies a los lados, en un movimiento de *jumping jack*. Los pies caen a una anchura superior a la de los hombros.

Tren inferior
Los **gemelos** ayudan a flexionar los tobillos, los **cuádriceps** estiran las rodillas para separarte del suelo, y los **glúteos** y los **isquiotibiales** se contraen al saltar para extender la cadera. El salto hacia fuera activa el **glúteo medio,** el **glúteo menor,** el **tensor de la fascia lata** y el **sartorio,** mientras que hacia dentro trabajan los **aductores,** el **pectíneo** y el **grácil.**

SEGUNDA FASE
Acerca los pies de un salto y lleva los brazos a la posición de partida de las pesas; fíjate en que los codos no caigan más abajo de la caja torácica.

Precaución
Al ser un ejercicio que combina salto y pesas, hay que vigilar que no se utiliza demasiado peso. A veces los brazos ceden en este ejercicio y, con ellos, la espalda. Comprueba que la columna, el cuello y la cabeza estén alineados, y que el *core* está activo todo el tiempo.

FLEXIÓN CON SENTADILLA

Esta combinación de ejercicios para todo el cuerpo fortalece el pecho, los hombros, la parte posterior de los brazos, los abdominales y los músculos laterales que se sitúan debajo de las axilas. También tonifica los principales músculos de las piernas y las nalgas, entre ellos los cuádriceps, los glúteos y los isquiotibiales.

INDICACIONES

Durante todo el movimiento de flexión, mete el ombligo hacia la columna para mantener activos los abdominales. Al pasar de la flexión a la sentadilla, es importante que el peso del cuerpo recaiga en todo el pie, no solo en la punta. En la sentadilla, fíjate en que las rodillas no sobrepasen los dedos de los pies.

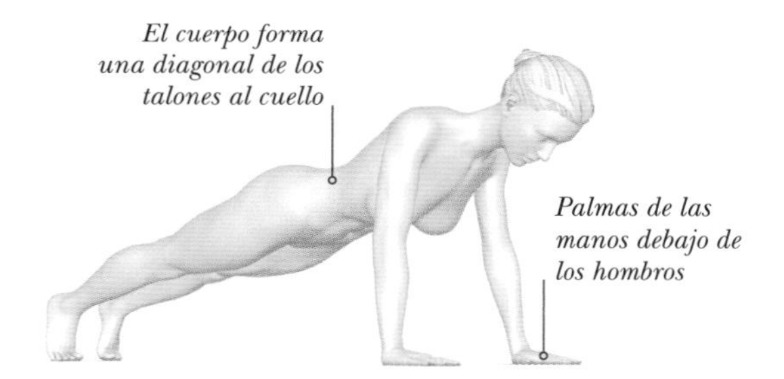

FASE PREPARATORIA
En posición de plancha alta (pp. 36-37), sujeta la pelvis, mantén el cuello neutro y coloca las palmas justo debajo de los hombros. Asegúrate de que los hombros rotan hacia atrás y hacia abajo, y de que el *core* está activo.

Precaución

Si no activas el *core* durante la flexión, puede hundirse la columna y tensarse la zona lumbar y las articulaciones. Una técnica inadecuada en la sentadilla puede ocasionar lesiones lumbares y de rodilla. No dejes que las rodillas vayan hacia dentro, porque la espalda se encorvará, o que los talones se levanten del suelo.

Tren inferior
Los **cuádriceps,** el **glúteo mayor** y el **medio,** los **isquiotibiales** y los músculos de los **gemelos** y las **espinillas** se contraen de forma isométrica para estabilizar el cuerpo.

Glúteo mayor
Tensor de la fascia lata
Recto femoral
Vasto medial
Tibial anterior
Peroneo largo

VISTA ANTEROLATERAL

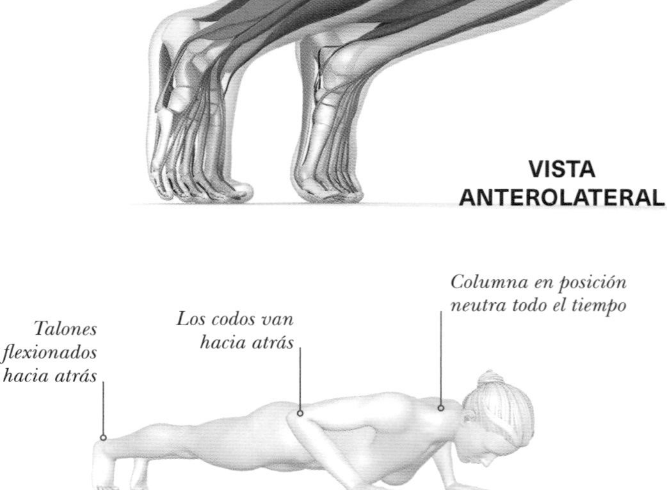

PRIMERA FASE
Inhala, mete el ombligo y activa el *core.* Con la espalda recta, exhala y baja despacio, doblando los codos hasta que el pecho roce el suelo.

CONTINÚA »

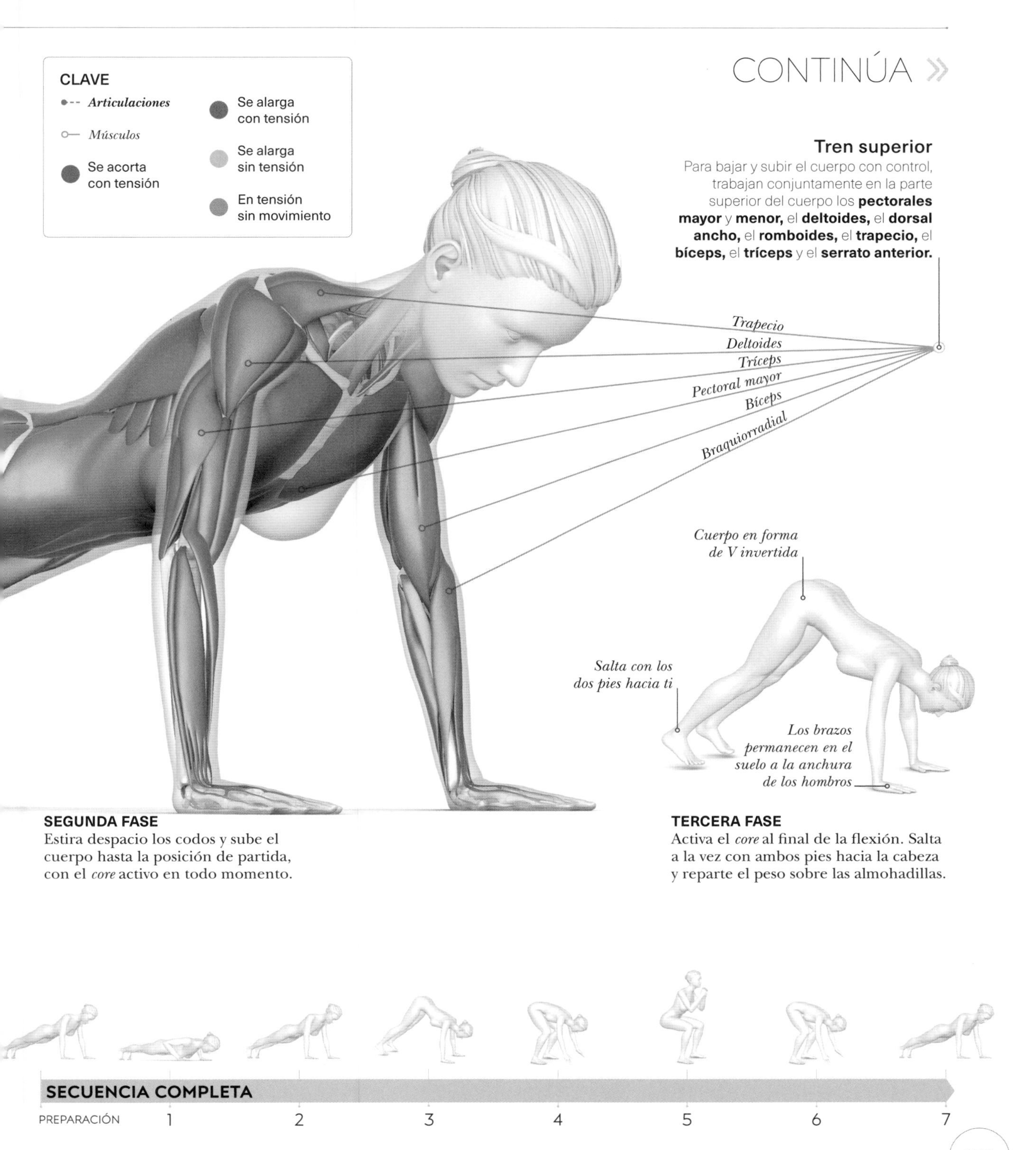

Tren superior

Para bajar y subir el cuerpo con control, trabajan conjuntamente en la parte superior del cuerpo los **pectorales mayor** y **menor,** el **deltoides,** el **dorsal ancho,** el **romboides,** el **trapecio,** el **bíceps,** el **tríceps** y el **serrato anterior.**

SEGUNDA FASE
Estira despacio los codos y sube el cuerpo hasta la posición de partida, con el *core* activo en todo momento.

TERCERA FASE
Activa el *core* al final de la flexión. Salta a la vez con ambos pies hacia la cabeza y reparte el peso sobre las almohadillas.

» FLEXIÓN CON SENTADILLA (CONTINÚA)

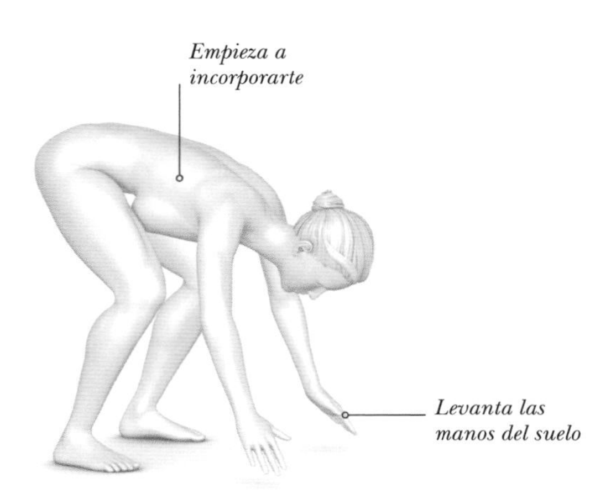

CUARTA FASE
Tras apoyarte en el suelo, levanta despacio el pecho y la cabeza, separa las manos del suelo y mantén estables las piernas.

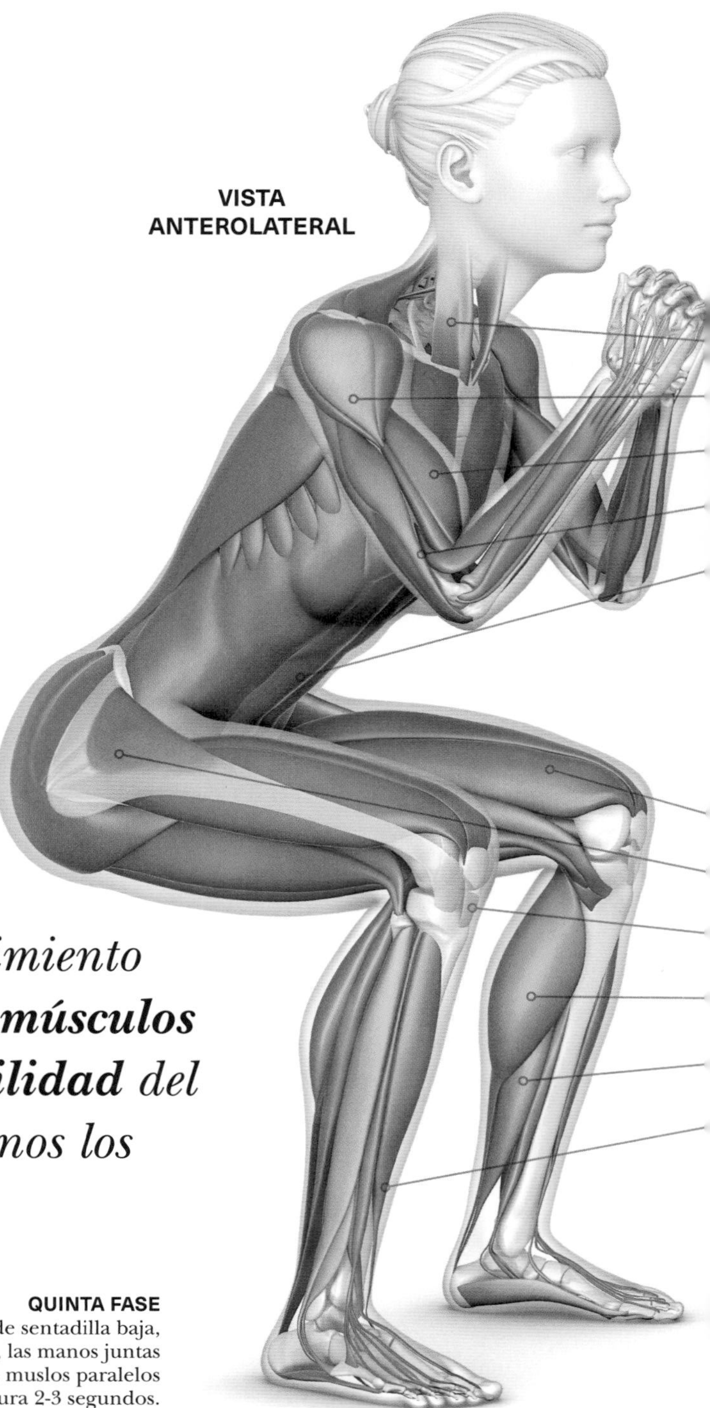

> *Una sentadilla es un «movimiento complejo» por el número de* ***músculos que activa.*** *Mejora la* ***movilidad*** *del* ***tren inferior*** *y mantiene sanos los huesos y las articulaciones.*

QUINTA FASE
Colócate en posición de sentadilla baja, con los brazos por delante, las manos juntas frente al pecho y los muslos paralelos al suelo. Aguanta la postura 2-3 segundos.

Tren superior

Al realizar la sentadilla, el tren superior debe trabajar también. Los **músculos del *core,*** en concreto los **erectores,** están activos durante todo el movimiento para impedir que te caigas hacia delante. También sujetan la columna.

Esternocleidomastoideo
Deltoides
Bíceps
Tríceps
Recto femoral

Tren inferior

El tren inferior es el que más trabaja en la sentadilla. Al bajar y doblar las rodillas, se activan los **cuádriceps;** los **glúteos** y el **aductor mayor** contribuyen en la extensión de las caderas.

Vasto medial
Tensor de la fascia lata
Tendón de la rótula
Gastrocnemio
Sóleo
Tibial anterior

Lleva los pies de un salto hacia atrás, a la posición de partida

Los brazos tocan el suelo

SEXTA FASE
Coloca las palmas de las manos en el suelo, a ambos lados de las rodillas y salta hacia atrás para volver a la posición inicial de plancha alta.

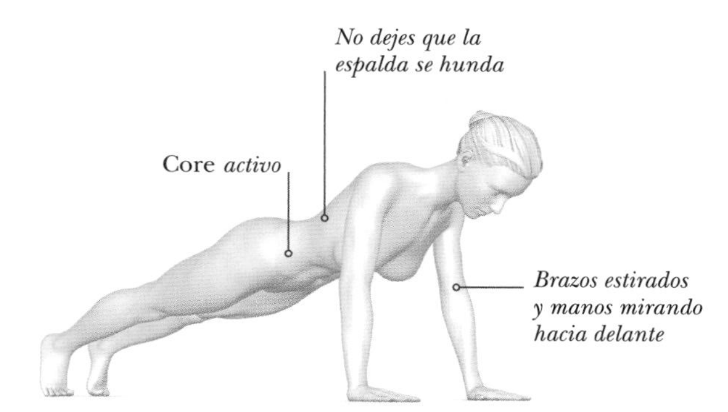

SÉPTIMA FASE
De nuevo en posición de plancha alta, comprueba la postura y haz de nuevo la flexión. Repite la secuencia al completo.

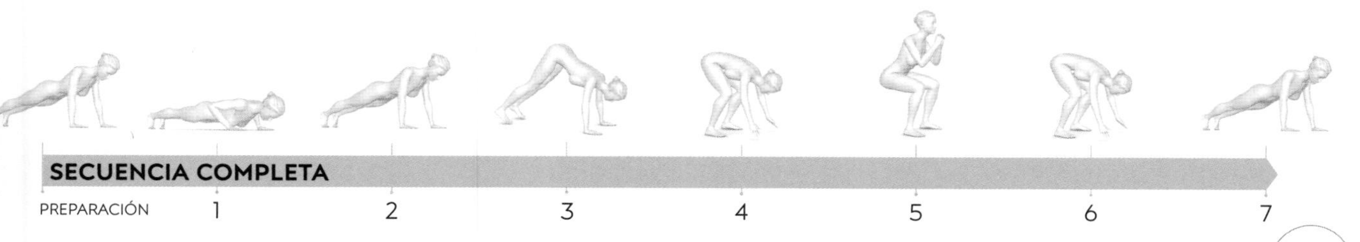

FLEXIÓN Y SALTO CON RODILLAS AL PECHO

Esta secuencia pliométrica hace trabajar todo el cuerpo. La flexión fortalece los músculos del pecho, los hombros, la parte posterior de los brazos y los músculos laterales que hay debajo de las axilas. El salto con rodillas al pecho emplea el peso corporal y exige potencia.

INDICACIONES

Cuando realices la flexión, recuerda activar los abdominales en todo momento. Comprueba también que haces el rango completo del movimiento; eso te ayudará a despegarte del suelo. La caída es importante en estos saltos pliométricos; para proteger al cuerpo del impacto, debes caer con suavidad sobre los pies, las rodillas y las caderas.

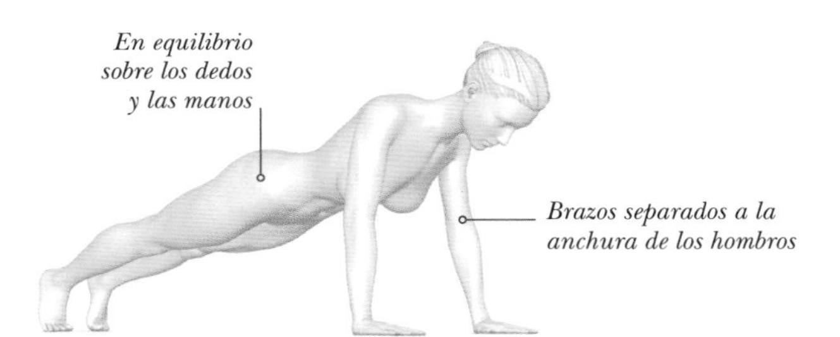

FASE PREPARATORIA
En posición de plancha alta (pp. 36-37), sujeta la pelvis, mantén el cuello neutro y coloca las palmas justo debajo de los hombros. Asegúrate de que los hombros rotan hacia atrás y hacia abajo, y de que el *core* está activo.

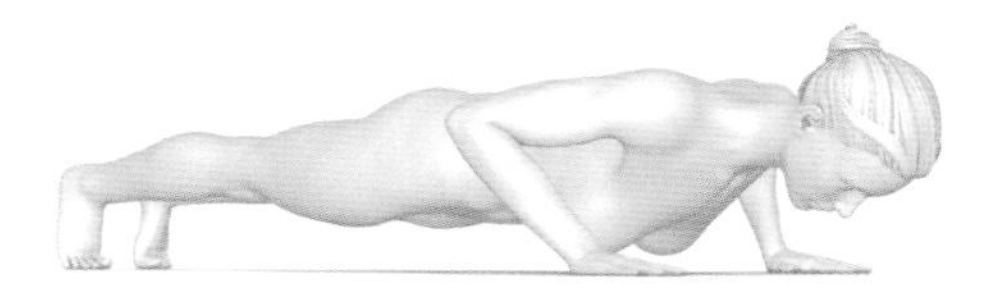

PRIMERA FASE
Inhala y activa el *core*. Con la espalda recta, exhala y baja despacio, doblando los codos hasta que el pecho roce el suelo. Mantén la columna vertebral recta.

Tren inferior
Los **cuádriceps,** los **glúteos mayor** y **medio,** los **isquiotibiales** y los **músculos del gemelo** y la **pantorrilla** se contraen de forma isométrica para estabilizar el cuerpo.

Glúteo mayor
Tensor de la fascia lata
Recto femoral
Vasto medial
Tibial anterior
Peroneo largo

VISTA ANTEROLATERAL

Precaución
Asegúrate de haber calentado antes de abordar este y cualquier ejercicio pliométrico. De no hacerlo, puedes hacerte daño en las rodillas y articulaciones, y lesionarte.

SECUENCIA COMPLETA
PREPARACIÓN | 1 | 2 | 3

CONTINÚA »

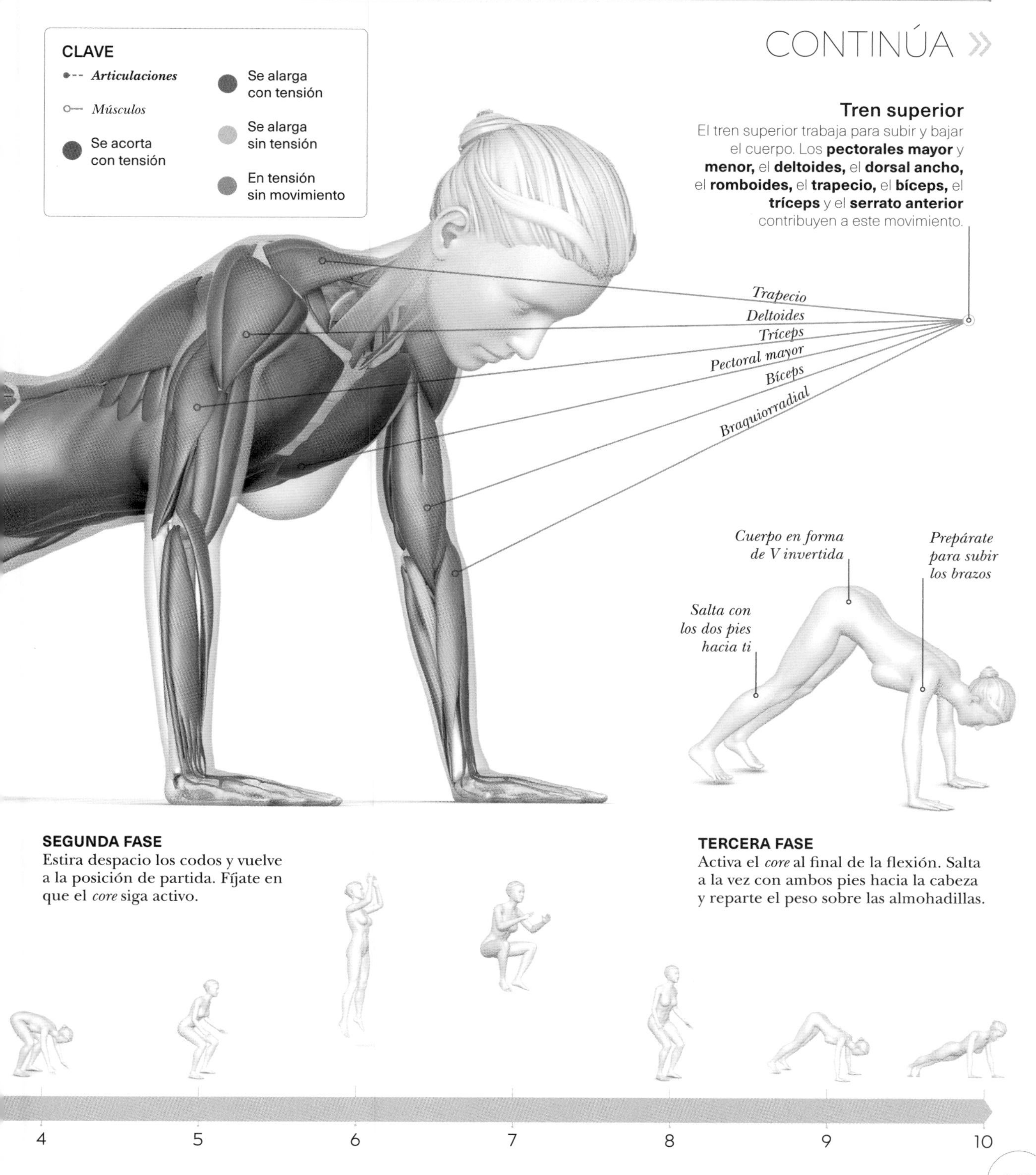

Tren superior

El tren superior trabaja para subir y bajar el cuerpo. Los **pectorales mayor** y **menor,** el **deltoides,** el **dorsal ancho,** el **romboides,** el **trapecio,** el **bíceps,** el **tríceps** y el **serrato anterior** contribuyen a este movimiento.

SEGUNDA FASE
Estira despacio los codos y vuelve a la posición de partida. Fíjate en que el *core* siga activo.

TERCERA FASE
Activa el *core* al final de la flexión. Salta a la vez con ambos pies hacia la cabeza y reparte el peso sobre las almohadillas.

FLEXIÓN Y SALTO CON RODILLAS AL PECHO (CONTINÚA)

> *Activa los abdominales inferiores para **impulsarte** y llevar las **rodillas al pecho** en el salto.*

Tren superior

Los **abdominales** y los músculos de la zona lumbar **(el erector de la columna)** sujetan la columna vertebral a medida que bajas y también cuando llevas las rodillas al pecho y caes al suelo. El balanceo del brazo activa la zona **anterior de los hombros** y los **bíceps.**

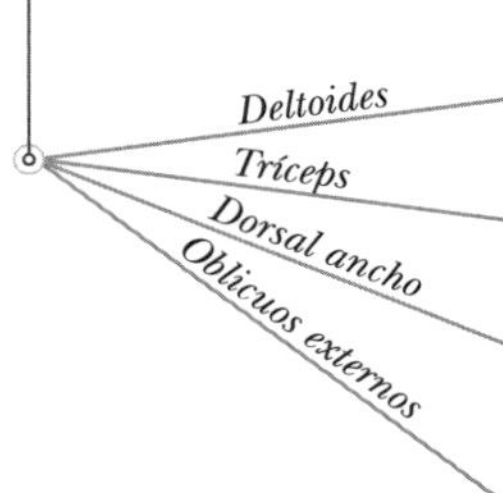

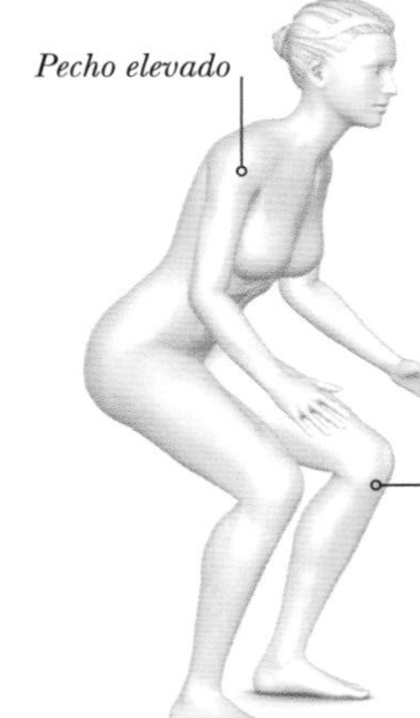

VISTA A ANTEROLATERAL

CUARTA FASE
Al caer, levanta despacio el pecho y la cabeza, eleva las manos del suelo y mantén fuertes las piernas.

QUINTA Y SEXTA FASES
Adopta una posición de sentadilla baja, con las rodillas dobladas y luego emplea las músculos de las piernas para saltar.

SÉPTIMA FASE
Levanta las rodillas en el aire hasta la cadera, sin que los talones vayan hacia los glúteos. Lleva los brazos a la altura de los hombros; los codos apuntan hacia las rodillas. A medida que suben las rodillas, los codos bajan a su encuentro.

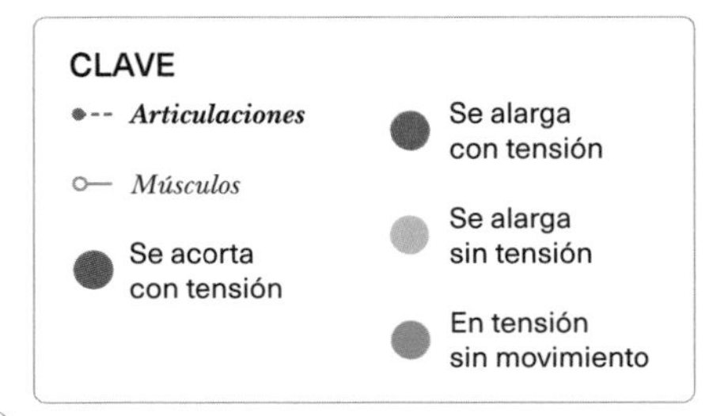

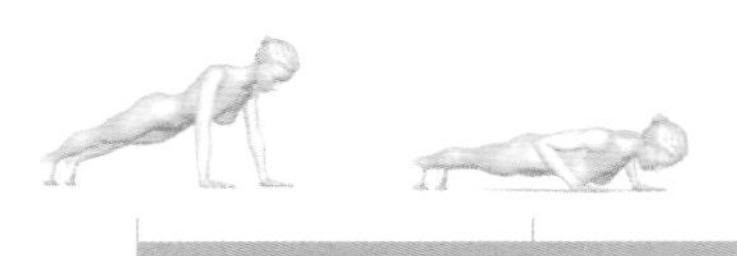

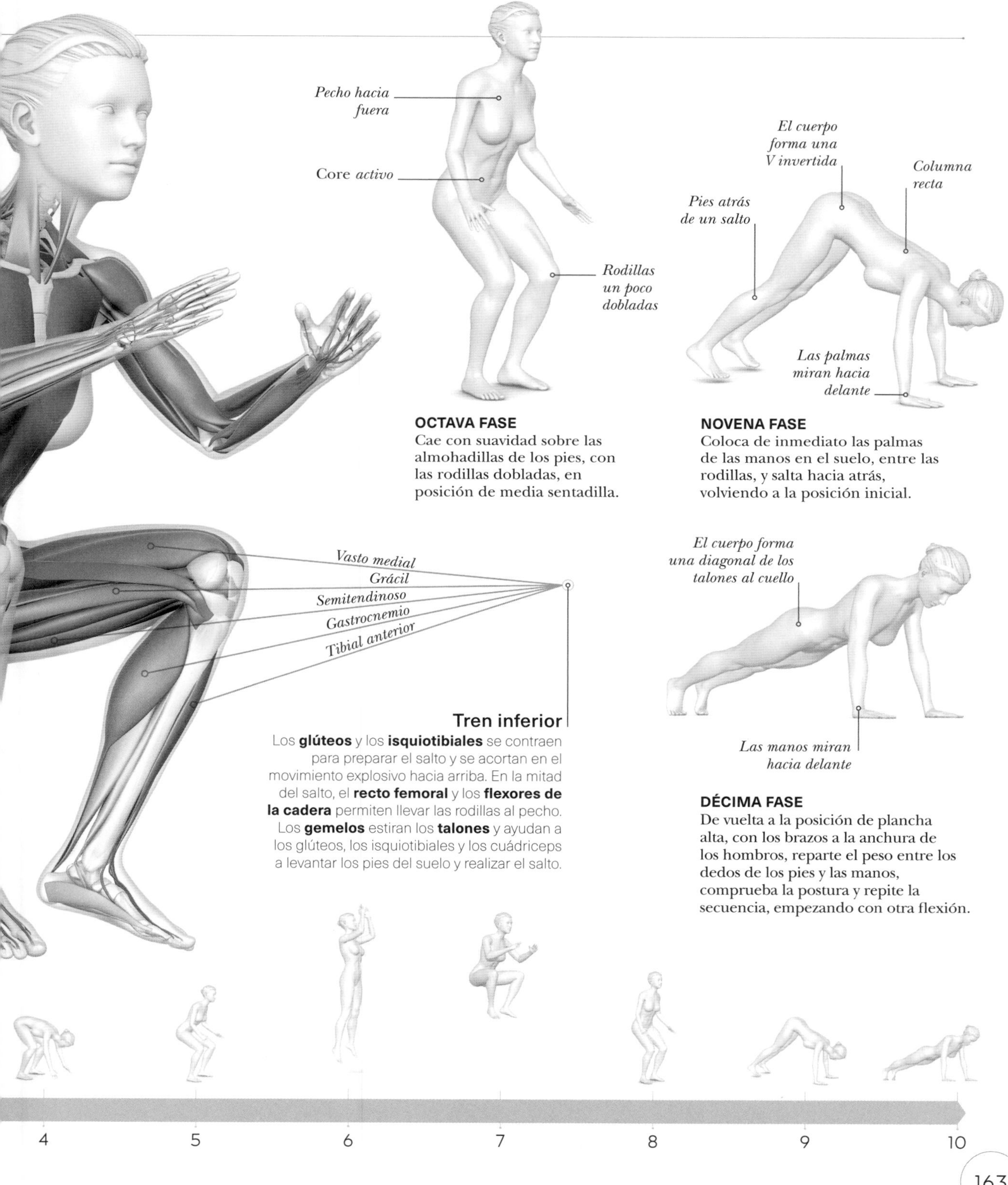

OCTAVA FASE
Cae con suavidad sobre las almohadillas de los pies, con las rodillas dobladas, en posición de media sentadilla.

NOVENA FASE
Coloca de inmediato las palmas de las manos en el suelo, entre las rodillas, y salta hacia atrás, volviendo a la posición inicial.

Tren inferior

Los **glúteos** y los **isquiotibiales** se contraen para preparar el salto y se acortan en el movimiento explosivo hacia arriba. En la mitad del salto, el **recto femoral** y los **flexores de la cadera** permiten llevar las rodillas al pecho. Los **gemelos** estiran los **talones** y ayudan a los glúteos, los isquiotibiales y los cuádriceps a levantar los pies del suelo y realizar el salto.

DÉCIMA FASE
De vuelta a la posición de plancha alta, con los brazos a la anchura de los hombros, reparte el peso entre los dedos de los pies y las manos, comprueba la postura y repite la secuencia, empezando con otra flexión.

PLANCHA DEL OSO CON FLEXIÓN

Este ejercicio para todo el cuerpo se centra en el *core* y el tren superior. La plancha del oso refuerza los músculos de los glúteos, el psoas, los cuádriceps, los hombros y los brazos, mientras que la flexión implica al pecho, los hombros, la parte posterior de los hombros, los abdominales y los músculos de debajo de las axilas.

INDICACIONES

En la plancha del oso, dirige la mirada hacia el suelo para dejar el cuello en posición neutra. Se trata de un ejercicio isométrico, por lo que es crucial mantener la postura, sin llevar las caderas de delante hacia atrás. En la flexión, activa los abdominales todo el tiempo.

Tren inferior

Para ayudar a estabilizar el cuerpo, los **cuádriceps,** el **glúteo mayor** y **medio,** los **isquiotibiales** y los músculos de **gemelos** y **espinillas** están contraídos de forma isométrica.

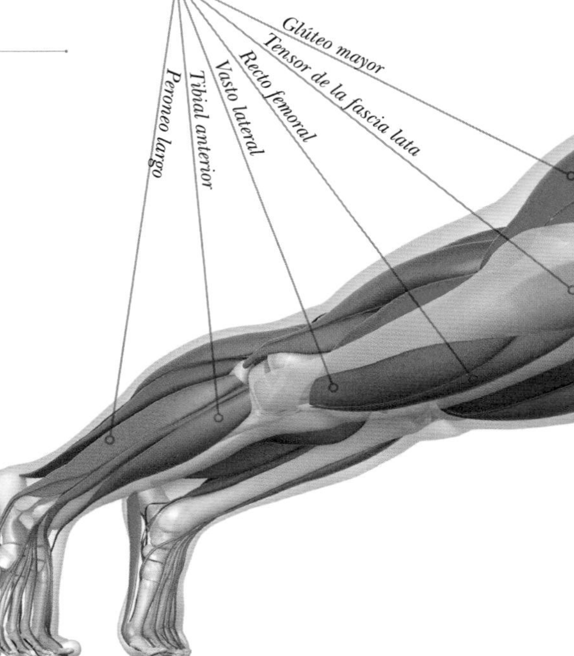

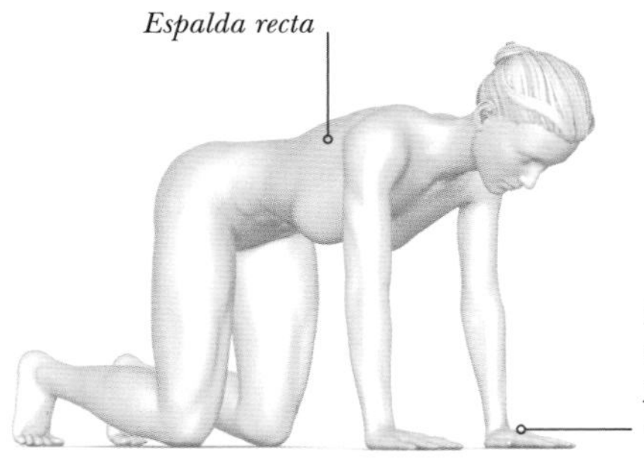

FASE PREPARATORIA
En posición de cuadrupedia, asegúrate de que la espalda esté recta. Las manos están separadas a la anchura de los hombros, con las muñecas debajo de los hombros y las rodillas a la anchura de las caderas. Flexiona los pies y apoya los dedos en el suelo.

Precaución

Para evitar añadir tensión a la zona lumbar y las articulaciones, asegúrate de activar los músculos del *core,* de que la espalda esté recta y la columna vertebral en posición neutra.

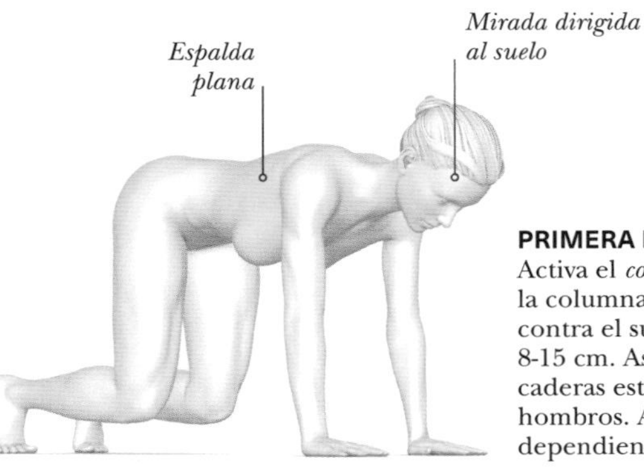

PRIMERA FASE
Activa el *core* (llevando el ombligo a la columna), empuja las palmas contra el suelo y eleva las rodillas 8-15 cm. Asegúrate de que las caderas estén en línea con los hombros. Aguanta 30-60 segundos, dependiendo de tu forma física.

CONTINÚA »

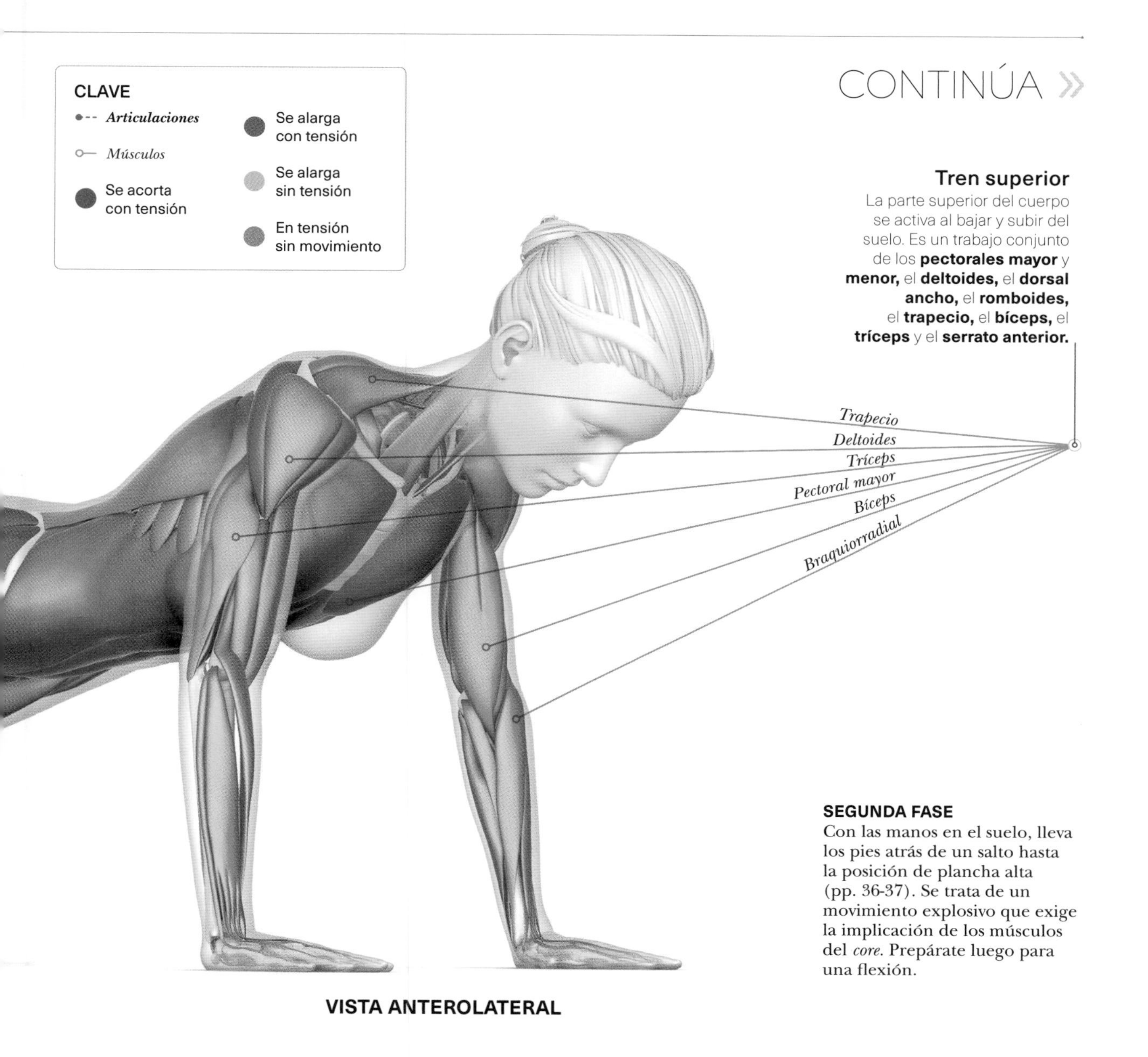

VISTA ANTEROLATERAL

Tren superior

La parte superior del cuerpo se activa al bajar y subir del suelo. Es un trabajo conjunto de los **pectorales mayor y menor,** el **deltoides,** el **dorsal ancho,** el **romboides,** el **trapecio,** el **bíceps,** el **tríceps** y el **serrato anterior.**

SEGUNDA FASE
Con las manos en el suelo, lleva los pies atrás de un salto hasta la posición de plancha alta (pp. 36-37). Se trata de un movimiento explosivo que exige la implicación de los músculos del *core*. Prepárate luego para una flexión.

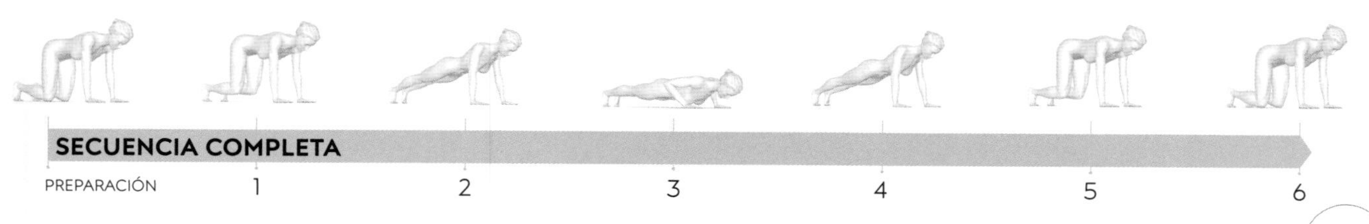

» PLANCHA DEL OSO CON FLEXIÓN (CONTINÚA)

CLAVE

- *Articulaciones*
- *Músculos*
- Se acorta con tensión
- Se alarga con tensión
- Se alarga sin tensión
- En tensión sin movimiento

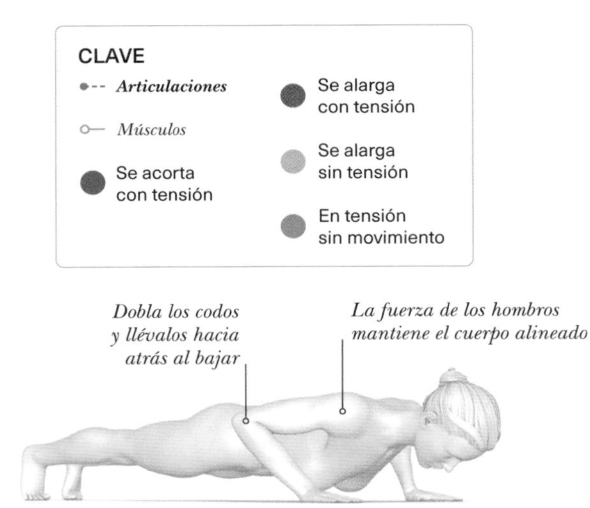

TERCERA FASE
Inhala, mete el ombligo y activa el *core*. Exhala y baja el cuerpo doblando los codos hacia atrás. Detente cuando el pecho roce el suelo.

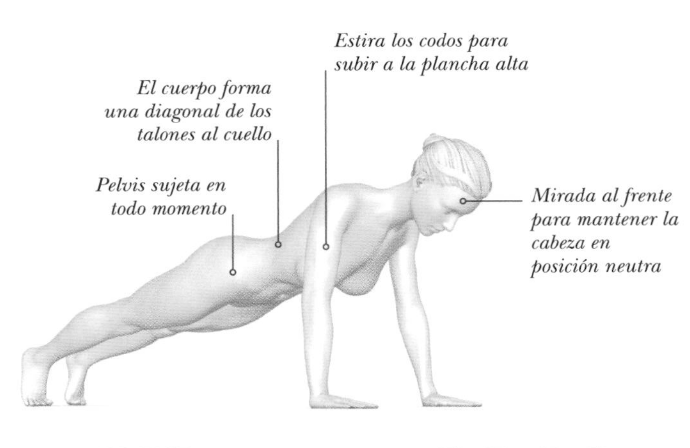

CUARTA FASE
Estira despacio los brazos para volver, mientras exhalas, hasta la posición de plancha alta. Aguanta la postura 2-3 segundos.

Tren inferior

Los músculos de las **caderas,** los **glúteos,** los **cuádriceps** y los **isquiotibiales** se activan en la plancha del oso. Las caderas y los isquiotibiales, junto con los glúteos, se implican aún más en la transición de la plancha a la flexión.

Glúteo mayor
Tensor de la fascia lata
Bíceps femoral (cabeza larga)
Recto femoral
Gastrocnemio
Peroneo largo

QUINTA FASE
Despacio y con suavidad, lleva de un salto los pies atrás para volver a la plancha del oso y colocarte en cuadrupedia, con la espalda plana y las rodillas ligeramente elevadas del suelo. Aguanta 30-60 segundos.

“”

Un **core** ***activo estabiliza*** *y evita poner tensión en las muñecas.*

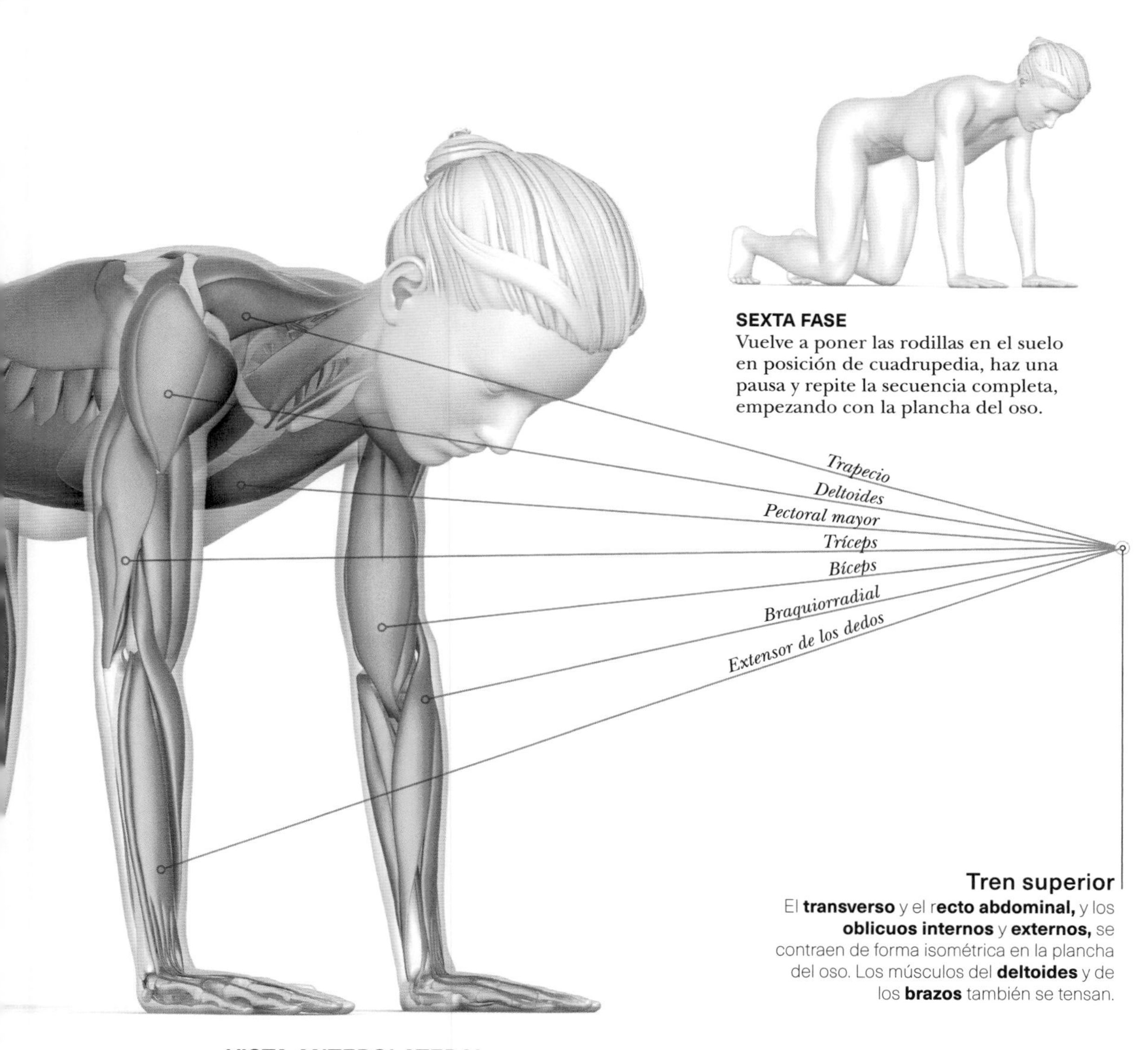

SEXTA FASE
Vuelve a poner las rodillas en el suelo en posición de cuadrupedia, haz una pausa y repite la secuencia completa, empezando con la plancha del oso.

Tren superior

El **transverso** y el recto **abdominal,** y los **oblicuos internos** y **externos,** se contraen de forma isométrica en la plancha del oso. Los músculos del **deltoides** y de los **brazos** también se tensan.

VISTA ANTEROLATERAL

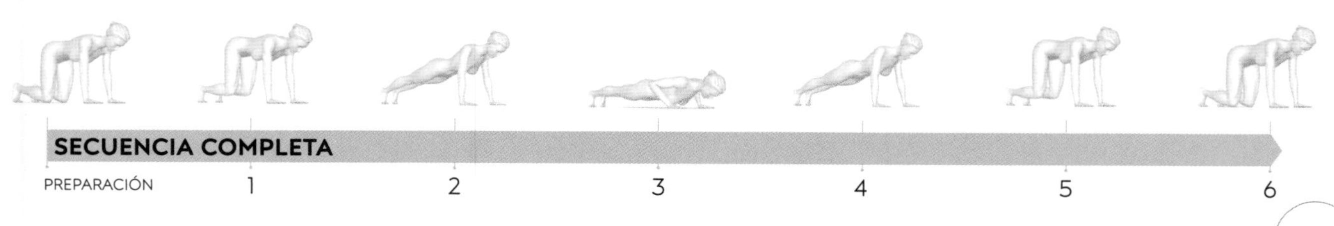

PLANCHA ALTA, TOQUE DE TOBILLO Y FLEXIÓN

Esta secuencia mejora el equilibrio, la coordinación y la postura, y fortalece el *core.* La transición entre cada una de las fases mejora la flexibilidad y aporta firmeza al vientre. El toque alterno de tobillo ejercita más los oblicuos.

INDICACIONES

Para completar de forma correcta este ejercicio con varias etapas es necesario tener equilibrio y coordinación. Comprueba que activas el *core* en los tres ejercicios –la plancha alta, el toque de tobillo y la flexión– y que las piernas están fuertes, ya que así estabilizan e impiden que se hunda o arquee la columna vertebral.

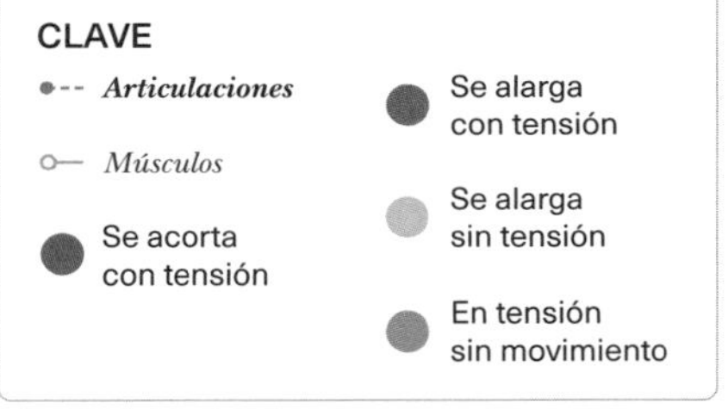

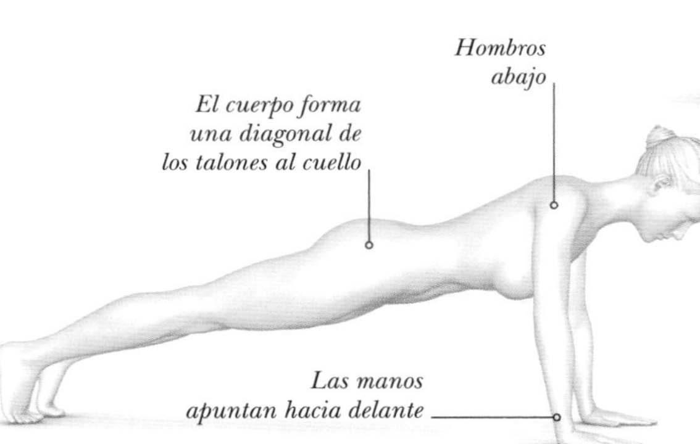

FASE PREPARATORIA
En posición de plancha alta (pp. 36-37) y con los brazos a la anchura de los hombros, mantén recta la espalda y reparte el peso entre los dedos de los pies y las manos. Activa el *core.*

PRIMERA FASE
Eleva el cuerpo hasta la posición de V invertida subiendo las caderas en el aire. Al mismo tiempo, levanta la mano izquierda del suelo y llévala hacia el tobillo derecho; aguanta la posición 2-3 segundos. La cabeza rota de forma natural hacia la derecha.

Precaución
Asegúrate de que mantienes la columna neutra y de que los hombros bajen y no vayan hacia las orejas. Unos abdominales activos durante la flexión impiden que la columna se hunda y se ponga presión sobre la zona lumbar y las articulaciones.

CONTINÚA »

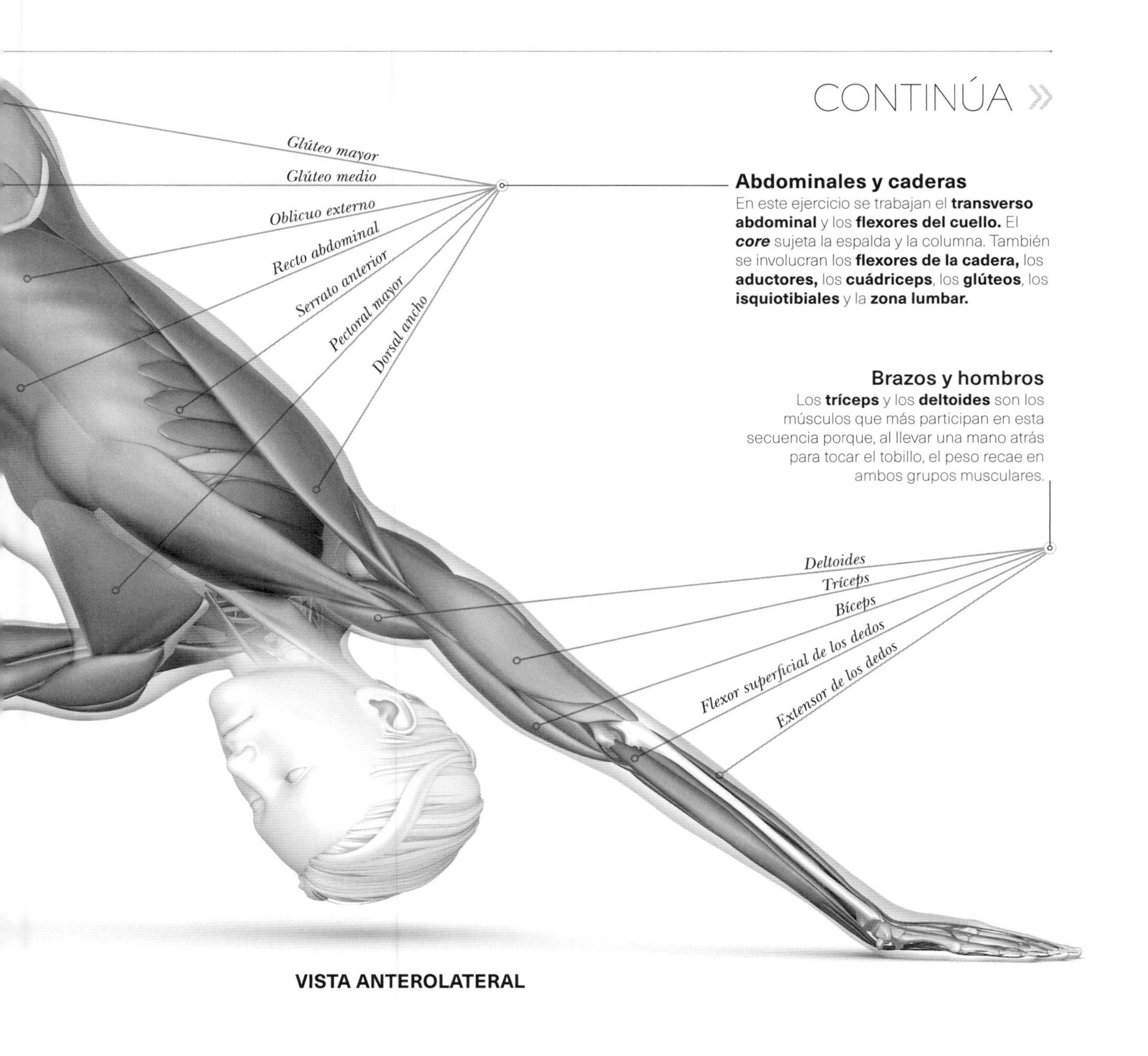

Abdominales y caderas

En este ejercicio se trabajan el **transverso abdominal** y los **flexores del cuello.** El ***core*** sujeta la espalda y la columna. También se involucran los **flexores de la cadera,** los **aductores,** los **cuádriceps**, los **glúteos**, los **isquiotibiales** y la **zona lumbar.**

Brazos y hombros

Los **tríceps** y los **deltoides** son los músculos que más participan en esta secuencia porque, al llevar una mano atrás para tocar el tobillo, el peso recae en ambos grupos musculares.

VISTA ANTEROLATERAL

» PLANCHA ALTA, TOQUE DE TOBILLO Y FLEXIÓN (CONTINÚA)

Espalda recta

La mano izquierda en el suelo sirve de apoyo

La mano derecha toca el tobillo izquierdo

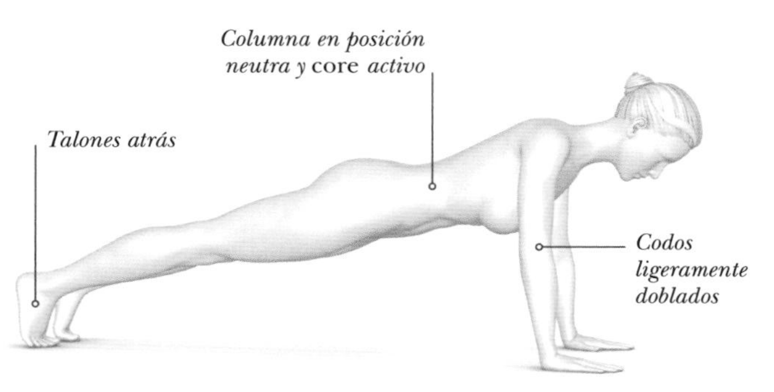

SEGUNDA FASE
Con el *core* activo, baja despacio las caderas mientras llevas la mano izquierda al suelo, hasta la posición inicial de plancha alta.

TERCERA FASE
Vuelve de nuevo a la posición de V invertida y repite el toque de talón; en esta ocasión, la mano derecha toca el tobillo izquierdo.

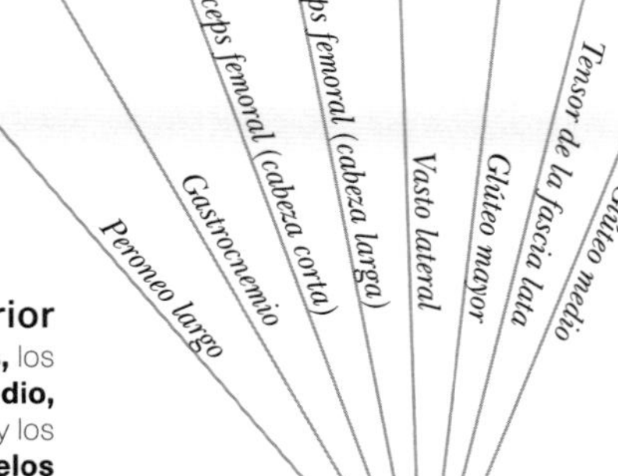

Tren inferior
Los **cuádriceps,** los **glúteos mayor** y **medio,** los **isquiotibiales** y los músculos de los **gemelos** y las **pantorrillas** se contraen de forma isométrica para estabilizar el cuerpo.

CLAVE
- *Articulaciones*
- *Músculos*
- Se acorta con tensión
- Se alarga con tensión
- Se alarga sin tensión
- En tensión sin movimiento

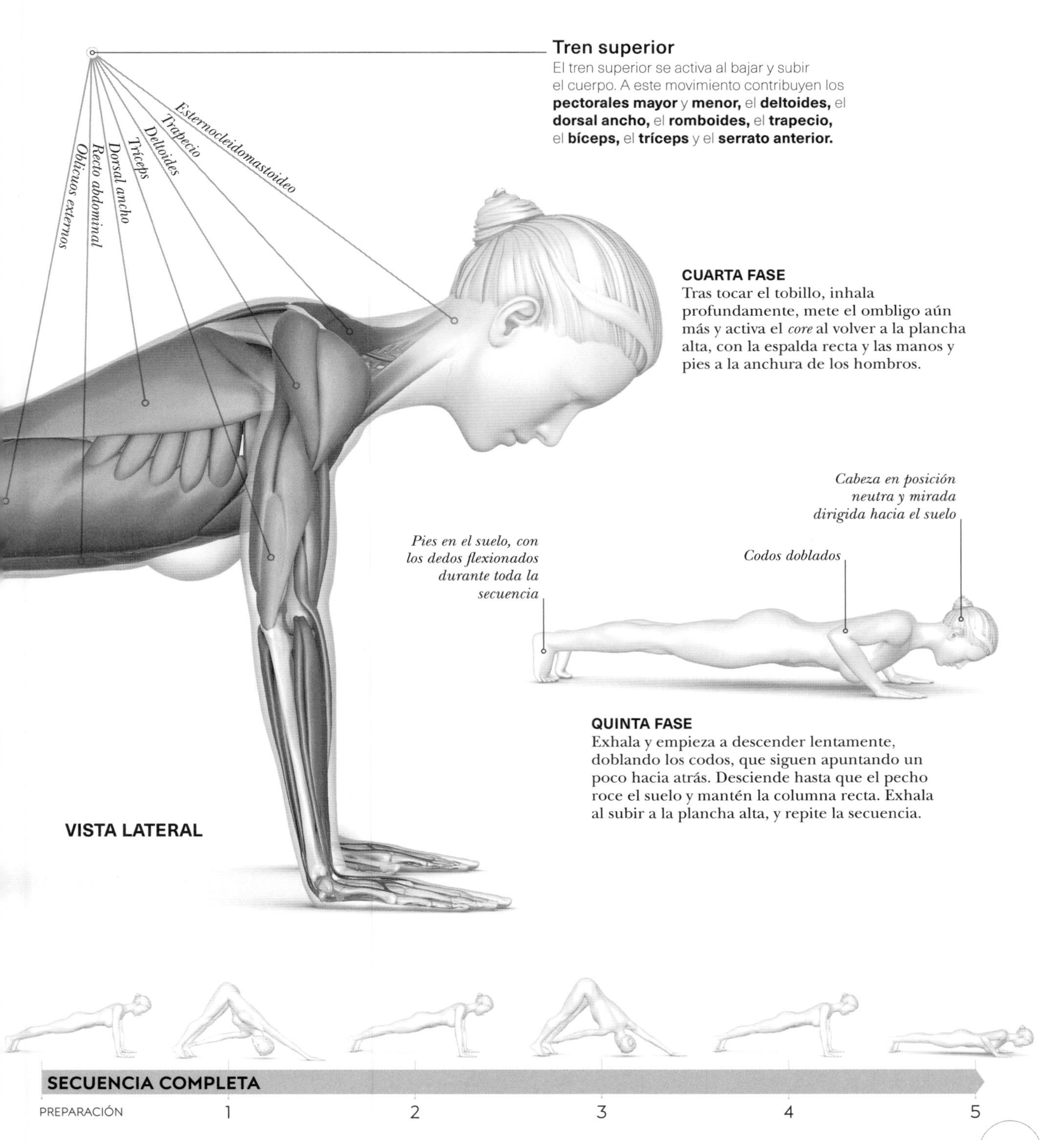

Tren superior

El tren superior se activa al bajar y subir el cuerpo. A este movimiento contribuyen los **pectorales mayor** y **menor,** el **deltoides,** el **dorsal ancho,** el **romboides,** el **trapecio,** el **bíceps,** el **tríceps** y el **serrato anterior.**

CUARTA FASE

Tras tocar el tobillo, inhala profundamente, mete el ombligo aún más y activa el *core* al volver a la plancha alta, con la espalda recta y las manos y pies a la anchura de los hombros.

QUINTA FASE

Exhala y empieza a descender lentamente, doblando los codos, que siguen apuntando un poco hacia atrás. Desciende hasta que el pecho roce el suelo y mantén la columna recta. Exhala al subir a la plancha alta, y repite la secuencia.

PATADA DE *BREAKDANCER*

Este ejercicio, centrado en el *core,* fortalece los oblicuos, los abdominales y la zona inferior de la espalda. Además, intervienen los hombros, los brazos y las piernas y mejoran la fuerza y la resistencia cardiovasculares.

FASE PREPARATORIA
En cuadrupedia, levanta las rodillas del suelo unos 8-15 cm, hasta la posición de plancha del oso (pp. 46-47). Coloca las muñecas justo debajo de los hombros, con las rodillas en línea con las caderas y la espalda recta.

INDICACIONES

Se trata de un ejercicio cardiovascular exigente. Si se es principiante, conviene empezar despacio hasta dominar el movimiento. Comienza con 3-5 series e intervalos de 30 segundos. A medida que lo domines, puedes incrementar el tiempo y la velocidad.

Tren inferior

Al dar la patada con la pierna izquierda, los músculos del **cuádriceps,** los **isquiotibiales** y los **glúteos** mantienen una contracción isométrica. La patada activa los cuádriceps y los glúteos estabilizan las caderas.

Pierna izquierda en el suelo

El peso recae en el brazo izquierdo al dar la patada

Pierna izquierda debajo del cuerpo para dar la patada

PRIMERA FASE
Exhala mientras levantas la mano derecha y el pie izquierdo; rota las caderas hacia la derecha y coloca el talón derecho en el suelo mientras con la pierna izquierda das una patada hacia la derecha. Estira la pierna izquierda y toca un instante el suelo con el talón, rotando el cuerpo para que casi mire al techo. Lleva el brazo derecho por encima de la cabeza.

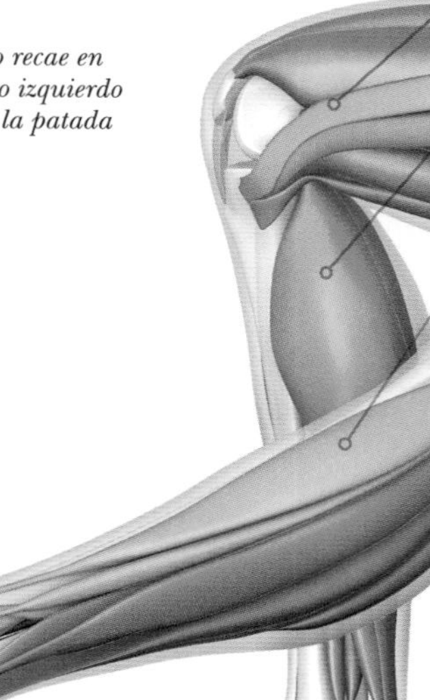

VISTA ANTEROLATERAL

CLAVE

- *Articulaciones*
- *Músculos*
- Se acorta con tensión
- Se alarga con tensión
- Se alarga sin tensión
- En tensión sin movimiento

Tren superior y abdominales

Mientras estás en cuadrupedia trabajan el **tríceps braquial,** el **deltoides,** los **pectorales,** el **dorsal ancho** y los músculos **abdominales.** Al dar la patada hacia la izquierda contraes el **deltoides,** el **tríceps** y los **oblicuos internos** y **externos.**

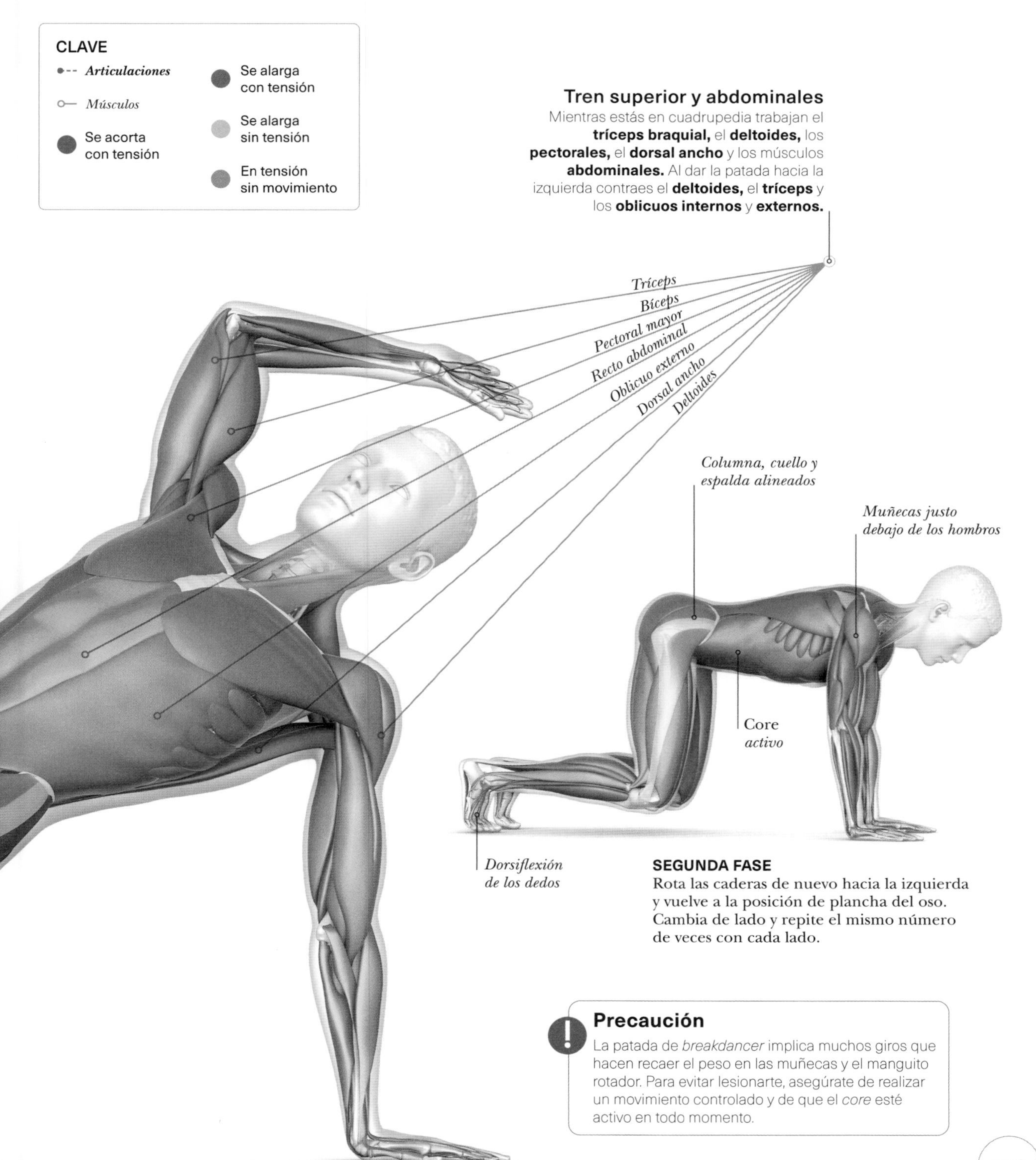

SEGUNDA FASE
Rota las caderas de nuevo hacia la izquierda y vuelve a la posición de plancha del oso. Cambia de lado y repite el mismo número de veces con cada lado.

Precaución

La patada de *breakdancer* implica muchos giros que hacen recaer el peso en las muñecas y el manguito rotador. Para evitar lesionarte, asegúrate de realizar un movimiento controlado y de que el *core* esté activo en todo momento.

PRESS MILITAR Y EXTENSIÓN DE TRÍCEPS CON MANCUERNAS

El movimiento del *press* militar fortalece el pecho, los hombros, los brazos y la parte superior de la espalda, demás del abdomen. La extensión de tríceps aísla y vigoriza estos músculos.

INDICACIONES

Agarra las mancuernas con la mano por encima; los dedos miran hacia fuera. Asegúrate de escoger un peso que te permita mantener la postura correcta. Es importante que los codos queden por debajo de las muñecas o un poco más hacia dentro. Se puede empezar con 3 series de 8-10 repeticiones e ir aumentando la carga a medida que te acostumbres al ejercicio.

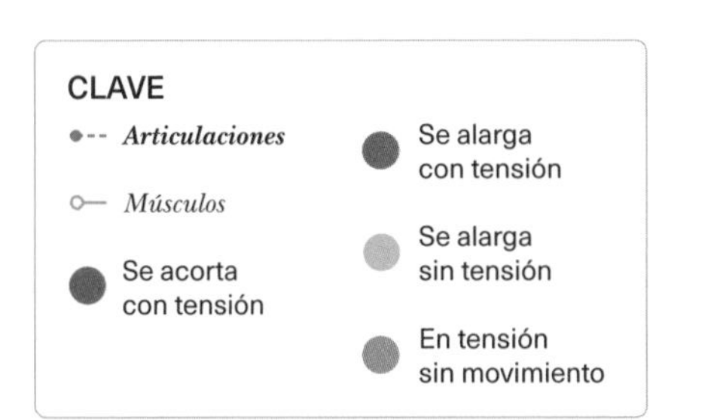

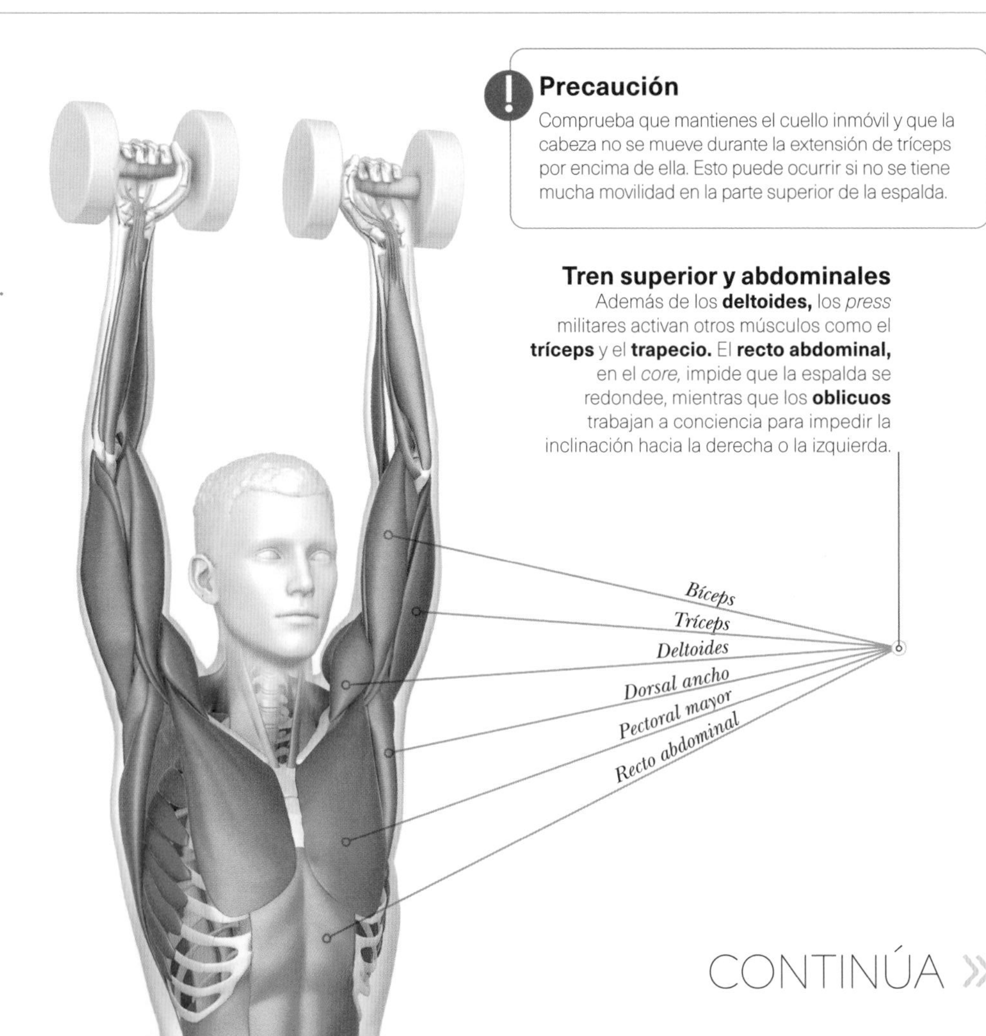

Precaución

Comprueba que mantienes el cuello inmóvil y que la cabeza no se mueve durante la extensión de tríceps por encima de ella. Esto puede ocurrir si no se tiene mucha movilidad en la parte superior de la espalda.

Tren superior y abdominales

Además de los **deltoides,** los *press* militares activan otros músculos como el **tríceps** y el **trapecio.** El **recto abdominal,** en el *core,* impide que la espalda se redondee, mientras que los **oblicuos** trabajan a conciencia para impedir la inclinación hacia la derecha o la izquierda.

CONTINÚA »

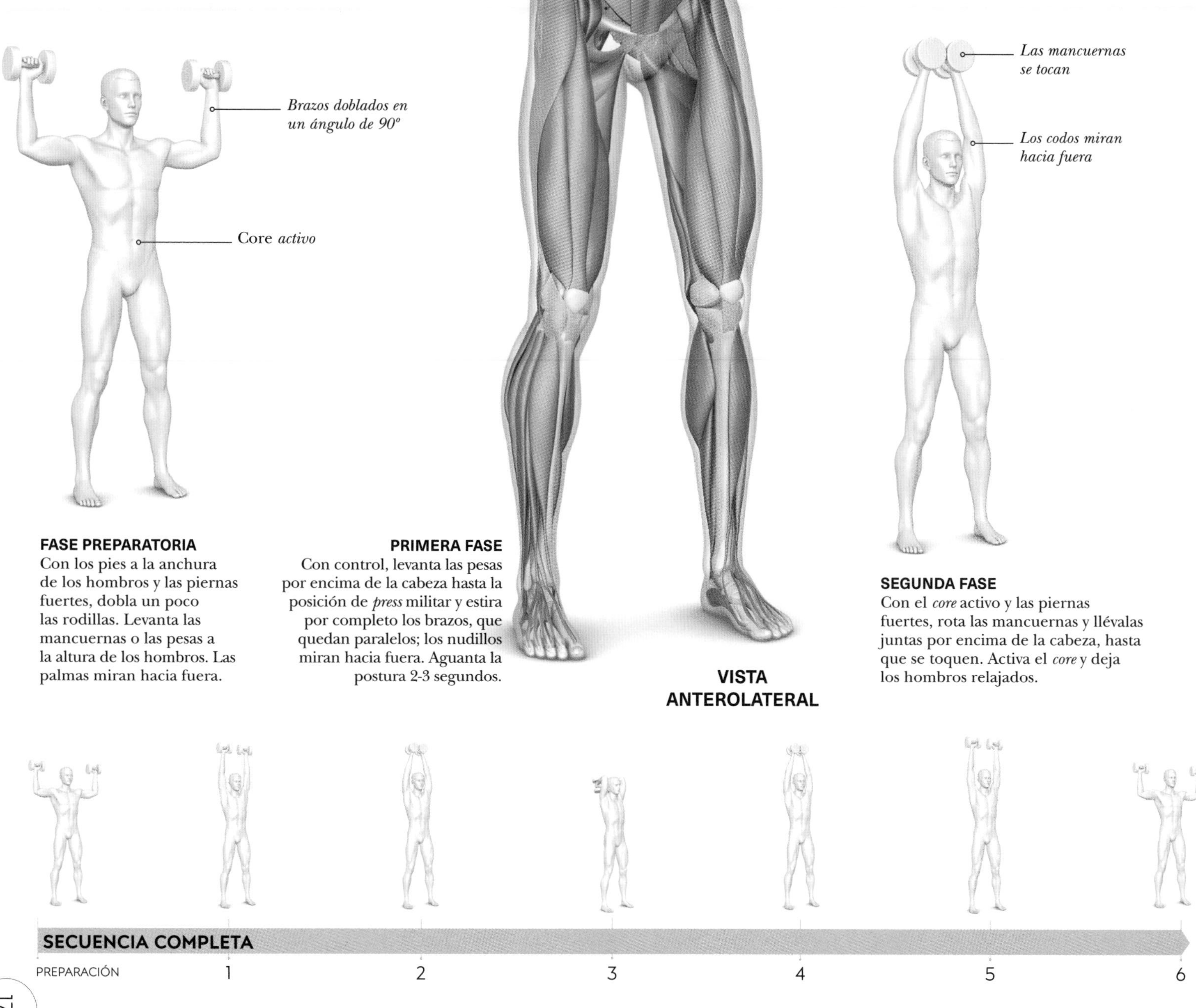

FASE PREPARATORIA
Con los pies a la anchura de los hombros y las piernas fuertes, dobla un poco las rodillas. Levanta las mancuernas o las pesas a la altura de los hombros. Las palmas miran hacia fuera.

PRIMERA FASE
Con control, levanta las pesas por encima de la cabeza hasta la posición de *press* militar y estira por completo los brazos, que quedan paralelos; los nudillos miran hacia fuera. Aguanta la postura 2-3 segundos.

SEGUNDA FASE
Con el *core* activo y las piernas fuertes, rota las mancuernas y llévalas juntas por encima de la cabeza, hasta que se toquen. Activa el *core* y deja los hombros relajados.

» *PRESS* MILITAR Y EXTENSIÓN DE TRÍCEPS CON MANCUERNAS (CONTINÚA)

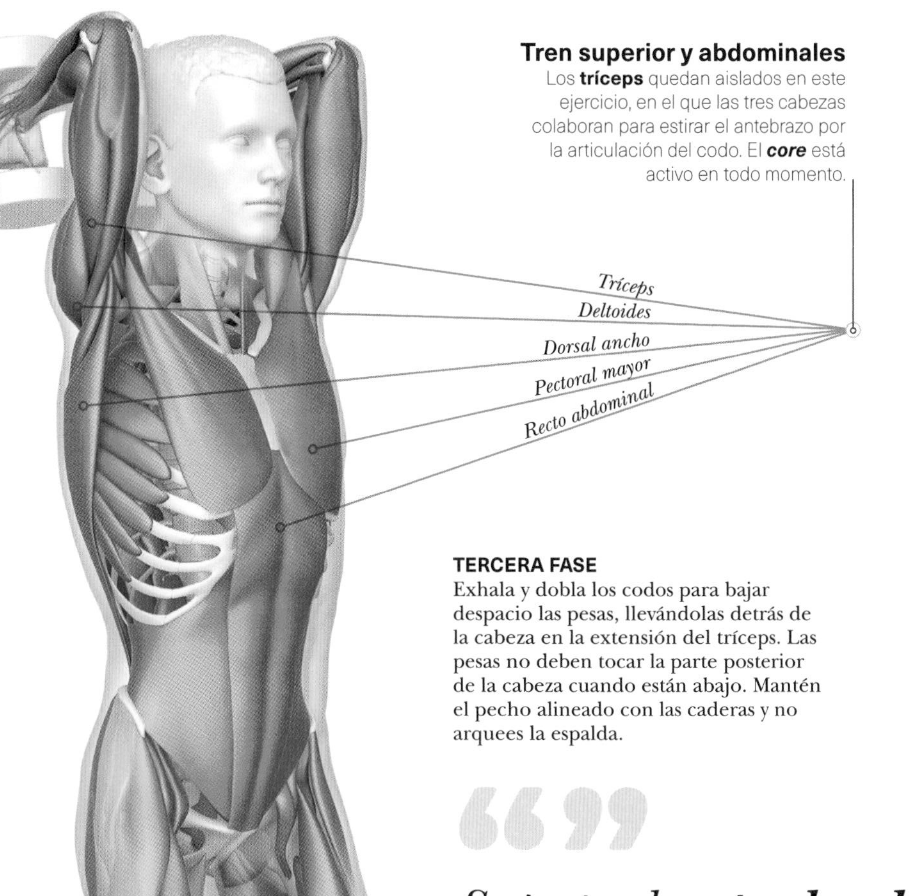

Tren superior y abdominales
Los **tríceps** quedan aislados en este ejercicio, en el que las tres cabezas colaboran para estirar el antebrazo por la articulación del codo. El ***core*** está activo en todo momento.

TERCERA FASE
Exhala y dobla los codos para bajar despacio las pesas, llevándolas detrás de la cabeza en la extensión del tríceps. Las pesas no deben tocar la parte posterior de la cabeza cuando están abajo. Mantén el pecho alineado con las caderas y no arquees la espalda.

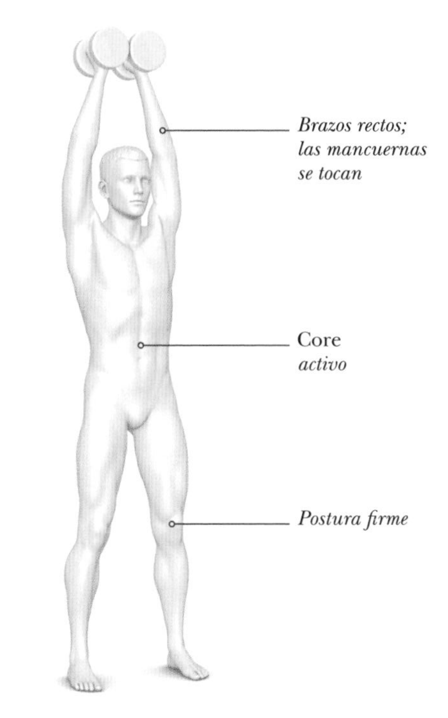

CUARTA FASE
Una vez doblas el codo en un ángulo de 90º o más, inhala y cambia el movimiento, subiendo de nuevo las pesas, que se miran por encima de la cabeza.

Se pretende ***extender el tríceps*** *únicamente en la* ***articulación del codo;*** *todo lo demás está activo e inmóvil.*

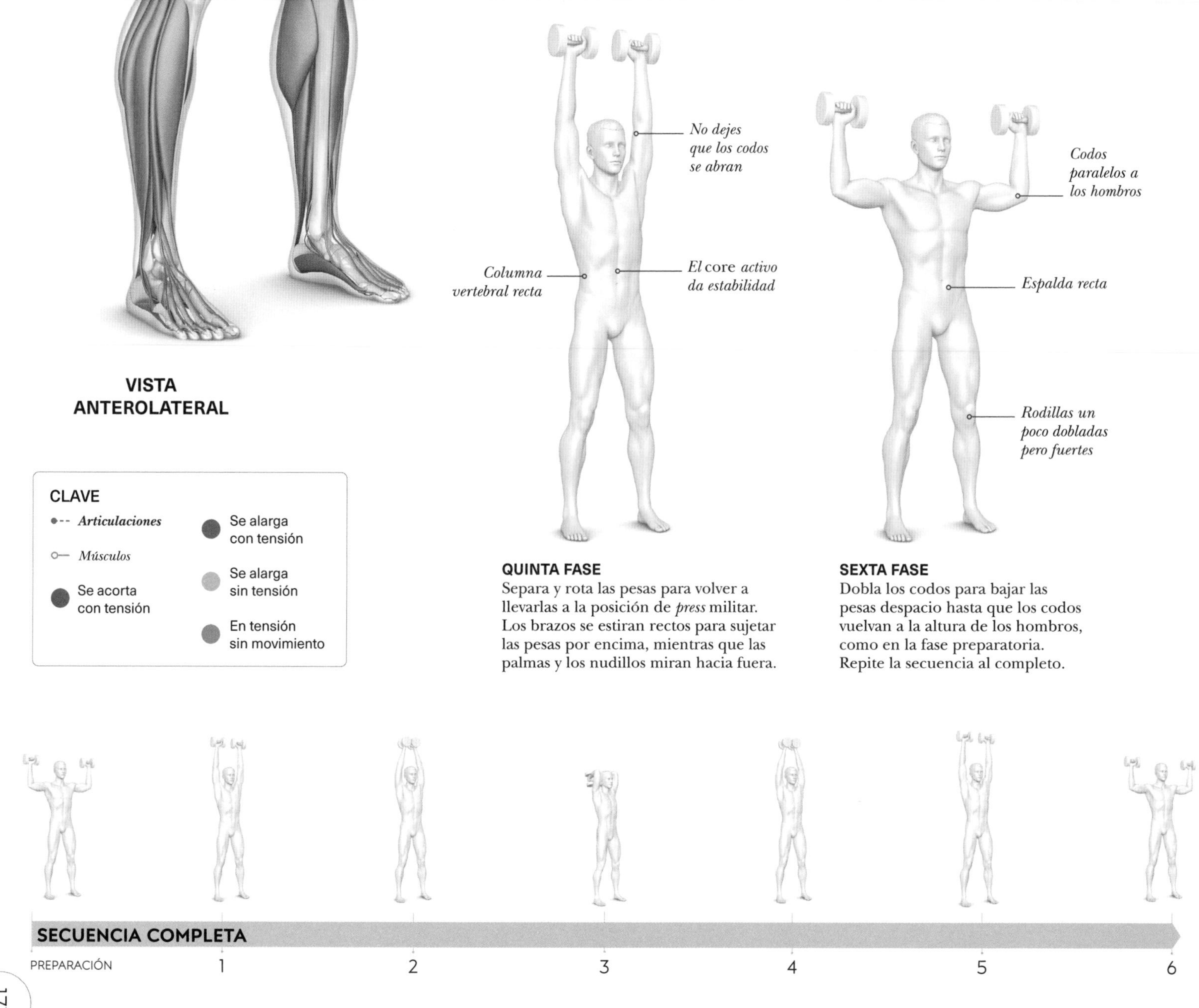

CLAVE

- *Articulaciones*
- *Músculos*
- Se acorta con tensión
- Se alarga con tensión
- Se alarga sin tensión
- En tensión sin movimiento

QUINTA FASE

Separa y rota las pesas para volver a llevarlas a la posición de *press* militar. Los brazos se estiran rectos para sujetar las pesas por encima, mientras que las palmas y los nudillos miran hacia fuera.

SEXTA FASE

Dobla los codos para bajar las pesas despacio hasta que los codos vuelvan a la altura de los hombros, como en la fase preparatoria. Repite la secuencia al completo.

REMO HORIZONTAL Y *CURL* TIPO MARTILLO

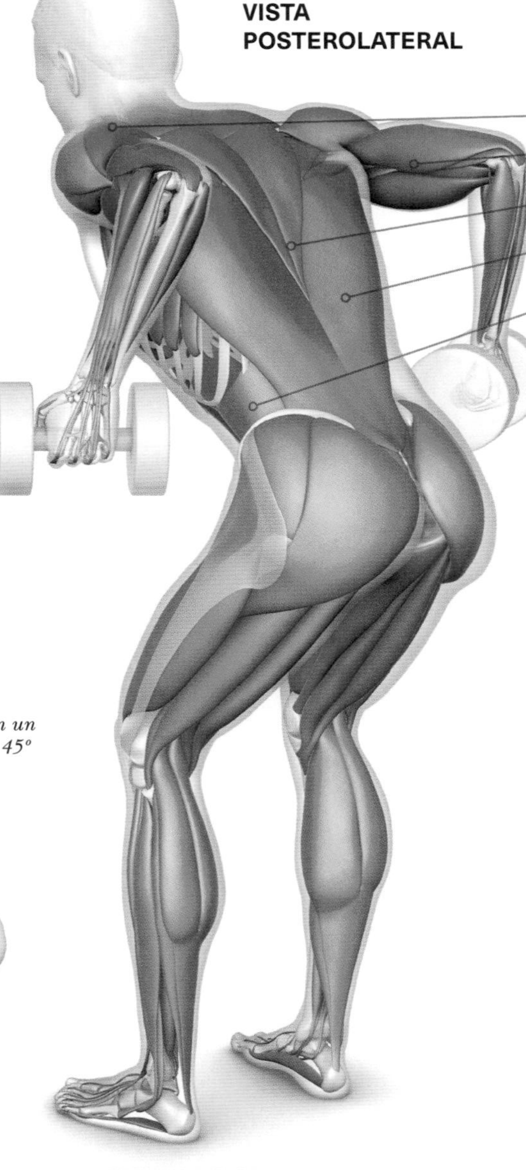

Este ejercicio funcional compuesto tiene como objetivo varios músculos. El remo trabaja la espalda, el pecho, el brazo superior y el manguito rotador, mientras que el trabajo del *curl* tipo martillo se concentra en los bíceps.

INDICACIONES

Evita inclinarte hacia delante más de 45° cuando vayas a realizar el movimiento del remo; mantén la espalda recta, sin curvarla, y los hombros en un ángulo de 90°. En el *curl* tipo martillo, levanta las pesas despacio y con control, sin balancearlas, y mantén los hombros estables y fijos. Cuenta hasta 3 al subir y hasta 3 al bajar. Completa 3 series con 8 repeticiones de la secuencia completa.

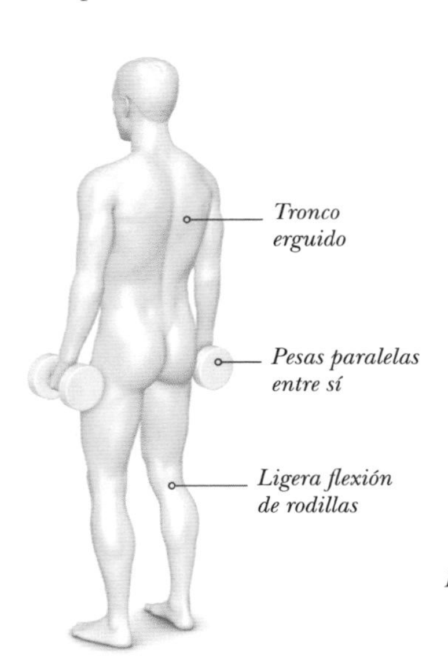

FASE PREPARATORIA
Con los pies separados a la anchura de los hombros, dobla ligeramente las rodillas y sostén una mancuerna con cada mano; los brazos están a ambos lados del cuerpo.

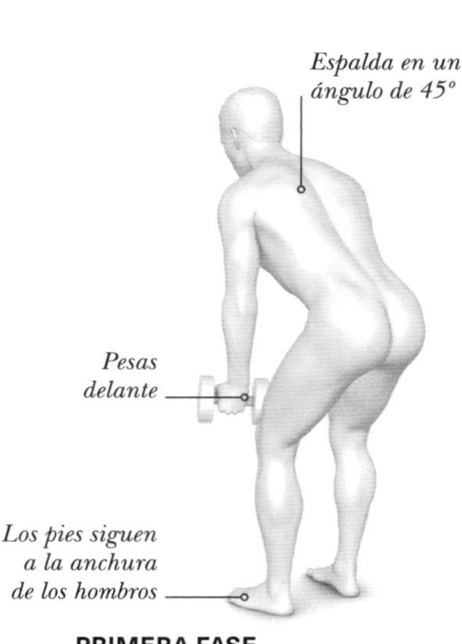

PRIMERA FASE
Inhala y pliégate por la cadera en un ángulo de 45°, con las rodillas dobladas y la espalda recta todo el tiempo. Las pesas pasan a estar frente a ti.

SEGUNDA FASE
Exhala y levanta las pesas en un movimiento de remo invertido, con los codos doblados a 90°. Al levantar la carga, los brazos deberían llegar como mucho a la altura de los hombros. Mantén el pecho un poco elevado.

Tren superior y abdominales

En este ejercicio participan principalmente el **dorsal ancho,** el **romboides,** los **erectores de la columna** y el **trapecio,** pero también los **bíceps,** los **músculos de los antebrazos** y el **deltoides posterior.** Un *core* activo estabiliza el cuerpo e impide que la espalda se redondee.

Brazos

El *curl* de martillo aísla los músculos del **bíceps,** que trabajan para estabilizar las articulaciones del hombro, las muñecas y el codo durante el ejercicio. El **recto abdominal** y los **oblicuos internos** y **externos** sujetan la columna. El ***core*** está activo todo el tiempo.

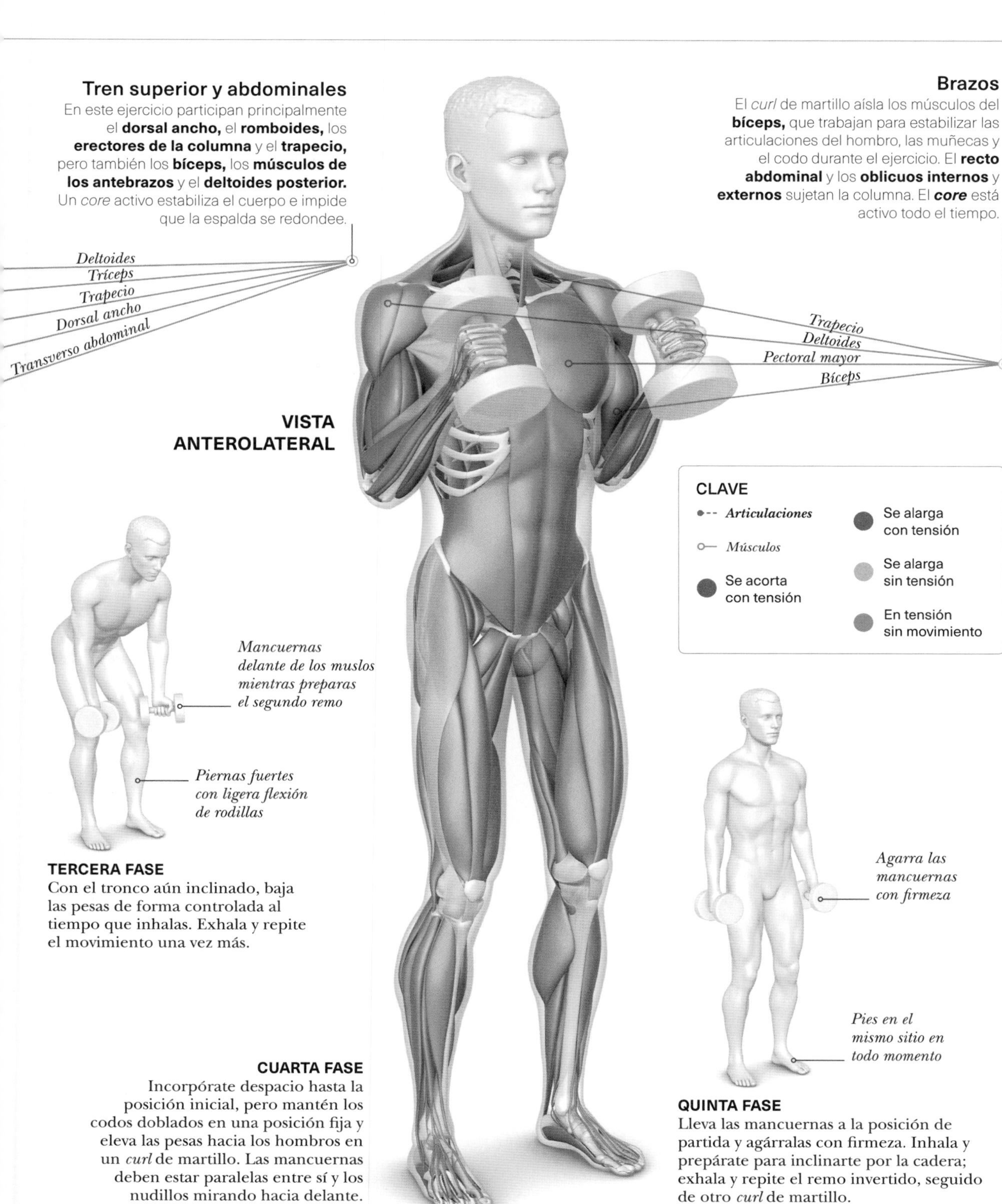

TERCERA FASE

Con el tronco aún inclinado, baja las pesas de forma controlada al tiempo que inhalas. Exhala y repite el movimiento una vez más.

CUARTA FASE

Incorpórate despacio hasta la posición inicial, pero mantén los codos doblados en una posición fija y eleva las pesas hacia los hombros en un *curl* de martillo. Las mancuernas deben estar paralelas entre sí y los nudillos mirando hacia delante.

QUINTA FASE

Lleva las mancuernas a la posición de partida y agárralas con firmeza. Inhala y prepárate para inclinarte por la cadera; exhala y repite el remo invertido, seguido de otro *curl* de martillo.

PÁJARO Y PATADA DE TRÍCEPS

Este ejercicio compuesto trabaja varios grupos musculares a la vez. Se centra en el deltoides, detrás de los hombros, y en los principales músculos de la parte superior de la espalda, como el trapecio, además de en los tríceps y los abdominales.

INDICACIONES

Comienza con el ejercicio de pájaro, en el que se produce la retracción escapular y el acercamiento de los omóplatos. Manteniendo una posición inclinada, da la patada de tríceps. Escoge un peso que se adecúe a tu forma física. Practica primero sin carga hasta que domines el movimiento.

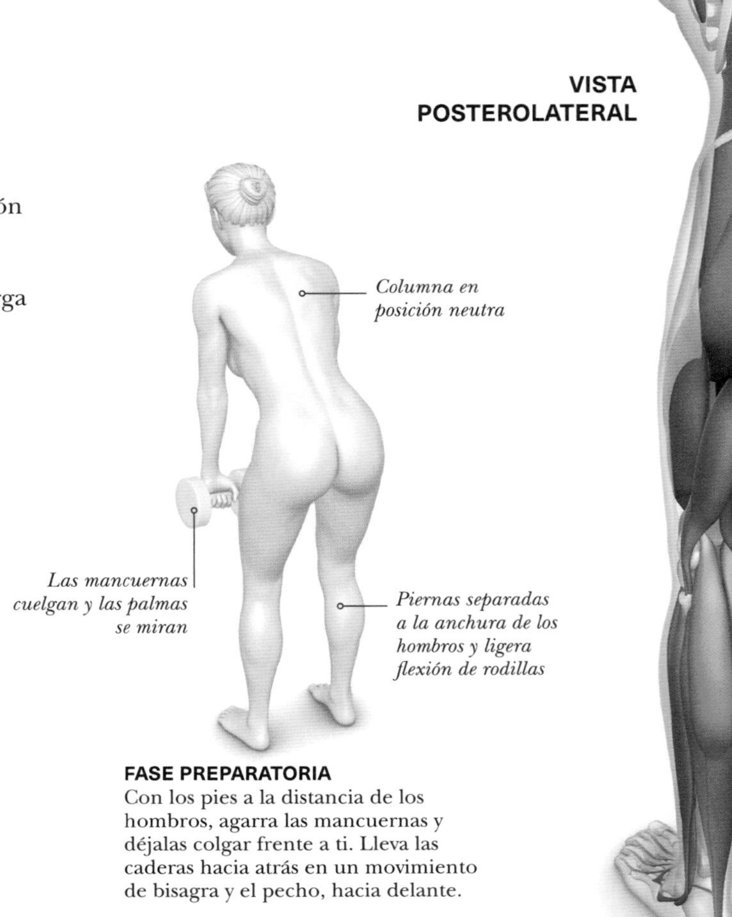

FASE PREPARATORIA
Con los pies a la distancia de los hombros, agarra las mancuernas y déjalas colgar frente a ti. Lleva las caderas hacia atrás en un movimiento de bisagra y el pecho, hacia delante.

CLAVE
- *Articulaciones*
- *Músculos*
- Se acorta con tensión
- Se alarga con tensión
- Se alarga sin tensión
- En tensión sin movimiento

PRIMERA FASE
Exhala y levanta los brazos hacia los lados, juntando los omóplatos. Mantén los codos ligeramente flexionados al retraer las escápulas hacia la columna. Intenta mantener 2 segundos la postura.

CONTINÚA »

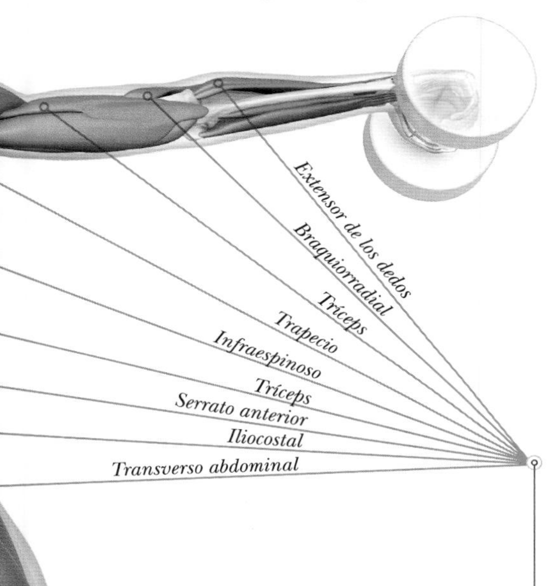

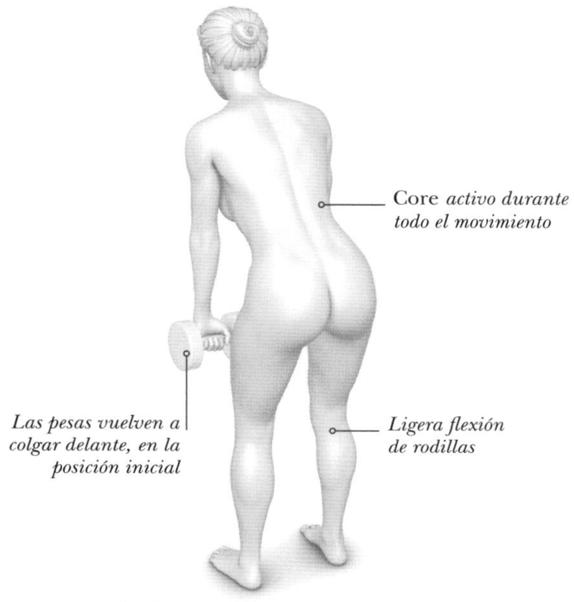

SEGUNDA FASE
Inhala al bajar para llevar las pesas a la posición inicial. Evita redondear la columna y curvar los hombros hacia delante. Mete el mentón para que la columna siga en posición neutra, y respira con normalidad.

Tren superior

El pájaro implica a varios músculos de la **parte superior de la espalda** y el **deltoides.** Los **deltoides posteriores** son los más involucrados, además del **trapecio medio** e **inferior,** el **romboides,** el **infraespinoso** y el **redondo menor.**

Precaución

Evita redondear la espalda para no presionar la columna vertebral. Puede que esto ocurra cuando las mancuernas son demasiado pesadas, y que eso te lleve también a balancearlas y a que el impulso lo emplees en levantar la carga en lugar de en trabajar el músculo que quieres.

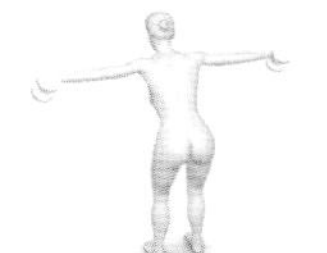

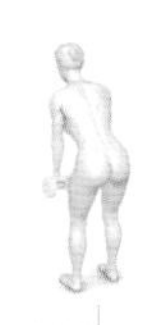

SECUENCIA COMPLETA

PREPARACIÓN | 1 | 2 | 3 | 4 | 5 | 6

» PÁJARO Y PATADA DE TRÍCEPS (CONTINÚA)

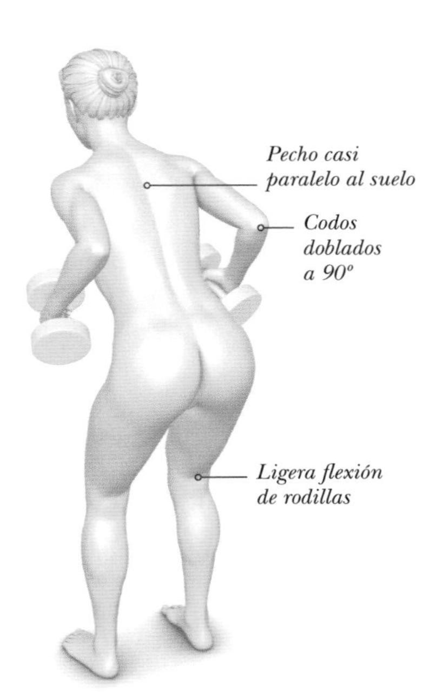

TERCERA FASE
Dobla los codos detrás de ti y empieza a subir las pesas. Mantén la inclinación hacia delante desde las caderas, y el pecho casi paralelo al suelo.

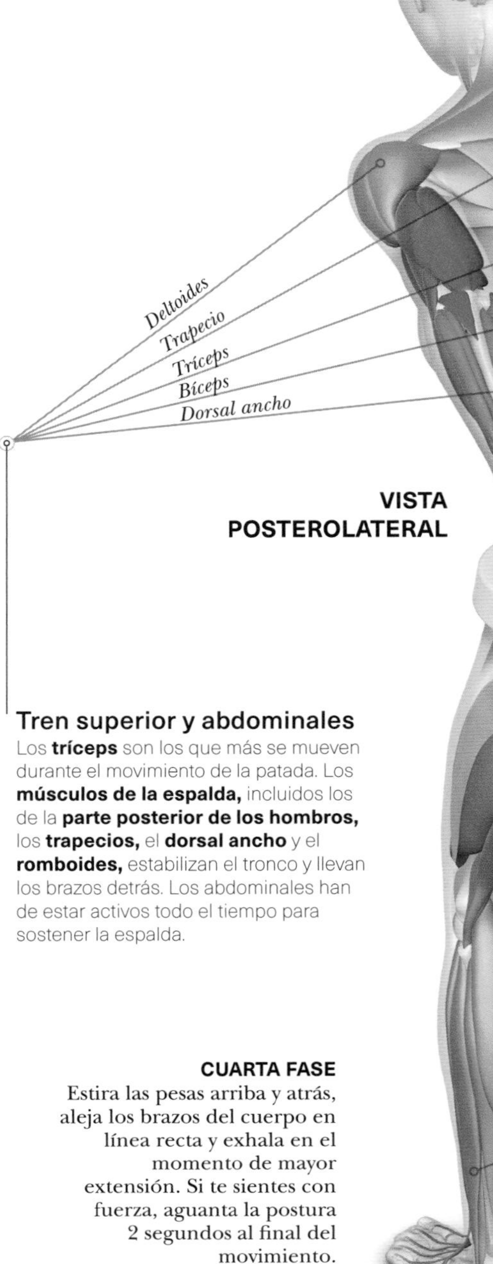

Tren superior y abdominales

Los **tríceps** son los que más se mueven durante el movimiento de la patada. Los **músculos de la espalda,** incluidos los de la **parte posterior de los hombros,** los **trapecios,** el **dorsal ancho** y el **romboides,** estabilizan el tronco y llevan los brazos detrás. Los abdominales han de estar activos todo el tiempo para sostener la espalda.

CUARTA FASE
Estira las pesas arriba y atrás, aleja los brazos del cuerpo en línea recta y exhala en el momento de mayor extensión. Si te sientes con fuerza, aguanta la postura 2 segundos al final del movimiento.

Precaución

Escoge el peso más ligero hasta que aprendas la técnica y la postura correctas. Asegúrate de que puedes respirar con suavidad y naturalidad durante el ejercicio.

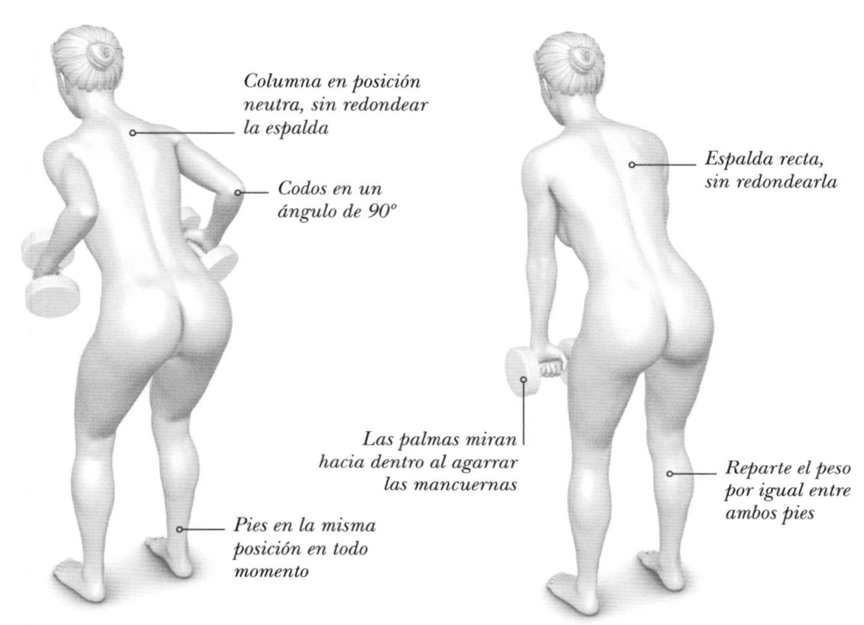

QUINTA FASE
Inhala y acerca despacio las mancuernas al cuerpo. No las balancees e intenta frenarlas un instante para reducir el impulso.

SEXTA FASE
Estira los brazos y que las mancuernas caigan, como en la posición de la fase preparatoria. Recupérate para luego realizar el pájaro invertido y haz una repetición.

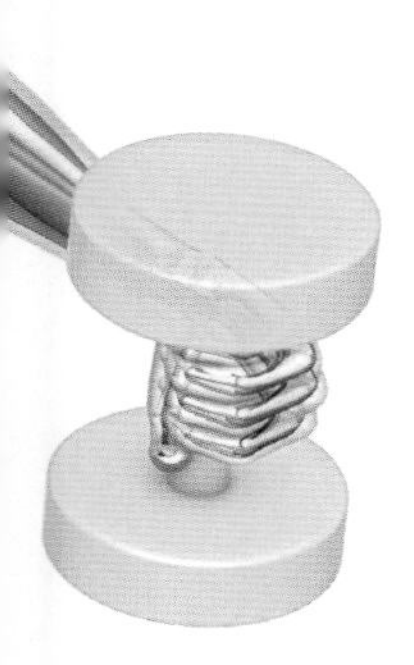

Tren inferior

La parte inferior del cuerpo estabiliza en este ejercicio. Los **glúteos** se contraen de forma isométrica. Al apretarlos, las caderas se mantienen en su sitio y la columna permanece en posición neutra.

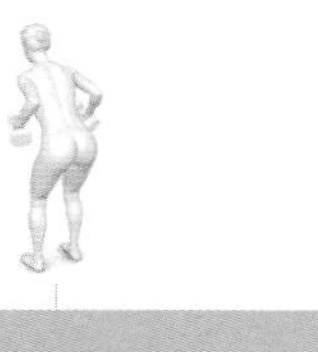

SECUENCIA COMPLETA

PREPARACIÓN 1 2 3 4 5 6

SENTADILLA SUMO Y *CURL* DE CONCENTRACIÓN TIPO MARTILLO

Esta secuencia tonifica los glúteos, los cuádriceps, los isquiotibiales, los flexores de la cadera, los gemelos y el *core,* haciendo hincapié en las caderas y en los muslos internos. El *curl* de concentración tipo martillo fortalece el bíceps y los músculos de la parte inferior del brazo, el braquial y el braquiorradial.

INDICACIONES

En la sentadilla sumo, no permitas que las rodillas caigan hacia dentro. Mantener el pecho elevado durante toda la secuencia y el *core* activo permite aplicar una técnica adecuada. Los codos están pegados al muslo durante el *curl* de concentración.

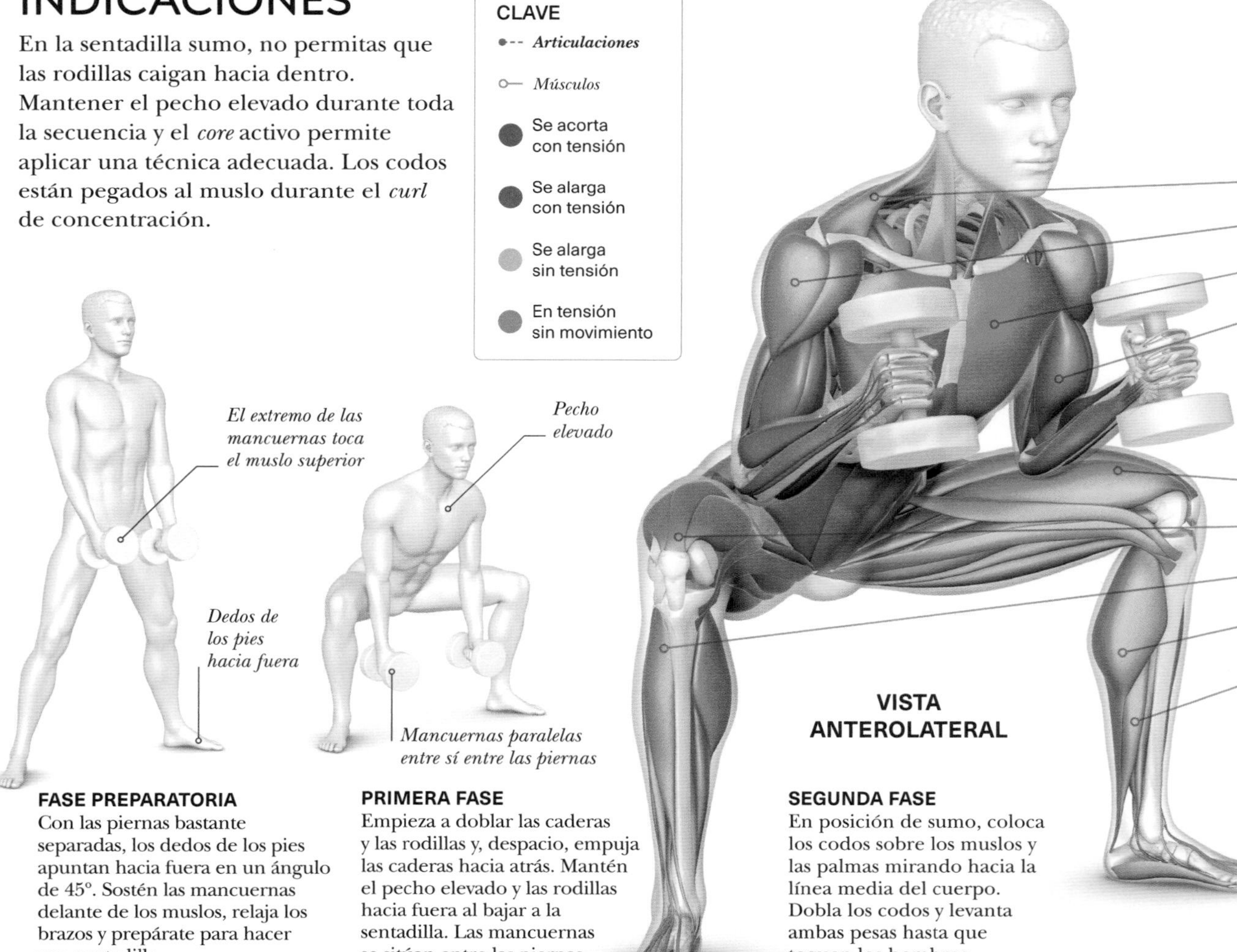

FASE PREPARATORIA
Con las piernas bastante separadas, los dedos de los pies apuntan hacia fuera en un ángulo de 45°. Sostén las mancuernas delante de los muslos, relaja los brazos y prepárate para hacer una sentadilla.

PRIMERA FASE
Empieza a doblar las caderas y las rodillas y, despacio, empuja las caderas hacia atrás. Mantén el pecho elevado y las rodillas hacia fuera al bajar a la sentadilla. Las mancuernas se sitúan entre las piernas.

SEGUNDA FASE
En posición de sumo, coloca los codos sobre los muslos y las palmas mirando hacia la línea media del cuerpo. Dobla los codos y levanta ambas pesas hasta que toquen los hombros.

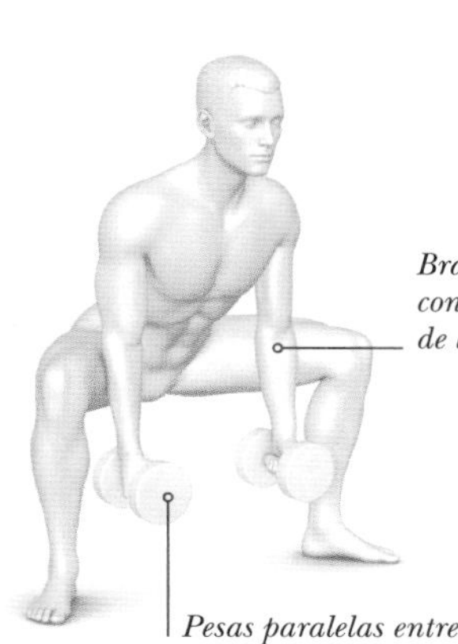

TERCERA FASE
En la posición de sentadilla sumo, baja las mancuernas entre las piernas hasta la posición de partida. Mantén el pecho hacia el frente.

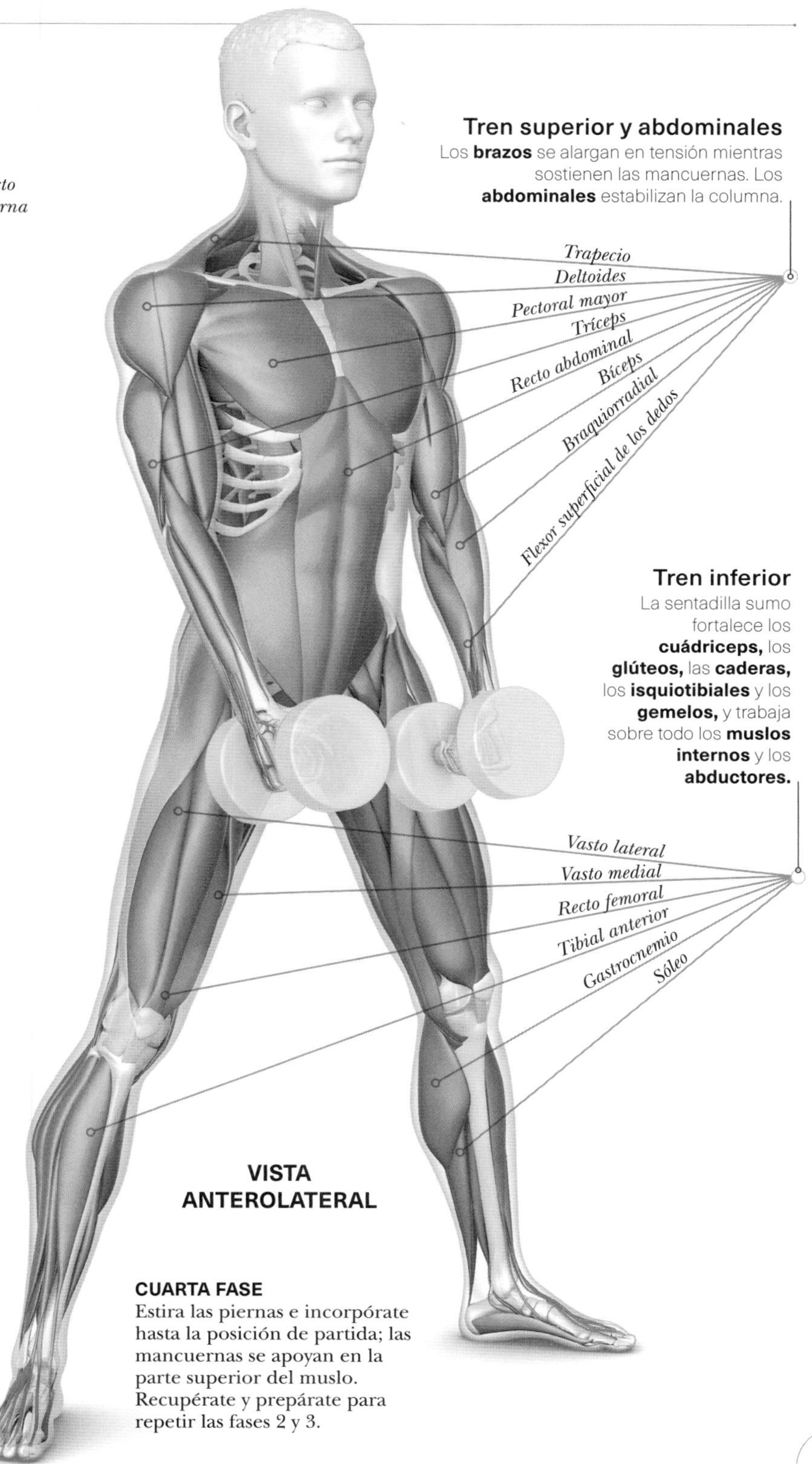

Tren superior y abdominales

Los **brazos** se alargan en tensión mientras sostienen las mancuernas. Los **abdominales** estabilizan la columna.

Tren inferior

La sentadilla sumo fortalece los **cuádriceps,** los **glúteos,** las **caderas,** los **isquiotibiales** y los **gemelos,** y trabaja sobre todo los **muslos internos** y los **abductores.**

Tren superior

En este ejercicio trabajan el **bíceps braquial,** el **braquial,** el **tríceps braquial,** el **flexor de los dedos,** los **pectorales** y el **serrato anterior.** El **recto abdominal** sujeta la columna.

Tren inferior

Los músculos de los **isquiotibiales,** los **cuádriceps,** los **aductores,** los **abductores** y los **glúteos** se contraen de forma isométrica en el culmen de la sentadilla sumo.

CUARTA FASE
Estira las piernas e incorpórate hasta la posición de partida; las mancuernas se apoyan en la parte superior del muslo. Recupérate y prepárate para repetir las fases 2 y 3.

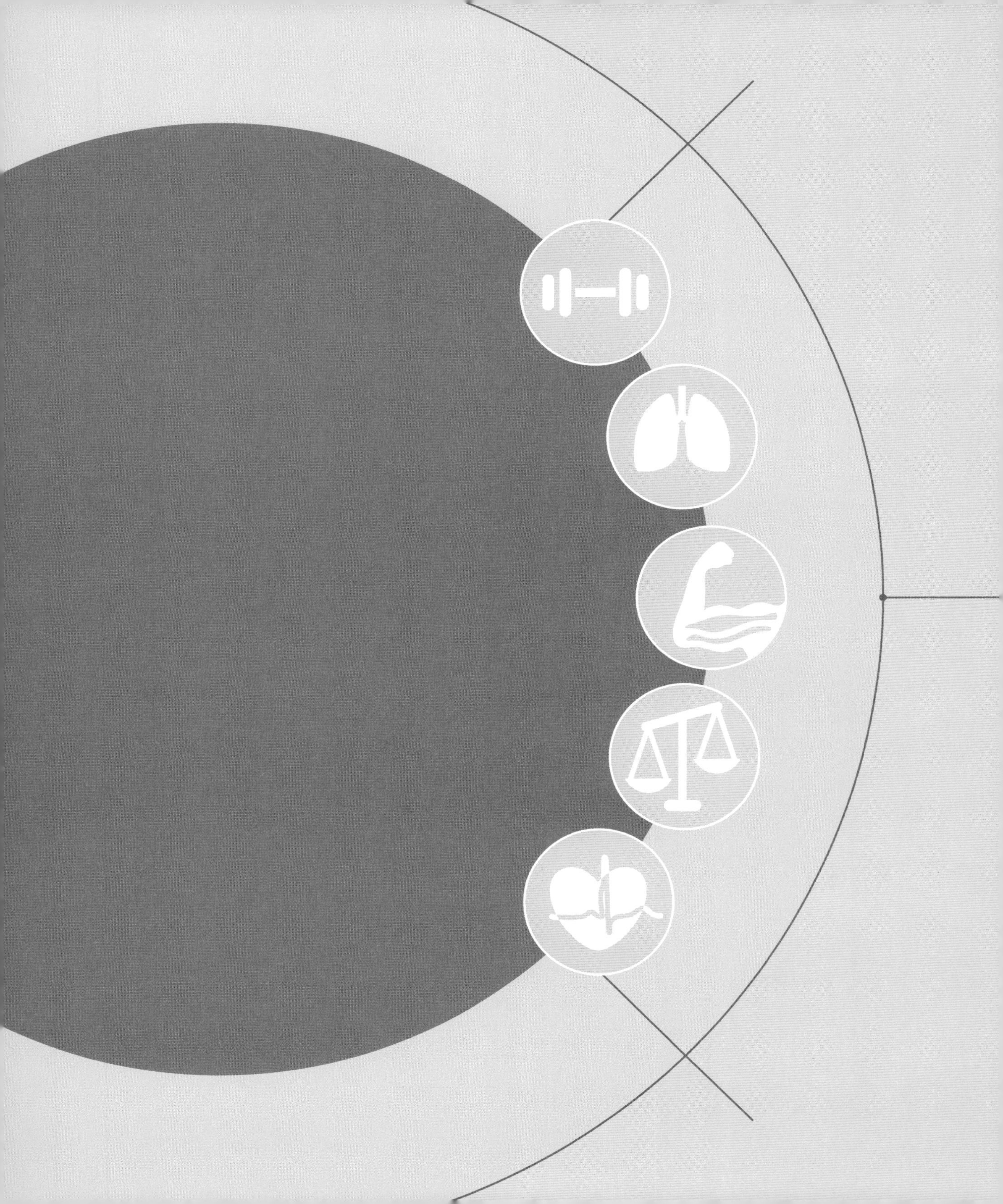

ENTRENAMIENTO HIIT

Esta sección contiene 42 rutinas HIIT destinadas a un nivel principiante, intermedio y avanzado y centradas en todo el cuerpo, en el tren superior o en el inferior. Cada ejercicio se realiza durante un tiempo determinado en función de la forma física, y se hacen 5 rondas. Estas rutinas también pueden incorporarse a un entrenamiento más largo. El capítulo ofrece consejos sobre calentamiento y enfriamiento, cómo planificar una rutina y crear una personalizada.

CÓMO EMPEZAR

Antes de hacer ningún ejercicio, encuentra los que mejor se adaptan a ti.
Este libro tiene planes de entrenamiento para un nivel principiante, intermedio y avanzado. Para aprovecharlos al máximo, es importante que empieces desde el nivel más apropiado para ti y vayas desarrollando fuerza muscular y cardiovascular para progresar. La evaluación física que viene en esta página te permitirá averiguar desde dónde empezar.

Antes de empezar con el HIIT, conviene que compruebes tu ***actual*** *nivel de* ***forma física.*** *Este sencillo examen te permitirá saber dónde empezar y tener una* ***referencia para medir*** *la progresión.*

EVALÚA TU FORMA FÍSICA

Antes de empezar este programa, usa este examen de resistencia con el propio peso para averiguar tu nivel de forma física. Los resultados te mostrarán tu nivel actual.

Realiza la evaluación

Esta valoración incluye cinco ejercicios clásicos de HIIT: **flexiones, sentadillas, sentadilla con salto, *sit ups* y *burpees*.** Antes de empezar, revisa las instrucciones.

1. Haz cada ejercicio durante 30 segundos..

2. Descansa durante 30 segundos tras cada ejercicio.

3. Durante cada intervalo de 30 segundos, apunta el número de repeticiones que puedes realizar de cada ejercicio.

4. Al acabar los cinco ejercicios, suma el número total de repeticiones realizadas para obtener la puntuación final.

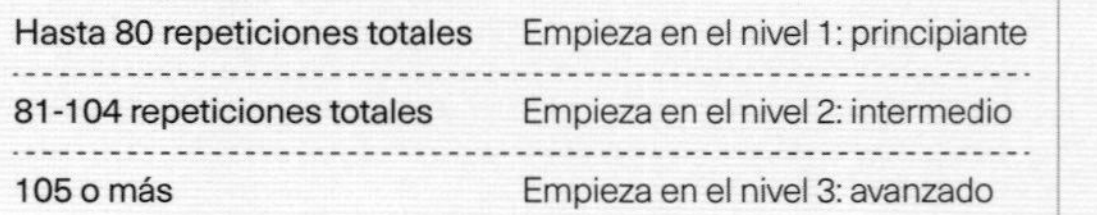

PUNTUACIÓN

Hasta 80 repeticiones totales	Empieza en el nivel 1: principiante
81-104 repeticiones totales	Empieza en el nivel 2: intermedio
105 o más	Empieza en el nivel 3: avanzado

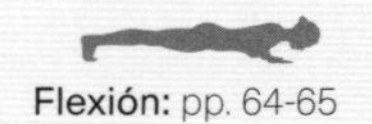

Flexión: pp. 64-65

Sentadilla: pp. 96-97

Sentadilla con salto: pp. 132-133

Sit up: pp. 50-51

Burpee: pp. 146-149

¿CUÁL ES EL NIVEL ADECUADO PARA TI?

Tras evaluar tu forma física con el examen anterior, escoge el nivel principiante, intermedio o avanzado y empieza ahí.

Nivel 1
Principiante (para quienes son nuevos en el HIIT)

Si consigues hacer 80 repeticiones, empieza en el nivel principiante, lo que te permitirá sentar unas bases sólidas para ir progresando hasta ejercicios HIIT más avanzados. Céntrate en la técnica y en respirar de manera correcta. Empieza a trabajar con el peso de tu cuerpo y con poca o ninguna carga.

Duración por ejercicio: 30 segundos
Descanso entre ejercicios: 15 segundos
Número de series: 2-3
Duración del descanso entre series: 30-60 segundos

Nivel 2
Intermedio

Partir de este nivel significa que tienes ya una buena forma física. Sin embargo, siempre es mejor empezar este tipo de entrenamientos con una carga más ligera. Puedes añadirle dificultad con tiempos de repetición más largos o acortar los descansos, e incorporar más peso a medida que tu cuerpo se vaya adaptando.

Duración por ejercicio: 45 segundos
Descanso entre ejercicios: 15 segundos
Número de series: 3-4
Duración del descanso entre series: 30-45 segundos

Nivel 3
Avanzado

Si haces más de 105 repeticiones, tienes un nivel avanzado, pero puede ser el momento de exigirte más. Puedes mejorar la resistencia muscular y cardiovascular, además de la fuerza, con más peso, descansos más cortos y más tiempo de entrenamiento.

Duración por ejercicio: 60 segundos
Descansos entre ejercicios: Ninguno
Número de series: 3-4
Duración del descanso entre series: 30-45 segundos

PORCENTAJE DE GRASA CORPORAL

Es sabido que el cuerpo sigue quemando grasa después de un entrenamiento HIIT (pp. 16-17). Antes de empezar, puede ser buena idea conocer tu estado general. El porcentaje de grasa corporal describe los diferentes componentes del peso corporal total, como los músculos, los huesos y la grasa. Hay varias formas de calcular la grasa corporal: el índice de masa corporal (IMC), la medición de los pliegues cutáneos con un plicómetro, o con una cinta métrica. También existen calculadoras de grasa corporal en Internet que te pueden ayudar.

CÁLCULO DE LA GRASA CORPORAL

La siguiente fórmula permite hacerse una idea general del porcentaje de grasa corporal determinado por el IMC.

FÓRMULA

Métrica: peso (kg) ÷ altura^2 (m)

Ejemplos

65kg ÷ 1,8m^2 = 20,06 IMC (normal)
77Kg ÷ 1,7m^2 = 26,64 IMC (sobrepeso)

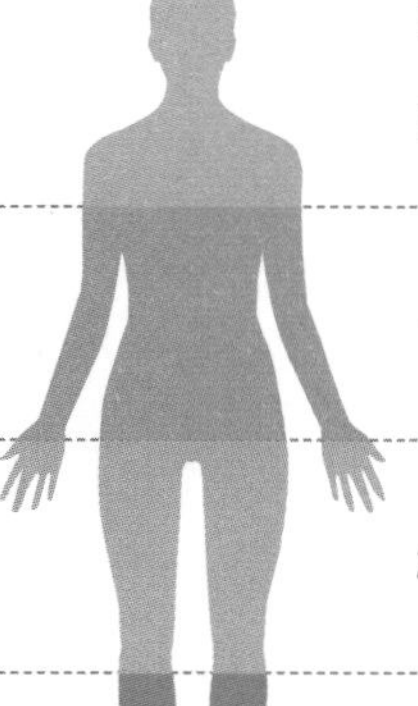

MEDICIÓN DEL IMC

Por debajo de 18,5: Bajo peso

18,6-24,9: Normal

25-29,9: Sobrepeso

30 o más: Obesidad

PLANIFICACIÓN DEL ENTRENAMIENTO

Cuando preparaba las competiciones de culturismo, lo planificaba todo: el entrenamiento, el plan de comidas y la dieta durante 13 semanas. Un plan claro crea un camino hacia nuestros objetivos. El entrenamiento es importante, pero hay que tener cuidado con el sobreentrenamiento y utilizar técnicas de recuperación adecuadas, así como un plan de nutrición correcto.

¿CON QUÉ FRECUENCIA ENTRENAR?

El entrenamiento HIIT no está pensado para todos los días. Estas rutinas superrápidas se crearon para realizarlas con el máximo esfuerzo. Todos queremos ponernos en forma y perder peso con rapidez, así que no es de extrañar que el entrenamiento HIIT sea una buena idea. Es un ejercicio más corto destinado a maximizar el ritmo cardiaco, aumentar el metabolismo y quemar grasa. El HIIT elimina la necesidad de pasar agotadoras horas en la cinta de correr. El fenómeno de quema de grasa que se produce después de un entrenamiento de este tipo se conoce como ECOP (Exceso de Consumo de Oxígeno Posejercicio, pp. 16-17), que equivale a quemar más calorías y más grasa y elevar el metabolismo.

Debido a la intensidad de estos ejercicios, es mejor tomárselo con calma. La evaluación de la condición física (p. 188) indicará el nivel adecuado para empezar con una rutina tres a cuatro veces por semana. Si se es principiante, se puede probar una vez a la semana hasta que el cuerpo se acostumbre y luego ir aumentando el número de días, aunque descansando 24 horas entre sesiones.

El trabajo excesivo de los músculos es una razón para evitar entrenar demasiado. Un exceso de actividad física, en combinación con muy poco descanso y sin periodos de recuperación, puede suponer una carga para las articulaciones. Y cuando los músculos están doloridos y sobrecargados, tu rendimiento puede verse afectado y puedes lesionarte.

Programa semanal

Al planificar tus rutinas semanales, es importante incorporar diferentes grupos musculares. Por ejemplo, no se debe trabajar de forma continua el tren inferior para no sobrecargar los músculos de las piernas. Es crucial también espaciar las sesiones, para poder recuperarte de manera adecuada.

UN EJEMPLO

Si decides entrenar cuatro veces a la semana, comienza el primer día con una rutina centrada en el tren superior; el segundo día, dedícate al tren inferior; el tercero, a los abdominales, y el cuarto, a todo el cuerpo.

Entrenamiento según el nivel

Tras realizar la evaluación física, sabrás desde dónde empezar tu recorrido para ponerte en forma.

Nivel 1: Principiante
En este nivel, empieza a entrenar solo un día o dos a la semana. Además, comprueba que sigues a rajatabla el número de series y la duración de los ejercicios y de los descansos recomendados en la evaluación.

Nivel 2: Intermedio
Si estás en este nivel, empieza con dos o tres días de entrenamiento semanal. Además, sigue a rajatabla el número de series y la duración de los ejercicios y de los descansos recomendados en la evaluación.

Nivel 3: Avanzado
Si partes de este nivel, ponte como objetivo entrenar de tres a cuatro días a la semana. Además, sigue a rajatabla el número de series y la duración de los ejercicios y de los descansos recomendados en la evaluación.

¿CÓMO PROGRESAR EN EL ENTRENAMIENTO?

Una de mis frases favoritas es «Siempre puedes subir otro peldaño». Si crees que te estás estancando, hay varias formas de intensificar el entrenamiento. Estas son las opciones.

Añadir repeticiones y carga

Aumentar la duración de los ejercicios, además de la carga, es una forma infalible de ganar músculo (hipertrofia). Como resultado, el trabajo te resultará más difícil.

Añadir series

Una forma de llevar tus entrenamientos al siguiente nivel es aumentar el número de series, lo que significa que también pasarás más tiempo haciendo los ejercicios. Aumentar el número de series supondrá un reto para tu cuerpo.

Repeticiones en reserva (RIR) progresivas

Las repeticiones en reserva (RIR) son el número de repeticiones que te dejas en el «tanque» tras completar una serie, en otras palabras, cuántas repeticiones más podrías haber hecho antes de llegar al fallo en una serie. Trata de entrenar hasta quedarte a 4-5 repeticiones del fallo para maximizar el trabajo.

Recuperación

Tan importante como la rutina, o más, es la recuperación. Puede que estés entrenando en exceso, sin darle al cuerpo la posibilidad de recuperarse de forma adecuada y afianzar los beneficios del ejercicio. Existen varias herramientas, de las que hay más detalles abajo.

RECUPERACIÓN

Otra de mis frases favoritas es «Tienes que recuperarte con la misma intensidad con que entrenas». A partir de los 30 años, la proporción debería ser 1:1, es decir, una hora de recuperación por cada hora de entrenamiento. Se suele pensar que eso significa estirar durante una hora, pero hay muchas formas de recuperarse. A continuación se muestran algunas.

HIDRATACIÓN Y NUTRICIÓN

El agua ayuda a transportar el oxígeno a las células y a eliminar las toxinas del cuerpo, lo que hace que el sistema funcionew. Cuando sudamos, necesitamos compensar esa pérdida de agua. Regla general que siempre doy: si tienes sed, ya estás deshidratado (p. 27).

En cuanto a la dieta, utiliza la guía de nutrición (pp. 26-27) para alimentarte mejor cuando entrenas, un aspecto que puede marcar la diferencia. Mucha gente no se da cuenta de que el 80 por ciento de nuestro sistema inmunitario se encuentra en el intestino, así que cuando estamos sanos tendemos a luchar contra las infecciones de manera más rápida y eficiente.

ESTIRAMIENTOS

Estirar ayuda a aliviar la tensión y mejora la flexibilidad. Cuando haces ejercicios HIIT, contraes los músculos, por lo que es importante estirar para alargarlos o, de lo contrario, se pueden desequilibrar. Los desequilibrios musculares pueden tensar las articulaciones y causar lesiones. Además, cuando los músculos están más relajados, permiten una correcta ejecución de los ejercicios.

Los tipos de estiramientos incluyen el de cuádriceps de pie, la zancada con giro de columna, el de tríceps, el gato, el estiramiento 90/90, el bebé feliz, el estiramiento de los flexores de la cadera, la rana y la mariposa.

EL RODILLO DE ESPUMA

El rodillo de espuma permite realizar una técnica de automasaje de liberación miofascial que puede aliviar la tensión, el dolor y la inflamación, además de aumentar el rango de movimiento. Conviene incluirlo en la rutina del calentamiento o el enfriamiento.

Empieza con una leve presión; los músculos pueden estar tensos y resultarte doloroso. Pon menos peso corporal sobre el rodillo para aliviar la presión. Desplázate sobre el rulo durante 10 segundos y luego ve llegando a 30-60 segundos. Si eres principiante, pide ayuda a un profesional o busca información en Internet.

CREAR Y SEGUIR UNA RUTINA PROPIA

Cuando inicias un programa de entrenamiento, pretendes crear una rutina que acabe generando un hábito. Se necesitan 18 días para crear un hábito y 66 días para hacerlo automático, pero solo dos días para romperlo. Un plan de acción no solo ayuda a desarrollar nuevos hábitos más saludables, sino que es una línea clara para conseguir la forma física deseada.

APRENDERSE LOS EJERCICIOS

Es importante que leas a conciencia antes de empezar. Siempre digo que hay que leer las cosas tres veces y, si se tienen dudas, anotarlas. Lo más probable es que las respuestas a tus preguntas estén en el libro. Asegúrate de que entiendes lo que se necesita cada día y la técnica correcta de cada ejercicio. Si alguno de ellos te resulta desconocido, ve a la página correspondiente de la guía para comprobar cómo se realiza. Dado que los ejercicios requieren atención y cuidado, saber cómo realizar cada movimiento sin tener que recurrir al libro durante el entrenamiento te ayudará a mantenerte la concentración.

RUTINAS PARA DESARROLLAR LA FUERZA Y LA RESISTENCIA CARDIOVASCULARES

Algunos de los ejercicios son más cardiovasculares que otros y están diseñados para elevar la frecuencia cardiaca. Aumentar la resistencia cardiorrespiratoria mejora la captación de oxígeno en los pulmones y la sangre y puede ayudar a mantener más tiempo la actividad física.

La resistencia se refiere a la capacidad de mantener un ejercicio prolongado. La resistencia aeróbica suele equipararse con el estado cardiovascular y exige que los sistemas circulatorio y respiratorio suministren energía a los músculos para mantener una actividad física.

El ejercicio cardiovascular también ayuda a quemar calorías y grasas y a aumentar el metabolismo. El principal subproducto del metabolismo aeróbico es el dióxido de carbono, que el cuerpo elimina a través de la sangre y de los pulmones.

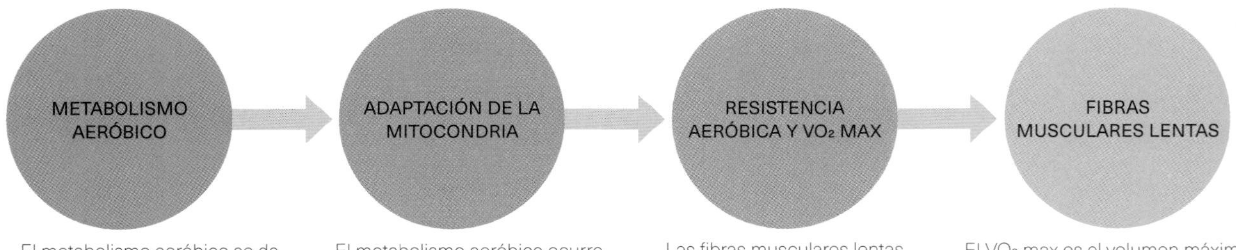

El metabolismo aeróbico se da cuando el cuerpo convierte los nutrientes almacenados (principalmente, la glucosa) en presencia de oxígeno, en moléculas de ATP portadoras de energía.

El metabolismo aeróbico ocurre en la mitocondria de las células musculares. El entrenamiento cardiovascular puede aumentar el número de mitocondrias y mejorar su función.

Las fibras musculares lentas son más eficientes con el uso de oxígeno. Se activan más lentamente que las rápidas y tienen mayor resistencia a la fatiga.

El VO_2 max es el volumen máximo de oxígeno que un individuo puede usar durante el ejercicio intenso. Se ha demostrado que el HIIT puede aumentar el VO_2 max en hasta un 20 por ciento.

LA ELECCIÓN DE PESAS

Es importante empezar en tu nivel. Asegúrate de trabajar de manera equilibrada, sobre todo si empiezas en el HIIT, y escoge un peso que te haga esforzarte pero sin ser excesivo. La elección de pesas (la selección de la carga) acorde a la estructura de cada uno es clave para realizar los ejercicios de forma segura y eficaz. Empieza cada ejercicio con un peso ligero que sepas que puedes levantar con facilidad, y luego ve progresando en función de cómo te encuentres y del rango de repeticiones deseado.

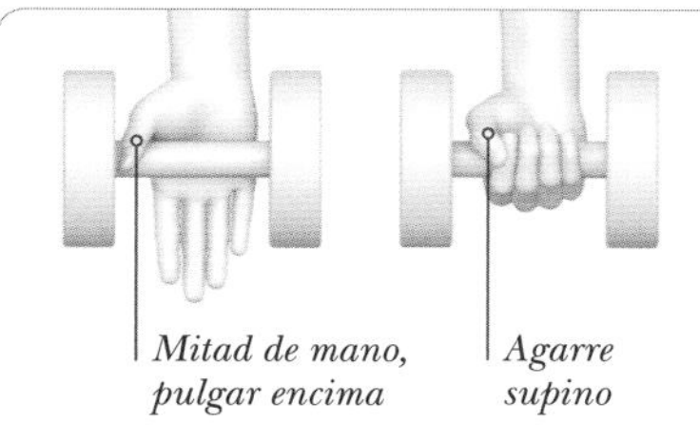

Cómo agarrar

Agarrar la barra de una manera determinada es esencial para sujetar el peso en una posición concreta y para evitar que duelan las manos. Los agarres más comunes son supino, neutro y prono; la posición semisupina está a medio camino entre la supina y la neutra. Evita agarrar muy fuerte la pesa ya que te puede causar una tensión innecesaria en los antebrazos.

Levantar peso con seguridad

Los ejercicios HIIT exigen atención y dedicación plena. Concentrarte en cada movimiento ayuda a realizar los ejercicios de forma segura.

PESOS LIBRES

Entre los pesos libres están las pesas, las mancuernas y las pesas rusas. Ya sean hexagonales, redondas o ajustables, su peso figura impreso en ellas. Las pesas suelen ir en pares. Empieza con una carga manejable que puedas levantar con bastantes repeticiones. A medida que te vayas fortaleciendo, ve subiendo la carga para ponértelo más difícil.

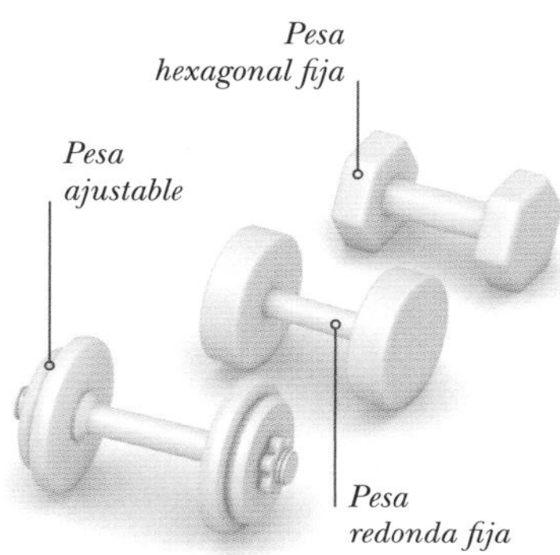

PESAS

RUTINAS PARA TONIFICAR Y GANAR FUERZA

Para tonificar y fortalecer los músculos, es necesaria la resistencia de las pesas, las pesas rusas o las bandas elásticas. Este tipo de ejercicios se centran también en la ganancia de masa muscular.
Los ejercicios anaeróbicos incluyen el levantamiento de pesas o actividades que requieren sacudidas cortas de energía. Pueden ser beneficiosos si se pretende superar un estancamiento de la forma física y alcanzar un nuevo objetivo, y pueden ayudar a preservar la masa muscular a medida que se envejece. La mayor parte del entrenamiento HIIT es anaeróbico.

El metabolismo anaeróbico acumula ácido láctico. Los músculos de contracción rápida, que ayudan a moverse rápido pero en periodos cortos, son los que más se utilizan. En este tipo de ejercicios, el cuerpo depende más de la energía almacenada.

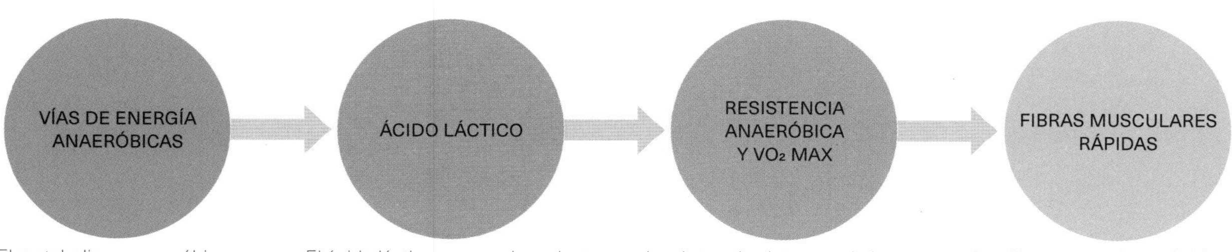

El metabolismo anaeróbico se produce sin oxígeno y es más rápido, pero bastante menos eficiente, que el aeróbico. Se emplea en las sacudidas cortas de energía.

El ácido láctico es un subproducto de la glicólisis anaeróbica. Una acumulación del ácido láctico causa una caída del rendimiento. Una vez se descansa, se vuelve a convertir en glucosa.

Los intervalos intensos de hasta un 115 por ciento de VO_2 max aumentan el nivel de potencia anaeróbica que se puede mantener, el conocido como umbral de lactato.

Las fibras musculares rápidas ayudan a moverse más rápido pero en periodos más cortos, lo que beneficia por ejemplo a los velocistas. No exigen tanto ATP como las fibras lentas.

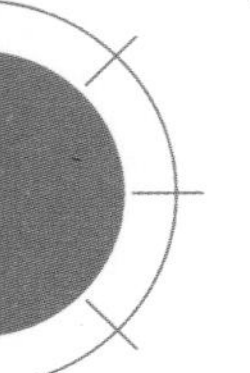

PROGRAMA SEMANAL DE ENTRENAMIENTO

Cuando trazas un plan, pretendes llevarlo a cabo con éxito. Este programa progresivo de seis semanas está destinado a que empieces a cuidar tu forma física, o mejores la manera en que lo haces. Se pueden utilizar las rutinas sugeridas en estas páginas o algunas de las que aparecen en las páginas 199-209.

	LUNES	MARTES	MIÉRCOLES	JUEVES
SEMANA 1	**TREN SUPERIOR** Remo horizontal amplio, *curl* de bíceps con mancuernas, *curl* tipo martillo, remo alterno	***CORE*** *Crunch* de bicicleta, *crunch* doble con giro, patada de tijera, salto en plancha	**TREN INFERIOR** Sentadilla sumo, sentadilla en silla, paso de cangrejo, sentadilla sumo con aperturas	
SEMANA 2	●	**TREN INFERIOR** Arrancada de potencia, subida de escalón con mancuernas, zancada lateral, puntas de pie alternas	**CUERPO ENTERO** Remo horizontal + *curl* tipo martillo, *curl* parcial de bíceps, salto con rodillas al pecho, flexión + sentadilla	**TREN SUPERIOR** Flexiones lado a lado, *press* de banca con mancuernas, aperturas con mancuernas, fondos de tríceps
SEMANA 3	**CUERPO ENTERO** Remo horizontal + *curl* tipo martillo, elevación frontal, *curl* parcial de bíceps, *curl* tipo martillo	●	**TREN SUPERIOR** *Press* de banca con mancuernas, aperturas con mancuernas, patada de tríceps, extensión de tríceps	***CORE*** Plancha de nadador, escalador, *crunch* con cuerda imaginaria, *sit up*
SEMANA 4	**TREN SUPERIOR** Remo horizontal, elevación frontal con mancuernas, *curl* parcial de bíceps, *curl* tipo martillo	***CORE*** Saltos laterales en plancha, *crunch* de bicicleta, *crunch* doble, abdominales en V vuelta al mundo	●	**TREN INFERIOR** Peso muerto a una pierna, caminata de isquiotibiales, elevación de talones, subida de escalón
SEMANA 5	***CORE*** Patada de tijera, transverso abdominal con pelota, escalador con cambio de pie, *crunch* doble con giro	**TREN INFERIOR** Zancada hacia atrás, sentadilla en silla, sentadilla, salto de patinador	**CUERPO ENTERO** *Press* de hombros invertido, *curl* de bíceps ancho, fondos de tríceps tocando el pie, zancada frontal de reverencia	●
SEMANA 6	**CUERPO ENTERO** Subida de escalón, peso muerto a una pierna, paso de cangrejo, puntas de pie alternas	**TREN SUPERIOR** Remo horizontal con mancuernas, *curl* de bíceps con mancuernas, *curl* tipo martillo, remo alterno	***CORE*** *Crunch* de bicicleta, *crunch* doble con giro, patada de tijera, salto con plancha	**TREN INFERIOR** Sentadilla sumo, sentadilla en silla, paso de cangrejo, sumo con aperturas

Seguimiento de los progresos

Tachar los días que has entrenado es muy gratificante. Son necesarias de dos a tres semanas para crear un hábito, pero bastan dos días para romperlo.

Para lograr tus objetivos, tienes que ponerte un horario que sepas que puedes cumplir. Sé realista. Si nunca has hecho ejercicio, no es muy realista ponerte un plan de entrenamiento diario. Empieza quizás con un día a la semana, y si haces más, habrás superado tu objetivo. Decide si es más probable que lo vayas a seguir por la mañana, a la hora de comer o por la noche, y sé constante con ese horario.

Para hacer un seguimiento de tu progreso, también puedes hacerte fotos antes de empezar: de frente, de espaldas y de lado. Siempre digo que las fotos no mienten. Hazte nuevas fotos cada dos semanas, para poder compararlas y ver y supervisar los cambios.

VIERNES	SÁBADO	DOMINGO
CUERPO ENTERO Salto horizontal con *burpee*, salto al cajón, sentadilla sumo + *curl* de concen-tración tipo martillo, arrancada de potencia	**TREN SUPERIOR** *Press* militar y extensión de tríceps, elevación lateral, patada de tríceps, de plancha alta a plancha baja	***CORE*** Plancha del delfín, plancha baja, plancha del oso con extensión de pierna, escalador
|||||||||||||||||||||	***CORE*** Abdominales en V, *crunch, sit up*, plancha del oso	**TREN INFERIOR** Sentadilla, peso muerto a una pierna, zancada de reverencia, sentadilla con salto
CUERPO ENTERO Transverso abdominal con pelota, *jack press, burpee*; plancha alta, toque de tobillo y flexión	|||||||||||||||||||||	**CUERPO ENTERO** Sentadilla con patada posterior, *press* Arnold, elevación frontal, sentadilla con salto abriendo y cerrando
FULL BODY Squats + Alt. Kickback, Arnold *Press,* DB Front Raise, In-and-out Squat Jump	**TREN SUPERIOR** *Press* Arnold, remo vertical con banda, *curl* tipo martillo, flexión de tríceps	|||||||||||||||||||||
TREN SUPERIOR *Press* de hombros con mancuernas y agarre neutro, pájaro con mancuernas, paso del oso, flexión	|||||||||||||||||||||	**TREN INFERIOR** Elevación de rodilla con comba, puente de glúteos, salto de la rana, peso muerto a una pierna
●	**CUERPO ENTERO** Salto horizontal con *burpee*, salto al cajón, sentadilla sumo + *curl* de concentración tipo martillo, arrancada de potencia	|||||||||||||||||||||

La importancia del descanso

Los días de descanso son una parte importante de cualquier rutina. Permiten a los músculos regenerar los tejidos y reponer las reservas de glucógeno, lo que reduce la fatiga muscular y los prepara para el siguiente entrenamiento. Los días de descanso también reducen el riesgo de lesiones por el exceso de ejercicio y la tensión repetitiva sobre los músculos. Descansar ayuda también a mejorar el rendimiento. Cuando los músculos descansan, estás en mejor disposición para entrenar al día siguiente. El cuerpo necesita un tiempo de reparación y recuperación, especialmente en los HIIT.

CLAVE

- ● Tren superior
- ● *Core*
- ● Tren inferior
- ● Cuerpo entero
- ||||| Estiramiento/ Rodillo de espuma
- ● Descanso

CALENTAMIENTO Y ENFRIAMIENTO

Para evitar lesiones, el calentamiento y el enfriamiento deben ser parte del entrenamiento. Realizar cualquier ejercicio aeróbico o de resistencia en frío puede ocasionar tirones y lesiones, por lo que es crucial acostumbrarse a estirar los principales músculos al inicio de la sesión.

Realizar cualquier ejercicio de ***resistencia en frío*** *puede* ***tensar las articulaciones*** *y, potencialmente, ocasionar lesiones.*

CALENTAMIENTO

Calentar antes de un entrenamiento HIIT activa los músculos, preparándolos para el ejercicio y limitando el riesgo de lesiones.

El calentamiento prepara el sistema cardiovascular, para lo que aumenta la temperatura corporal y el flujo sanguíneo a los músculos. Un buen calentamiento de 5-10 minutos eleva también la frecuencia cardiaca. Dependiendo del entrenamiento que vayas a realizar, puede que tengas que alargarlo para preparar mejor los músculos. Los movimientos pliométricos, por ejemplo, como los saltos al cajón, las sentadillas con saltos y los *burpees,* exigen calentar más porque el cuerpo se ve sometido a mucha tensión. Es crucial, por tanto, asegurarse de que todos los grupos musculares están preparados para ese tipo de esfuerzo.

ENFRIAMIENTO

Relajar, o enfriar, los músculos después del ejercicio permite recuperarse, bajar la frecuencia cardiaca y la tensión arterial.

La relajación, que se lleva a cabo al final de cada sesión, duran 5-7 minutos. A menudo, sin embargo, no se realiza, se hace rápido o de forma descuidada. Se da de continuo, especialmente en las zonas de entrenamiento en grupo. La mayoría de la gente la hace rápido, sin fijarse. La realidad es que, si no los estiras, los músculos seguirán contraídos y eso los mantendrá en tensión. Piensa en una banda elástica; si tiras y tiras sin parar, la romperás. Es importante liberar la tensión y que los músculos se relajen después de cada entrenamiento. Enfriar también ayuda a regular el flujo sanguíneo.

Movilidad

La palabra «movilidad» puede definirse como la «capacidad de lo que puede moverse de por sí o es capaz de recibir movimiento por un impulso ajeno». La movilidad incluye la fuerza muscular, el rango de movimiento y la resistencia. Es bueno que incorpores ejercicios de movilidad al principio de la sesión, dentro de la fase del calentamiento, o que hagas unos pocos en un día de descanso. Dado que la movilidad aumenta el rango de movimiento, contribuye tanto a la flexibilidad como a la fuerza, lo que te permite ejecutar movimientos más amplios y empujar y saltar más.

LA IMPORTANCIA DE LOS ESTIRAMIENTOS

La flexibilidad es uno de los cinco componentes de una buena forma física, por lo que los estiramientos deben ser una parte integral de todo programa de entrenamiento. Siempre digo que para cualquier persona mayor de 30 años, por cada hora de entrenamiento debe haber una de recuperación.

Objetivo de los estiramientos:

• **Reducir la rigidez muscular y aumentar el rango de movimiento.** Al mejorar la amplitud de movimiento, los estiramientos también pueden reducir la degeneración en las articulaciones.

• **Disminuir el riesgo de lesiones.** Cuando los músculos son flexibles y realizas un movimiento repentino, es menos probable que te lesiones. Al aumentar el rango de movimiento en una articulación concreta mediante los estiramientos puedes reducir la resistencia de los músculos.

• **Aliviar el dolor y las molestias posteriores al entrenamiento.** Al realizar ejercicio físico, contraemos (acortamos) los músculos. Estirar después de entrenar ayuda a alargar los músculos y alivia la rigidez.

• **Mejorar la postura.** Estirar los músculos, especialmente de los hombros, la zona lumbar y el pecho, ayuda a mantener la columna vertebral alineada y mejora la postura.

• **Reducir y gestionar el estrés.** Unos músculos bien estirados mantienen menos tensión. Como consecuencia, te sientes menos estresado.

• **Disminuir la tensión muscular y favorecer la relajación.** Cuando los músculos pasan mucho tiempo contraídos, cortan su propia circulación, lo que hace que les llegue menos oxígeno y otros nutrientes esenciales. Estirar permite que se relajen al aumentar el flujo sanguíneo.

• **Mejorar el rendimiento funcional y la eficiencia mecánica generales.** Unas articulaciones flexibles necesitan menos energía para moverse, por lo que un cuerpo flexible mejora el rendimiento general al crear movimientos más eficientes.

• **Preparar el cuerpo para el ejercicio.** Los músculos soportan mejor el impacto de los movimientos cuando se relajan los músculos.

• **Mejorar la circulación.** Cuando se alivia la tensión mediante los estiramientos, aumenta el flujo sanguíneo en todo el cuerpo, de los músculos a las articulaciones. La mejora de la circulación permite una mejor distribución de nutrientes.

• **Disminuir el dolor lumbar.** Si se tienen problemas de espalda, lo más probable es que la causa principal esté en la zona inferior del cuerpo. La rigidez en los isquiotibiales, los flexores de la cadera y otros músculos de la pelvis puede tirar de la parte baja de la espalda al mantenerse en tensión. Si se reduce esa tensión mediante los estiramientos se puede eliminar la presión.

RUTINA DE ENTRENAMIENTO

La rutina de entrenamiento tiene que incluir una fase de calentamiento y otra de enfriamiento. El primero empieza con los principales grupos musculares, y luego pasa a partes más específicas.

Calentamiento

Opciones para calentar:

- Trotar o caminar a paso ligero
- Elevación de rodillas, patada de glúteo, *burpees,* caminatas
- Flexiones de brazos
- Nadador
- *Jumping jacks*

Combina cualquiera de las opciones anteriores para tener un calentamiento de 5-10 minutos

Estiramientos

Una vez realizado el calentamiento, es un buen momento para añadir algunos estiramientos, reducir la rigidez y mejorar la flexibilidad. Al realizar ejercicios HIIT, los músculos se contraen (se acortan). Es importante alargarlos mediante los estiramientos para que no se descompensen. Los desequilibrios musculares pueden provocar tensión en las articulaciones y lesiones. Cuando los músculos están más sueltos se gana amplitud de movimiento, lo que a su vez permite una ejecución correcta de los movimientos.

Tipos de estiramientos:

- Cuádriceps de pie
- Zancada con giro de la columna
- Estiramiento de tríceps
- El gato
- Estiramiento de piramidal y glúteo
- Bebé feliz
- La rana
- La mariposa
- Estiramiento de flexores de la cadera en zancada
- Estiramiento tumbado de pectoral

Enfriamiento

El enfriamiento puede consistir en caminar con menor intensidad, pero es un momento ideal para incorporar algunos estiramientos de los que aparecen arriba.

RUTINAS DE ENTRENAMIENTO

Las siguientes rutinas HIIT se han pensado para trabajar distintas partes del cuerpo: inferior, superior, *core* y cuerpo entero. Las rutinas también se han diseñado en función del nivel: principiante, intermedio y avanzado. Una vez elegido el nivel, selecciona una rutina y llévala a cabo en el tiempo adecuado y con los periodos de descanso y el número de series recomendados.

INSTRUCCIONES

Es importante empezar en el nivel en el que estés e ir progresando. Completa la evaluación de tu estado de forma (pp. 188-189) para saber por dónde empezar. Las rutinas están ordenadas por dificultad, pero cada una de ellas puede ajustarse al nivel de forma física siguiendo las instrucciones de los recuadros de abajo. Por ejemplo, un entrenamiento para principiantes puede hacerse más difícil si se aumenta la duración de cada ejercicio y/o el número de series y/o se reduce el descanso entre series o se eliminan los descansos entre ejercicios. Eso es lo que hace que este libro sea impagable, porque, a medida que ganas fuerza y rapidez, cuentas con formas de trabajar más e idear tus propias rutinas; las variaciones son ilimitadas.

Principiante

Cada ejercicio dura 30 segundos, con un descanso de 15 segundos en medio, y 30-60 segundos de recuperación entre series.

EJEMPLO

Ejercicio durante 30 segundos

Descanso durante 15 segundos

Descanso de 30-60 segundos entre series

El objetivo de este nivel es realizar 2-3 series. Se pueden reducir si es demasiado o añadir una serie para dificultar el trabajo.

Intermedio

Cada ejercicio durante 45 segundos, con un descanso de 15 segundos en medio y 30-45 segundos de recuperación entre series.

EJEMPLO

Ejercicio durante 45 segundos

Descaso de 15 segundos

Descanso de 30-45 segundos entre series

En este nivel se pretende llegar a 3-4 series, aunque se pueden reducir si es demasiado o sumar una serie para aumentar la dificultad.

Avanzado

Cada ejercicio dura 60 segundos, sin descanso entre ejercicios y 30-45 segundos de recuperación entre series.

EJEMPLO

Ejercicio durante 60 segundos

Sin descanso entre ejercicios

Descanso de 30-45 segundos entre series

En la rutina avanzada se completan 4-5 series, pero se pueden reducir si es demasiado difícil o añadir otra si se quiere progresar.

PRINCIPIANTE RUTINA 1

Esta rutina eleva las pulsaciones, tonifica las piernas y fortalece los músculos abdominales. Es perfecta para que los principiantes mejoren la resistencia cardiovascular y también la fuerza y resistencia musculares.

Principiante

30 segundos cada ejercicio, 15 segundos de descanso entre ejercicios, 2-3 series

1. Sentadilla (p. 96)
2. Peso muerto a una pierna (p. 118)
3. *Crunch* (p. 52)
4. Salto a la comba con pies juntos (p. 131)

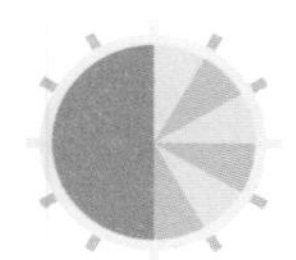

Tiempo: 30 segundos cada ejercicio

Descanso: 30-60 segundos

RUTINA 2

Esta rutina de cuerpo entero para principiantes hace trabajar las piernas y los brazos, e incluye un componente cardio que eleva la frecuencia cardiaca. Es perfecta para mejorar la resistencia cardiovascular y la fuerza y resistencia musculares del principiante.

Principiante

30 segundos cada ejercicios, 15 segundos de descanso entre ejercicios, 2-3 series

1. Sentadilla sumo (p. 99)
2. Elevación lateral con mancuernas (p. 80)
3. *Curl* de bíceps con mancuernas (p. 72)
4. Extensión de tríceps (p. 68)
5. Elevación de rodilla con comba (p. 130)

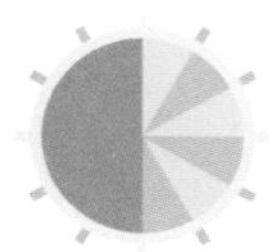

Tiempo: 30 segundos cada ejercicio

Descanso: 30-60 segundos

RUTINA 3

Esta rutina se centra en las piernas y los glúteos. Tonifica y fortalece las piernas, además de ganar músculo en las nalgas. Es ideal para que los principiantes mejoren la resistencia y la fuerza musculares.

Principiante

30 segundos cada ejercicio, 15 segundos de descanso entre ejercicios, 2-3 series

1. Puente de glúteos (p. 120)
2. Puente de glúteos en mariposa (p. 122)
3. Sentadilla sumo (p. 99)
4. Zancada lateral (p. 108)
5. Sentadilla con salto (p. 132)

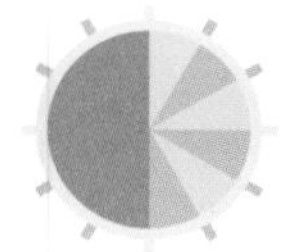

Tiempo: 30 segundos cada ejercicio

Descanso: 30-60 segundos

RUTINA 4

Esta rutina trabaja el tren superior y tonifica y fortalece los músculos de los hombros y los tríceps. Es ideal para que los principiantes mejoren la fuerza y la resistencia musculares de la parte superior del cuerpo.

Principiante

30 segundos cada ejercicio, 15 segundos de descanso entre ejercicios, 2-3 series

1. *Press* militar (p. 82)
2. Patada de tríceps (p. 70)
3. Fondos de tríceps (p. 71)
4. *Press* de hombros invertido (p. 85)
5. Flexión de tríceps (p. 66)

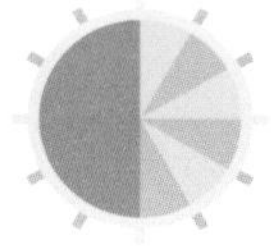

Tiempo: 30 segundos cada ejercicio

Descanso: 30-60 segundos

RUTINA 5

Los músculos abdominales son el objetivo de esta rutina, que tonifica y fortalece el recto y el transverso abdominales y los oblicuos internos y externos. Perfecto para que el principiante mejore la fuerza y resistencia musculares.

Principiante

30 segundos cada ejercicio, 15 segundos de descanso entre ejercicios, 2-3 series

1. *Sit Up* (p. 50)
2. *Crunch* (p. 52)
3. Plancha baja (p. 38)
4. *Crunch* doble (p. 55)
5. *Crunch* de bicicleta (p. 54)

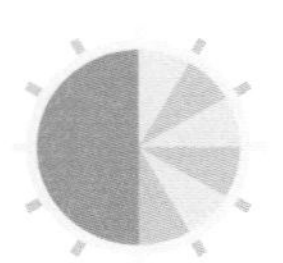

Tiempo: 30 segundos cada ejercicio

Descanso: 30-60 segundos

RUTINA 6

Este entrenamiento ejercita el tren superior, en concreto tonifica y fortalece los músculos del pecho y los tríceps. Es ideal para la mejora de la resistencia y fuerza musculares de los principiantes.

Principiante

30 segundos cada ejercicio, 15 segundos de descanso entre ejercicios, 2-3 series

1. Extensión de tríceps (p. 68)
2. Patada de tríceps (p. 70)
3. *Press* de banca con mancuernas (p. 90)
4. Aperturas con mancuernas (p. 92)
5. Flexiones lado a lado (p. 67)

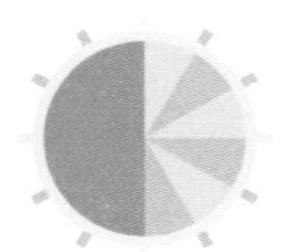

Tiempo: 30 segundos cada ejercicio

Descanso: 30-60 segundos

RUTINA 7

Esta rutina fortalece las piernas y los deltoides (los hombros), centrándose en tonificar y fortalecer las piernas, además de en ganar músculo en los hombros. Es perfecta para la mejora de la resistencia y fuerza musculares de los principiantes.

Principiante

30 segundos cada ejercicio, 15 segundos de descanso entre ejercicios, 2-3 series

1. Sentadilla *goblet* (p. 99)
2. Zancada hacia atrás (p. 110)
3. *Press* militar (p. 82)
4. Elevación lateral con mancuernas (p. 80)
5. Salto a la comba (cualquiera; pp. 130-131)

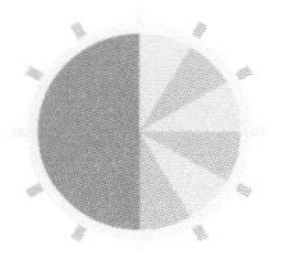

Tiempo: 30 segundos cada ejercicio

Descanso: 30-60 segundos

RUTINA 8

Esta rutina se concentra en los bíceps y los abdominales e incluye un componente para elevar la frecuencia cardiaca. Es ideal para la mejora de la resistencia cardiovascular de los principiantes, además de aumentar la resistencia y fuerza musculares.

Principiante

30 segundos cada ejercicio, 15 segundos de descanso entre ejercicios, 2-3 series

1. *Crunch* de bicicleta (p. 54)
2. *Curl* tipo martillo (p. 75)
3. *Curl* de bíceps ancho (p. 74)
4. *Curl* parcial de bíceps (p. 75)
5. Puntas de pie alternas (p. 116)

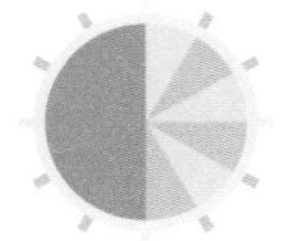

Tiempo: 30 segundos cada ejercicio

Descanso: 30-60 segundos

RUTINA 9

Esta rutina se centra en los hombros y en los abdominales, y tiene un componente cardiovascular para elevar la frecuencia cardiaca. Es ideal para que los principiantes mejoren la resistencia cardiovascular, además de la resistencia y la fuerza muscular.

Principiante

30 segundos cada ejercicio, 15 segundos de descanso entre ejercicios, 2-3 series

1. *Jack press* (p. 154)
2. Elevación frontal con mancuernas (p. 76)
3. Saltos laterales en plancha (p. 45)
4. Salto en plancha (p. 45)
5. *Crunch* doble (p. 55)

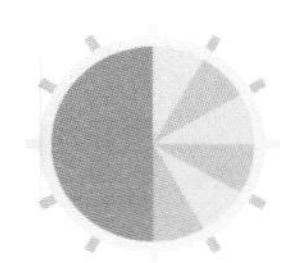

Tiempo: 30 segundos cada ejercicio

Descanso: 30-60 segundos

RUTINA 10

Centrada en el tren superior, en concreto en el pecho y los tríceps, que tonifica y fortalece. Es ideal para que los principiantes mejoren la fuerza y la resistencia musculares.

Principiante

30 segundos cada ejercicio, 15 segundos de descanso entre ejercicios, 2-3 series

1. *Press* de banca con mancuernas (p. 90)
2. Extensión de tríceps (p. 68)
3. Patada de tríceps (p. 70)
4. Fondos de tríceps (p. 71)
5. Flexiones (p. 64)

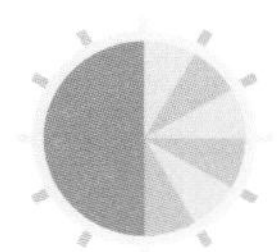

Tiempo: 30 segundos cada ejercicio

Descanso: 30-60 segundos

RUTINA 11

Esta rutina trabaja el tren inferior, sobre todo las piernas y los glúteos, y tiene una parte cardiovascular que eleva las pulsaciones. Es ideal para que los principiantes mejoren la resistencia cardiovascular, además de la fortaleza y la resistencia musculares.

Principiante

30 segundos cada ejercicio, 15 segundos de descanso entre ejercicios, 2-3 series

1. Sentadilla sumo (p. 99)
2. Puente de glúteos (p. 120)
3. Elevación de talones (p. 112)
4. Sentadilla (p. 96)
5. Sentadilla con salto (p. 132)

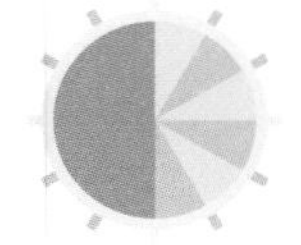

Tiempo: 30 segundos cada ejercicio

Descanso: 30-60 segundos

RUTINA 12

Esta rutina se centra en las piernas e incluye un componente cardiovascular que eleva las pulsaciones. Para los principiantes, supone un trabajo estupendo de resistencia cardiovascular, además de mejorar la fortaleza y resistencia musculares de las piernas.

Principiante

30 segundos cada ejercicio, 15 segundos de descanso entre ejercicios, 2-3 series

1. Sentadilla *goblet* (p. 99)
2. Zancada de reverencia (p. 102)
3. Sentadilla (p. 96)
4. Peso muerto a una pierna (p. 118)
5. Sentadilla con salto abriendo y cerrando (p. 135)

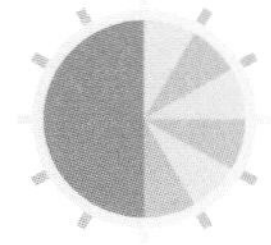

Tiempo: 30 segundos cada ejercicio

Descanso: 30-60 segundos

RUTINA 13

Esta rutina ejercita tanto el tren superior como el inferior, centrándose sobre todo en los músculos de las piernas y los bíceps. Es ideal para que los principiantes mejoren la fuerza y resistencia musculares.

Principiante

30 segundos cada ejercicio, 15 segundos de descanso entre ejercicios, 2-3 series

1. Zancada hacia atrás (p. 110)
2. *Curl* de bíceps con mancuernas (p. 72)
3. *Curl* tipo martillo (p. 75)
4. Sentadilla sumo y *curl* de concentración tipo martillo (p. 184)
5. *Crunch* (p. 52)

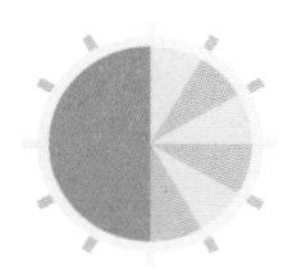

Tiempo: 30 segundos cada ejercicio

Descanso: 30-60 segundos

RUTINA 14

Esta rutina se centra en las piernas y los brazos y ejercita al tiempo el tren superior e inferior. Es ideal para que los principiantes mejoren la fuerza y resistencia musculares.

Principiante

30 segundos cada ejercicio, 15 segundos de descanso entre ejercicios, 2-3 series

1. Zancada lateral (p. 108)
2. Sentadilla (p. 96)
3. *Curl* tipo martillo (p. 75)
4. *Press* militar (p. 82)
5. Sentadilla con salto (p. 132)

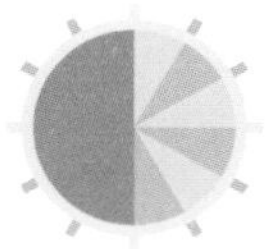

Tiempo: 30 segundos cada ejercicio

Descanso: 30-60 segundos

INTERMEDIO RUTINA 1

Ejercita principalmente los abdominales; tonifica y fortalece el transverso y el recto abdominales, y los oblicuos internos y externos. Se trata de un trabajo intermedio perfecto para mejorar aún más la fuerza y la resistencia musculares.

Intermedio

45 segundos cada ejercicio, 15 segundos de descanso entre ejercicios, 3-4 series

1. Transverso abdominal con pelota (p. 56)
2. Abdominales en V vuelta al mundo (p. 61)
3. *Crunch* doble con giro (p. 55)
4. *Crunch* con cuerda imaginaria (p. 54)
5. Patada de tijera (p. 60)

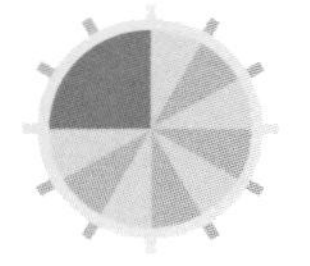

Tiempo: 45 segundos cada ejercicio

Descanso: 30-45 segundos

RUTINA 2

Esta rutina supone un trabajo de empuje y tracción para el tren superior que tonifica y fortalece la espalda y los bíceps. Se trata de un trabajo intermedio perfecto para mejorar aún más la fuerza y la resistencia musculares.

Intermedio

45 segundos cada ejercicio, 15 segundos de descanso entre ejercicios, 3-4 series

1. Remo horizontal y *curl* tipo martillo (p. 178)
2. Pájaro y patada de tríceps (p. 180)
3. *Curl* parcial de bíceps (p. 75)
4. Remo alterno (p. 49)
5. Flexiones (p. 64)

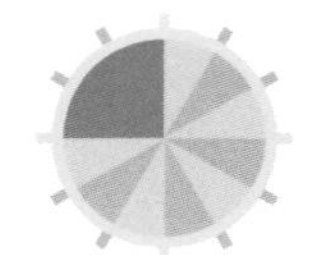

Tiempo: 45 segundos cada ejercicio

Descanso: 30-45 segundos

RUTINA 3

Se trata de otra rutina del tren superior con trabajo de empuje y tracción; en este caso se tonifican y fortalecen los músculos del pecho y las tres cabezas del tríceps. Es un ejercicio intermedio ideal para mejorar la fuerza muscular.

Intermedio

45 segundos cada ejercicio, 15 segundos de descanso entre ejercicios, 3-4 series

1. *Press* de banca con mancuernas (p. 90)
2. Aperturas con mancuernas (p. 92)
3. Extensión de tríceps a (p. 68)
4. Patada de tríceps (p. 70)
5. Flexiones de tríceps (p. 66)

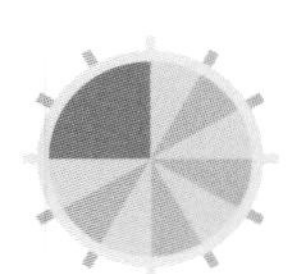

Tiempo: 45 segundos cada ejercicio

Descanso: 30-45 segundos

RUTINA 4

Se trata de una rutina para el tren superior centrada en los tríceps y los hombros. Tonifica, fortalece y prueba la resistencia del deltoides, en el hombro, y de las tres cabezas del tríceps.

Intermedio

45 segundos cada ejercicio, 15 segundos de descanso entre ejercicios, 3-4 series

1. *Press* militar y extensión de tríceps con mancuernas (p. 174)
2. Elevación lateral con mancuernas (p. 80)
3. *Press* Arnold (p. 85)
4. Fondos de tríceps (p. 71)
5. *Press* de hombros invertido (p. 85)

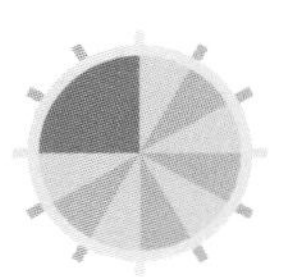

Tiempo: 45 segundos cada ejercicio

Descanso: 30-45 segundos

RUTINA 5

Esta rutina para el tren superior y el *core* tonifica y fortalece los músculos del deltoides y del abdomen. Es un trabajo intermedio ideal para perfeccionar la fuerza y la resistencia musculares.

Intermedio

45 segundos cada ejercicio, 15 segundos de descanso entre ejercicios, 3-4 series

1. Pájaro con mancuernas (p. 86)
2. Remo vertical con banda (p. 79)
3. *Press* Arnold (p. 85)
4. Abdominales en V vuelta al mundo (p. 61)
5. Paso del oso (p. 150)

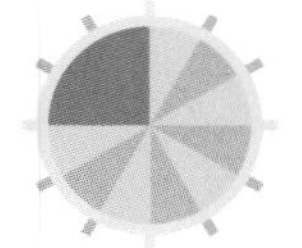

Tiempo: 45 segundos cada ejercicio

Descanso: 30-45 segundos

RUTINA 6

Esta rutina se concentra en el tren inferior, tonificando y fortaleciendo todos los músculos principales de la pierna: los cuádriceps, los isquiotibiales y glúteos. Tiene también un componente cardiovascular que eleva las pulsaciones.

Intermedio

45 segundos cada ejercicio, 15 segundos de descanso entre ejercicios, 3-4 series

1. Sentadilla (p. 96)
2. Peso muerto a una pierna (p. 118)
3. Puente de glúteos (p. 120)
4. Caminata de isquiotibiales (p. 123)
5. Salto con rodillas al pecho (p. 136)

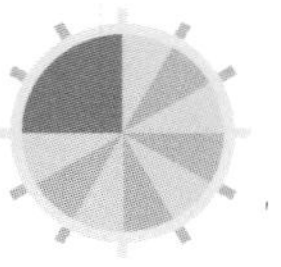

Tiempo: 45 segundos cada ejercicio

Descanso: 30-45 segundos

RUTINA 7

El tren inferior es el objetivo de esta sesión, que tonifica y fortalece los principales músculos de la pierna: los cuádriceps, los isquiotibiales y los glúteos. Tiene también una parte cardiovascular que eleva la frecuencia cardiaca. Mejora la resistencia muscular y cardiovascular.

Intermedio

45 segundos cada ejercicio, 15 segundos de descanso entre ejercicios, 3-4 series

1. Zancada hacia atrás (p. 110)
2. Zancada de reverencia (p. 102)
3. Zancada caminando con mancuernas (p. 111)
4. Zancada lateral (p. 108)
5. Sentadilla con salto abriendo y cerrando (p. 135)

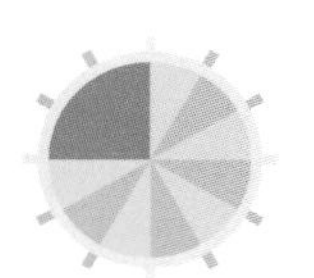

Tiempo: 45 segundos cada ejercicio

Descanso: 30-45 segundos

RUTINA 8

En esta rutina trabajan el tren superior y los brazos, y se tonifican y fortalecen los músculos de los bíceps, los hombros y los tríceps. Es un ejercicio intermedio ideal para mejorar la fuerza y la resistencia musculares.

Intermedio

45 segundos cada ejercicio, 15 segundos de descanso entre ejercicios, 3-4 series

1. *Curl* tipo martillo (p. 75)
2. *Press* militar (p. 82)
3. Extensión de tríceps por encima de la cabeza (p. 68)
4. *Curl* de bíceps con mancuernas (p. 72)
5. Fondos de tríceps (p. 71)

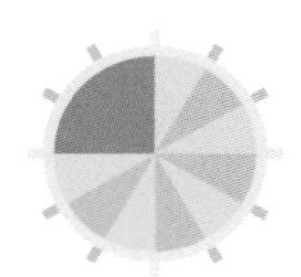

Tiempo: 45 segundos cada ejercicio

Descanso: 30-45 segundos

RUTINA 9

Esta rutina tonifica y fortalece los músculos de la pierna (cuádriceps, isquiotibiales y glúteos), además de los hombros (deltoides medio, lateral y posterior). Es un trabajo intermedio ideal para mejorar la fuerza y la resistencia musculares.

Intermedio

45 segundos cada ejercicio, 15 segundos de descanso entre ejercicios, 3-4 series

1. Sentadilla en silla (p. 98)
2. Sentadilla (p. 96)
3. Elevación frontal con mancuernas (p. 76)
4. Elevación lateral con mancuernas (p. 80)
5. *Press* de hombros invertido (p. 85)

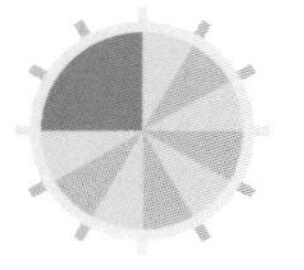

Tiempo: 45 segundos cada ejercicio

Descanso: 30-45 segundos

RUTINA 10

Los abdominales son el objetivo de esta rutina, que tonifica y fortalece el transverso y el recto abdominales, y los oblicuos internos y externos. Es un ejercicio intermedio ideal para perfeccionar la fuerza y la resistencia musculares.

Intermedio

45 segundos cada ejercicio, 15 segundos de descanso entre ejercicios, 3-4 series

1. *Crunch* doble con giro (p. 55)
2. Plancha del oso (p. 46)
3. Escalador (p. 42)
4. Plancha baja (p. 38)
5. Salto en plancha (p. 45)

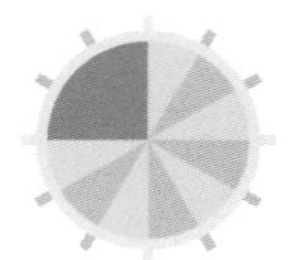

Tiempo: 45 segundos cada ejercicio

Descanso: 30-45 segundos

RUTINA 11

Estos ejercicios tonifican y fortalecen los músculos de los glúteos (el mayor y el menor) y de los abdominales. Es una rutina perfecta para que el practicante intermedio mejore aún más la fuerza y la resistencia musculares.

Intermedio

45 segundos cada ejercicio, 15 segundos de descanso entre ejercicios, 3-4 series

1. Plancha del oso con extensión de pierna (p. 48)
2. Caminata de isquiotibiales (p. 123)
3. Puente de glúteos (p. 120)
4. Puente de glúteos en mariposa (p. 122)
5. *Crunch* doble (p. 55)

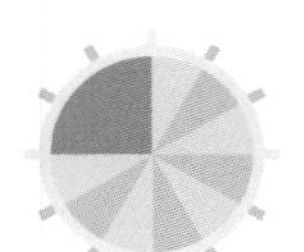

Tiempo:
45 segundos cada ejercicio

Descanso:
30-45 segundos

RUTINA 12

Rutina para el tren inferior que tonifica y fortalece los principales músculos de la pierna: los cuádriceps, los isquiotibiales y los glúteos. Incluye una parte cardiovascular destinada a elevar la frecuencia cardiaca.

Intermedio

45 segundos cada ejercicio, 15 segundos de descanso entre ejercicios, 3-4 series

1. Sentadilla (p. 96)
2. Peso muerto a una pierna (p. 118)
3. Sentadilla sumo (p. 99)
4. Talón al glúteo con comba (p. 131)
5. Sentadilla con salto abriendo y cerrando (p. 135)

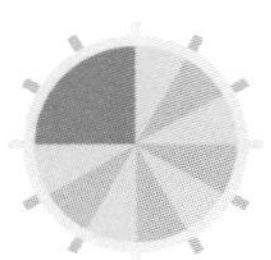

Tiempo:
45 segundos cada ejercicio

Descanso:
30-45 segundos

RUTINA 13

Esta rutina se centra en el tren inferior, en concreto los músculos principales de la pierna (cuádriceps, isquiotibiales y glúteos), que tonifica y fortalece. Cuenta también con un componente cardiovascular.

Intermedio

45 segundos cada ejercicio, 15 segundos de descanso entre ejercicios, 3-4 series

1. Sentadilla sumo (p. 99)
2. Sentadilla (p. 96)
3. Peso muerto a una pierna (p. 118)
4. Paso de cangrejo (p. 104)
5. Salto de la rana (p. 134)

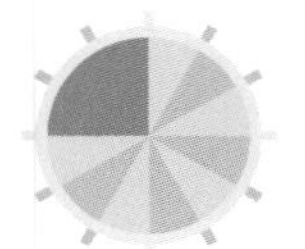

Tiempo:
45 segundos cada ejercicio

Descanso:
30-45 segundos

RUTINA 14

Se centra en la parte inferior del cuerpo, sobre todo en los músculos de la pierna (cuádriceps, isquiotibiales y glúteos), que fortalece y tonifica. También tiene una parte cardiovascular y es ideal para mejorar la resistencia muscular y cardiovascular.

Intermedio

45 segundos cada ejercicio, 15 segundos de descanso entre ejercicios, 3-4 series

1. Sentadilla en silla (p. 98)
2. Sentadilla (p. 96)
3. Paso de cangrejo (p. 104)
4. Zancada de reverencia (p. 102)
5. Sentadilla con salto (p. 132)

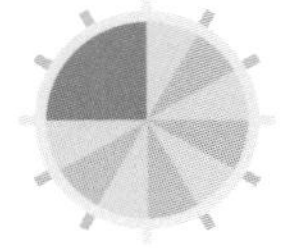

Tiempo:
45 segundos cada ejercicio

Descanso:
30-45 segundos

AVANZADO RUTINA 1

Esta rutina supone un trabajo de empuje y tracción para el tren superior que tonifica y fortalece la espalda y los bíceps. Cuenta también con un componente de potencia que eleva el ritmo cardiaco. Mejora la fuerza, la resistencia y la agilidad.

Avanzado

60 segundos cada ejercicio, sin descansos entre ejercicios, 4-5 series

1. Flexión y salto con rodillas al pecho (p. 160)
2. Flexión con sentadilla (p.156)
3. Remo horizontal con mancuernas (p. 78)
4. Remo horizontal amplio (p. 88)
5. Remo horizontal y *curl* tipo martillo (p. 178)

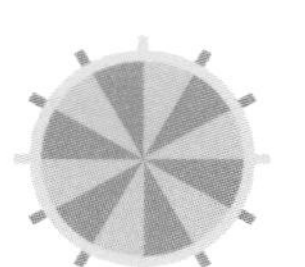

Tiempo: 60 segundos cada ejercicio

Descanso: 30-45 segundos

RUTINA 2

Se trata de una rutina pliométrica para todo el cuerpo que tonifica y fortalece los músculos de la espalda (dorsal ancho), los deltoides (medio, lateral y posterior) y las piernas (cuádriceps). Es un trabajo exigente que mejora la fuerza, la resistencia y la agilidad.

Avanzado

60 segundos cada ejercicio, sin descansos entre ejercicios, 4-5 series

1. Pájaro con mancuernas (p. 86)
2. *Press* Arnold (p. 85)
3. Remo horizontal con mancuernas (p. 78)
4. Sentadilla *goblet* (p. 99)
5. Salto con rodillas al pecho (p. 136)

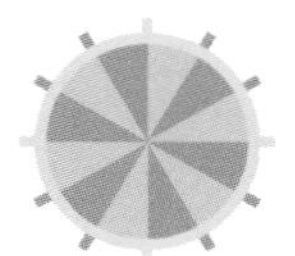

Tiempo: 60 segundos cada ejercicio

Descanso: 30-45 segundos

RUTINA 3

Se trata de una rutina centrada en la pierna y la espalda que tonifica y fortalece los cuádriceps, los isquiotibiales, los glúteos y la espalda. Es un trabajo exigente que mejora la fuerza y la resistencia cardiovasculares y cuenta también con un componente cardio.

Avanzado

60 segundos cada ejercicio, sin descansos entre ejercicios, 4-5 series

1. Sentadilla (p. 96)
2. Peso muerto a una pierna (p. 118)
3. *Pullover* con mancuernas (p. 89)
4. Remo vertical con banda (p. 79)
5. Sentadilla con salto abriendo y cerrando (p. 135)

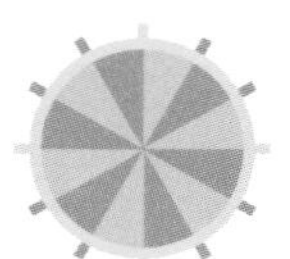

Tiempo: 60 segundos cada ejercicio

Descanso: 30-45 segundos

RUTINA 4

El pecho es el que más trabaja en esta rutina centrada en el tren superior. Se tonifican y fortalecen los pectorales mayor y menor. Se trata de un trabajo exigente para mejorar la resistencia y la fuerza musculares.

Avanzado

60 segundos cada ejercicio, sin descansos entre ejercicios, 4-5 series

1. *Press* de banca con mancuernas (p. 90)
2. Aperturas con mancuernas (p. 92)
3. Flexiones diamante (p. 67)
4. *Press* de banca con mancuernas (p. 90)
5. Plancha del oso con flexión (p. 164)

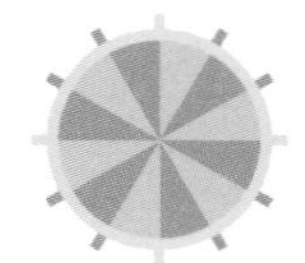

Tiempo: 60 segundos cada ejercicio

Descanso: 30-45 segundos

RUTINA 5

Esta rutina para el tren superior se centra principalmente en los brazos, en los que se tonifican y fortalecen los bíceps y los tríceps. Es un ejercicio exigente que mejora la fuerza y la resistencia musculares.

Avanzado

60 segundos cada ejercicio, sin descansos entre ejercicios, 4-5 series

1. Patada de tríceps (p. 70)
2. Extensión de tríceps (p. 68)
3. *Curl* de bíceps con mancuernas (p. 72)
4. *Curl* tipo martillo (p. 75)
5. Fondos de tríceps tocando el pie (p. 71)

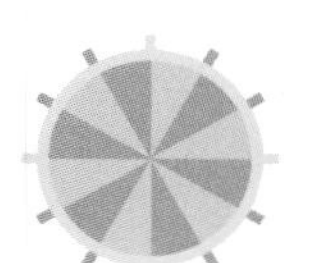

Tiempo: 60 segundos cada ejercicio

Descanso: 30-45 segundos

RUTINA 6

Aquí se trabajan los principales músculos de la pierna: los cuádriceps, los isquiotibiales y los glúteos. La rutina tiene un componente pliométrico (de potencia) que eleva las pulsaciones y mejora la agilidad.

Avanzado

60 segundos cada ejercicio, sin descansos entre ejercicios, 4-5 series

1. Puntas de pie alternas (p. 116)
2. Zancada de reverencia (p. 102)
3. Zancada lateral (p. 108)
4. Sentadilla (p. 96)
5. Salto al cajón (p. 138)

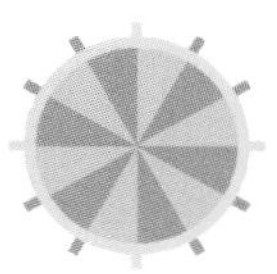

Tiempo: 60 segundos cada ejercicio

Descanso: 30-45 segundos

RUTINA 7

Esta rutina se centra en el tren inferior, en concreto en los glúteos y los isquiotibiales, cuyos músculos tonifica y fortalece. Esta rutina tiene también un componente pliométrico (de potencia) que eleva las pulsaciones y mejora la agilidad.

Avanzado

60 segundos cada ejercicio, sin descansos entre ejercicios, 4-5 series

1. Puente de glúteos (p. 120)
2. Caminata de isquiotibiales (p. 123)
3. Peso muerto a una pierna (p. 118)
4. Subida de escalón con mancuernas (p. 114)
5. Salto con rodillas al pecho (p. 136)

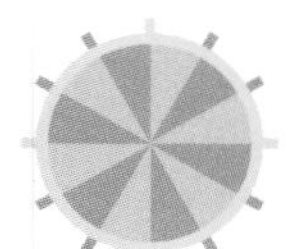

Tiempo: 60 segundos cada ejercicio

Descanso: 30-45 segundos

RUTINA 8

El tren superior es el objetivo de esta rutina que tonifica y fortalece los músculos de la espalda; el romboides menor y el mayor, el trapecio y el dorsal ancho. Tiene un componente pliométrico que mejora la resistencia cardiovascular y la agilidad.

Avanzado

60 segundos cada ejercicio, sin descansos entre ejercicios, 4-5 series

1. Flexión y salto con rodillas al pecho (p. 160)
2. Remo horizontal con mancuernas (p. 78)
3. Pájaro con mancuernas (p. 86)
4. Remo horizontal amplio (p. 88)
5. Flexión (p. 64)

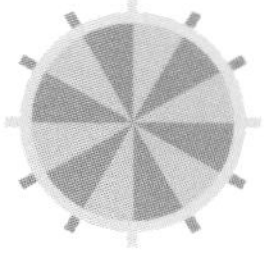

Tiempo: 60 segundos cada ejercicio

Descanso: 30-45 segundos

RUTINA 9

Esta rutina fortalece los músculos del tren inferior y los hombros: cuádriceps, isquiotibiales y deltoides. Existe también un aspecto pliométrico que eleva las pulsaciones y mejora la agilidad. También mejoran la fuerza y el rendimiento deportivo.

Avanzado

60 segundos cada ejercicio, sin descansos entre ejercicios, 4-5 series

1. Arrancada de potencia (p. 106)
2. *Press* militar (p. 82)
3. *Press* Arnold (p. 85)
4. Paso de cangrejo (p. 104)
5. Salto al cajón (p. 138)

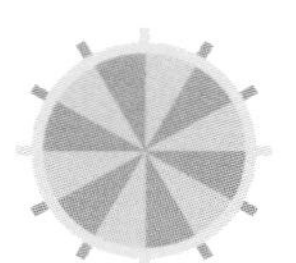

Tiempo:
60 segundos cada ejercicio

Descanso:
30-45 segundos

RUTINA 10

Con esta rutina centrada en el *core* y, de manera secundaria, en los hombros, se tonifican y fortalecen los deltoides y los abdominales. Es un ejercicio difícil que mejora la fuerza, la resistencia y la movilidad.

Avanzado

60 segundos cada ejercicio, sin descansos entre ejercicios, 4-5 series

1. Patada de *breakdancer* (p. 172)
2. Plancha alta, toque de tobillo y flexión (p. 168)
3. Saltos laterales en plancha (p. 45)
4. Plancha de nadador (p. 40)
5. Plancha del oso (p. 46)

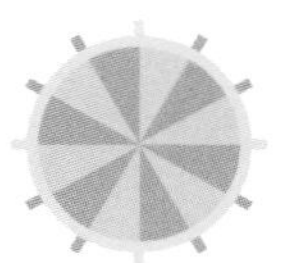

Tiempo:
60 segundos cada ejercicio

Descanso:
30-45 segundos

RUTINA 11

Esta rutina tonifica y fortalece los músculos del pecho (pectorales mayor y menor) y también los tríceps. Se trata de un ejercicio exigente que mejora la fortaleza y la resistencia muscular, la resistencia cardiovascular y la agilidad.

Avanzado

60 segundos cada ejercicio, sin descansos entre ejercicios, 4-5 series

1. *Press* de banca con mancuernas (p. 90)
2. Aperturas con mancuernas (p. 92)
3. Extensión de tríceps (p. 68)
4. Patada de tríceps (p. 70)
5. Flexión y salto con rodillas al pecho (p. 160, con variación p. 66)

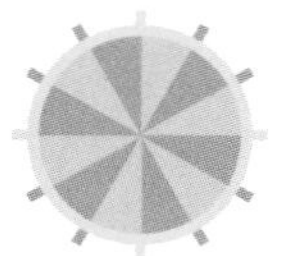

Tiempo:
60 segundos cada ejercicio

Descanso:
30-45 segundoss

RUTINA 12

Esta rutina tonifica y fortalece los principales músculos de los glúteos y cuenta también con un componente pliométrico que eleva las pulsaciones y mejora la agilidad. Es un trabajo exigente que mejora la fuerza, la resistencia y el rendimiento deportivo.

Avanzado

60 segundos cada ejercicio, sin descansos entre ejercicios, 4-5 series

1. Puente de glúteos (p. 120)
2. Puente de glúteos en mariposa (p. 122)
3. Talón al glúteo con comba (p. 131)
4. Patada de burro (p. 48)
5. Salto de la rana (p. 134)

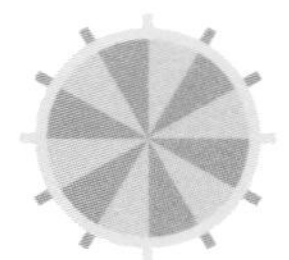

Tiempo:
60 segundos cada ejercicio

Descanso:
30-45 segundos

RUTINA 13

Rutina de *core* que tonifica y fortalece los abdominales. Se trata de ejercicios exigentes para un nivel avanzado que perfeccionan la fuerza y la resistencia musculares, la resistencia cardiovascular, la movilidad y el rendimiento deportivo.

Avanzado

60 segundos cada ejercicio, sin descansos entre ejercicios, 4-5 series

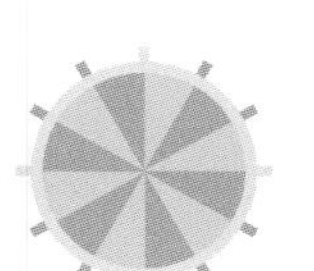

1. Rodilla al pecho con comba (p. 130)

2. Abdominales en V vuelta al mundo (p. 61)

3. Abdominales en V (p. 58)

4. *Crunch* doble con giro (p. 55)

5. Plancha del oso con extensión de pierna (p. 48)

Tiempo: 60 segundos cada ejercicio

Descanso: 30-45 segundos

RUTINA 14

Este entrenamiento trabaja la espalda, los bíceps, los hombros, los tríceps, las piernas y el pecho, y tiene un componente pliométrico que eleva las pulsaciones y mejora la agilidad. Es un trabajo que mejora la fuerza, la resistencia y el rendimiento deportivo.

Avanzado

60 segundos cada ejercicio, sin descansos entre ejercicios, 4-5 series

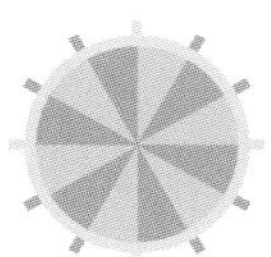

1. Remo horizontal y *curl* tipo martillo (p. 178)

2. Remo horizontal amplio y *curl* de bíceps ancho (pp. 88 y 74)

3. *Press* militar y extensión de tríceps con mancuernas (p. 174)

4. Sentadilla sumo y *curl* de concentración tipo martillo (p. 184)

5. *Burpee* (p. 146)

Tiempo: 60 segundos cada ejercicio

Descanso: 30-45 segundos

Cada cuerpo responde de una manera al entrenamiento. Concéntrate en ti, en tu propio esfuerzo e intensidad y ***sigue las rutinas a rajatabla.*** *Cuanto más te esfuerces, más rápido verás los resultados y el* ***cambio de tu cuerpo.***

GLOSARIO

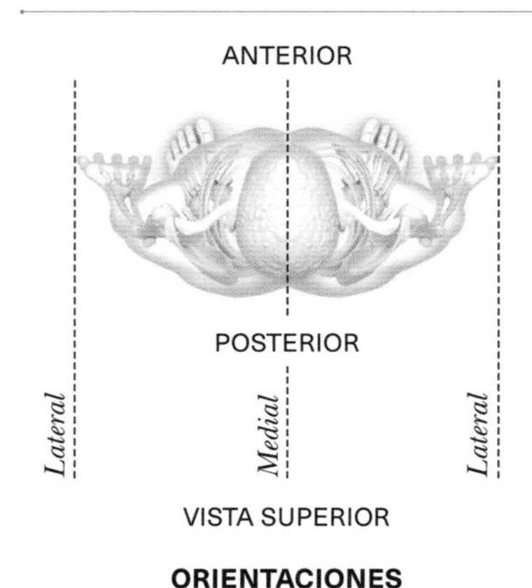

ORIENTACIONES

Abdominales Grupo muscular del torso que incluye el recto abdominal y los oblicuos externos e internos y el transverso del abdomen.

Abducción Acción de alejar un miembro de la linea media corporal.

Ácido láctico Ácido orgánico incoloro y meloso que se forma en la leche agria y también en los tejidos musculares durante el ejercicio anaeróbico extenuante.

Actina Proteína que interactúa con la miosina para contraer los músculos.

Aducción Acción de acercar un miembro a la línea media corporal.

Aductores Grupo muscular que lleva los muslos hacia la linea media corporal, integrado por los aductores largo, corto y mayor y los músculos pectíneo y grácil.

Aeróbico Relativo a una actividad, u organismo, que aumenta la demanda de oxígeno del cuerpo, lo que provoca un aumento temporal del ritmo respiratorio y cardiaco.

Agarre neutro Modo de sujetar un peso, cable, etc., sin girar las muñecas, con las palmas de las manos enfrentadas.

Agonista Músculo que se contrae, oponiéndose a otro que se relaja o alarga.

Anaeróbico Relativo a una actividad, u organismo, que descompone la glucosa sin usar oxígeno; anaeróbico significa «sin oxígeno». El ejercicio anaeróbico es más intenso pero de menor duración que el aeróbico.

Antagonista Músculo que se relaja o alarga, oponiéndose a otro que se contrae.

Anterior Situado al frente.

ATP, adenosín trifosfato (ATP, siglas en inglés) Compuesto orgánico e hidrótropo que proporciona energía para muchos procesos celulares, como la contracción muscular, la disolución del impulso nervioso, la disolución del condensado y la síntesis química.

Bilateral A ambos lados del cuerpo a la vez.

Carbohidratos Sustancias químicas orgánicas que contienen carbono, hidrógeno y oxígeno y son la fuente primaria de energía cuando se almacenan en el cuerpo.

Células satélite Células que se encuentran en el interior de las fibras musculares (entre el sarcolema y la lámina basal) habitualmente en estado de reposo. Tras el ejercicio, las células satélite se activan y proliferan.

Coactivación Cuando varios grupos musculares se activan a la vez.

Columna neutra Postura de carga óptima para la columna vertebral; mantiene su curvatura natural.

Contracción concéntrica Tipo de activación muscular que causa tensión en el músculo cuando se acorta.

Contracción excéntrica Tipo de activación muscular en el que la fuerza aplicada supera la acción contráctil del propio músculo, lo que hace que el músculo-tendón se alargue al contraerse.

Contracción isométrica Tipo de activación muscular que implica la contracción estática de un músculo sin que haya ningún movimiento visible en el ángulo de la articulación.

Contracción isotónica Tipo de activación muscular en la que se mantiene la tensión mientras cambia la longitud de los músculos. Difieren de las isocinéticas, en las que la velocidad del músculo permanece constante.

Cuádriceps Grupo muscular de los muslos, formado por el recto femoral y los vastos medial, lateral e intermedio.

Deltoides Músculo del hombro.

ECOP (Exceso de Consumo de Oxígeno Posejercicio) Aumento medible del consumo de oxígeno tras una actividad extenuante.

Estrés Exigencia mecánica, metabólica o psicológica a la que se somete nuestro organismo.

Estrés mecánico Mecanismo de conversión de la energía mecánica en señales químicas; se conoce también como mecanotransducción.

Estrés metabólico Proceso fisiológico que se produce durante el ejercicio cuando hay poca energía; lleva a la acumulación de metabolitos (como el lactato, el fosfato inorgánico [Pi] y los iones de hidrógeno [H+]) en los músculos.

Evaluación de la forma física Serie de pruebas que miden y analizan la condición física mediante la evaluación de cinco componentes: la resistencia cardiovascular, la fuerza muscular, la resistencia muscular, la flexibilidad y la composición corporal.

Extensión Movimiento que aumenta el angulo de una articulación.

Fibras musculares de contracción lenta Fibras musculares que se contraen despacio, pero durante mucho tiempo. Estos músculos son buenos para actividades de resistencia, como carreras de larga distancia o el ciclismo, ya que pueden trabajar mucho tiempo sin cansarse.

Fibras musculares de contracción rápida Fibras musculares que soportan sacudidas cortas y rápidas de energía, como en el esprint o el levantamiento de pesas. Estos músculos funcionan de forma anaeróbica, por lo que tienen pocos vasos sanguíneos y mitocondrias (a diferencia de los músculos de contracción lenta).

Fibras musculares esqueléticas Células musculares cilíndricas. Un solo músculo esquelético puede estar compuesto de cientos, o miles, de fibras musculares envueltas y agrupadas en una capa de tejido conectivo.

Fisiología Rama de la biología que estudia las funciones normales de los organismos vivos y sus distintas partes.

Flexión Movimiento que reduce el ángulo de una articulación.

Fuerza Cantidad de potencia que puede ejercer un músculo o grupo muscular.

Fuerza resistencia o resistencia muscular Capacidad de un músculo de sostener un peso de continuo durante un tiempo.

Glicólisis Proceso mediante el cual las células descomponen parcialmente la glucosa (azúcar) en unas reacciones enzimáticas en ausencia de oxígeno. Es un método que usan las células para producir energía.

Glucógeno Sustancia que se deposita en los tejidos como almacén de carbohidratos. Es un polisacárido que forma glucosa en la hidrólisis.

Glucosa Azúcar simple, fuente energética favorita de nuestro organismo.

Glúteos Grupo muscular en las nalgas, compuesto por los glúteos mayor, medio y menor.

Grasa Nutriente con varias funciones corporales esenciales, como proteger órganos internos y nervios y absorber vitaminas.

HIIT (siglas en inglés de Entrenamiento de Intervalos de Alta Intensidad) Estrategia deportiva cardiovascular que alterna periodos cortos e intensos de ejercicios anaeróbicos de fuerza y cardio aeróbico con otros de recuperación, hasta quedar agotado.

Hipertrofia Agrandamiento de un órgano o tejido por el aumento del tamaño de sus células; se usa especialmente en relación con el crecimiento muscular.

Índice de Masa Corporal (IMC) Valor obtenido de dividir el peso de una persona en kilos por el cuadrado de la estatura en metros.

Lateral A un costado.

Mancuerna Aparato de ejercicio consistente en una barra corta con pesos en los extremos; suele usarse en pares.

Medial En el medio.

Metabolismo Reacciones químicas por las que las células transforman alimento en energía. Nuestro cuerpo necesita energía para actividades como moverse, pensar o crecer. Las distintas proteínas controlan las reacciones químicas del metabolismo.

Miosina Proteína que interactúa con la actina para contraer los músculos.

Mitocondria Orgánulo que se encuentra en gran número en la mayoría de las células y en el que se dan los procesos bioquímicos de respiración y producción de energía. Tiene una doble membrana, y la capa interna está plegada hacia dentro formando capas (crestas).

Movilidad Capacidad de una articulación de moverse en un rango de movimiento.

Movimiento compuesto Cualquier movimiento en el que se emplea más de un grupo muscular a la vez.

Músculo esquelético Tejido muscular conectado al esqueleto y que permite un movimiento de extremidades y otras partes del cuerpo.

Músculo estriado Tejido muscular en el que las fibrillas contráctiles de las células se alinean en haces paralelos, de modo que las distintas regiones forman franjas visibles en un microscopio. Los músculos de este tipo se anclan al esqueleto a través de los tendones y están bajo control voluntario.

Neurogénesis Proceso en el que se generan neuronas a partir de células madre neurales en los adultos. Este proceso es diferente al de la neurogénesis prenatal.

Neuroplasticidad Capacidad de cambio de las redes neuronales del cerebro a través del crecimiento y la reorganización. Estos cambios van de las nuevas conexiones que hacen las vías neuronales individuales a los ajustes sistemáticos como el mapeo cortical. También se conoce como plasticidad neural o cerebral.

Neuroquímica Estudio de las sustancias químicas que controlan e influyen en la fisiología del sistema nervioso, incluyendo neurotransmisores y otras moléculas como los psicofármacos y los neuropéptidos.

Pectorales Grupo muscular del pecho, que integran el pectoral mayor y el menor.

Peso muerto Ejercicio que implica estirar las rodillas y/o las caderas para levantar un peso del suelo.

Plano frontal Plano vertical (o línea imaginaria) que divide el cuerpo en una sección ventral (delantera) y otra dorsal (posterior). Es uno de los tres principales planos que se usan para describir la ubicación de distintas partes del cuerpo en relación con otros ejes. También se denomina plano coronal.

Plano medio Plano vertical (o línea imaginaria) que divide el cuerpo en vertical a través de la línea media que marca el ombligo. También se le llama plano medio sagital y secciona el cuerpo en mitad derecha e izquierda.

Plano parasagital Cualquier plano (o línea imaginaria) paralela a los planos sagital o medio.

Plano sagital Cualquier plano (o línea imaginaria) que divide el cuerpo en izquierda y derecha. El plano puede estar en el centro del cuerpo y dividirlo en dos mitades iguales, o fuera de la línea media y separarlo en dos partes de tamaño diferente. Se conoce también como plano longitudinal.

Plano transversal Plano (o línea imaginaria) que divide el cuerpo en parte superior e inferior. Es perpendicular al plano coronal y al sagital. Es uno de los planos usados para describir la ubicación de una parte del cuerpo en relación a otra.

Pliométricos Ejercicios en los que los músculos ejercen la máxima fuerza en intervalos de tiempo cortos, con el objetivo de aumentar la potencia. Se conoce también como entrenamiento de saltos.

Porcentaje de grasa corporal Forma de describir los porcentajes de grasa, hueso, agua y músculo en el cuerpo humano. Dado que el tejido muscular ocupa menos que la grasa, el porcentaje de esta, además del peso, determina la constitución corporal.

Posterior A la espalda.

Pronado Dicho de una mano, pie o extremidad: que se gira o se mantiene de manera que la palma o la planta del pie mire hacia abajo o hacia dentro.

Prono Tumbarse boca abajo.

Proteína Molécula hecha de aminoácidos. La proteína dietética es necesaria para la vida y el sustento corporal.

Rango de movimiento Conjunto de movimientos permitidos por una articulación.

Repetición Número de veces que se realiza un ejercicio antes de descansar.

Resistencia Capacidad de un organismo para esforzarse y permanecer activo durante un largo periodo de tiempo, así como para resistir, soportar, recuperarse y tener inmunidad frente a traumatismos, heridas o fatiga. Suele utilizarse en el ejercicio aeróbico o anaeróbico.

Resistencia Fuerza exterior a la que responde un músculo contrayéndose; por ejemplo, un peso.

Respiración aeróbica Forma en que el cuerpo crear energía mediante la conversión, en presencia de oxígeno, de glucosa en adenosín trifosfato (ATP).

Respiración anaeróbica Creación de energía mediante la conversión de glucosa en ausencia de oxígeno.

RIR (siglas en inglés de Repeticiones en reserva) Medida de dificultad de una serie basada en cuantas repeticiones más podrías hacer antes de que la fatiga te impidiera seguir.

Romboides Grupo muscular en la parte alta de la espalda, formado por los romboides mayor y menor.

Serie Conjunto de repeticiones consecutivas de un ejercicio un número determinado de veces. Una estrategia deportiva habitual es incluir breves descansos entre series.

Sistema cardiovascular o vascular Sistema biológico que permite la circulación de la sangre y el transporte de nutrientes (como los aminoácidos y electrolitos), oxígeno, dióxido de carbono, hormonas y glóbulos rojos a y desde las células, para alimentarlas, combatir enfermedades, estabilizar la temperatura y el PH y mantener la homeostasis.

Sistema esquelético Estructura central del cuerpo. Consiste en huesos y tejido conectivo que incluye cartílago, tendones y ligamentos.

Sistema muscular Sistema biológico responsable del movimiento corporal, de la postura y de la circulación de la sangre. Los sistemas musculares de los vertebrados los controla el sistema nervioso, aunque algunos músculos pueden ser plenamente autónomos.

Sistema nervioso Sistema biológico responsable de la sensación y el movimiento. Está formado por el sistema nervioso central y el periférico. El cerebro y la médula espinal forman el sistema nervioso central, mientras que los nervios que recorren el cuerpo constituyen el periférico.

Sistema respiratorio Sistema biológico formado por órganos y estructuras específicas que tienen animales y plantas para intercambiar gases. La anatomía y la fisiología que lo hacen posible varían dependiendo del tamaño del organismo, el entorno en el que vive y su historia evolutiva.

Superficial (de los músculos) Próximo a la piel.

Superserie Dos ejercicios realizados de forma consecutiva y seguidos de forma opcional por un descanso. Eso duplica la cantidad de trabajo realizado y mantiene los mismos periodos de recuperación que los ejercicios individuales.

Supinado Dicho de una mano, pie o extremidad: que se gira o se mantiene de manera que la palma o la planta del pie mire hacia arriba o hacia fuera.

Supino Tumbarse boca arriba.

Tasa metabólica Metabolismo durante un periodo de tiempo; se calcula por el consumo de alimentos, la energía liberada en forma de calor o el oxígeno utilizado en los procesos metabólicos.

Tempo Ritmo de ejecución de las series de ejercicios.

Tendón Tejido fibroso de colágeno que une el músculo al hueso.

Tensión mecánica Fuerza aplicada para estirar un material. Durante el entrenamiento de fuerza, los músculos experimentan este tipo de tensión al tratar de acortarse, pero al hacerlo encuentran resistencia.

Unilateral En un solo costado.

VO_2 max Tasa máxima de consumo de oxígeno medido durante un ejercicio que va creciendo en intensidad.

ÍNDICE

D

E

F

G

H

I

J

L

M

N

O

P

T

U

V

Z

BIBLIOGRAFÍA

http://www.unm.edu/~lkravitz/Article%20folder/Metabolism.pdf
http://www.biobreeders.com/images/Nutrition_and_Metabolism.pdf
Kirkendall DT, Garrett WE. Function and biomechanics of tendons. Scand J Med Sci Sports. 1997 Apr;7(2):62-6.
https://www.registerednursing.org/teas/musculoskeletal-muscular-system/
El-Sayes J, Harasym D, Turco CV, Locke MB, Nelson AJ. Exercise-Induced Neuroplasticity: A Mechanistic Model and Prospects for Promoting Plasticity. Neuroscientist. 2019 Feb
Schoenfeld, Brad J The Mechanisms of Muscle Hypertrophy and Their Application to Resistance Training, Journal of Strength and Conditioning Research: October 2010 - Volume 24 - Issue 10 - p 2857-2872
https://health.gov/dietaryguidelines/2015/guidelines/appendix-7/
National Science Teaching Association: "How Does the Human Body Turn Food Into Useful Energy?"
American Council on Exercise: "Muscle Fiber Types: Fast-Twitch vs. Slow-Twitch"
International Sports Sciences Association: "Aerobic vs. Anaerobic: How Do Workouts Change the Body?"
World Journal of Cardiology: "Aerobic vs Anaerobic Exercise Training Effects on the Cardiovascular System"
Health.gov: "Dietary Guidelines for Americans, 2015-2020: Appendix 7. Nutritional Goals for Age-Sex Groups Based on Dietary Reference Intakes and Dietary Guidelines Recommendations"
https://www.sciencedirect.com/topics/biochemistry-genetics-and-molecular-biology/phosphagen
https://www.sciencedirect.com/topics/medicine-and-dentistry/creatine-phosphate
PubMed: Effects of Plyometric Training on Muscle-Activation Strategies and Performance in Female Athletes
PubMed: The Efficacy and Safety of Lower-Limb Plyometric Training in Older Adults: A Systematic Review
Boyle, M. New Functional Training for Sports, 2nd ed. Champaign, IL. Human Kinetics; 2016.
Clark, MA, et al. NASM Essentials of Personal Fitness Training 6th ed. Burlington, MA. Jones & Bartlett Learning; 2018.
McGill, EA, Montel, I. NASM Essentials of Sports Performance Training, 2nd Edition. Burlington, MA. Jones & Bartlett Learning; 2019.
Chu, DA. Jumping Into Plyometrics 2nd ed. Champaign, IL: Human Kinetics; 1998.
Chu, D and Myers, GD. Plyometrics: Dynamic Strength and Explosive Power. Champaign, IL. Human Kinetics (2013).
EXOS Phase 3 Performance Mentorship manual. San Diego. July 27-30, 2015
Fleck, SJ, Kraemer, WJ. Designing Resistance Training Programs 2nd ed. Champaign, IL: Human Kinetics; 1997.
Rose, DJ. Fall Proof! A Comprehensive Balance and Mobility Training Program. Champaign, IL: Human Kinetics; 2003.
Yessis, M. Explosive Running: Using the Science of Kinesiology to Improve Your Performance (1st Edition). Columbus, OH. McGraw-Hill Companies. (2000).
American College of Sports Medicine. ACSM's Guidelines for Exercise Testing and Prescription. 9th ed. Philadelphia (PA): Lippincott Williams and Wilkins; 2013. pp. 19–38.
https://journals.lww.com/acsm-healthfitness/fulltext/2014/09000/high_intensity_interval_training__a_review_of.5.aspx#O20-5-2
Gibala MJ, Little JP, Macdonald MJ, Hawley JA. Physiological adaptations to low-volume, high-intensity interval training in health and disease. J Physiol. 2012; 590: 1077–84.
Gibala MJ, McGee SL. Metabolic adaptations to short-term high-intensity interval training: a little pain for a lot of gain? Exerc Sport Sci Rev. 2008; 36: 58–63.
Guiraud T, Nigam A, Gremeaux V, Meyer P, Juneau M, Bosquet L. High-intensity interval training in cardiac rehabilitation. Sports Med. 2012; 42: 587–605.
Hegerud J, Hoydal K, Wang E, et al Aerobic high-intensity intervals improve V̇O2 max more than moderate training. Med Sci Sports Exerc. 2007; 39: 665–71
Jung M, Little J. Taking a HIIT for physical activity: is interval training viable for improving health. In: Paper presented at the American College of Sports Medicine Annual Meeting: Indianapolis (IN). American College of Sports Medicine; 2013.
Wewege M, van den Berg R, Ward RE, Keech A. The effects of high-intensity interval training vs. moderate-intensity continuous training on body composition in overweight and obese adults: a systematic review and meta-analysis. Obes Rev. 2017 Jun;18(6):635
Nicolò A, Girardi M. The physiology of interval training: a new target to HIIT. J Physiol. 2016;594(24):7169-7170
Milioni F, Zagatto A, Barbieri R, et al. Energy Systems Contribution in the Running-based Anaerobic Sprint Test. International Journal of Sports Medicine. 2017;38(03):226-232
Abe T, Loenneke JP, Fahs CA, Rossow LM, Thiebaud RS, Bemben MG. Exercise intensity and muscle hypertrophy in blood flow-restricted limbs and non-restricted muscles: a brief review. Clin Physiol Funct Imaging 32: 247–252, 2012.

Aebersold R, Mann M. Mass-spectrometric exploration of proteome structure and function. Nature 537: 347–355, 2016.
Agergaard J, Bülow J, Jensen JK, Reitelseder S, Drummond MJ, Schjerling P, Scheike T, Serena A, Holm L. Light-load resistance exercise increases muscle protein synthesis and hypertrophy signaling in elderly men. Am J Physiol Endocrinol Metab 312
Allen DG, Lamb GD, Westerblad H. Skeletal muscle fatigue: cellular mechanisms. Physiol Rev88: 287–332, 2008
American College of Sports Medicine. American College of Sports Medicine position stand. Progression models in resistance training for healthy adults. Med Sci Sports Exerc 41: 687–708, 2009
Callahan MJ, Parr EB, Hawley JA, Camera DM. Can High-Intensity Interval Training Promote Skeletal Muscle Anabolism? Sports Med. 2021 Mar;51(3):405-421
Børsheim E, Bahr R. Effect of exercise intensity, duration and mode on post-exercise oxygen consumption. Sports Med. 2003; 33(14): 1037-60
LaForgia J, Withers RT, Gore CJ. Effects of exercise intensity and duration on the excess post-exercise oxygen consumption. J Sports Sci. 2006 Dec;24(12):1247-64
Baker, J. S., McCormick, M. C., & Robergs, R. A. (2010). Interaction among Skeletal Muscle Metabolic Energy Systems during Intense Exercise. Journal of nutrition and metabolism, 2010
Mukund K, Subramaniam S. Skeletal muscle: A review of molecular structure and function, in health and disease. Wiley Interdiscip Rev Syst Biol Med. 2020;12(1)
Hasan, Tabinda. (2019). Science of Muscle Growth: Making muscle.
McNeill Alexander R. Energetics and optimization of human walking and running: the 2000 Raymond Pearl memorial lecture. Am J Hum Biol. 2002 Sep-Oct;14(5):641-8.
Arias P, Espinosa N, Robles-García V, Cao R, Cudeiro J. Antagonist muscle co-activation during straight walking and its relation to kinematics: insight from young, elderly and Parkinson's disease. Brain Res. 2012 May 21;1455:124-31
Scott, Christopher. "Misconceptions about Aerobic and Anaerobic Energy Expenditure." Journal of the International Society of Sports Nutrition vol. 2,2 32-7. 9 Dec. 2005
Alberts B, Johnson A, Lewis J, et al. Molecular Biology of the Cell. 4th edition. New York: Garland Science; 2002. How Cells Obtain Energy from Food.
de Freitas MC, Gerosa-Neto J, Zanchi NE, Lira FS, Rossi FE. Role of metabolic stress for enhancing muscle adaptations: Practical applications. World J Methodol. 2017 Jun 26;7(2):46-54.
Van Horren B, et al. Do we need a cool-down after exercise? A narrative review of the psychophysiological effects and the effects on performance, injuries and the long-term adaptive response. Sports Medicine. 2018;48:1575.
https://www.ncbi.nlm.nih.gov/pmc/articles/PMC6548056/
https://www.ncbi.nlm.nih.gov/pmc/articles/PMC4180747/
https://www.ncbi.nlm.nih.gov/pmc/articles/PMC5554572/
https://www.ncbi.nlm.nih.gov/pubmed/2150579
https://pubmed.ncbi.nlm.nih.gov/21997449/
https://pubmed.ncbi.nlm.nih.gov/28394829/
https://pubmed.ncbi.nlm.nih.gov/29781941/
https://pubmed.ncbi.nlm.nih.gov/26102260/
https://pubmed.ncbi.nlm.nih.gov/18438258/
https://pubmed.ncbi.nlm.nih.gov/14599232/
https://pubmed.ncbi.nlm.nih.gov/17101527/

SOBRE LA AUTORA

Ingrid S. Clay, es entrenadora personal de famosos, instructora del Master HIIT Group Fitness, culturista de competición y cocinera vegetariana con más de una década de experiencia profesional en *fitness* y bienestar. Para ella, hay un impacto directo entre la condición física del individuo y su éxito y felicidad.

Nacida en Lafayette, Louisiana (EE. UU.), Ingrid se graduó en Física de la Universidad Xavier de Louisiana, en Ingeniería Eléctrica en la Universidad A&T de Carolina del Norte, e hizo un Máster en Administración de Empresas (MBA) en Marketing Internacional en la Simmons School of Management. Su formación científica influye en su forma de ver el *fitness* y el bienestar en su conjunto.

Después de engordar mientras trabajaba a tiempo completo e iba a clase por la noche, Ingrid volvió a los fundamentos de la alimentación y el *fitness* y a lo que mejor conocía: la ciencia. Creó su propia dieta y ejercicios que incorporaban entrenamientos con pesas basados en el HIIT. Se inscribió en el programa empresarial de la Simmons School of Management's Entrepreneurial Program, dejó su trabajo corporativo y creó su propia empresa dedicada al bienestar. Empezó a trabajar en el sector del *fitness*, sacó varias titulaciones y estudió con entrenadores que llevaban años en el sector. Y así nació ISC Wellness.

Ingrid ha viajado por todo el mundo entrenando, dando clases y cocinando. Ha colaborado con Well + Good, Essence, Livestrong, ableticis y PopSugar Fit. Es propietaria y dirige ISC Wellness y ne una *app* con entrenamientos grabados y en directo. Es ajadora de la marca Lululemon y actualmente es directora de en CAMP, en Los Ángeles (California). Además, acude s semanas como voluntaria al Watts Empowerment ie cuida de la salud y el bienestar de los niños de la desfavorecida Watts.

ibro ha sido un sueño hecho realidad. Espero de lisfrutes y alcances tus metas. Te deseo mucha oor inspirar y ayudar a otros a dar lo mejor de sí ie motiva; nuestra evolución no tiene límites».

sobre Ingrid:

Watts Empowerment Center:
ehope

AGRADECIMIENTOS

Agradecimientos de la autora
Quiero agradecer el apoyo de mi familia, especialmente el de mi madre. Siempre has sido mi principal animadora y seguidora. Gracias a tu apoyo puedo volar tan alto.

Gracias también a mis clientes, del ámbito del entrenamiento personal y a todos los que he conocido siendo formadora. He aprendido mucho de vosotros y sois mi constante fuente de inspiración. Gracias por dejarme ser parte de vuestro viaje.

Gracias a Chuck Norman, por su extensa formación y por ayudarme a encontrar siempre la diversión en el *fitness*.

Y por último me gustaría dar las gracias al *fitness*. Para mí fue una especie de meditación cuando más lo necesitaba. En muchos sentidos, me hizo despertar y me fortaleció desde el interior.

Agradecimientos del editor
Dorling Kindersley quiere dar las gracias a Myriam Megharbi por la iconografía, a Marie Lorimer por la elaboración del índice, a Guy Leopold por la corrección de pruebas y a Holly Kyte por la asistencia editorial.

Créditos fotográficos
El editor desea agradecer a las siguientes personas e instituciones el permiso para reproducir sus imagenes:
(Clave: a-arriba; b-abajo; c-centro; f-extremo; l-izquierda; r-derecha; t-superior)

10 Science Photo Library: Professors P.M. Motta, P.M. Andrews, K.R. Porter & J. Vial (br). **14 Science Photo Library**: Ikelos GmbH / Dr. Christopher B. Jackson (cra). **15 Science Photo Library**: CNRI (br). **22 Science Photo Library:** Professors P.M. Motta, P.M. Andrews, K.R. Porter & J. Vial (bl). **25 Science Photo Library**: Thomas Deerinck, NCMIR (ca).

Resto de imagenes **© Dorling Kindersley**
Para mas informacion: **www.dkimages.com**